"十四五"高等职业教育公共课程新形态一体化系列教材
"5Y Study"数字化教考平台配套规划教材——教学·练习·考试

WPS版

# 信息技术基础

刘永明　叶惠卿　杨泳琳◎主　编
吴婧宇　王贵玲　李宝智　张　毅◎副主编

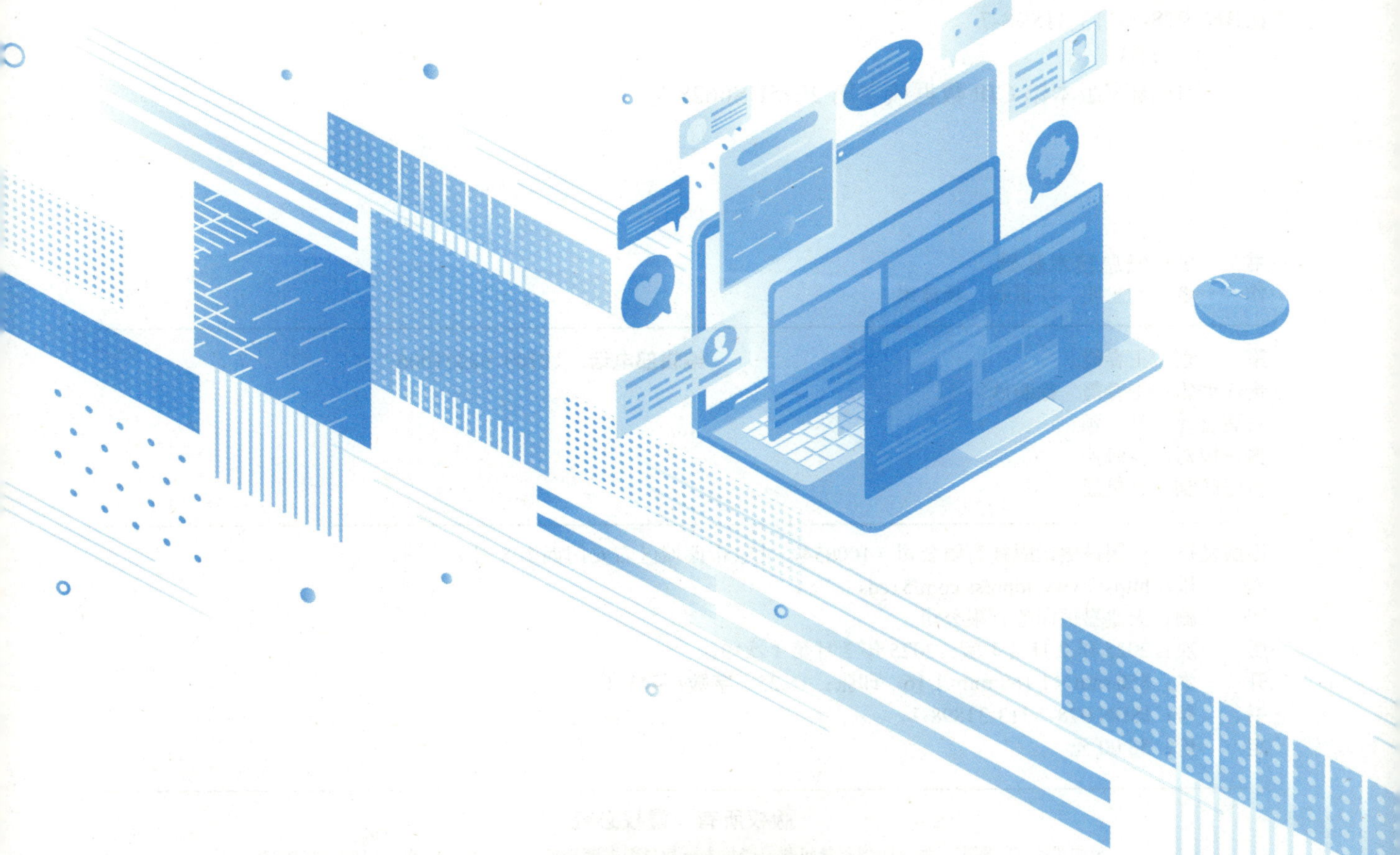

中国铁道出版社有限公司
CHINA RAILWAY PUBLISHING HOUSE CO., LTD.

## 内 容 简 介

本书紧贴教育部颁发的《高等职业教育专科信息技术课程标准（2021 年版）》的课程要求和教学内容，采用“任务＋实训”的思路编写，以金山公司的国产办公软件 WPS 为依托，借助广东省高等学校教学考试管理中心研发的“5Y 学习平台”改革信息技术课程的教学模式和教学方法，并在课程中融入思政，引导学生学习知识、提升技能的同时，达到树立理想信念、厚植爱国情怀、加强品德修养、培养职业素养的育人目标。

本书共八个单元，包括信息素养与社会责任、信息检索与安全、Windows 10 操作系统、WPS 文档处理、WPS 表格处理、WPS 演示制作、WPS 特色功能、新一代信息技术。配套的数字化课程资源已发布于“5Y 学习平台”，利用“5Y 学习平台”可实现自动化测评。

本书适合作为高职院校非计算机专业信息技术公共课教材，也可作为企业职工培训教材，还可作为备考全国高等学校计算机水平考试一级科目“计算机应用（WPS Office）”和二级科目“WPS Office 高级应用”的参考书。

**图书在版编目（CIP）数据**

信息技术基础 / 刘永明，叶惠卿，杨泳琳主编. 北京 ： 中国铁道出版社有限公司， 2025. 2. --（“十四五”高等职业教育公共课程新形态一体化系列教材）.
ISBN 978-7-113-31898-7

Ⅰ. TP3

中国国家版本馆 CIP 数据核字第 2025US0628 号

**书　　名：信息技术基础**
**作　　者：**刘永明　叶惠卿　杨泳琳

**策　　划：**王春霞　　**编辑部电话：**（010）63551006
**责任编辑：**王春霞　徐盼欣
**封面设计：**刘　颖
**责任校对：**安海燕
**责任印制：**赵星辰

**出版发行：**中国铁道出版社有限公司（100054，北京市西城区右安门西街 8 号）
**网　　址：**https://www.tdpress.com/51eds
**印　　刷：**天津嘉恒印务有限公司
**版　　次：**2025 年 2 月第 1 版　2025 年 2 月第 1 次印刷
**开　　本：**850 mm×1 168 mm 1/16　**印张：**16.25　**字数：**443 千
**书　　号：**ISBN 978-7-113-31898-7
**定　　价：**58.00 元

# 前言

随着以人工智能、大数据为代表的新一代信息技术的迅猛发展，高职院校计算机公共课程也应与时俱进，积极改革和创新教学模式，更加注重培养学生的信息技术应用能力。2021年3月，教育部办公厅印发《高等职业教育专科信息技术课程标准（2021年版）》（以下简称《新课标》），要求信息技术课程任务需全面贯彻党的教育方针，落实立德树人根本任务，满足国家信息化发展战略对人才培养的要求。

为此，编者结合广东环境保护工程职业学院信息技术课程改革实际情况和生态环境保护的行业特色，立足国家"十四五"规划基于智慧教育的要求，以《新课标》为指导思想，对接先进的职业教育理念，融入思政元素，以WPS为依托，采用"任务＋实训"思路，编写了这本实用型技能教材，旨在提升学生应用信息技术解决问题的综合能力，使学生成为德智体美劳全面发展的高素质技术技能人才。本书参考《新课标》中基础模块（48学时）的教学内容，共分八个单元，包括信息素养与社会责任、信息检索与安全、Windows 10操作系统、WPS文档处理、WPS表格处理、WPS演示制作、WPS特色功能、新一代信息技术。本书第4～6单元为WPS办公软件实操模块，主要任务采用"任务要求→任务准备→任务实施"的结构模式进行编写，其他模块较侧重理论知识。

本书主要有以下特色：

（1）课程思政。本书以立德树人为育人目标，从课程思政育人角度出发，在内容中巧妙融入了党的二十大精神、中华优秀传统文化、中华民族精神等内容。本书深化思政元素与知识内容的融合，将思政教育有机地融入知识点中，使学生在掌握知识、技能的同时，也了解相关的行业信息、职业道德和法律法规，引导学生践行社会主义核心价值观。

（2）产教融合。本书由广东环境保护工程职业学院与广东省高等学校教学考试管理中心合作，依托金山公司的国产软件WPS编写。教材中的WPS办公软件模块基于金山公司的WPS Office 365教育版，内容设计引入了WPS大量新技术，确保书本内容既具有前瞻性又紧贴实际应用，符合高职非计算机专业信息技术课程的教学需求，既能有效提升学生的职业素养和实践能力，也可以作为企业职工知识技能培训的教材。

（3）资源丰富。本书配有课程资源与实训平台——"5Y学习平台"，该平台由广东省高等学校教学考试管理中心自主研发。本书配套的讲解视频、教学课件、多层次练习内容等课程资源已发布于“5Y学习平台”，呈现立体化、多样化的数字化课程资源，并可借助“5Y学习平台”实现自动化测评。

本书由刘永明、叶惠卿、杨泳琳任主编，由吴婧宇、王贵玲、李宝智、张毅任副主编，在教材结构和内容设计、课程资源建设等方面得到了广东省高等学校教学考试管理中心的大力支持，在WPS Office案例素材设计以及实现WPS Office在线自动测评方面得到了广州粤考技术服务有限公司课程策划员邱小桠的指导与技术支持。同时在编写过程中参考了大量的文献资料，谨向相关领导和工作人员、文献作者表示崇高的敬意和衷心的感谢！

由于编者水平有限，本书难免有疏漏和不妥之处，敬请广大读者和专家同行批评指正。

编　者

2024年11月

# 目录

# 单元一

# 信息素养与社会责任

## 单元导读

在数字化时代，信息已经渗透到社会的各个角落，无论是生活、工作还是学习，都无法避免与信息的接触和交互。这种背景下，信息素养成为每个人必备的素质。同时，因为信息传播更加快速和广泛，信息的真实性和准确性面临着前所未有的挑战，这就要求我们在享受信息带来便利的同时，也要承担起相应的社会责任。本单元内容包括信息素养相关基础知识、信息技术的发展历程、信息伦理、相关法律法规及职业素养。通过深入探讨信息素养与社会责任的相关内容，更好地理解信息时代的挑战与机遇，提升个人的信息素养和社会责任感，为构建和谐社会贡献自己的力量。

## 知识结构图

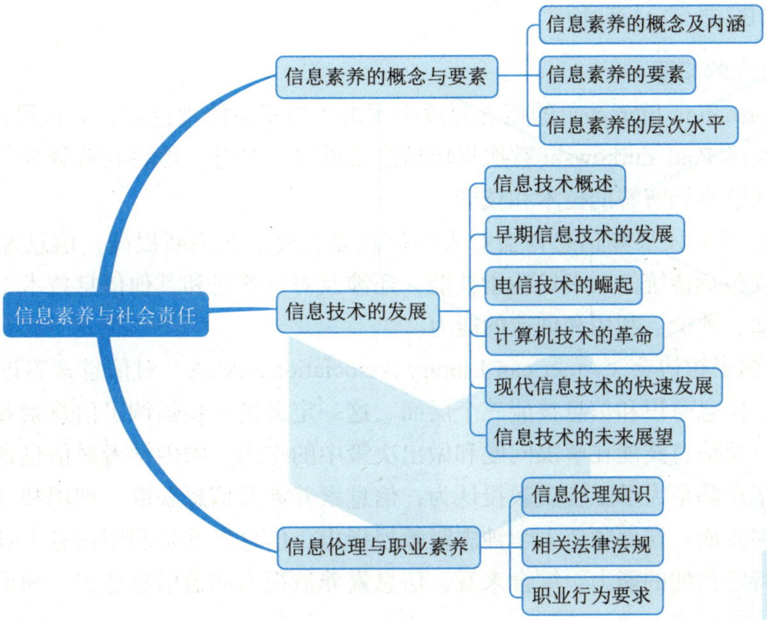

## 学习目标

通过学习本单元，充分理解信息素养基本概念与内涵，同时深化其对信息伦理、道德和社会责任的认识，自觉遵守职业道德规范，养成良好的职业行为习惯。

### 1. 知识目标

（1）理解信息素养的基本概念及内涵；

（2）掌握信息伦理、法律法规与职业行为要求的基本知识；

（3）了解信息技术发展历程。

### 2. 技能目标

（1）掌握信息发展历程和应用领域，分析信息技术对社会的影响与趋势；

（2）运用信息伦理与道德知识，合规处理信息，展现良好职业行为。

### 3. 素质目标

（1）具备信息安全意识，展现高度的职业责任感和信息安全素养；

（2）尊重知识产权，维护信息环境的公平与正义；

（3）遵守职业道德规范，恪守行为准则。

## 1.1 信息素养的概念与要素

信息素养作为当代公民必备的核心能力，强调信息获取、处理、分析、评价和创新的能力。提升公众信息素养，培养适应信息化时代需求的高素质人才，不仅有助于个人在信息化浪潮中立足，更是推动社会进步、实现国家发展战略目标的重要举措。

### 1.1.1 信息素养的概念及内涵

#### 1. 信息素养概念的起源

信息素养（information literacy）的概念起源于图书馆检索技能理论和计算机科技的发展。1974 年，美国信息产业协会主席 Paul Zurkowski 首次提出信息素养这一概念，他将其解释为“利用大量的信息工具及主要信息源使问题得到解答的技术和技能”。

随着信息技术的不断发展和信息社会对人们信息能力要求的不断提高，信息素养的概念逐渐得到扩展和深化。它不仅包括传统的图书馆检索技能，还涉及对计算机和其他信息技术工具的应用能力，以及对信息本身的认知、评价、利用和创造的能力。

1989 年，美国图书馆协会（American Library Association，ALA）对信息素养进行了更为详细的定义，包括文化素养、信息意识和信息技能三个层面。这一定义进一步强调了信息素养在文化素养和终身学习中的重要性，以及信息技能在解决问题和做出决策中的作用。国内学者对信息素养的定义各有侧重但核心观点相近。华东师范大学王吉庆教授认为，信息素养涉及信息获取、利用和开发的能力，包括意识、伦理、常识等多方面。江西师范大学钟志贤教授指出，信息素养是利用信息工具，特别是多媒体和网络技术，来实现特定目的的能力。综合来看，信息素养被视为涵盖信息意识、知识、技能和伦理的综合能力。

随着信息技术的迅猛发展和广泛应用，信息素养已经成为当代公民必备的核心素养之一。国际上，一些组织也开始推动信息素养的发展。例如，联合国教科文组织（United Nations Educational，Scientific and Cultural Organization，UNESCO）在其文件中提到了信息素养的重要性，并呼吁各国在教育中重视这一领域。信息素养不仅关系到个人的职业发展和终身学习，也是推动社会进步和实现国家发展战略目标的重要基石。因此，各国纷纷将信息素养纳入教育目标和培养体系中，以提升公民的信息素养水平。

#### 2. 信息素养的概念及内涵介绍

信息素养是一个综合性的概念，它主要指的是在信息化社会中，个体所具有的有效获取、评价、利用和创造信息的能力。这种能力不仅仅局限于对信息技术的掌握，更强调对信息价值的认知、对信息内容的批判性思维以及对信息应用的创新能力。

（1）信息技术的掌握。信息素养要求个体具备一定的信息技术基础，能够熟练使用计算机、互联网等信息技术工具进行信息的获取、处理、存储和传输。这是实现信息有效利用的前提条件。

（2）信息价值的认知。信息素养强调个体对信息价值的敏感性和判断力。在浩如烟海的信息中，能够快速准确地识别出有价值的信息，对于解决问题、做出决策具有重要意义。

（3）信息内容的批判性思维。信息素养要求个体具备对信息内容的批判性分析能力，能够判断信息的真实性、可靠性、时效性和适用性。这种能力有助于避免被虚假信息误导，提高决策的准确性和有效性。

（4）信息应用的创新能力。信息素养鼓励个体在信息利用过程中发挥创新思维，将不同来源、不同类型的信息进行有机融合，创造出新的知识和价值。这种能力对于推动科技进步和社会发展具有重要意义。

### 1.1.2　信息素养的要素

信息素养的要素包括信息意识、信息知识、信息能力和信息道德。这些要素相互关联、相互支持，共同构成了信息素养的完整框架。在信息化社会中，具备这些要素对于个人发展和社会参与至关重要。

#### 1. 信息意识

信息意识是指个体对信息的敏感度和对信息价值的判断力。它涉及个体对信息的需求意识、获取意识、传播意识和安全意识等。具备良好的信息意识意味着能够主动寻求、关注和有效利用信息，并意识到信息在解决问题和决策制定中的重要作用。

（1）需求意识。需求意识是指个体在特定情境下，能够意识到自己对信息的需求，并主动寻求满足这些需求的信息。例如，在学习过程中，学习者可能会意识到自己对某个主题的认识存在不足，于是会主动查找相关资料以弥补这一不足。

（2）获取意识。获取意识是指个体在意识到信息需求后，能够采取积极的行动去获取所需的信息。这包括了解各种信息来源和渠道，如图书馆、互联网、专家咨询等，并能够选择最适合自己的方式进行信息获取。

（3）传播意识。传播意识是指个体在获取信息后，能够意识到信息的传播价值和方式，并愿意与他人分享和交流这些信息。传播意识强的个体不仅会关注信息的获取和利用，还会注重信息的共享和传播，以促进知识的流通和创新。

（4）安全意识。安全意识是指在信息化社会中，信息安全问题日益突出。因此，信息意识也包括对信息安全的敏感度和保护意识。这要求个体在获取信息、利用信息和传播信息的过程中，能够意识到潜在的安全风险，并采取必要的措施进行防范和保护，如保护个人隐私、避免网络诈骗等。

### 2. 信息知识

信息知识是信息素养的基础，包括了解信息的特点与类型、信息交流和传播的基本规律与方式、信息的功用及效应以及如何进行信息检索等。掌握信息知识有助于更好地理解、分析和评价信息，并为有效地利用和创造信息打下基础。

（1）信息的概念。信息是一个广泛而抽象的概念，它通常被理解为对事物属性、状态或关系的描述，可以用于消除不确定性或降低熵值。具体来说，信息可以是一种消息、情报、数据、信号、指令、代码等，它可以被人、动物或机器感知、接收、处理、传递和利用。

信息是自然界和人类社会中普遍存在的现象，它具有多种特点和属性。首先，信息是客观存在的，它反映了事物的本质特征和内在联系。其次，信息具有可传递性，它可以通过各种媒介和渠道进行传播和交流。此外，信息还具有时效性、共享性、可处理性、可增值性等特点。

在日常生活中，信息扮演着重要的角色。人们通过获取、处理和利用信息来认识世界、改造世界，实现个人和社会的发展。同时，信息也是科学研究、技术创新、经济发展、文化交流等领域的重要资源和动力。

（2）信息的特点与类型。信息具有客观性、普遍性、有用性、可传递性和可处理性等特点。它是客观事物的反映，无处不在，无时不有，对人们的决策和行动具有指导意义，并可以通过各种媒介进行传递和加工处理。

信息可以按照其内容、形式、来源等多种标准进行分类。例如，按照内容可以分为科技信息、经济信息、文化信息等；按照形式可以分为文字信息、图像信息、声音信息等；按照来源可以分为内部信息和外部信息等。

（3）信息交流和传播的基本规律与方式。信息交流和传播遵循一定的规律，如信息的扩散性、信息的共享性、信息的增值性等。这些规律揭示了信息在交流和传播过程中的基本特征和变化趋势。

信息可以通过多种方式进行交流和传播，包括口头交流、书面交流、电子交流等。在现代社会中，互联网和移动通信技术的发展极大地丰富了信息交流和传播的方式和手段。

（4）信息的功用及效应。信息在各个领域都发挥着重要的作用。信息是决策的基础。在各个领域，无论是个人决策还是组织决策，都需要依赖相关信息进行分析和判断，以制定出合理的决策方案。信息是知识传递的主要载体。通过信息的交流和传播，人们可以获取新知识、新技能，推动个人和社会的进步。在经济领域，信息作为一种重要的资源，有助于实现资源的合理配置和优化。通过市场信息的传递，生产者可以了解消费者需求，调整生产策略，实现供需平衡。信息在社会协调中发挥着重要作用。通过信息的传递和共享，人们可以了解彼此的需求和期望，减少冲突和误解，增进社会和谐。

信息的应用可以产生一系列的效应。信息的应用可以产生显著的经济效应。在信息时代，信息已经成为一种新的经济资源，信息产业也成为国民经济的重要组成部分。信息的有效利用可以促进经济增长、提高生产效率、推动创新发展。信息的广泛传播和应用对社会产生了深远的影响。它改变了人们的生活方式、工作方式和社会交往方式，推动了社会的信息化、现代化进程。同时，信息也带来了一些社会问题，如信息泛滥、信息安全等，需要引起关注和解决。信息在文化传承和发展中发挥着重要作用。通过信息的传递和共享，不同文化之间可以相互了解、交流、融合，推动文化的多样性和创新发展。同时，信息也促进了教育、科技、文化等领域的交流与合作。信息技术的发展和应用对各个领域产生了革命性的影响。它提高了信息处理和传递的效率，降低了成本，推动了技术创新和产业升级。同时，信息技术也带来了一些新的挑战和问题，如数据隐私保护、网络安全等。

所以，正确的信息应用可以推动经济的发展、科技的进步和文化的繁荣；而错误的信息应用则可能导致决策的失误、资源的浪费和不良的社会影响。

### 3. 信息能力

信息能力是信息素养的核心，涵盖了获取、处理、分析、评价、利用和创造信息的能力。这些能力需要使用各种信息技术工具和方法，如计算机、互联网和移动设备等。具备良好的信息能力意味着能够熟练地运用信息技术工具解决问题，满足学习、工作和生活中的信息需求。

（1）信息获取能力：

① 能够明确信息需求，确定信息源，并有效地从各种渠道（如图书馆、互联网、数据库等）检索和收集相关信息。

② 掌握基本的检索技巧和策略，如关键词选择、布尔逻辑运算等，以提高检索效率和准确性。

（2）信息处理能力：

① 能够对收集到的信息进行筛选、分类、组织和整理，去除冗余和无关信息，保留有价值的内容。

② 熟练运用各种信息处理工具（如文字处理软件、电子表格等）对信息进行编辑、格式化和排版，使其更加清晰、易读和易于理解。

（3）信息分析能力：

① 能够运用批判性思维对信息进行分析和解读，识别信息中的事实、观点、偏见和假设等。

② 掌握基本的数据分析方法和工具（如统计软件、数据可视化工具等），能够对数据进行量化和可视化分析，以揭示数据背后的规律和趋势。

（4）信息评价能力：

① 能够根据信息的质量、可靠性、时效性和相关性等标准对信息进行评价和判断。

② 了解信息评价的基本原则和方法，如来源评价、内容评价、用户评价等，以避免受到虚假、误导性信息的影响。

（5）信息利用能力：

① 能够将获取和处理后的信息有效地应用于学习、工作和生活中，解决实际问题或满足特定需求。

② 具备良好的信息沟通和协作能力，能够与他人共享和交流信息，促进团队合作和知识共享。

（6）信息创造能力：

① 能够在现有信息的基础上进行创新和创造，生成新的观点、想法或解决方案。

② 掌握基本的信息技术和工具（如编程语言、多媒体制作软件等），能够设计和开发新的信息系统、产品或服务，以满足不断变化的需求和挑战。

### 4. 信息道德

信息道德是信息素养的伦理准则，强调在信息获取、利用和创造过程中应遵循的道德规范和法律法规。它涉及对知识产权的尊重、个人隐私的保护、信息安全的维护以及避免传播虚假或有害信息等。遵守信息道德有助于维护良好的信息环境和社会秩序，促进信息的健康传播和利用。

（1）信息安全与国家安全。信息安全直接关系到国家安全和社会稳定。《中华人民共和国网络安全法》明确规定，任何个人和组织使用网络应当遵守宪法法律，遵守公共秩序，尊重社会公德，不得危害网络安全。信息道德在这一领域强调个体和组织在信息处理、存储和传输过程中应遵循的安全准则，确保信息不被非法获取、篡改或破坏。

（2）知识产权保护与创新驱动。我国大力实施创新驱动发展战略，知识产权保护是激发创新活力、推动高质量发展的重要保障。信息道德要求尊重他人的知识产权，不盗用、不剽窃他人的创新成果。同时，鼓励原创性内容的产生和传播，推动文化产业的健康发展。

（3）个人隐私保护与数据安全。随着大数据时代的到来，个人隐私保护面临前所未有的挑战。《中华人民共和国个人信息保护法》确立了个人信息处理应遵循的原则和规则，明确了个人信息处理者的义务和责任。信息道德强调在处理个人信息时应遵循合法、正当、必要原则，确保个人数据的安全和隐私不被侵犯。

（4）避免传播虚假与有害信息。在信息传播日益便捷的今天，虚假和有害信息的传播成为一大社会问题。我国政府加强对网络信息的监管，打击网络谣言和有害信息的传播。信息道德要求我们在发布和转发信息时，应确保信息的真实性和准确性，不传播未经证实的消息，维护良好的网络生态。

### 1.1.3 信息素养的层次水平

依据不同的标准和视角，信息素养可以分为不同的层次水平。依据信息素养的内涵和发展，结合马斯洛的需要层次理论，通常将其划分为基础性信息素养、自我满足性信息素养以及自我实现性信息素养三个层次。

#### 1. 基础性信息素养

基础性信息素养是信息素养的最低层次，也是最基本的要求。它要求个体具备基本的信息技术知识和技能，能够使用常见的信息技术工具进行简单的信息获取、处理和交流。这一层次主要关注信息技术的基本操作和应用。

#### 2. 自我满足性信息素养

在基础性信息素养的基础上，个体开始有意识地根据自己的信息需求，主动寻求、选择和管理信息。他们能够更加熟练地运用信息技术工具，有效地获取、整合和利用信息，以满足自己的学习、工作和生活需求。这一层次强调个体对信息的主动性和自我满足能力。

#### 3. 自我实现性信息素养

自我实现性信息素养是信息素养的最高层次，也是最具挑战性的要求。它要求个体不仅具备扎实的信息技术基础知识和应用能力，还能够运用批判性思维和创新思维，对信息进行深入分析、评价和创新应用。他们能够在信息海洋中发现新知识、新问题和新机会，为社会发展做出积极贡献。这一层次强调个体对信息的批判性、创新性和社会责任感。

上述三个层次并不是孤立的，而是相互联系、逐步递进的。个体在提升信息素养的过程中，需要不断跨越不同的层次，逐渐提高自己的信息能力和素养水平。同时，不同领域和行业对信息素养的要求也可能有所不同，因此在实际应用中需要根据具体情况进行灵活调整。

**知识延伸**

#### 1. 案例

具备高信息素养水平的人与不具备信息素养水平的人之间存在显著的差异。

以一个具体的场景为例，假设两个人都需要在网上查找关于某个疾病的信息。具备高信息素养水平的人会有目的性地使用多个关键词在多个可靠的医学网站上进行搜索，他能够筛选出高质量的信息，理解并整合这些信息，然后基于这些信息做出合理的决策或寻求专业的医疗建议。此外，他还能意识到信息安全和隐私的重要性，避免在不安全的网站上输入个人信息。

相反，欠缺信息素养的人可能会随意在搜索引擎中输入一两个词汇，他可能会被搜索结果中的广告或低质量信息所吸引，难以区分信息的真伪。他可能会因为缺乏批判性思维而盲目相信网上的信息，甚至可能因此做出错误的决策。此外，他可能还不太了解如何保护自己的信息安全和隐私。

因此，信息素养水平高的人，能够更好地利用信息资源解决问题，做出明智的决策，并保护自己的信息安全和隐私。而信息素养欠缺的人，则可能会在信息海洋中迷失方向，难以获取和利用有价值的信息。这也体现了信息素养在当代社会中的重要性。

### 2. 大学生信息素养评测量表

大学生信息素养评价指标包括信息意识、信息知识、信息能力和信息道德四个方面。根据这四个方面，设计大学生信息素养评测量表，见表 1-1。学生根据每个题目的陈述选择最符合自己实际情况的评分，在对应的“评分”栏中打钩或填写数字（1 表示非常不同意，5 表示非常同意）。评分完成后，可以计算每个维度的平均分或总分，以了解自己在信息素养各个方面的表现。

表 1-1　大学生信息素养评测量表

| 维　度 | 序　号 | 评 价 项 目 | 评　分 |
|---|---|---|---|
| 信息意识 | 1 | 我经常意识到信息在日常生活和学习中的重要性 | 1　2　3　4　5 |
| | 2 | 我对新技术和新信息持开放和好奇的态度 | 1　2　3　4　5 |
| | 3 | 我会主动寻找和利用信息来解决遇到的问题 | 1　2　3　4　5 |
| | 4 | 我认为信息是创新和进步的关键因素 | 1　2　3　4　5 |
| | 5 | 我习惯性地关注信息更新和变化 | 1　2　3　4　5 |
| 信息知识 | 6 | 我了解信息检索的基本原理和技巧 | 1　2　3　4　5 |
| | 7 | 我熟悉不同类型的信息资源（如数据库、网络资源等） | 1　2　3　4　5 |
| | 8 | 我知道如何评估信息的真实性、准确性和完整性 | 1　2　3　4　5 |
| | 9 | 我了解信息版权、隐私和安全的基本知识 | 1　2　3　4　5 |
| | 10 | 我掌握了一些信息编码和格式的基础知识 | 1　2　3　4　5 |
| 信息能力 | 11 | 我能够高效地搜索和筛选所需信息 | 1　2　3　4　5 |
| | 12 | 我能够使用多种工具和软件处理和分析信息 | 1　2　3　4　5 |
| | 13 | 我擅长将信息以清晰、有条理的方式呈现出来 | 1　2　3　4　5 |
| | 14 | 我能够将信息与所学知识融合，创新性地解决问题 | 1　2　3　4　5 |
| | 15 | 我具备良好的信息素养自我提升能力 | 1　2　3　4　5 |
| 信息道德 | 16 | 我在引用他人信息时会注明出处 | 1　2　3　4　5 |
| | 17 | 我尊重他人的知识产权，不盗用他人成果 | 1　2　3　4　5 |
| | 18 | 我不传播未经证实的消息，避免造成误导 | 1　2　3　4　5 |
| | 19 | 我在网络交流中始终保持礼貌和尊重 | 1　2　3　4　5 |
| | 20 | 我了解并遵守网络安全和隐私保护的规定 | 1　2　3　4　5 |

## 1.2 信息技术的发展

在当今时代，信息技术已经渗透到人们生活的方方面面，从工作、学习到娱乐，几乎无处不在。信息技术已成为推动社会进步的核心动力，其发展历程如同一部波澜壮阔的史诗，从早期的简单通信手段逐步演变为今日的高性能计算、云计算、大数据和人工智能等尖端科技。这一演变不仅极大地丰富了人们的生活，还深刻地改变了社会的运作模式。

## 1.2.1 信息技术概述

### 1. 信息技术的定义

信息技术的定义因使用目的、范围和层次的不同而有所差异。广义而言，信息技术是指能充分利用与扩展人类信息器官功能的各种方法、工具与技能的总和。该定义强调的是从哲学上阐述信息技术与人的本质关系。

狭义上讲，信息技术是指利用计算机、网络、广播电视等各种硬件设备及软件工具与科学方法，对文图声像各种信息进行获取、加工、存储、传输与使用的技术之和。该定义强调的是信息技术的现代化与高科技含量。

在教育领域中，信息技术的定义更加具体，主要指应用计算机科学和通信技术来设计、开发、安装和实施信息系统及应用软件，也常称为信息和通信技术（information and communications technology, ICT）。这包括计算机和智能技术、通信和控制技术等方面的内容。

总的来说，信息技术是一种涉及信息的产生、收集、交换、存储、传输、显示、识别、提取、控制、加工和利用等方面的技术，其核心是计算机和通信技术。随着科技的不断进步和创新，信息技术也在不断地发展和演变，深刻地改变着人们的生活方式和社会运作模式。

### 2. 信息技术的发展历程

信息技术的发展历程是一个不断演进和创新的过程，从语言、文字到互联网、人工智能等新兴技术，每一步都深刻地影响着人类社会的发展和进步。信息技术的发展历程见表 1-2。

表 1-2 信息技术的发展历程

| 时代 | 关键技术 | 描述 |
|---|---|---|
| 史前时代 | 语言 | 人类通过口头交流传递信息 |
| 古代 | 文字、印刷术 | 文字的创造使得信息可以记录和传承，印刷术的发展推动了书籍和报刊的印刷与传播 |
| 19 世纪中叶 | 电报、电话 | 电报和电话的发明使得人们可以远距离、快速地传递信息 |
| 20 世纪中叶 | 电子计算机 | 电子计算机的发明和普及极大地提高了信息处理的速度和能力 |
| 20 世纪 70 年代 | 微处理器、个人计算机 | 微处理器的发明和个人计算机的普及推动了信息技术的革命 |
| 20 世纪 90 年代至今 | 互联网、移动通信技术 | 互联网技术的快速发展和移动通信技术的演进改变了人们获取和传递信息的方式 |
| 21 世纪初至今 | 云计算、大数据、人工智能 | 云计算、大数据和人工智能等新兴技术的应用进一步推动了信息技术的创新和变革 |

（1）语言的使用：这是人类历史上最早的信息技术革命，发生在距今约 35 000 ～ 50 000 年前。语言成为人们进行思想交流和信息传播不可缺少的工具。

（2）文字的创造：大约在公元前 3500 年，人类发明了文字，这是信息技术的第二次革命。文字的出现使信息存储和传播超越了时间和地域的局限，为后来的文化传承和发展奠定了基础。

（3）印刷术的发明：1040 年左右，我国开始使用活字印刷技术（欧洲人 1451 年开始使用印刷技术）。印刷术的发明和使用使书籍、报刊成为重要的信息存储和传播的媒体，极大地推动了知识和文化的传播。

（4）电报、电话、广播和电视的发明和普及：这一阶段开始于 19 世纪。这些设备的发明和普及使信息传播手段更加多样化，进一步拓展了时间和地域的限制，人们可以更快地获取和传递信息。

（5）计算机技术与现代通信技术的有机结合：这是信息技术的第五次革命，开始于 20 世纪中叶。计算机和互联网的普及使得信息处理速度大大提高，信息传播范围也空前扩大。

（6）云计算、大数据、人工智能等新兴技术的应用：近年来，云计算、大数据、人工智能等新兴技术的快速发展和应用，进一步推动了信息技术的创新和变革。这些技术使得人们可以更加高效地处理和分析海量的数据，提供更加智能化的服务。

## 1.2.2 早期信息技术的发展

### 1. 语言的产生和演变

语言是人类用于交流的一种复杂系统，由词汇、语法和发音等要素组成。它不仅是人类表达思想、感情和意愿的工具，还是文化、历史和社会的载体。

（1）语言的产生。语言的产生与人类社会的形成和发展密切相关。在远古时代，人类为了协同狩猎、分享食物和进行其他社会活动，需要一种有效的沟通方式。这种需求促使了原始语言的出现。原始语言可能由简单的呼喊、手势和模仿自然声音发展而来，逐渐形成了具有一定意义和结构的符号系统。

（2）语言的演变。随着时间的推移，语言在不断地演变和变化。这种演变包括语音、词汇和语法等方面的变化。

① 语音变化：语音是语言中最容易发生变化的部分。语音变化可能受到地理环境、社会交往和民族迁徙等多种因素的影响。例如，不同地区的方言可能具有独特的语音特征。

② 词汇变化：词汇是语言中用于表达具体事物和抽象概念的基本单位。随着社会的发展和科技的进步，新词汇不断涌现，旧词汇可能逐渐消失或被赋予新的意义。此外，不同文化之间的交流和融合也会导致词汇的借用和融合。

③ 语法变化：语法是语言中用于组织词汇和句子的规则系统。虽然语法变化相对较慢，但在长期的历史发展过程中，语法结构也会发生一定的变化。例如，古代汉语和现代汉语的语法结构存在显著的差异。

### 2. 文字的发明和书写材料的进步

文字的发明是人类文明史上的一个重要里程碑，它使得人类能够记录和传承信息，超越了口头交流的局限。随着文字的发展，书写材料也不断进步，推动了文化的传播和知识的积累。

（1）文字的发明。文字的起源可以追溯到古代的各种符号系统，如楔形文字、象形文字等。这些早期的文字系统通常用于记录政治和经济事务等重要信息。图 1-1 所示为殷墟出土的中国古代的甲骨文。图 1-2 所示为古代两河流域苏美尔人所创的楔形文字。随着时间的推移，文字逐渐简化并规范化，形成了更为易读和易写的形式。

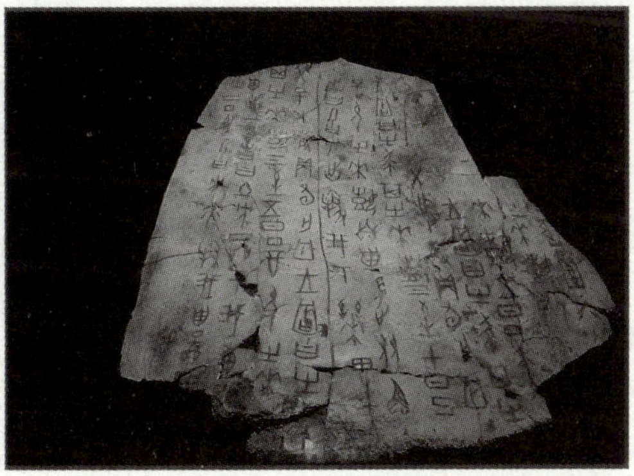

图 1-1 甲骨文

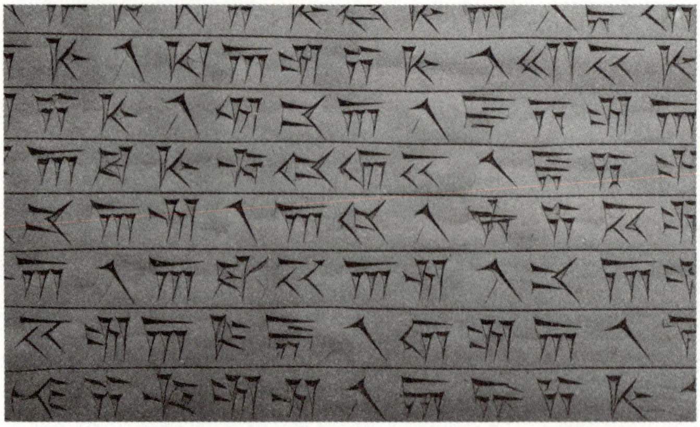

图 1-2 楔形文字

文字的发明对人类社会产生了深远的影响。它使得知识得以传承和积累，促进了科学、哲学、文学等各个领域的发展。此外，文字还成为交流和沟通的重要工具，加强了不同地区和文化之间的联系和交流。

（2）书写材料的进步。随着文字的发展，书写材料也不断进步和演变。最早的书写材料可能包括石头、泥板、树皮等自然物质。这些材料虽然简单易得，但书写困难且不易保存。后来，人们开始尝试使用更为适合书写的材料，如纸莎草纸、羊皮纸等。这些材料相对柔软且易于书写，逐渐成为古代文明中重要的书写媒介。随着技术的进步，纸张的制作工艺不断改进，纸张的质量提高且成本降低，使得书写和阅读变得更加普及和便捷。

在现代社会，人们拥有更多种类的书写材料和工具，如铅笔、钢笔、墨水、打印机等。这些工具和材料不仅提高了书写的效率和美观度，还使得人们可以更加灵活地记录和表达信息。

总的来说，文字的发明和书写材料的进步是人类文明史上的重要里程碑。它们推动了知识的传承和积累，加强了不同地区和文化之间的联系和交流，为人类社会的进步和发展奠定了坚实的基础。

（3）印刷术的发展和应用。印刷术是一种利用版面，将文字和图案转移到承印物上的工艺技术。它的发展和应用极大地推动了人类文明的进程，使得知识、文化和信息得以广泛、快速地传播。

① 印刷术的发展。

早期印刷方法：在印刷术正式发明之前，人们使用各种手工复制文本的方法，如手抄、拓印等。这些方法效率低下，且容易出错。

雕版印刷：最早的印刷形式之一是雕版印刷，即将文字和图案雕刻在木板上，然后涂上墨水进行印刷。这种方法在中国古代、古埃及等地都有应用。

活字印刷：活字印刷是印刷术的一大革命。它使用可以拆卸和重新组合的单个字符（如中国的木活字、泥活字，以及后来欧洲的金属活字），大大提高了印刷的灵活性和效率。毕昇（见图 1-3）在宋代发明了活字印刷术，这是印刷技术的一大飞跃。

图 1-3 毕昇雕像

移动印刷技术：随着技术的发展，出现了更多先进的印刷技术，如平版印刷、凹版印刷、凸版印刷和丝网印刷等。这些技术进一步提高了印刷的质量和效率。

② 印刷术的应用。印刷术的发展对人类的生产生活产生了深远而巨大的影响，不仅极大地提高了信息传播的速度和范围，还推动了教育、文化、商业等多个领域的蓬勃发展。

教育普及：随着印刷术的应用，书籍的数量大幅增加，价格也逐渐降低，使得更多的人有机会接受教育和学习知识。

文化传承：印刷术对于文学、艺术、历史等文化领域的传承和发展也起到了重要作用。通过印刷术，经典作品得以保存和传播，使后人可以学习和借鉴前人的智慧成果。

商业广告：印刷术也被广泛应用于商业领域，如制作海报、传单、产品包装等，促进了商品的销售和品牌的推广。

总之，通过印刷术，人们能够更快速、更广泛地获取知识和信息，促进了思想的交流和碰撞，加速了科技进步的步伐。同时，印刷术的应用也极大地提升了生产效率，降低了成本，使得书籍、报纸等文化产品得以大量生产，丰富了人们的精神生活。可以说，印刷术的发展是人类文明进程中的重要里程碑，为人类的进步和发展奠定了坚实的基础。

## 1.2.3　电信技术的崛起

随着工业革命的到来，电信技术迅速崛起，彻底改变了人类通信的方式和速度。电报、电话、无线电通信以及卫星通信等技术的相继出现，构成了现代通信体系的基础。

### 1. 电报和电话的发明

（1）电报技术。电报是最早的电信技术之一，它利用电信号传输文字信息。19 世纪中叶，随着电报机的发明和电报线路的铺设，人们开始能够迅速地将信息发送到遥远的地方。电报的出现极大地提高了信息传递的速度和效率，对商业、政治和军事等领域产生了深远的影响。

（2）电话技术。电话的发明进一步地改善了人们的通信方式。与电报不同，电话能够实时传输声音，使得人们可以在不同地点进行即时的对话。电话的普及极大地促进了个人和企业之间的沟通交流，加速了社会和经济的发展。

### 2. 无线电通信的出现和发展

无线电通信技术的出现是电信技术发展史上的又一重大突破。它利用电磁波进行信息传输，无须铺设线路，因此具有更高的灵活性和便利性。无线电通信最初被用于军事和航海领域，后来逐渐扩展到广播、电视以及移动通信等领域。无线电通信的发展极大地丰富了人们的娱乐生活，同时也为应急救援、远程医疗等社会服务提供了重要支持。

### 3. 卫星通信技术的应用

卫星通信是利用人造地球卫星作为中继站来转发无线电波而进行的两个或多个地球站之间的通信。20 世纪中叶以来，随着航天技术的不断发展，卫星通信技术也得到了广泛应用。卫星通信具有覆盖范围广、通信容量大、传输质量高等优点，因此在国际通信、广播电视、气象观测、导航定位等领域发挥着重要作用。此外，卫星通信还为偏远地区的通信问题提供了有效的解决方案，推动了全球通信网络的均衡发展。

## 1.2.4　计算机技术的革命

计算机技术是 20 世纪最伟大的科技成就之一，它彻底改变了人类处理信息的方式，对社会各个领域产生了深远的影响。计算机技术的革命主要包括电子计算机的诞生和初期发展、微处理器的发明和个人计算机的普及，以及计算机网络和互联网的出现。

### 1. 电子计算机的诞生和初期发展

电子计算机（electronic computer）的诞生标志着计算机技术时代的开始。1946 年，美国宾夕法尼亚大学成功研制出世界上第一台通用电子计算机 ENIAC（electronic numerical integrator and calculator，见图 1-4），它采用电子管作为基本元件，具有划时代的意义。虽然 ENIAC 体积庞大、功耗高且运算速度有限，但它为后续的计算机发展奠定了基础。

图 1-4 ENIAC

随着晶体管等新型电子器件的发明和应用，计算机逐渐实现了小型化、高速化和低功耗化。同时，计算机的应用领域也不断扩展，从最初的军事和科学计算领域逐渐渗透到商业、教育、医疗等各个领域。

### 2. 微处理器的发明和个人计算机的普及

微处理器（microprocessor）是将中央处理器（central processing unit，CPU）的功能集成到一块芯片上的集成电路。1971 年，美国 Intel 公司成功研制出世界上第一块微处理器 4004，这标志着计算机进入了微型化时代。随后，微处理器不断升级换代，性能逐渐提升，价格也大幅下降。

随着微处理器的普及和应用，个人计算机（personal computer，PC）逐渐走进了千家万户。个人计算机的出现极大地促进了计算机技术的普及和发展，使得更多的人能够接触到计算机技术并享受其带来的便利。同时，个人计算机也催生了大量的软件产业和互联网产业，推动了信息产业的蓬勃发展。

### 3. 计算机网络和互联网的出现

计算机网络是指将多台计算机连接起来，通过通信设备和通信线路进行数据传输和信息共享。20 世纪 60 年代末，美国国防部高级研究计划局（ARPA）开始研究计算机网络技术，并于 1969 年建成了世界上第一个计算机网络——ARPANET。随后，计算机网络技术不断发展完善，逐渐形成了局域网、城域网、广域网等多种类型的网络。

互联网（internet）是全球最大的、覆盖范围最广的计算机网络。它连接了世界各地的计算机网络和服务器，为人们提供了丰富的信息资源和便捷的信息交流方式。互联网的出现极大地促进了全球范围内的信息交流和资源共享，推动了人类社会的信息化进程。同时，互联网也催生了大量的新兴产业和商业模式，如电子商务、在线教育、社交媒体等，对经济社会产生了深远的影响。

### 1.2.5　现代信息技术的快速发展

进入21世纪，信息技术以前所未有的速度迅猛发展，改变了人们的生活方式、工作方式和思维方式。以下是现代信息技术快速发展的几个关键领域。

#### 1. 移动通信技术的演进

移动通信技术经历了从2G到5G的多次升级换代。2G时代实现了语音通信的数字化；3G技术带来了移动数据的初步普及，使得手机上网成为可能；4G技术大幅提升了数据传输速度，支持了高清视频、实时游戏等高带宽应用；而5G技术则进一步提升了传输速度、降低了延迟，为物联网、自动驾驶、远程医疗等新兴应用提供了强大的网络支持。

#### 2. 云计算和大数据技术的兴起

云计算是一种通过网络提供计算资源、存储空间和应用程序的服务模式。它使得用户无须购买和维护昂贵的硬件设备，就能轻松获取强大的计算能力。大数据技术则是对海量数据进行收集、存储、分析和可视化处理的技术。通过云计算和大数据技术，企业能够更高效地处理和分析数据，从而洞察市场趋势、优化业务流程、提升用户体验。

#### 3. 人工智能和机器学习的应用

人工智能（artificial intelligence，AI）和机器学习（machine learning，ML）是近年来最热门的技术领域之一。AI技术模拟人类的智能行为，使得机器能够自主学习、推理和决策。ML技术则通过训练大量数据来优化算法，提升机器的预测和决策能力。这些技术在语音识别、图像识别、自然语言处理、智能推荐等多个领域都有广泛应用，极大地提升了人们的生活质量和工作效率。

#### 4. 物联网技术的扩展和影响

物联网（internet of things，IoT）技术通过网络将各种智能设备连接起来，实现设备之间的数据交换和协同工作。它使得家居、交通、工业、农业等各个领域都能实现智能化和自动化。例如，智能家居系统可以通过手机或语音控制家电开关；智能交通系统可以实时监测路况并优化交通流量；工业物联网可以提升生产效率和产品质量；农业物联网则可以实现精准灌溉和智能养殖等。物联网技术的广泛应用将推动社会各个领域的创新和发展。

### 1.2.6　信息技术的未来展望

随着科技的持续进步和创新，信息技术在未来将继续扮演至关重要的角色。以下是对信息技术未来发展的几个关键领域的展望。

#### 1. 量子计算和量子通信的前景

量子计算利用量子力学的原理进行信息处理，具有在某些特定任务上远超传统计算的潜力。未来，量子计算机有望解决传统计算机难以处理的复杂问题，如药物设计、材料科学、大数据分析等。而量子通信则提供了一种无法被窃听的通信方式，对于保障国家安全和个人隐私具有重要意义。随着量子技术的不断发展，有望迎来一个全新的量子信息时代。

#### 2. 虚拟现实和增强现实技术的进一步应用

虚拟现实（virtual reality，VR）和增强现实（augmented reality，AR）技术能够创造出身临其境的沉浸式体验，为用户带来全新的感官刺激。未来，这些技术将在娱乐、教育、医疗、游戏等领域得到更广泛的应用。例如，通过 VR 技术，学生可以进入虚拟的教室或实验室进行学习；医生可以利用 AR 技术进行手术导航和辅助诊断；消费者可以通过 AR 技术体验虚拟试衣间等。这些技术将极大地丰富人们的生活方式和提升生活质量。

#### 3. 人工智能在医疗、交通、教育等领域的深度融合

人工智能技术的不断发展和成熟，将使其在医疗、交通、教育等领域发挥更大的作用。在医疗领域，人工智能可以辅助医生进行疾病诊断和治疗方案制定；在交通领域，人工智能可以实现智能交通管理和自动驾驶等应用；在教育领域，人工智能可以根据学生的学习进度和兴趣进行个性化教学。这些深度融合的应用将极大地提升各个领域的智能化水平和效率。

#### 4. 信息技术在可持续发展和环境保护中的作用

随着全球环境问题的日益严峻，信息技术在可持续发展和环境保护中的作用将越来越重要。信息技术可以帮助监测和管理环境资源，提高能源利用效率，减少废弃物排放等。例如，通过物联网技术可以实时监测空气质量、水质等环境指标；通过大数据分析可以优化能源分配和调度；通过智能制造可以减少生产过程中的资源浪费和污染排放等。这些应用将有助于实现可持续发展目标并保护我们的地球家园。

## 1.3 信息伦理与职业素养

随着信息技术的迅猛发展和广泛应用，信息伦理和职业素养问题日益凸显。信息技术不仅改变了人们的工作方式和生活方式，也对如何处理和传播信息、如何保护隐私和知识产权等方面提出了新的挑战。因此，提升信息伦理观念和职业素养，已成为当前社会和企事业单位对信息技术从业者的重要要求。

信息伦理关注的是信息技术应用中涉及的道德和伦理问题。它要求信息技术从业者在处理信息时，要遵循公正、诚信、尊重、责任等基本原则，保护信息主体的隐私和权益，维护信息安全和稳定，促进信息的合理流动和有效利用。

职业素养是指信息技术从业者在职业活动中表现出的综合素质和能力。这包括专业知识技能、沟通协调能力、团队协作精神、创新思维、服务意识等多个方面。一个具备良好职业素养的信息技术从业者，不仅能够胜任本职工作，还能够为组织的发展和社会的进步做出贡献。

### 1.3.1 信息伦理知识

#### 1. 信息伦理的定义与重要性

信息伦理是指在信息技术应用过程中，人们应遵循的道德规范和伦理原则。它涉及信息开发、信息传播、信息的管理和利用等方面的伦理要求、伦理准则和伦理规约，以及在此基础上形成的新型的伦理关系。信息伦理又称信息道德，是调整人们之间以及个人和社会之间信息关系的行为规范的总和。

信息伦理的对于保护个人隐私、维护信息安全、促进信息公平使用等方面具有至关重要的作用。在信息时代，随着信息技术的快速发展和广泛应用，个人隐私和数据安全等问题日益突出。信息伦理的研究和遵守有助于平衡技术的发展和个人权益的保护，促进社会的可持续发展。同时，信息伦理也是构建

健康信息社会的重要基石，对于培养个体的信息素养、提升整个社会的道德水平具有重要意义。当今时代，所有人都是信息社会的参与者，了解和遵守信息伦理知识，不仅是每个人的道德责任，也是社会发展的必然要求。

### 2. 信息伦理的基本原则

信息伦理的基本原则包括尊重隐私原则、信息安全原则、公平使用原则和责任原则。

（1）尊重隐私原则。尊重隐私原则强调保护个人和组织的信息不被非法收集、使用或披露。在信息时代，个人隐私和数据安全面临着前所未有的挑战。尊重隐私原则要求我们在处理和使用个人信息时，必须遵守相关法律法规，确保个人信息的合法性和正当性。同时，我们还需要采取必要的安全措施，防止个人信息被非法获取、滥用或泄露。

（2）信息安全原则。信息安全原则要求确保信息系统的完整性、保密性和可用性。信息安全是信息社会的重要基石，它关系到国家安全、社会稳定和个人权益。信息安全原则要求我们在设计和使用信息系统时，必须充分考虑系统的安全性，采取有效的技术和管理措施，防止信息被篡改、破坏或窃取。同时，我们还需要加强对信息系统的监控和维护，确保系统的稳定运行和数据的可靠存储。

（3）公平使用原则。公平使用原则旨在促进信息资源的公平获取和使用，避免信息歧视。在信息时代，信息资源的获取和使用对于个人和社会的发展具有重要意义。公平使用原则要求我们在分配和使用信息资源时，必须遵循公平、公正的原则，确保每个人都有平等的机会获取和使用信息。同时，我们还需要关注信息弱势群体，为他们提供必要的信息支持和帮助。

（4）责任原则。责任原则强调个人和组织应对其信息行为承担责任。在信息社会，信息行为具有广泛的影响力和传播性。责任原则要求我们在进行信息行为时，必须考虑到行为可能产生的后果和影响，遵守相关法律法规和道德规范。如果我们的信息行为造成了损害或不良后果，我们应该承担相应的责任并采取措施进行补救。

以上原则是信息伦理的基石，它们共同构成了信息社会中的道德规范和伦理标准。遵守这些原则有助于维护信息社会的秩序和稳定，促进信息技术的健康发展和应用。

### 3. 信息伦理在日常生活和工作中的应用

信息伦理在日常生活和工作中的应用广泛且重要，它规范了人们在信息时代的行为准则，确保了网络空间的秩序和安全。信息伦理在日常生活和工作中的应用是多方面的，它要求人们在网络空间中保持文明、理性、诚信的态度和行为，共同维护一个健康、和谐的信息社会。

（1）遵守网络礼仪，文明上网。网络礼仪是信息伦理在网络空间中的体现，它要求人们在网络交流中保持礼貌、尊重他人，并避免发表攻击性或侮辱性的言论。遵守网络礼仪有助于营造一个和谐、友善的网络环境，减少网络暴力和冲突的发生。

（2）不传播未经证实的信息，避免误导。在信息爆炸的时代，谣言和虚假信息的传播速度极快，容易引发社会恐慌和混乱。因此，人们在日常生活中应该保持理性思考，不轻易相信和传播未经证实的信息，避免成为谣言的传播者。在工作环境中，特别是新闻、媒体等行业，更应该坚守真实、客观的原则，确保所传播的信息准确无误。

（3）尊重知识产权。知识产权是保护创作者权益的重要法律制度，也是信息伦理的重要组成部分。在日常生活中，人们应该尊重他人的知识产权，不盗用他人的创意、作品或成果。在工作环境中，企业和个人更应该加强知识产权保护意识，遵守相关法律法规，确保自己的创新成果得到合法保护，同时也尊重他人的创新劳动。

## 1.3.2 相关法律法规

### 1. 国内外主要的信息技术法律法规

（1）国内信息技术相关法律法规。国内主要的信息技术相关的法律法规在保障信息安全、促进信息化发展以及维护公民、法人和其他组织合法权益方面起着至关重要的作用，见表 1-3。

表 1-3 国内信息技术相关法律法规

| 法律法规名称 | 颁布日期 | 目的 | 内容 |
| --- | --- | --- | --- |
| 《计算机信息网络国际联网安全保护管理办法》 | 1997 年 12 月 30 日 | 加强计算机信息网络国际联网安全保护 | 规定了计算机信息网络国际联网的安全保护要求、安全管理制度、安全责任等 |
| 《计算机病毒防治管理办法》 | 2000 年 3 月 30 日 | 加强计算机病毒的预防和治理 | 规定了计算机病毒的预防措施、监测与报告、应急处理、法律责任等 |
| 《互联网信息服务管理办法》 | 2000 年 9 月 25 日 | 规范互联网信息服务活动 | 规定了互联网信息服务提供者的资质、服务内容和安全管理责任等 |
| 《互联网电子公告服务管理规定》 | 2000 年 10 月 8 日 | 规范互联网电子公告服务 | 规定了互联网电子公告服务提供者的资质、服务内容和安全管理要求等 |
| 《中华人民共和国计算机软件保护条例》 | 2001 年 12 月 20 日 | 保护计算机软件著作权 | 规定了计算机软件的著作权保护范围、登记、许可使用和转让等 |
| 《中华人民共和国电子签名法》 | 2004 年 8 月 28 日 | 确立电子签名的法律效力 | 规定了电子签名的法律效力、电子认证服务机构的条件和责任等 |
| 《中华人民共和国网络安全法》 | 2016 年 11 月 7 日 | 保障网络安全 | 规定了网络安全的基本要求、网络基础设施安全、网络信息安全、监测预警、应急处置等 |
| 《中华人民共和国个人信息保护法》 | 2021 年 8 月 20 日 | 保护个人信息权益 | 规定了个人信息处理的基本原则、个人在信息处理中的权利、处理者的义务等 |
| 《中华人民共和国数据安全法》 | 2021 年 6 月 10 日 | 规范数据处理活动，保障数据安全 | 规定了数据处理的基本要求、数据主权和数据安全、数据跨境传输等 |
| 《关键信息基础设施安全保护条例》 | 2021 年 7 月 30 日 | 保障关键信息基础设施安全 | 规定了关键信息基础设施的认定、安全保护要求、运营者的责任等 |

这些法律法规共同构成了我国信息技术领域的法律体系，为信息化发展提供了有力的法治保障。随着技术的不断进步和应用场景的不断拓展，这些法律法规也需要不断更新和完善以适应新的形势和需求。

（2）国际信息技术相关法律法规。国际上与信息技术相关的法律法规也颇为丰富，主要是为了在全球范围内促进信息技术的健康发展、保障信息安全、维护用户的合法权益。相关国际法律法规参见表 1-4。

表 1-4 国际信息技术相关法律法规

| 法规 / 条约名称 | 颁布国家 / 组织 | 通过 / 实施年份 | 主要目的 |
| --- | --- | --- | --- |
| 《世界知识产权组织版权条约》（WCT） | 世界知识产权组织 | 1996 年 | 解决数字化技术和互联网环境下著作权的保护问题 |
| 《世界知识产权组织表演和录音制品条约》（WPPT） | 世界知识产权组织 | 1996 年 | 保护表演者和录音制品制作者的权益 |
| 《美国电子签名法》（E-SIGN Act） | 美国 | 2000 年 | 确认电子签名和电子记录的法律效力 |
| 《网络犯罪公约》 | 欧洲理事会 | 2001 年 | 通过国际合作打击网络犯罪 |
| 《欧盟通用数据保护条例》（GDPR） | 欧盟 | 2018 年 | 规定企业如何收集、使用和处理个人数据 |

### 2. 法律法规对信息行为的规定与限制

（1）数据保护和隐私。许多国家和地区的法律法规要求组织和个人在处理个人信息时必须遵守严格的数据保护原则。例如，欧盟的《通用数据保护条例》（GDPR）规定了个人数据的收集、存储、使用和共享等方面的要求，并设置了重大的违规罚款。类似地，其他国家和地区的法律也可能对数据的匿名化、加密、访问权限和跨境传输等方面进行规定。

（2）网络安全。法律法规通常要求组织和个人采取必要的措施来保护其网络和信息系统免受未经授权的访问、使用、披露、破坏或修改。这可能包括实施防火墙、入侵检测系统、安全审计和漏洞修复等技术措施，以及制定和执行适当的安全政策和程序。

（3）电子通信和互联网行为。法律法规可能对电子通信的监控、拦截和保存等方面进行规定。例如，一些法律可能要求电信运营商保存用户通信记录以供执法机构调查使用。此外，互联网行为也可能受到法律法规的约束，如禁止网络欺诈、网络攻击、恶意软件传播等行为。

（4）知识产权。法律法规保护知识产权，如版权、专利和商标等。在信息领域，这可能涉及软件、数据库、音乐作品、影视作品等的保护。未经授权的使用、复制、分发或修改受保护的作品可能构成侵权行为，并可能受到法律制裁。

（5）反恐和国家安全。在一些国家和地区，法律法规可能授权政府机构对特定类型的信息进行监控和收集，以维护国家安全和打击恐怖主义。这可能涉及电话通信、电子邮件、社交媒体和其他在线活动的监控。

#### 3．违反信息技术相关法律法规的后果与责任

违反信息技术相关法律法规的后果与责任因具体违法行为、违法情节以及所在国家和地区的法律体系而异。

（1）民事责任。当个人或组织在处理信息技术过程中违反了与数据保护、隐私、版权等相关的民事法律，导致他人遭受经济损失或声誉损害时，可能需要承担民事赔偿责任。例如，在未经授权的情况下使用他人的受版权保护的软件或数据，可能需要向版权所有者支付赔偿金。

（2）行政责任。违反信息技术领域的行政法律法规，如网络安全法、电信法等，可能会受到相关行政机关的处罚。这些处罚可能包括警告、罚款、吊销经营许可证、责令整改等。具体处罚的种类和程度将取决于违法行为的性质、情节以及造成的社会危害程度。

（3）刑事责任。当个人或组织的信息技术行为触犯刑事法律，如网络犯罪、计算机入侵、数据窃取等，将面临刑事责任的追究。刑事责任可能包括拘役、有期徒刑、罚金等刑罚。对于严重的网络犯罪行为，一些国家甚至规定了较重的刑罚，以维护网络安全和社会秩序。

需要注意的是，信息技术领域的法律法规不断更新和发展，以适应技术的快速进步和社会需求的变化。因此，个人和组织在使用和处理信息技术时，应当及时了解和遵守相关的法律法规，以避免可能的法律风险和责任。

此外，不同国家和地区的法律体系对信息技术违法行为的定义、处罚种类和程度可能存在差异。因此，在全球范围内开展信息技术活动的个人和组织，需要特别注意并遵守各自所在国家和地区的法律法规。

### 1.3.3　职业行为要求

#### 1．职业道德规范

职业道德规范是指导职业人员在工作中应遵循的道德原则和行为准则。它涵盖了尊重知识产权、维护信息安全和隐私、保持诚实和透明、提供专业高质量服务以及尊重同事和公平竞争等方面。这些规范旨在确保职业人员以负责任、可信赖的方式履行职责，维护行业的声誉和公众的信任。遵守职业道德规范对于个人职业发展、企业成功以及整个行业的可持续发展至关重要。从业者应自觉遵守这些规范，并积极参与行业自律组织的活动，共同营造一个健康、和谐、创新的行业环境。

（1）尊重知识产权。信息技术从业者应尊重软件、数据、创意和其他知识产权的原创性和所有权。他们应使用正版软件，不参与非法复制、盗版或未经授权的分发活动，同时积极保护自己的创新成果。

（2）维护信息安全和隐私。从业者有义务保护客户、雇主和公众的信息安全和隐私，有责任确保所处理的信息的机密性、完整性和可用性。必须采取严格的安全措施，防止数据泄露、未经授权的访问和恶意攻击。同时，从业者还应尊重个人隐私，遵守相关法律法规，不滥用或非法披露个人信息。通过维护信息安全和隐私，从业者有助于建立信任，保护个人和组织的利益，并推动信息技术行业的健康发展。应采取必要的安全措施，防止数据泄露、损坏或非法访问，并遵守相关的数据保护法规。

（3）保持诚实和透明。信息技术从业者应以诚实、透明和负责任的态度对待工作。他们应避免误导客户、雇主或公众，不提供虚假信息或故意隐瞒重要事实，同时积极揭露和纠正行业内的不道德行为。

（4）提供专业、高质量的服务。从业者应致力于提供专业、高质量的信息技术服务，不断学习和提升自己的技能和知识。他们应以客户满意为导向，积极解决技术问题，确保所提供的产品和服务符合行业标准和客户期望。

（5）尊重同事和公平竞争。信息技术行业相关从业者应尊重同事和竞争对手，避免恶意攻击、诽谤或不当竞争行为。他们应积极参与行业交流和合作，共同推动信息技术行业的发展和进步。

### 2．职业行为准则

职业行为准则是职业道德规范的具体化，它为职业人员提供了在工作中应遵循的行为标准和指导原则。对于信息技术行业而言，职业行为准则尤为重要，因为它涉及信息安全、隐私保护、诚信经营等多个方面。

以下是一些信息技术行业中常见的职业行为准则：

（1）尊重并保护用户隐私和数据安全，不泄露、不滥用用户的个人信息。

（2）遵守诚信经营原则，不进行虚假宣传、不制造或传播恶意软件，提供真实、可靠的产品和服务。

（3）尊重知识产权，使用正版软件，不盗用他人的创新成果。

（4）维护计算机和网络安全，不制造、不传播病毒，积极采取预防措施防止系统被攻击。

（5）遵守公平竞争规则，不采取不正当手段获取商业利益，维护行业的良好竞争环境。

（6）尽职尽责，提供专业、高质量的信息技术服务，不断提升自己的专业技能和知识。

（7）尊重同事和合作伙伴，建立良好的工作关系，共同推动行业的发展。

这些职业行为准则有助于规范信息技术从业者的职业行为，提高行业的整体形象和声誉。从业者应自觉遵守这些准则，以树立良好的职业道德风尚。同时，企业和行业组织也应加强对职业行为准则的宣传和教育，促进整个行业的健康、可持续发展。

## 知识延伸

### 案例一：严守客户的数据秘密

某大型互联网公司的一名数据分析师，在日常工作中接触到了大量的用户敏感数据。尽管这些数据对于市场分析和产品研发具有极高的价值，但该分析师始终坚守信息伦理，从未私自泄露或利用这些数据为自己谋取利益。

一次，一个外部合作伙伴提出愿意支付高额费用，以获取这些用户数据用于其市场推广。面对诱惑，该分析师毫不犹豫地拒绝了，并明确告知对方这种行为严重违反公司的数据保护政策和信息伦理原则。

后来，这件事被公司领导知晓，该分析师受到了表彰和奖励，他的行为也被作为公司内部信息伦理教育的典型案例。

**案例启示：**这个案例展示了信息技术从业者在面对敏感数据时应有的职业操守和信息伦理意识。保护用户隐私和数据安全是信息技术从业者的基本职责之一，任何时候都不应为了个人利益而牺牲用户的隐私和数据安全。

**案例二：团队协作中的职业素养**

某软件开发团队承接了一个重要的项目，时间紧迫，压力巨大。团队成员各司其职，紧密协作，共同应对挑战。

在项目开发过程中，一名程序员发现了一个潜在的严重问题，如果不及时解决，可能会导致整个项目的失败。他立即向团队领导汇报了这个问题，并提出了自己的解决方案。

尽管这个问题的解决需要付出额外的努力和时间，但整个团队没有任何怨言，立即投入问题的解决中。最终，在团队的共同努力下，问题得到了及时解决，项目也按时交付给客户，获得了客户的高度评价。

**案例启示：**这个案例展示了信息技术从业者在团队协作中应有的职业素养。面对挑战和压力，团队成员能够相互支持、紧密协作，共同解决问题，这是职业素养的重要体现。同时，这也说明了一个人的职业素养不仅仅是个人的能力和素质问题，更是整个团队协作和发展的重要保障。

## 单元小结

本单元介绍了信息素养的概念和要素，讲述了信息技术的发展历程，并展望了信息技术的未来，深入探讨了信息伦理与职业素养，通过介绍相关法律法规内容，帮助学生树立正确的价值观，培养学生的职业道德和社会责任感。

## 单元练习

1. 如何理解信息意识在信息获取过程中的作用？一个具有较强信息意识的人在进行信息检索时会表现出哪些特点？

2. 信息知识对于提高信息处理能力的重要性体现在哪些方面？举例说明缺乏必要的信息知识会如何影响信息处理的效果。

3. 在信息利用过程中，信息道德扮演着怎样的角色？如何理解遵循信息道德对于防止信息滥用和误导的重要性？

4. 信息素养如何支持终身学习的理念？一个具备良好信息素养的个体在持续学习和自我提升方面会有哪些优势？

5. 如何理解信息素养与社会责任之间的关系？一个具备高度信息素养的公民在面对社会问题时，会如何利用自己的信息素养来承担社会责任？

6. 思考并简述信息技术从电报、电话到现代互联网、移动通信的演进过程中，对社会和个人生活产生的最主要影响有哪些？

7. 请列举出至少三项现代信息技术的代表性成就，并简要说明它们将如何改变人们的工作方式。

8. 信息技术行业中，保护用户隐私的重要性体现在哪些方面？为何从业者有责任确保用户数据的安全？

9. 假设你是一名信息技术从业者，发现同事在未经授权的情况下访问了客户的敏感数据。你将如何处理这种情况，同时遵守职业道德和法律规定？

10. 信息技术从业者应如何平衡技术创新与用户隐私之间的关系？请列举至少两个具体措施。

11. 设计一份针对新入职信息技术从业者的职业道德培训大纲，要求包含职业责任、义务以及处理道德困境的方法。

# 单元二

# 信息检索与安全

## 单元导读

在当今数字时代，信息检索与信息安全至关重要。随着信息技术飞速发展，信息呈爆炸式增长，如何快速准确地找到所需信息成为关键问题，同时信息安全也面临诸多挑战。信息检索能帮助人们高效获取有价值的知识和资源，提高工作和学习效率。而信息安全则保护个人隐私、企业机密和国家安全。本单元将详细介绍信息检索的各种方法与技巧，包括搜索引擎的使用、中国知网数据库文献检索。同时，深入探讨信息安全的重要概念、面临的威胁以及防护措施，如系统安全中心的防火墙配置、配置病毒防护等，为读者提供全面的知识体系，以便在信息的海洋中既能高效检索又能确保信息安全。

## 知识结构图

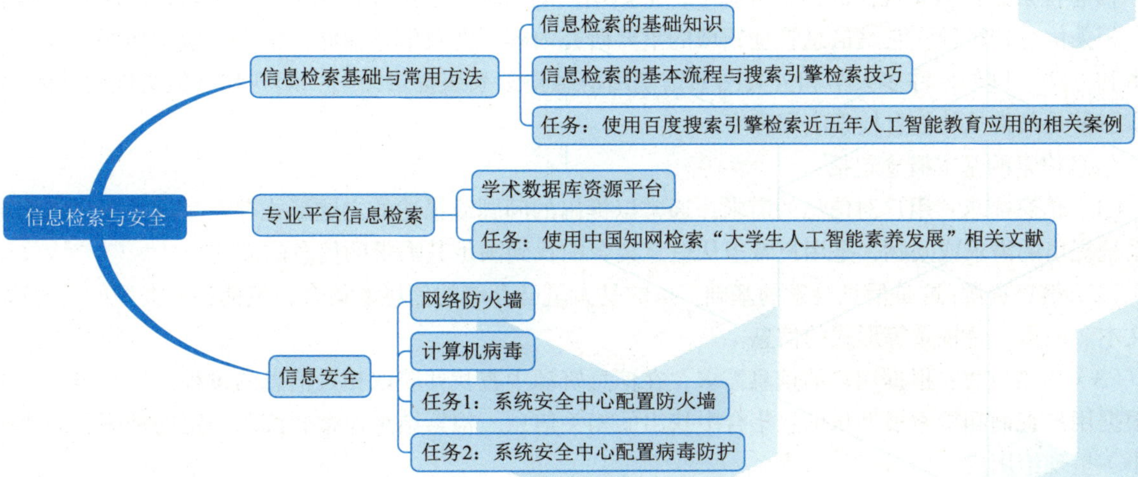


## 学习目标

通过学习本单元，掌握信息检索与信息安全的核心知识与技能，提升在数字时代高效获取信息并保障信息安全的能力，培养适应数字时代要求的职业素养，为未来的学习、工作和研究奠定坚实基础。

1. 知识目标

（1）理解信息检索基本概念及基本理论；

（2）掌握信息安全基本概念及基本理论。

2. 技能目标

（1）熟练运用信息检索工具进行信息检索；

（2）掌握常用的检索技巧；

（3）掌握配置系统防火墙、管理病毒防护软件，以及实施其他基本安全措施。

3. 素质目标

（1）增强信息安全意识；

（2）培养持续学习的习惯，学会利用信息检索工具持续学习新知识、新技能；

（3）提升团队协作与沟通能力和项目管理能力。

## 2.1 信息检索基础与常用方法

在当今数字化信息时代，数据呈现爆炸性增长，如何从这浩如烟海的信息中迅速、准确地检索出有价值的内容，已成为亟待解决的问题。传统的信息检索方式已无法满足现代社会的需求，急需创新和优化。本节旨在通过深入研究和实践，开发出更高效、更精准的检索技术和方法，不仅关注检索速度和准确率，还致力于提供个性化的检索服务，满足用户多样化的需求。

### 2.1.1 信息检索的基础知识

#### 1. 信息检索的概念

信息检索是指从大规模的信息资源中，根据用户的需求，通过计算机等技术手段，快速、准确地检索出相关信息的过程。它是信息管理领域的重要研究内容，涉及信息存储、索引、检索和评价等方面的技术和方法。例如，许多大学和公共图书馆使用信息检索系统提供图书、期刊和其他文件的访问；Web搜索引擎是最常见的信息检索应用程序。

信息检索的基本概念包括：

（1）信息需求：用户对信息的需求，通常以提出的问题或描述的主题形式存在。这是用户向信息检索系统提出的需求或问题，是用户希望从信息集合中找到满足其需求的信息的表述。

（2）信息资源：这是信息检索的基础，指的是大量已存储的信息的集合，包括各种类型的信息载体，如文本、图像、音视频等形式的信息。

（3）检索过程：根据用户的信息需求，在信息资源中查找并获取相关信息的过程。这是信息检索系统根据用户查询和检索模型从信息集合中找出的相关信息。检索结果通常会按照一定的顺序（如相关性大小）呈现给用户。

（4）检索模型：描述了信息检索系统中如何表示文档和查询，以及如何计算文档与查询之间的相关性。这是信息检索系统的核心部分，它定义了如何从信息集合中找出与用户查询相关的信息的方法和策略。检索模型会基于一定的算法，如布尔模型、向量空间模型、概率模型等，来计算用户查询与文档之间的相关性。

（5）检索评价：对信息检索系统性能进行评估的过程，通常使用准确率、召回率等指标进行评价。

这些指标可以帮助我们了解检索系统的性能，以及在不同查询和文档集合上的表现。

（6）信息检索系统：由硬件、软件和人员组成的系统，用于实现信息检索功能。

### 2. 信息检索的类型

信息检索的类型主要可以根据检索对象、检索手段和检索结果进行划分。

（1）按检索内容划分。

① 文献检索：以文献（包括题录、文摘和全文）为检索对象的检索。可分为全文检索和书目检索两种。如中国知网 CNKI 数据库，可检索收录的文献，如图 2-1 所示。

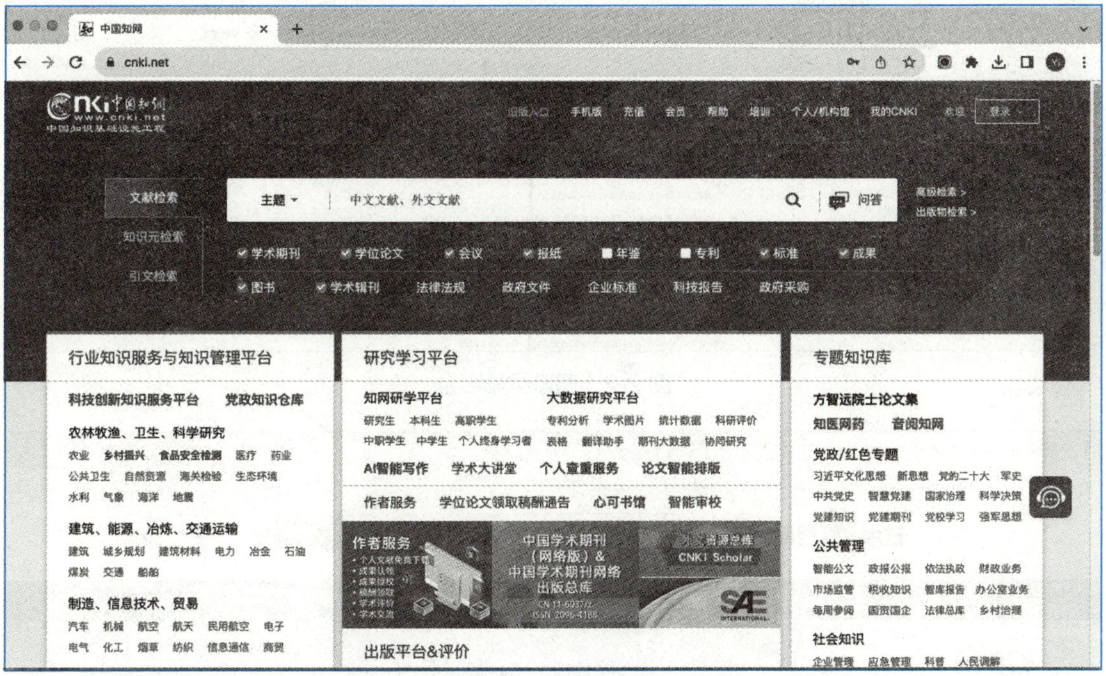


图 2-1　中国知网

② 数据检索：以数值或数据（如公式、图表等）为对象的检索。要求从检索系统存储的大量原始调查数据和其他统计数据中查出所需的数字资料。它是一种确定性检索，直接提供用户所需的数据。如中国国家数据平台可以检索各行各业的数据，这些数据不仅可以按年度、季度、月度进行查询，还可以根据具体的需求进行定制化的检索，精准获取所需数据，如图 2-2 所示。

③ 事实检索：以某一客观事实为检索对象，查找某一事物发生的时间、地点及过程的检索。如百度百科是一个中文在线百科全书，用户可以在上面查找和编辑各种事实信息。虽然其内容由用户编辑，但百度会对内容进行审核以确保其准确性，如图 2-3 所示。

（2）按检索手段划分。

① 手工检索：指直接翻阅书本型或卡片式的检索工具（如文摘、题录卡片等），用手工查找文献或所需信息，然后用大脑综合分析和判断，以确定需要信息的检索过程。

② 计算机检索：指利用电子计算机进行信息检索的过程。计算机检索能实现对大量的、分散无序的文献信息进行搜集、加工、组织、存储，建立各种各样的检索系统；能对存储的信息进行高效、快速、准确的查找。

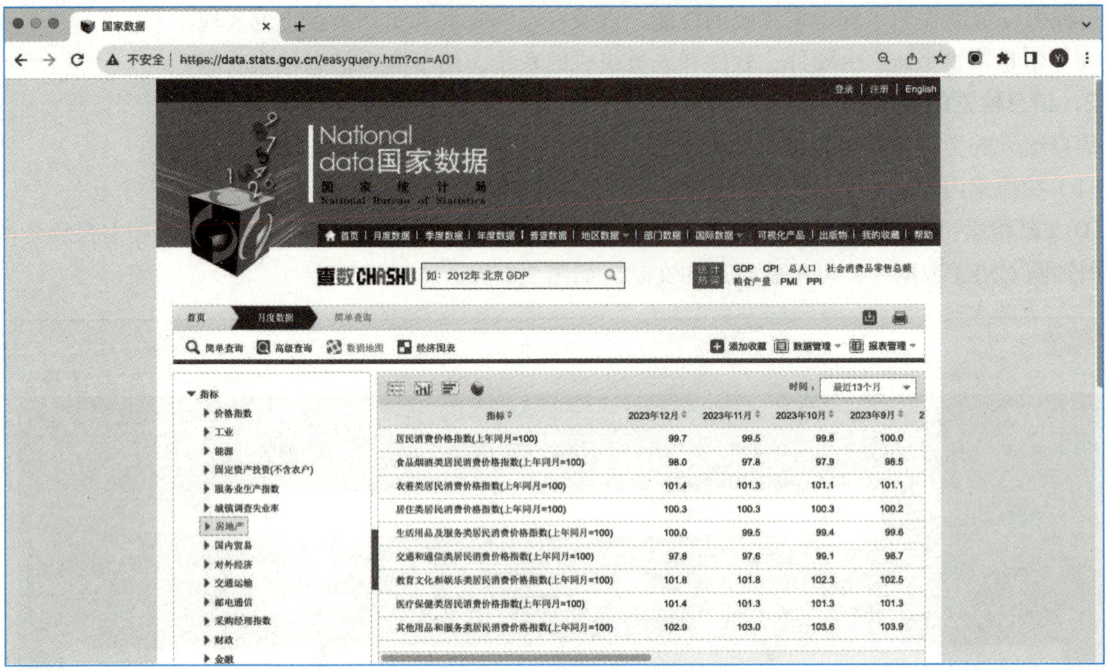


图 2-2　国家数据平台

图 2-3　百度百科

（3）按检索结果的展示形式划分。

① 目录型检索：按目录分类体系来组织和查找信息资源的检索方式。例如，广东省立中山图书馆目录检索系统就是典型的目录型检索工具，如图 2-4 所示。

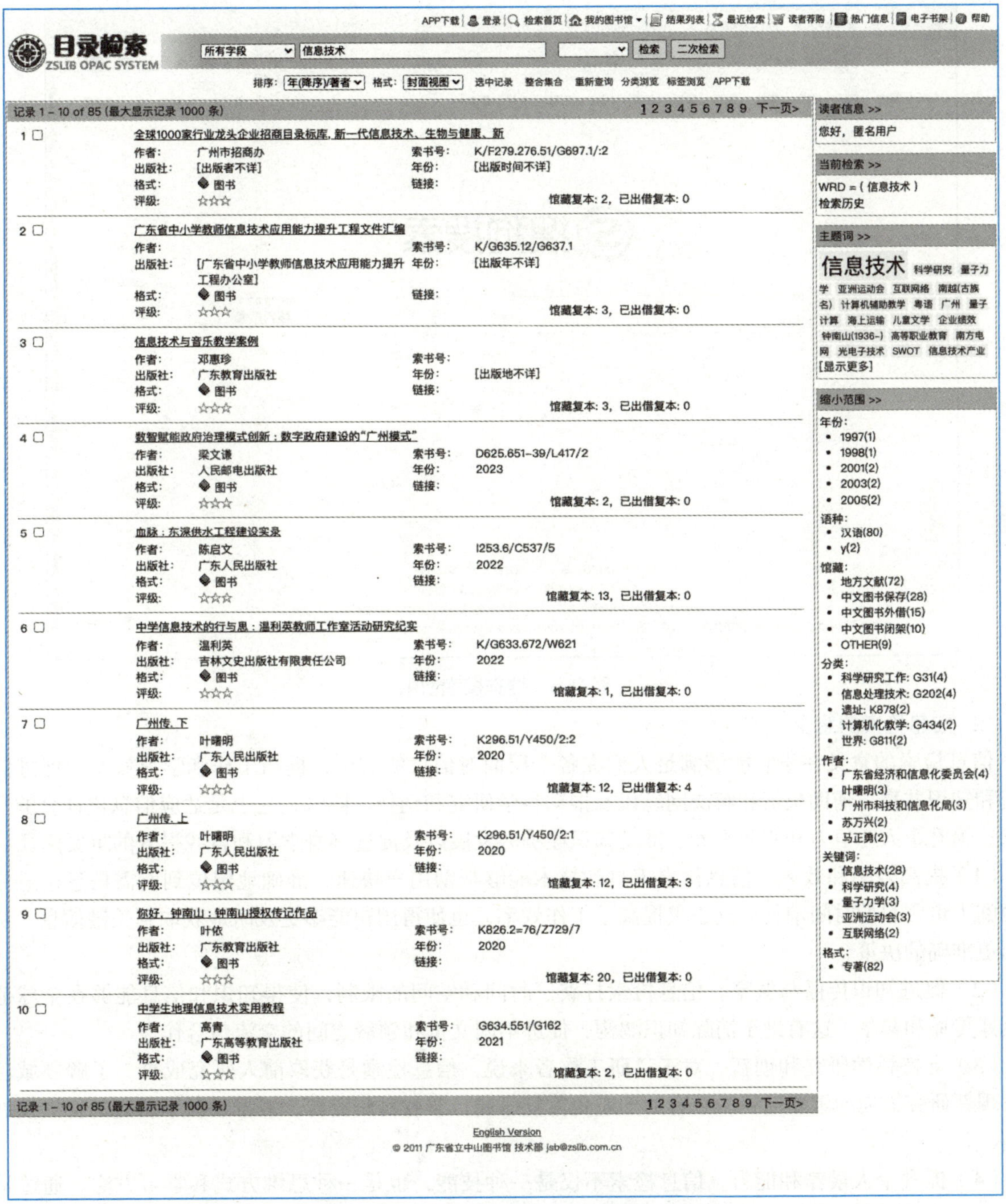


图 2-4 广东省立中山图书馆目录检索系统

② 搜索引擎检索：通过关键词、短语或自然语言查询来查找相关网页和信息的检索方式。常用的搜索引擎有百度、搜狗、360 搜索等。搜狗搜索引擎主页如图 2-5 所示。

③ 多媒体检索：多媒体检索是针对图像、音频、视频等多媒体信息的检索方式。这种检索方式通常需要利用特定的算法和技术来提取多媒体信息的特征，然后基于这些特征进行相似度匹配和检索。

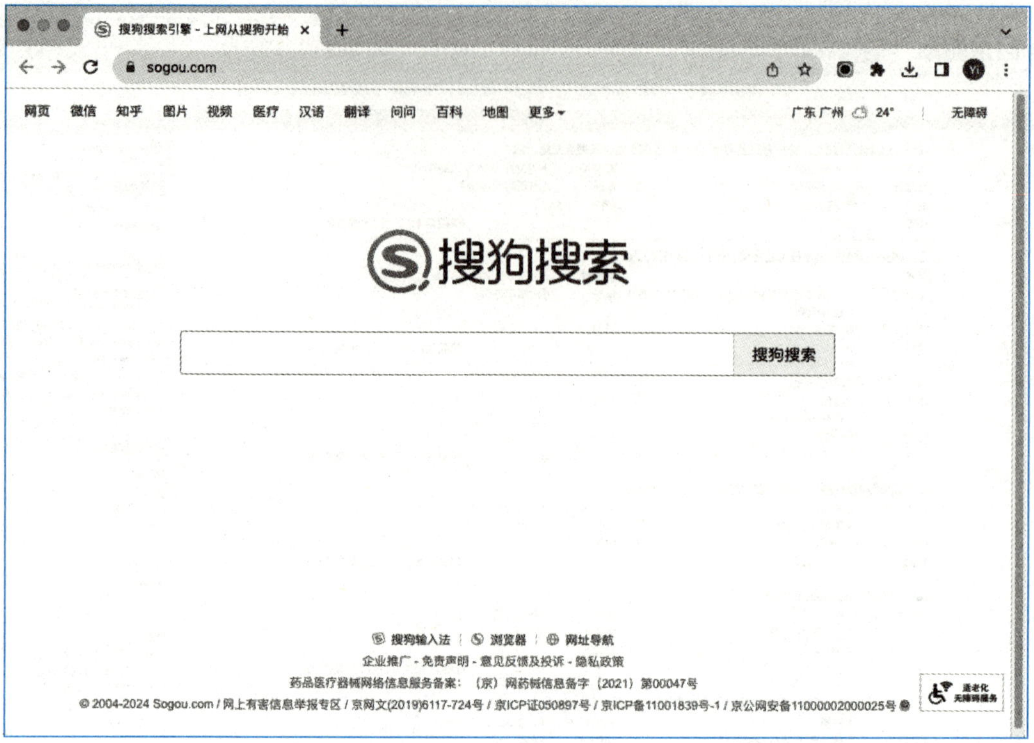


图 2-5　搜狗搜索引擎

### 3. 信息检索的意义

信息检索的意义在于它能够满足人们在各个层面对信息的需求，提高工作和学习效率，促进信息交流和知识共享，辅助决策和解决问题以及推动科学研究和创新。同时，它也是适应信息化社会的发展需求、提升个人竞争力和职业素养、推动知识经济的发展以及促进终身学习和自我提升的重要途径。

（1）提高效率和效果。信息检索工具和技术能够帮助用户快速、准确地定位到所需信息，避免手动翻阅大量资料的时间消耗。这不仅提高了工作效率，也使得用户能够更及时地获取到关键信息，从而做出更准确的决策。

（2）促进知识传播与共享。信息检索打破了时间和空间的限制，使得知识和信息能够在全球范围内迅速传播和共享。这有助于消除知识鸿沟，促进不同文化和领域之间的交流与合作。

（3）支持科学研究和创新。对于科研工作者来说，信息检索是获取前人研究成果、了解领域动态和发现新研究方向的重要途径。它有助于避免重复研究，节省科研资源，并推动科学研究的持续发展和创新。

（4）提升个人素养和能力。信息检索不仅是一种技能，也是一种思维方式和学习方法。通过掌握信息检索技术，个人能够不断提升自己的知识储备、拓宽视野，并培养出批判性思维和信息素养等综合能力。

（5）辅助教育和学习。在教育领域，信息检索为学生和教师提供了丰富的学习资源和教学材料。它有助于激发学生的学习兴趣和主动性，促进自主学习和探究式学习，提高教育质量和效果。

（6）支持决策和规划。对于企业和政府机构来说，信息检索能够提供市场情报、政策动态、社会趋势等关键信息，为决策和规划提供有力支持。这有助于降低决策风险，提高政策的针对性和有效性。

## 2.1.2　信息检索的基本流程与搜索引擎检索技巧

### 1. 信息检索的基本流程

信息检索一般包括：分析研究课题，明确检索要求；选择信息检索系统，确定检索途径；选择检索词；制定检索策略，查阅检索工具；处理检索结果；原始文献的获取。信息检索的基本流程如图 2-6 所示。

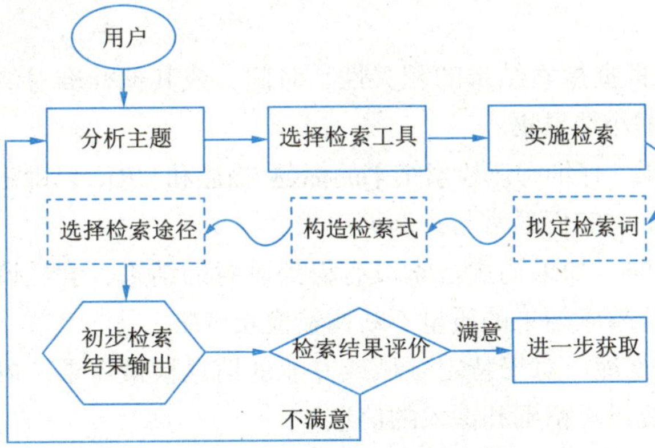


图 2-6　信息检索的基本流程

（1）分析主题。明确信息检索的目的和需求，弄清楚检索的背景、主题概念和概念之间的关系。确定所需信息的类型、范围、语种、时间等具体要求。

（2）选择检索工具。根据检索课题的学科专业，选择与之相关的检索工具或数据库。考虑检索工具的权威性、收录范围、检索方法和系统功能等因素。

（3）实施检索。

① 拟定检索词，将课题的语句拆分成自由词，删除无实质性意义的词，替换不清晰的词，补充同义词或近义词等。

② 构造检索式，使用布尔逻辑算符（如 AND、OR、NOT）将检索词组合成逻辑表达式，限定检索条件。

③ 选择检索途径，根据数据库提供的检索字段或途径（如题名、作者、关键词、分类号等）进行检索。

（4）初步检索结果输出。根据检索结果的相关性、准确性和完整性，评估检索效果。如果结果不理想，可以通过调整检索词、修改检索式或尝试不同的检索途径来优化检索结果。

（5）检索结果评价。对检索到的信息进行筛选、整理和组织，选择符合需求的信息进行保存、下载或打印等操作。根据检索目的和需求，对检索结果进行评价，如查全率、查准率等指标的评估。

此流程是一个动态的过程，需要根据实际情况不断调整和优化。同时，随着信息技术的发展和信息环境的变化，信息检索的流程和方法也在不断演变和改进。

### 2. 网络搜索引擎常用检索技巧

信息检索的技巧对于提高检索效率和准确性至关重要。以下是一些常用的利用网络搜索引擎进行信息检索技巧：

（1）关键词选择。使用与主题相关的、具体的关键词。避免使用过于宽泛或模糊的词汇。尝试使用同义词或近义词来扩大检索范围。

（2）布尔逻辑运算符。使用“AND”或者“+”来缩小检索范围，确保同时包含多个关键词；使用“OR”运算符来扩大检索范围，包含任一关键词的文档都会被检索到；使用“NOT”或者“-”来排除包含某个关键词的文档。

（3）引号搜索。如果要检索一个短语或固定的词组，可以将其放在双引号中，这样搜索引擎会只返回包含完整短语的页面。

（4）通配符检索。使用通配符（如“*”或“?”）来替代不确定的字符或单词部分，从而找到词形变化或拼写变体。“*”表示替代任意一个或多个字符，“?”表示可以替代一个字符。

（5）限定检索范围。使用搜索引擎提供的高级搜索选项来限定搜索范围，如指定网站、文件类型、时间范围等。

（6）结果排序与筛选。根据检索结果的相关性、时间、或其他标准对结果进行排序。利用搜索引擎提供的筛选工具可进一步缩小结果集。

（7）阅读并理解检索结果。仔细阅读检索结果的标题、描述和 URL，以确定它们是否与检索意图相符。注意检索结果中的高亮关键词，它们通常与查询词相关。

（8）多次尝试与调整策略。如果初次检索没有得到满意的结果，尝试调整关键词、修改检索语句或使用不同的搜索引擎。根据检索结果的质量不断调整检索策略。

（9）利用专业资源或数据库。对于特定领域或专业的信息检索需求，可以考虑使用专业的数据库或资源平台，它们通常可以提供更精确和深入的信息。

（10）保持更新与学习。信息检索技术和工具在不断发展和更新中，保持学习和关注最新动态有助于不断提高检索技能。掌握这些技巧并灵活运用它们可以大大提高信息检索效率和准确性。

### 2.1.3 任务：使用百度搜索引擎检索近五年人工智能教育应用的相关案例

党的二十大报告明确提出，要“实施科教兴国战略，强化现代化建设人才支撑”。教育、科技、人才是全面建设社会主义现代化国家的基础性、战略性支撑。随着科技的飞速发展，人工智能技术在近五年（2020—2024 年）取得了显著进步，其在教育领域的应用也不断拓展和深化。百度作为全球最大的中文搜索引擎及最大的中文网站，拥有海量的信息资源。通过高效利用百度搜索引擎，可以更好地了解人工智能在教育领域的创新实践应用，为推动我国教育现代化打好基础。

#### 任务要求

在百度搜索引擎中找到近五年（2020—2024 年）关于人工智能教育应用的典型案例、实践项目、研究成果等相关信息。案例信息应包括应用场景、技术手段、实施效果、面临的挑战及解决方案等，以全面了解人工智能在教育领域的具体应用情况。将检索到的相关案例进行整理、分类和总结，以文档或报告的形式呈现，以便于后续的分析和应用。

#### 任务准备

本任务的目标是利用百度搜索引擎快速准确地找到近五年（2020—2024 年）人工智能教育应用的相关案例，为教育工作者、研究者和政策制定者提供参考。

**1. 百度高级搜索功能**

百度高级搜索功能提供了多种高级搜索选项，以帮助用户更精确地获取所需信息。以下是其主要功能：

（1）关键词细化。用户可以通过输入多个关键词进行逻辑组合，如“与”“或”“非”，以缩小搜索范围，避免大量无关结果。

（2）时间范围筛选。用户可以设定搜索的时间范围，获取特定时间段内的信息，避免过时资料的干扰。

（3）文件类型筛选。用户可以根据需要筛选特定类型的文件，如文档、图片、视频等，快速找到所需文件。

（4）网站域名筛选。用户可以限定搜索范围在特定的网站或域名内，提高搜索的针对性和效率。

### 2．文献筛选技巧

在进行文献筛选时，可以采用以下技巧提高筛选效率：

（1）明确筛选原则。在进行文献筛选前，明确筛选的原则，将研究目的、研究问题、研究方法等因素考虑在内。通常，可以依据文献的相关性、可信度、时效性等方面进行筛选。明确筛选原则可以避免在筛选过程中产生冗余文献，提高筛选效率。

（2）合理利用检索工具。在当今互联网发达的时代，可以利用各种文献检索工具来帮助筛选合适的文献。例如，利用学术搜索引擎、数据库、学术期刊等快速定位与研究主题相关的文献。此外，利用文献管理软件可以方便地对大量文献进行管理和筛选。

（3）逐层筛选法。首先，通过文献的标题和摘要进行初步筛选，排除明显与研究主题无关的文献；其次，通过阅读全文进一步筛选，留下与研究主题相关的文献。逐层选法可以有效地缩小筛选范围，提高筛选效率。

## 任务实施

### 1．选择合适的关键词

（1）确定核心关键词，如“人工智能教育应用”“AI 教育案例”“近五年人工智能教育”等。结合党的二十大精神，可以添加“科教兴国”等关键词。

（2）根据具体的应用场景或技术手段，添加相关的辅助关键词，如“人工智能教育应用的课堂教学案例”“基于人工智能的在线教育平台案例”“人工智能在教育评估中的应用案例”等。同时，可以考虑加入与党的二十大相关的关键词，如“创新教育人工智能案例”“教育现代化人工智能应用”等。各个关键词之间用空格分隔，初步搜索结果如图 2-7 所示。

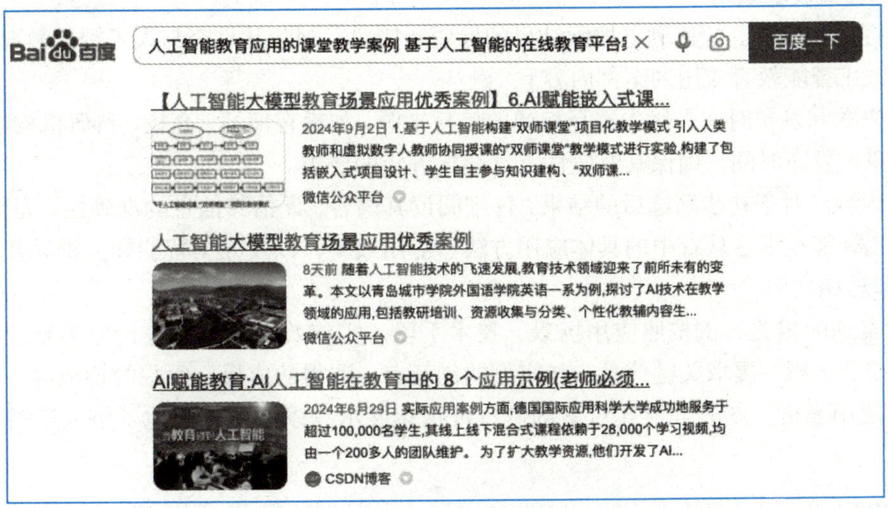


图 2-7　“人工智能教育应用相关案例”百度初步检索结果

### 2．使用高级搜索技巧

（1）去除特定关键词。如果搜索结果中存在一些不相关的信息，可以使用“-”符号去除特定关键词，本例添加“- 广告 - 推广 -ad”关键词，排除广告和推广信息的干扰。在搜索关键词前后加上双引号，可以准确匹配搜索关键词。本例中将“教育应用案例”作为整体匹配的关键词进行搜索。在搜索内容后面加上加号和需要的关键字，强制搜索结果中包含这些关键字，本例中添加“+ 创新”关键词，结果中增加对“创新”的匹配。最后关键词整体可设置为“人工智能‘教育应用案例’+ 创新 - 广告 - 推广 -ad”。

（2）特定时间内搜索。在搜索工具菜单中，找到“时间”选项，单击后会显示不同的时间范围选项，如“全部时间”“最近一周”“最近一个月”“最近三个月”等。按照本任务要求设置搜索时间范围为“2020-01-01 至 2024-12-31，如图 2-8 所示。

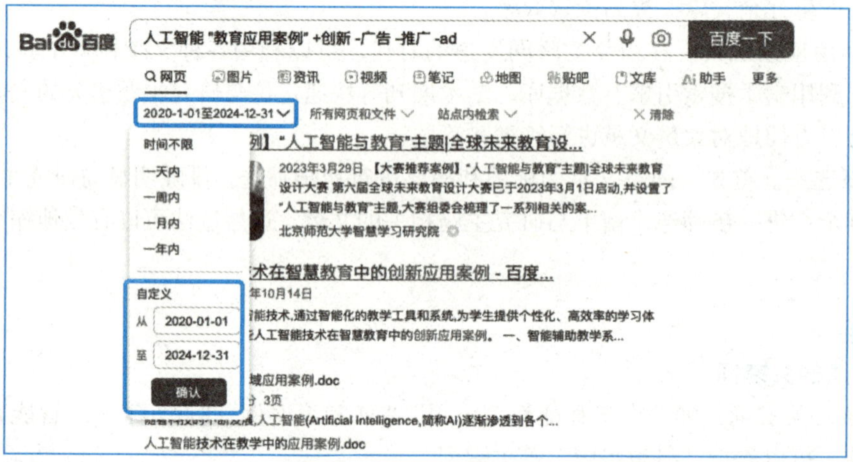


图 2-8 搜索时间范围设置

（3）文件类型搜索。在搜索工具菜单中，找到“所有网页和文件”选项，单击后会显示不同文件类型选项，如“pdf”“word”“excel”“ppt”和“RTF”。本任务选择“word”的“doc”格式，搜索框中会自动添加“filetype:doc”命令，单击搜索按钮后会搜索到仅为 .doc 格式的相关内容。

### 3. 筛选和评估搜索结果

（1）查看标题和摘要。快速浏览搜索结果的标题和摘要，判断其是否与人工智能教育应用相关，以及是否是关于人工智能教育应用的案例内容。

（2）查看来源和发布时间。优先选择权威的信息来源，如教育部门、高校、科研机构等发布的信息。同时，关注信息的发布时间，确保其时效性，符合近五年的要求。

（3）阅读内容。对于初步筛选后的结果，仔细阅读其内容，评估其信息的准确性、完整性和可靠性。分析案例中人工智能技术在教育中的具体应用方法、应用效果，以及人工智能如何推动教学创新。

### 4. 整理和总结案例

（1）将检索到的相关案例按照应用场景、技术手段、实施效果等方面进行分类整理。对每个案例进行简要的总结和分析，提取关键信息，如案例的创新点、取得的成果、面临的挑战等。

（2）可以使用表格、图表等形式对案例进行可视化展示，以便更直观地了解人工智能教育应用的发展情况。

## 能力拓展

利用百度搜索引擎，结合搜索技巧搜索学习者所在专业人才培养方案相关的内容，包括培养目标、课程设置、核心工作岗位能力要求，职业发展路线等。

# 2.2 专业平台信息检索

专业平台信息检索是指利用特定领域内的专业数据库、搜索引擎或在线平台，针对特定行业、学科或技术领域的专业知识、研究成果、数据资源等进行高效、精准的检索与获取的过程。这些平台通常汇集了丰富的专业文献、学术论文、技术报告、专利信息、行业报告等资源，并提供了强大的检索工具和高级搜索选项，帮助用户快速定位所需信息，支持科研、学习、决策等多种需求。常用的专业信息检索平台包括中国知网（CNKI）、万方数据知识服务平台、维普网，以及国际上的 PubMed、Web of Science、IEEE Xplore 等。

## 2.2.1 学术数据库资源平台

### 1. 学术数据库的基本概念

学术数据库是指专门收集、整理、存储并提供学术研究成果、学术论文、期刊文章、会议论文、学位论文、专利、技术报告、标准等各类学术资源的电子数据库。这些数据库通常由专业的学术机构、图书馆、出版社或商业公司开发和维护，旨在为学术界、研究机构、企业以及个人提供便捷、高效的信息检索和获取服务。常见的学术数据库包括中国知网（CNKI）、万方数据知识服务平台、维普网、ScienceDirect、SpringerLink、PubMed 等。这些数据库在学术界具有广泛的应用和影响力，提供了宝贵的学术资源和信息支持。

### 2. 学术数据库的特点

（1）专业性和权威性。数据库中的资源大多经过严格的筛选和审核，确保了其学术价值和权威性。

（2）广泛性和全面性。致力于收集全球范围内的学术资源，覆盖多个学科领域和不同的出版年份。

（3）便捷性和高效性。提供强大的检索功能，支持多种检索方式，帮助用户快速找到所需信息。

（4）更新及时。定期更新资源内容，确保用户能够获取到最新的学术研究成果。

（5）增值服务。除了基本的检索和下载服务外，还提供引文分析、文献计量分析、作者合作网络分析等增值服务，帮助用户更深入地理解和分析学术资源。

## 2.2.2 任务：使用中国知网检索“大学生人工智能素养发展”相关文献

面对人工智能时代的快速到来，大学生主动提升自我人工智能素养成为增强个人竞争力、适应未来社会需求的关键。此任务要求掌握高效的信息检索技能，如在中国知网上精准构建检索词、利用高级检索功能筛选相关文献；同时，还需具备自主学习与批判性思维能力，能够从海量信息中筛选出有效资源，并结合自身实际，提炼出切实可行的自我培养策略，以促进个人在人工智能领域的全面发展。

### 任务要求

本任务旨在使用中国知网检索“大学生人工智能素养发展”相关文献，以掌握该领域的最新研究成果与自我提升方法。学生需登录知网，设定关键词检索，筛选高质量文献并细致阅读，提炼核心观点与策略。任务完成后，学生应能总结有效自我培养路径，并结合自身情况制订个性化学习计划。此过程不仅提升了学术素养，还增强了信息检索与分析能力，为未来的学习、生活以及职业发展奠定坚实基础。

### 任务准备

本任务的目标是通过中国知网平台，高效检索并深入分析“大学生人工智能素养发展”相关文献，以指导大学生有效进行自我能力提升。

### 1. 中国知网的高级检索功能

（1）多字段逻辑组合：高级检索支持多字段逻辑组合，用户可以通过选择不同的检索项（如主题、作者、文献来源等）并进行逻辑组合，以获取更精确的检索结果。

（2）精确或模糊匹配方式：用户可以选择精确匹配或模糊匹配的方式进行检索。精确匹配会返回完全符合检索条件的结果，而模糊匹配则允许一定的灵活性，返回大致符合条件的结果。

（3）检索控制：高级检索提供了丰富的控制选项，包括出版模式、基金文献、时间范围、检索扩展等，用户可以根据需要对这些条件进行设置，以进一步缩小检索范围。

（4）丰富的检索项：高级检索支持多种检索项，如主题、篇关摘、关键词、篇名、全文、作者、第一作者、通讯作者、作者单位、基金、摘要、小标题、参考文献、分类号、文献来源、DOI 等，最多支持 10 个检索项的组合检索。

（5）文献导航：高级检索页面提供了文献分类导航，用户可以通过勾选所需的类别来缩小和明确文献检索的范围。总库高级检索提供专题导航，如年鉴、标准、专利等，还提供单库检索所需的特色导航。

（6）检索推荐 / 引导功能：高级检索在页面右侧显示推荐和引导功能，用户可以选择同义词、上下位词或相关词进行检索，以获取更广泛的文献资源。

### 2. 数据提取与分析

能够从文献中提取关键信息（如研究目的、方法、结果等），并进行简单的数据整理和分析，以支持个人学习或研究需求。

## 任务实施

### 1. 访问中国知网平台

（1）打开浏览器：使用任意浏览器，如 Chrome、Edge、360 浏览器等。

（2）输入网址：在地址栏中输入中国知网的官方网址（由于网址可能随时间变化，建议通过搜索引擎验证最新网址）。

### 2. 进入高级检索界面

（1）登录或注册：如果已有账号，则直接登录；若无账号，则需先注册或选择游客模式进入。中国知网为游客提供搜索服务，若需要下载文献需要相应的权限。通常各高校机构购买了中国知网的文献下载服务，用户在校内可以通过校园网的 IP 登录，可下载相关文献；若在校外访问，则可以选择通过机构外部访问系统登录访问。知网登录界面如图 2-9 所示。

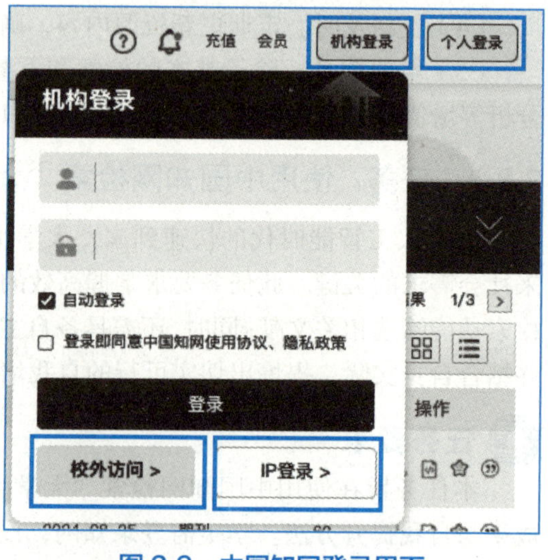

图 2-9　中国知网登录界面

（2）单击“高级检索”：在中国知网首页，找到并单击“高级检索”链接，进入高级检索界面。

### 3. 设置检索条件

（1）输入主题词：在检索框中输入“大学生人工智能素养发展”作为主题词，或使用相关同义词、近义词扩大检索范围，如“人工智能素养 发展”。

（2）选择字段：根据需要，选择“主题”“关键词”“篇名”等字段进行检索。一般来说，“主题”字段能够更全面地覆盖相关文献。

（3）设置时间范围：可以设定一个具体的时间范围来检索最新的文献，如近 5 年、近 10 年等。

（4）其他条件：根据需要，可以设置作者、来源期刊、支持基金等其他检索条件，以进一步精确检索结果。

中国知网高级检索界面如图 2-10 所示。

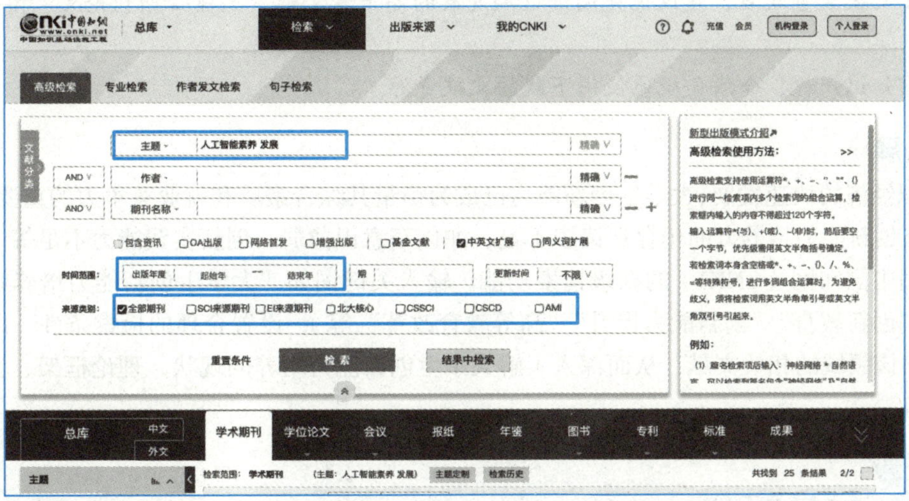


图 2-10　中国知网高级检索界面

### 4. 执行检索并筛选结果

（1）单击“检索”：设置好所有检索条件后，单击“检索”按钮执行检索。

（2）浏览检索结果：检索完成后，将显示符合条件的文献列表。可以根据文献属于学术期刊、论文、会议等范围进行过滤，再结合主题进一步明确文献的主要主题，通过对文献进行初步筛选后得到相对合适的结果，如图 2-11 所示。

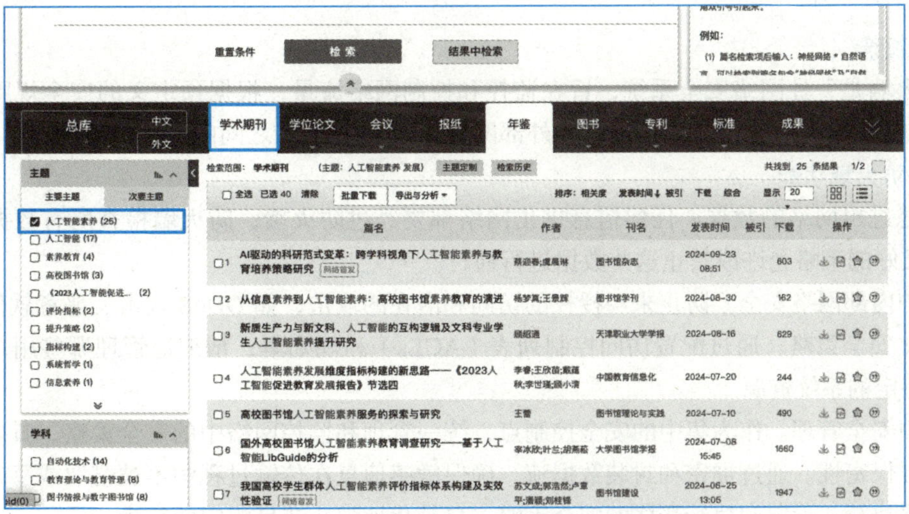


图 2-11　对文献初步筛选后的结果

（3）详细查看文献：单击感兴趣的文献标题，进入文献详情页面，查看摘要、关键词、正文等内容，以确定是否符合研究需求。

（4）下载文献：如果需要深入阅读或引用某篇文献，可以单击“下载”按钮，选择合适的格式（如PDF、CAJ 等）进行下载。

提示：

（1）在检索过程中，可能需要根据实际情况调整检索条件，以获得更准确的检索结果。

（2）由于文献数量众多，建议优先阅读近期发表的高质量文献，如核心期刊论文、博士/硕士学位论文等。

（3）尊重知识产权，合法合规地使用下载的文献资源。

### 能力拓展

随着知识经济的快速发展，大学生创新能力已成为衡量其综合素质和就业竞争力的重要指标。然而，当前大学生在创新能力培养方面仍存在诸多不足，如创新意识薄弱、创新实践能力不足等。因此，学生可以尝试使用中国知网（CNKI）的高级检索功能，输入关键词如“大学生创新能力培养策略”及其相关词汇（如“创新教育”“创新能力提升”“高等教育改革”等），设置合理的检索条件，以全面、系统地检索和收集该领域的相关文献，从而深入了解大学生创新能力培养的现状、理论框架、实践案例以及未来发展趋势。

## 2.3 信息安全

在当今数字化时代，大学生作为信息技术的主要使用者之一，信息安全在其学习与生活中至关重要。大学生在享受信息技术带来便利的同时，也面临着诸多信息安全风险。比如，个人信息可能在网络上被泄露、遭受网络诈骗等。应加强信息安全方面的教育，培养大学生的信息安全意识，使其掌握基本的信息安全防护技能，确保在信息技术的海洋中安全畅游。

### 2.3.1 网络防火墙

#### 1. 基本概念

网络防火墙是一种网络安全系统，旨在监控和控制网络流量，根据预定义的安全规则决定是否允许数据包的传输。它是一道介于内部网络和外部网络（如 Internet）之间的安全屏障。

#### 2. 网络防火墙功能

（1）过滤进出网络的数据。任何信息进出网络都要经过防火墙，防火墙检查所有数据的细节，并根据事先定义好的策略允许或禁止这些数据进行通行。

（2）保护内部网络安全。防止未经授权的访问和潜在的攻击，如 DDoS 攻击、恶意软件等。

（3）强化安全策略。通过配置访问控制列表（ACLs）和规则集，精细地管理哪些用户、设备或应用可以访问特定的系统资源。

（4）集中安全管理。作为集中的安全控制点，统一管理和监控网络中的安全策略、日志和事件。

（5）增强保密性。通过加密和封装数据流，确保敏感信息在传输过程中不被窃取或篡改。

（6）策略执行。设定和执行严格的安全策略，自动化地阻止违反规定的行为。

#### 3. 防火墙分类

网络防火墙可以根据不同的标准进行分类，常见的分类方法包括：

（1）按软硬件形式的不同，分为软件防火墙、硬件防火墙和芯片级防火墙。

（2）按所利用技术不同，分为网络层防火墙（如包过滤防火墙）、应用层防火墙（如代理防火墙）、状态检测防火墙和复合型防火墙等。

（3）按防火墙结构不同，分为单主机防火墙、路由器集成式防火墙和分布式防火墙。

（4）按防火墙的应用部署位置不同，分为边界防火墙、个人防火墙和混合防火墙。

（5）按防火墙的性能的不同，分为百兆级防火墙和千兆级防火墙等。

（6）按防火墙使用范围不同，分为个人防火墙和网络防火墙。

### 2.3.2　计算机病毒

#### 1. 认识计算机病毒

（1）计算机病毒定义。计算机病毒是信息安全领域的一个重要概念，计算机病毒是指一种能够自我复制并传播的恶意代码，它通过修改其他程序并将自身代码插入其中来实现自我复制。

（2）计算机病毒工作原理。计算机病毒的工作原理主要包括编制代码、传播、感染、触发、运行等环节。病毒会寻找并依附于宿主程序，通过修改其他程序并将自身代码插入其中来实现自我复制。当宿主程序被执行时，病毒代码也会被激活并执行其恶意操作。

#### 2. 计算机病毒的特点

计算机病毒具有传染性、隐蔽性、破坏性及潜伏性特点。

（1）传染性：计算机病毒能够自我复制并感染其他程序或系统。

（2）隐蔽性：病毒在侵入系统时往往不易被用户察觉。

（3）破坏性：病毒能够破坏计算机数据、程序甚至导致系统崩溃。

（4）潜伏性：有些病毒在侵入系统后会潜伏一段时间，待条件成熟时再发作。

#### 3. 计算机病毒分类

计算机病毒可以根据不同的标准进行分类，常见的分类方式如按传染方式进行分类：

（1）引导区型病毒：主要在操作系统中传播，感染引导区并蔓延到硬盘。

（2）文件型病毒：寄生在文件中，通常感染扩展名为 COM、EXE、SYS 等类型的文件。

（3）混合型病毒：同时具有引导区型病毒和文件型病毒的特点。

（4）宏病毒：寄生在 Office 文档上的宏代码，主要影响对文档的各种操作。

### 2.3.3　传播途径及防护

#### 1. 病毒传播途径

计算机病毒的传播途径多种多样，包括但不限于：

（1）存储介质：如 U 盘、移动硬盘等。

（2）软件：包括游戏软件、办公软件等各类软件。

（3）网络传播：如电子邮件、BBS、网页下载链接等。

（4）计算机硬件：如主板 BIOS 等也可能成为病毒传播的媒介。

### 2. 病毒防护措施

为了有效防护计算机病毒，可以采取以下措施：

（1）安装可靠的杀毒软件和防火墙，并定期更新病毒库和防护策略。

（2）谨慎使用外部设备和网络，避免点击不明链接和下载来源不明的软件。

（3）及时更新操作系统和应用程序的补丁程序。

（4）定期备份重要数据以防万一。

（5）养成良好的计算机使用习惯，如不随意打开不明邮件附件等。

## 2.3.4 任务 1：系统安全中心配置防火墙

随着信息技术的飞速发展，大学生在日常学习和生活中越来越依赖计算机系统和网络。然而，网络环境中存在着各种安全威胁，如黑客攻击、恶意软件感染等。为了保护计算机系统和个人信息的安全，需要在系统安全中心配置防火墙。通过配置系统安全中心的防火墙，提高计算机系统的安全性，防止未经授权的访问和恶意软件的入侵。

### 任务要求

通过在 Windows 10 操作系统安全中心配置防火墙，提高系统安全性，防止恶意软件和网络攻击。学生需进行以下操作：打开系统设置，进入安全中心找到防火墙设置，可根据不同网络环境配置入站和出站规则，允许或阻止特定程序和端口。成功设置防火墙规则，确保系统能有效阻挡未经授权的网络访问，提升系统的安全防护水平。

### 任务准备

本任务的目标是让学生熟悉 Windows 10 操作系统的安全设置，提升对计算机安全防护的认识和操作能力。

#### 1. 防火墙规则

防火墙规则是网络管理员预定义的条件，用于控制网络流量。 规则的定义通常为“如果数据包头符合这样的条件，就这样处理这个数据包”。防火墙规则可以基于源 IP 地址、目标 IP 地址、协议类型、端口号等因素进行配置，以允许或拒绝特定类型的网络流量。

（1）防火墙规则的类型。防火墙规则可以根据其适用的网络类型和方向进行分类：

① 网络类型：包括 Internet、LAN、Guest 等，适用于不同的网络环境。

② 方向：包括 Local（适用于防火墙本身的目的地流量）、In（进入接口的流量）、Out（离开接口的流量），适用于不同的流量流向。

（2）防火墙规则的设计原则和配置方法。

① 包过滤技术：工作在网络层，通过检查数据包的源 IP 地址、目的地址、TCP 端口号等信息，限制数据包的进出。这种技术的优点是对用户透明，传输性能高，但安全控制层次较低。

② 应用代理技术：工作在应用层，通过检查所有应用层的信息包来提高安全性，但可伸缩性较差。

③ 状态检测技术：工作在网络层，结合了传统包过滤和应用代理的优点，提供高度安全的解决方案，同时具有较好的适应性和扩展性。

### 2. 网络端口

这里指的是逻辑意义上的端口，一般是指 TCP/IP 中的端口，端口号的范围为 0 ～ 65 535，如用于浏览网页服务的 80 端口、用于 FTP 服务的 21 端口等。任何 TCP/IP 实现所提供的服务都是 1 ～ 1 023 之间的端口号，这些端口号由 IANA 分配管理。其中，低于 255 的端口号保留用于公共应用；255 ～ 1 023 的端口号分配给各个公司，用于特殊应用；对于高于 1 023 的端口号，称为临时端口号，IANA 未做规定。

## 任务实施

### 1. 打开 Windows 安全中心

（1）单击“开始”菜单，选择“设置”图标，在设置窗口中，单击“更新和安全”。

（2）在左侧菜单中，选择“Windows 安全中心”。

### 2. 进入防火墙和网络保护设置

在 Windows 安全中心窗口中，单击“防火墙和网络保护”。

### 3. 配置防火墙规则

（1）可以选择“域网络”“专用网络”“公用网络”进行不同网络环境下的防火墙配置。

（2）对于每个网络类型，可以开启或关闭防火墙，并设置入站和出站规则。

（3）入站规则可以控制外部网络对本地系统的访问，出站规则可以控制本地系统对外部网络的访问。

（4）可以根据需要添加、删除或修改规则，如允许特定的程序或端口通过防火墙。例如，添加 chrome.exe 到列表，允许 Chrome 浏览器访问网络，如图 2-12 所示。

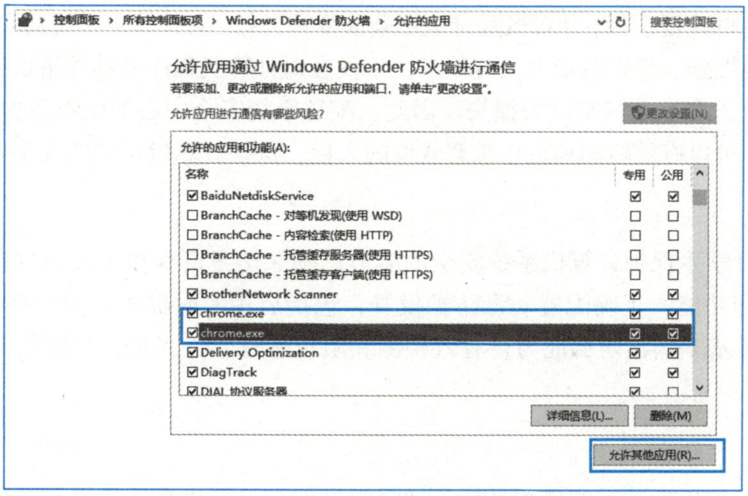


图 2-12 允许应用通过防火墙设置界面

### 4. 高级防火墙设置

（1）如果需要更高级的防火墙配置，可以单击“高级设置”。

（2）在高级安全 Windows Defender 防火墙窗口中，可以进行更加详细的规则设置，如 IP 地址范围、协议类型等。

（3）可以配置连接安全规则，以确保网络连接的安全性。例如，设置出站规则禁止访问百度网站，如图 2-13 所示。

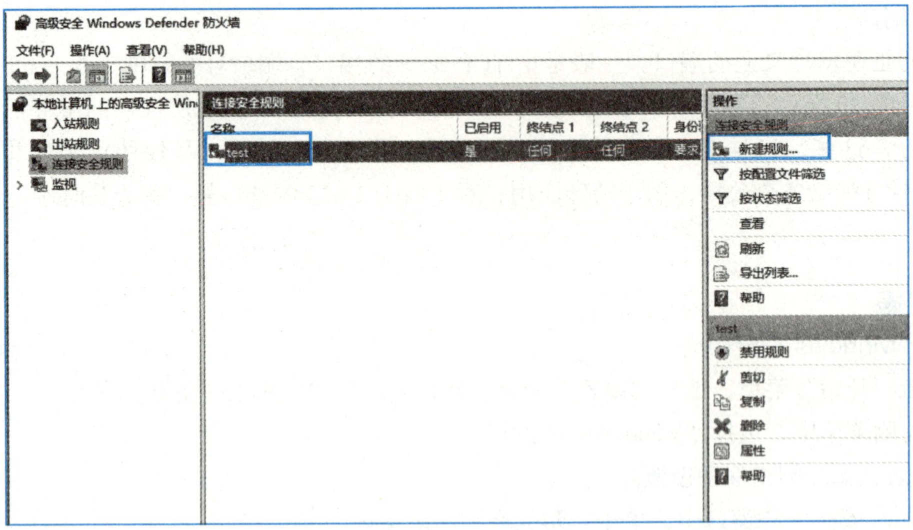


图 2-13 利用防火墙禁止访问某网站设置

#### 5. 监控防火墙状态

（1）在防火墙和网络保护设置页面中，可以查看防火墙的状态，包括是否开启以及是否有阻止的连接。

（2）可以单击“防火墙通知设置”来调整防火墙的通知方式，以便及时了解防火墙的活动情况。

### 2.3.5 任务 2：系统安全中心配置病毒防护

随着计算机技术的广泛应用，计算机病毒也不断演变和升级，对计算机系统的安全构成了严重威胁。计算机病毒具有伪装性强、繁殖感染力大等特点，不仅会对计算机程序和数据造成破坏，还可能窃取用户的隐私信息，给个人和企业带来巨大损失。因此，配置系统安全中心的病毒防护功能变得至关重要。通过配置病毒防护，可以有效检测和阻止恶意软件的入侵，保护计算机系统的安全和稳定。

#### 任务要求

本任务旨在提升学生保护计算机系统安全的能力，确保学习资源和个人信息安全。学生需熟悉系统安全中心的界面和功能，正确配置病毒防护设置，包括启用实时保护、执行病毒扫描等关键步骤，以使计算机系统具备基本病毒防御能力，有效检测和阻止恶意软件入侵，从而保障学习环境安全稳定的结果。

#### 任务准备

系统安全中心配置病毒防护的任务目标是增强学生保护计算机系统免受恶意软件侵害的能力，确保学习资源和个人信息的安全无虞。

#### 1. 系统安全中心的各项功能和界面布局

Windows 安全中心是 Windows 10 中的一个重要安全组件，它整合了多种安全功能，包括病毒和威胁防护、设备性能和运行状况、防火墙和网络保护等。用户可以通过“开始”菜单或控制面板中的“安全中心”选项来打开 Windows 安全中心，其主要包含以下几个模块：

（1）病毒和威胁防护：显示病毒扫描历史、文件扫描等信息。

（2）设备性能和运行状况：监控设备的性能和运行状况。

（3）防火墙和网络保护：管理网络连接和防火墙设置。

（4）家庭选项：提供家庭用户的安全设置。

### 2. 病毒和威胁防护设置步骤

（1）进入 Windows 设置，单击"更新和安全"。

（2）在"更新和安全"窗口中，先单击窗口左侧的"Windows 安全中心"，在右侧窗口中单击"打开 Windows 安全中心"。

（3）在打开的"Windows 安全中心"→"安全性概览"窗口中，单击"病毒和威胁防护"。

（4）下拉窗口，找到"病毒和威胁防护设置"，单击"管理设置"。

（5）下拉窗口，找到"排除项"，单击"添加或删除排除项"。

（6）在"Windows 安全中心"→"排除项"，单击"添加排除项"前面的"+"，在下拉菜单中单击"文件夹"。

（7）在保存 Disguise Folders.zip 文件夹的磁盘中找到并单击"Disguise Folders.zip"文件夹，再单击"打开"。

（8）回到"Windows 安全中心"→"排除项"窗口中，可以看到添加排除项中已添加了"E:\Disguise Folders.zip"文件。

### 3. 恶意软件类型和攻击方式

（1）病毒。病毒是一种能够自我复制的程序，通常通过感染其他文件进行传播。它们可以通过电子邮件附件、可移动存储设备、恶意网站等方式传播。病毒的主要目的是破坏文件、消耗系统资源、窃取信息。

（2）木马。木马通常伪装成合法的应用程序，通过欺骗用户下载和安装来渗透系统。一旦用户被欺骗安装，木马可以窃取个人信息、安装其他恶意软件或远程控制计算机。

（3）勒索软件。勒索软件通过加密用户的文件并要求支付赎金以解密。常见的传播方式包括电子邮件附件、恶意广告和漏洞利用。勒索软件会导致数据丢失和财物损失。

（4）蠕虫。蠕虫是一种自我复制的程序，不需要附着在其他程序上即可传播。蠕虫通过网络漏洞、电子邮件和即时消息等方式传播，主要目的是消耗网络带宽和传播其他恶意软件。

（5）钓鱼软件。钓鱼软件模仿合法网站或应用程序，诱导用户输入敏感信息如账号密码、信用卡信息等。这种攻击方式主要通过电子邮件、社交媒体和恶意网站进行。

## 任务实施

### 1. 启用实时防护

在系统安全中心中，找到病毒和威胁防护设置，确保实时防护功能已启用。这将提供持续的系统监控和威胁检测。

### 2. 配置病毒扫描选项

（1）学生应根据需求选择合适的扫描方式，如快速扫描或全面扫描，并设置定期扫描计划。

（2）快速扫描通常用于快速检测常见威胁，而全面扫描则更深入地检查系统以发现潜在问题。病毒扫描选项界面如图 2-14 所示。

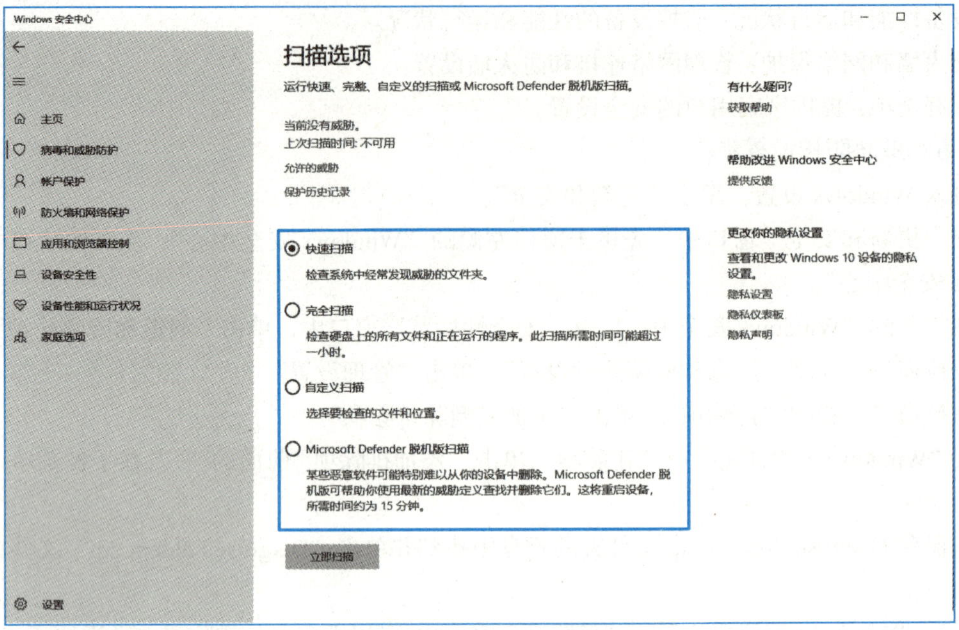


图 2-14　病毒扫描选项界面

### 3. 处理发现的威胁

（1）扫描完成后，系统安全中心会显示发现的威胁。学生需要学会识别威胁类型，并根据情况选择隔离、删除或允许在设备上运行的选项。

（2）对于被误报的威胁，学生可以在保护历史记录中查找并恢复被隔离的文件。

### 4. 更新病毒库和防护策略

（1）学生需要定期检查并更新系统安全中心的病毒库和防护策略，以确保其能够应对最新的威胁。

（2）这通常可以通过系统更新或手动下载最新的安全更新来实现。

## 知识延伸——常用的第三方信息安全工具

常用的第三方信息安全工具多种多样，它们各自具有独特的功能和优势，能够为个人和企业提供全面的信息安全保障。以下是一些常见的第三方信息安全工具介绍。

### 1. 杀毒软件与防护工具

（1）360 安全卫士。360 安全卫士是由奇虎 360 公司推出的一款计算机安全辅助软件，适用于 Windows、Linux 及 Mac OS 操作系统。它集成了电脑体检、木马查杀、系统修复、清理垃圾、优化加速、软件管家等多种功能，拥有独创的“木马防火墙”和“360 密盘”等特色功能，能够全面、智能地保护用户计算机的安全，提升计算机运行性能。

（2）金山安全套装。金山安全套装是一款功能强大的国产免费杀毒软件，内含新毒霸“悟空”和金山卫士。其采用全新革命性的杀毒体系，拥有全球首创敢赔模式。该软件轻巧快速。

（3）卡巴斯基反病毒软件。卡巴斯基是俄罗斯品牌，其国产版针对中国市场进行了优化，提供了全面的恶意软件防护。其基于云技术，不断更新以应对各种新型威胁，提供简单易用的用户界面。

### 2. 数据加密与隐私保护工具

（1）安秉加密软件。安秉加密软件是一款专为企业设计的信息安全管理工具。采用驱动层透明加密技术，确保设计图纸、源代码等敏感文件在创建、编辑和保存过程中的自动加密。提供丰富的文档权限管理功能，帮助企业实现灵活且细致的信息保护。

（2）BitLocker。BitLocker 是 Windows 操作系统内置的全盘加密工具，其在国产环境中同样适用。可以有效加密硬盘和外接设备，支持 TPM 芯片进一步提升安全性。

### 3. 网络安全监测与分析工具

（1）Wireshark。Wireshark 是一款开源的网络封包分析软件，在网络安全领域有广泛应用。它能够截取网络封包，并尽可能显示出详细的网络封包资料，有助于网络安全监测和分析。

（2）Nmap。Nmap 即 Network Mapper，是 Linux 下的网络扫描和嗅探工具包。它是一款网络扫描和主机检测工具，适用于多种操作系统，可以用于收集信息和枚举，同时作为漏洞探测器或安全扫描器使用。

## 单元小结

本单元介绍了信息检索的概念和要素，深入讨论了信息检索的基本流程与搜索引擎、专业平台的检索技巧，最后深入探讨信息安全的重要概念、面临的威胁以及防护措施，以帮助读者在信息的海洋中既能高效检索又能确保信息安全。

## 单元练习

### 一、选择题

1. 信息检索的类型按检索内容可以划分为（　　）。

   A. 文献检索　　B. 数据检索　　C. 事实检索　　D. 多媒体检索

2. 在信息检索中，布尔逻辑运算符包括（　　）。

   A. AND　　B. OR　　C. NOT　　D. XOR

3. 信息安全技术主要包括（　　）。

   A. 入侵检测技术　　B. 防火墙技术

   C. 数据灾难与数据恢复技术　　D. 密码学技术

### 二、思考题

1. 在系统安全中心可以进行哪些设置？
2. 在应用信息技术的时候，如何确保自己的信息是安全的？

### 三、操作题

1. 利用百度搜索引擎，结合检索技巧检索与人工智能相关的内容，并分享自己检索到的资料。
2. 利用中国知网（CNKI），系统地检索和收集近三年与“新质生产力”相关的文献，并进行整理。

# 单元三
# Windows 10 操作系统

## 单元导读

数字化转型是未来经济发展的关键。树高千尺，根扎沃土，数字经济快速发展离不开强大的数字基础设施。作为数字化基础设施的核心之一，基础软件就如同大树的根部一样，为整个数字化体系的发展提供坚实底座。操作系统作为数字世界底座，是管理和控制计算机硬件与软件资源的计算机程序，是配置在计算机硬件上的第一层软件，其他所有的软件必须在操作系统的支持下才能运行。因此，操作系统在整个 IT 产业中起着承上启下的重要作用，承接上层软件生态和底层硬件资源，重要性不言而喻。

## 知识结构图

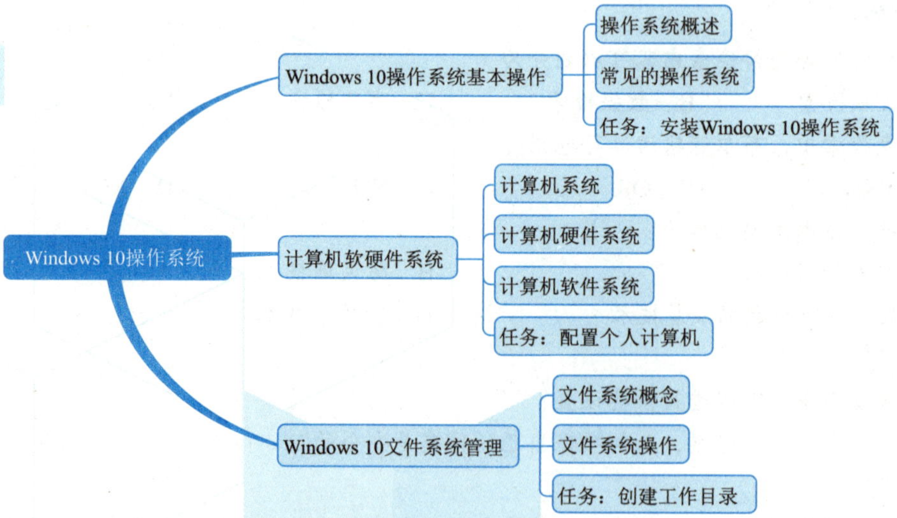


## 学习目标

### 1. 知识目标

（1）理解操作系统的基本概念、功能和分类；

（2）熟悉 Windows 中常用的文件类型及其后缀；

（3）理解计算机软硬件系统的作用；

（4）理解 Windows 资源管理器的作用。

### 2. 技能目标

（1）掌握 Windows 10 操作系统的基本设置；

（2）掌握 Windows 10 文件管理操作；

（3）掌握常用的文件管理工具的使用。

### 3. 素质目标

（1）养成主动搜索新技术、新知识的习惯；

（2）熟悉国产操作系统，树立科技创新理念。

## 3.1 Windows 10 操作系统基本操作

Windows 10 是微软公司研发的跨平台操作系统，应用于计算机和平板电脑等设备。Windows 10 在易用性和安全性方面有了极大的提升，除了针对云服务、智能移动设备、自然人机交互等新技术进行融合外，还对固态硬盘、生物识别、高分辨率屏幕等硬件进行了优化完善与支持。熟练使用 Windows 10 能够帮助人们在日常工作生活中有效管理计算机、提高计算机使用效率。

### 3.1.1 操作系统概述

#### 1. 操作系统简介

一台没有安装任何软件的计算机称为裸机，即使这台裸机硬件的运算处理能力很强大，一般的用户也没有办法直接使用它。因此，必须为裸机配备软件，以方便用户使用和管理计算机。操作系统（operating system，OS）是搭建在硬件平台上的第一层软件，它能有效地组织和管理计算机中的硬件和软件资源，合理地组织计算机的工作流程，控制程序执行，提高计算机系统资源的利用率和工作效率，并向用户提供多种服务功能及友好界面，以便用户能够灵活、有效地使用计算机。因此，在计算机中，操作系统是其最基本也是最为重要的基础性系统软件，它是人与计算机之间的接口，也是计算机的灵魂。

#### 2. 操作系统的功能

计算机系统的硬件资源主要有 CPU、存储器、输入输出设备等，软件资源主要是以文件形式保存的各种数据、程序等。从资源管理的角度来看，操作系统主要有以下几个方面的功能：

（1）处理器管理。计算机系统的核心是 CPU。多个程序同时运行时并非一直同时占用 CPU，而是在一段时间内共享 CPU 资源，操作系统的处理器管理模块会按照某种策略将 CPU 资源不断地分配给正在运行的不同程序。

（2）存储器理。存储器管理主要指对内存的管理。计算机中所有程序的运行都在内存中进行。由于内存空间有限，在运行程序时，不可能把所有运行的程序内容都调入内存，因此需要给运行的程序合理分配内存，等程序结束后需要释放占用的内存空间。存储器管理的主要任务是为多道程序的运行提供良好的存储环境，完成对内存的分配、保护以及扩充，提高存储器的利用率，方便用户的使用。

（3）设备管理。计算机硬件系统中，除主机以外，其余属于外围设备，主机和外围设备之间需要进行数据交换。外围设备种类繁多，型号复杂，物理特性相差很大。操作系统具有设备管理功能，可以为这些外围设备提供相应的设备驱动程序、初始化程序和设备控制程序等，用户不必详细了解外围设备及接口的相关技术细节，就可以方便地使用外围设备。

（4）文件管理。文件是指存放在计算机中一组相关信息的集合。在计算机中所有信息均以文件的形式存放，包括文字、图形、图像、音频、视频、程序等。文件系统是操作系统中用来管理和操作文件的系统，常用的文件系统有 FAT、FAT32、NTFS、exFAT、Ext 等。文件管理的功能主要包括创建、修改、删除文件，按文件名访问文件，文件的存储位置、存储形式、存取权限，文件的共享、保护等。

### 3. 操作系统的分类

操作系统有多种分类方式。

（1）按与用户对话的界面分类。按与用户对话的界面，操作系统可分为命令行界面操作系统（MS DOS 等）和图形用户界面操作系统（Windows 10、Mac OS 等），也有的操作系统两种用户操作界面都提供，如 Linux 操作系统，Linux 字符界面如图 3-1 所示，Linux 图形界面如图 3-2 所示。Windows 的 cmd（命令提示符）窗口也是属于字符界面。

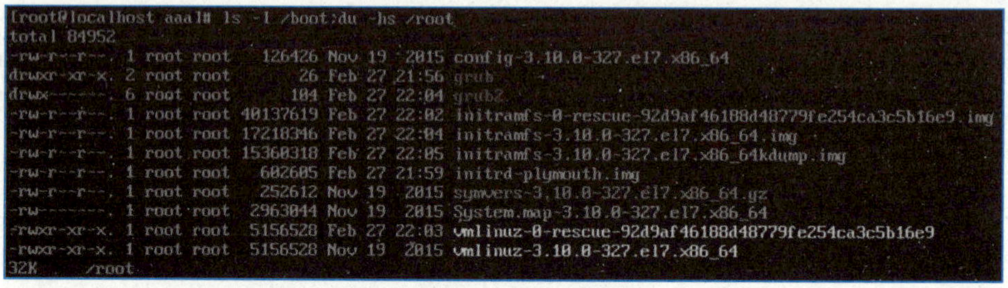


图 3-1 Linux 字符界面

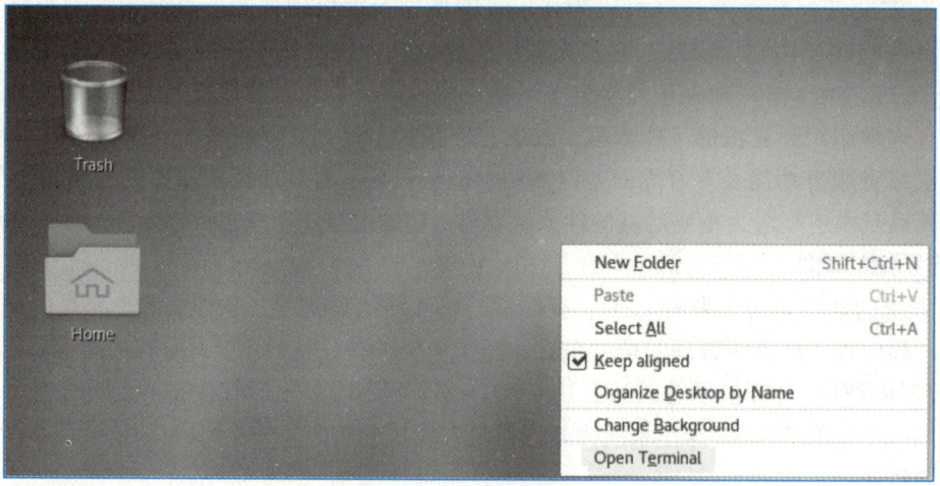


图 3-2 Linux 图形界面

（2）按应用场景分类。按照应用场景划分，通常将 OS 分为以下三种：桌面操作系统、服务器操作系统、嵌入式操作系统。

① 桌面操作系统。桌面操作系统也可以说是个人计算机系统，一般指的是安装在个人计算机上的图形界面操作系统软件。目前主流的桌面操作系统包括 Windows、Mac OS 和 Linux。Windows 由微软公司开发，广泛用于个人计算机，提供了丰富的图形用户界面和大量的应用程序，适用于一般的家庭和办公使用；Mac OS 由苹果公司开发，主要用于苹果计算机，以其稳定性、安全性和用户体验而著名；

Linux 和它的发行版共同组成了自由软件组织（开源，免费），其中 ubuntu 的界面和用户占有率较高，社区庞大。

② 服务器操作系统。服务器操作系统一般指的是安装在大型计算机上的操作系统，如 Web 服务器、应用服务器和数据库服务器等，是企业 IT 系统的基础架构平台。服务器操作系统也可以安装在个人计算机上，相比个人版操作系统，服务器操作系统要承担额外的管理、配置、稳定、安全等功能，处于每个网络中的心脏部位。服务器操作系统主要分为四大流派：Windows Server、Netware、UNIX、Linux。

③ 嵌入式操作系统。嵌入式操作系统是指用于嵌入式系统的操作系统。嵌入式操作系统是一种用途广泛的系统软件，通常包括与硬件相关的底层驱动软件、系统内核、设备驱动接口、通信协议、图形界面、标准化浏览器等。嵌入式操作系统负责嵌入式系统的全部软硬件资源的分配、任务调度，控制、协调并发活动。它必须体现其所在系统的特征，能够通过装卸某些模块来达到系统所要求的功能。在嵌入式领域广泛使用的操作系统有：嵌入式实时操作系统 μC/OS-II、嵌入式 Linux、Windows Embedded、VxWorks、Intewell 操作系统等，以及应用在智能手机和平板电脑的 Android、iOS、华为鸿蒙等。

**知识延伸——开源操作系统**

开源操作系统（open source operating system）就是公开源代码的操作系统软件，可以遵循开源协议（GNU）进行使用、编译和再发布。在遵守 GNU 协议的前提下，任何人都可以免费使用，随意控制软件的运行方式。在国际开源操作系统中最著名的一种为“Linux 操作系统”。相对于不开源的操作系统，如 Windows 和 Mac，开源操作系统最大的特点就是开放源代码和自由定制，但也会因为使用者的技术水平而出现很多不可预知的情况及维护问题，并且由于多数硬件和软件厂商并不支持开源软件，因此在驱动和软件源方面有很大困难，这就要求个人用户在选择系统时需要注意根据自己的实际情况来选择，这也是目前个人使用开源操作系统较为困难的最主要原因。

开源为开发操作系统提供机遇。透明、公开的开源操作系统问世，使得对操作系统内部架构的开发人员，获得了了解操作系统体系架构的机遇，也使他们在这方面的知识产生飞跃；基于开源的操作系统可为开发工作节约大量人力、物力、财力和时间，可使操作系统的开发者得以站在巨人肩膀上前进。很多基于 Linux 内核的操作系统相继问世，如 Android、WebOS、MeeGo 等，便是采取了基于 Linux 内核的技术发展路线。

### 3.1.2　常见的操作系统

#### 1. PC端

（1）Microsoft Windows。Microsoft Windows 是一个为个人计算机和服务器用户设计的操作系统，它有时也称“视窗操作系统”。它的第一个版本由微软公司发行于 1985 年，并最终获得了世界个人计算机操作系统软件的主流地位。

（2）Linux。Linux 操作系统是基于 UNIX 操作系统发展而来的一种克隆系统，于 1991 年 10 月 5 日正式发布。借助 Internet，并通过全世界各地计算机爱好者的共同努力，已成为今天世界上使用最多的一种 UNIX 类操作系统

（3）Mac OS。Mac OS 是一套运行于苹果 Macintosh 系列计算机上的操作系统。Mac OS 是首个在商用领域成功的图形用户界面操作系统。

#### 2. 移动端

（1）安卓（Android）。Android 发布于 2008 年 9 月，是一种基于 Linux 的自由基开放源代码的操

作系统。主要使用于移动设备，如智能手机和平板电脑，由 Google（谷歌）公司和开放手机联盟领导及开发。

（2）苹果（iOS）。iOS 是由苹果公司开发的移动操作系统。苹果公司最早于 2007 年 1 月 9 日在 Macworld 大会上公布这个系统，最初是设计给 iPhone 使用的，后来陆续用到了 iPod touch、iPad 以及 AppleTV 等产品上。

（3）鸿蒙（Harmony OS)。华为鸿蒙系统（HUAWEI Harmony OS）是华为公司于 2019 年 8 月 9 日在华为开发者大会（HDC.2019）上正式发布的操作系统。鸿蒙系统是一款全新的面向全场景的分布式操作系统。

### 知识延伸

随着我国近十年对基础设施进行大规模投资和建设，加上国内开源生态逐步完善，国产操作系统正驶入发展快车道。现如今，无论是手机操作系统还是桌面操作系统，我国均已摆脱了完全靠国外的局面，当下，我国完全自研的开源操作系统趋于丰富多元化。比较常见的国产操作系统有鸿蒙 (HarmonyOS)、深度 Deepin、银河麒麟等不同终端的操作系统。

#### 1. 鸿蒙（HarmonyOS）系统

华为鸿蒙（HarmonyOS）系统是面向万物互联的全场景分布式操作系统，支持手机、平板电脑、智能穿戴、智慧屏等多种终端设备运行，提供应用开发、设备开发的一站式服务的平台。鸿蒙系统是华为公司开发的一款基于微内核、耗时 10 年、4000 多名研发人员投入开发、面向 5G 物联网、面向全场景的分布式操作系统。鸿蒙的英文名是 Harmony，意为和谐。这个新的操作系统将打通手机、计算机、平板电脑、电视、工业自动化控制、无人驾驶、车机设备、智能穿戴统一成一个操作系统，并且该系统是面向下一代技术而设计的，能兼容全部安卓应用的所有 Web 应用。若安卓应用重新编译，在鸿蒙系统上，运行性能提升超过 60%。鸿蒙系统架构中的内核会把之前的 Linux 内核、鸿蒙系统微内核与 LiteOS 合并为一个鸿蒙系统微内核。华为鸿蒙系统创造了一个超级虚拟终端互联的世界，将人、设备、场景有机地联系在一起，将消费者在全场景生活中接触的多种智能终端，实现极速发现、极速连接、硬件互助、资源共享，用合适的设备提供场景体验。同时由于鸿蒙系统微内核的代码量只有 Linux 宏内核的千分之一，其受攻击概率也大幅降低。

#### 2. 深度（Deepin）

深度（Deepin）操作系统是中国第一个具备国际影响力的 Linux 发行版本，其名称来自深度技术社区名称 deepin，意思是对人生和未来深刻的追求和探索。深度操作系统是以桌面应用为主的开源 GNU/Linux 操作系统，支持笔记本电脑、台式机和一体机，包含深度桌面环境（DDE）和近 30 款深度原创应用，及数款来自开源社区的应用软件，支撑广大用户日常的学习和工作。另外，通过深度商店还能够获得近千款应用软件的支持，满足用户对操作系统的扩展需求。深度操作系统支持 30 多种语言，用户遍布除了南极洲的其他六大洲。深度桌面环境（DDE）和大量的应用软件被移植到了包括 Fedora、Ubuntu、Arch 等十余个国际 Linux 发行版和社区。

#### 3. 银河麒麟

银河麒麟（KylinOS）是以 Linux 为内核的操作系统，已经发展为银河麒麟服务器操作系统、桌面操作系统、嵌入式操作系统、麒麟云、操作系统增值产品为代表的产品线。银河麒麟建设自主的开源供应链，发起中国首个开源桌面操作系统根社区 openKylin。2023 年 7 月 5 日，中国首个开源桌面操作系统 openKylin1.0（“开放麒麟 1.0”）在中关村国家自主创新示范区展示交易中心举行的 2023 操作系统产业大会上亮相。2024 年 1 月，麒麟操作系统被中国国家博物馆收藏。这也是中国国家博物馆收藏的第一款国产操作系统。

## 3.1.3 任务：安装 Windows 10 操作系统

### 任务要求

一般计算机的使用寿命可以有 5 年或以上，计算机使用过程中可能系统会保留比较多的垃圾信息，或者软件冲突，或者系统有问题，导致计算机运行缓慢，这时最有效的方法是重装操作系统。计算机出现蓝屏或死机等现象，很大一部分是系统软件的损坏造成的非硬件问题，一般重装操作系统都可以解决。

### 任务准备

#### 1. Windows 10操作系统版本

微软公布 Windows 10 共分为七个版本，常见的有四个：家庭版、专业版、企业版、教育版。

Windows 10 家庭版，主要是面向消费者和个人 PC 用户的计算机系统版本，适合个人或者家庭计算机用户推荐，但是不适合企业办公和专业开发，它没有组策略，没有远程桌面，强制 Windows 更新。

Windows 10 专业版也是面向个人计算机用户，相比家庭版要好一些。Windows 10 专业版最适合大屏平板电脑，笔记本电脑、PC 平板二合一变形本等桌面设备。

Windows 10 企业版功能最为强大，主要是在专业版基础上，增加了专门给大中型企业的需求开发的高级功能，适合企业用户推荐。

Windows 10 教育版主要基于企业版进行开发，专门为了符合学校教职工、管理人员、老师和学生的需求。它可以面向教育机构批量发放许可计划，使得学校将能够升级 Windows 10 家庭版和 Windows 10 专业版设备。

#### 2. 操作系统安装方法

常见的操作系统安装方法主要以下几种：

（1）光盘安装操作系统。这种方法适用于有光驱的计算机安装操作系统。用光盘安装操作系统要先进入计算机 BIOS 设置第一启动项为 CD-ROMDrive（见图 3-3），保存重启后即可进入安装界面，按提示进行操作直到系统安装完成。系统安装完成后，需要重新设置计算机从硬盘启动。

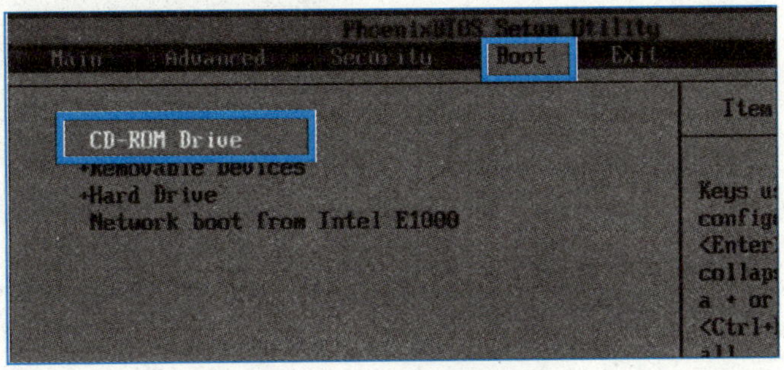


图 3-3 BIOS 设置界面

（2）硬盘安装操作系统。该方法可在没有光驱、光盘、启动 U 盘等任何系统安装设备的情况下安装操作系统，适用于计算机能正常启动至桌面或安全模式下，一般用于重装操作系统。安装操作系统时最好退出安全软件。先解压下载好的系统镜像文件（不要存放在系统盘及桌面，因为系统重装需格式化，系统盘及桌面的资料需备份的要提前备份，以免造成不必要的损失），然后打开解压后的系统镜像文件夹，双击“硬盘安装(推荐).exe”（见图 3-4）即可开始自动安装操作系统。

（3）U 盘安装操作系统。该方法是安装操作系统的常用方法，需要利用写入工具（可以从 Windows 官网下载，也可以利用现成的第三方工具）把操作系统文件预存到 U 盘中，然后把 U 盘做成启动盘（见图 3-5）。在 BIOS 中设置从 U 盘启动即可进行系统安装。

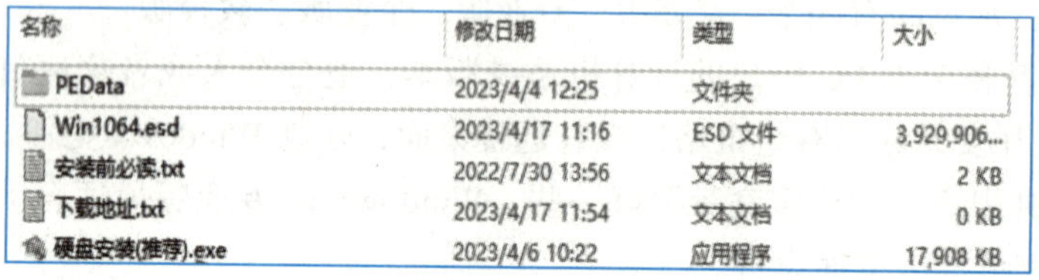


图 3-4　系统镜像文件夹内容

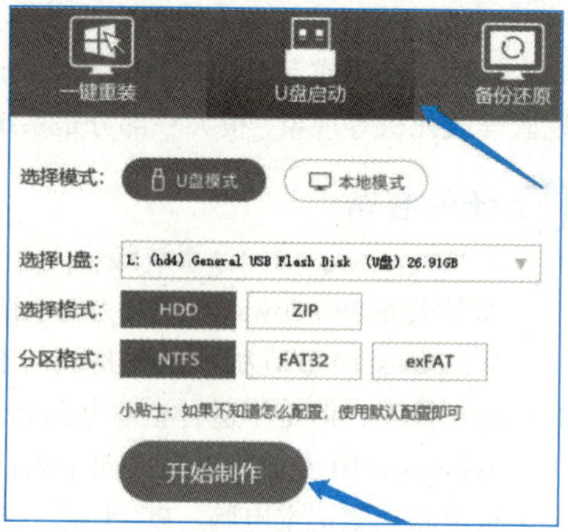


图 3-5　制作 U 盘启动盘

## 任务实施

下面以使用 U 盘在笔记本电脑安装 Windows 10 操作系统为例展示如何安装操作系统。

### 1. 制作U盘启动盘

（1）准备一个至少 8 GB 的 U 盘（用于存放系统安装程序）。

注意：制作期间，U 盘会被格式化，因此 U 盘中的重要文件请注意备份。

（2）下载 Windows 10 操作系统。在百度搜索“Windows10”，找到图 3-6 所示的链接，单击进入 Windows 官网。在官网上，找到“立即下载工具”按钮，如图 3-7 所示。单击该按钮，等待工具软件 MediaCreationTool（以下简称 MCT）下载完成。

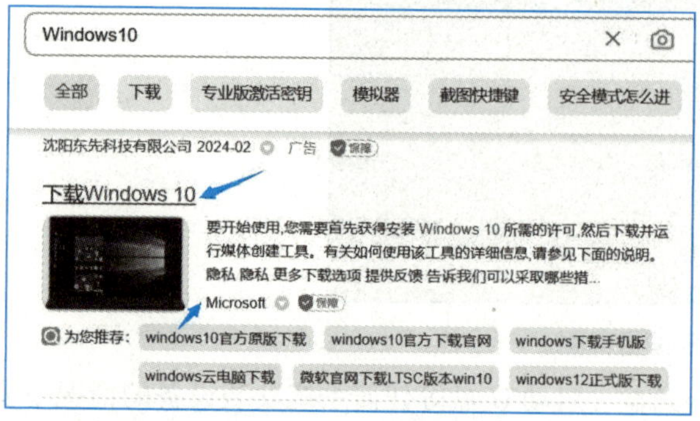


图 3-6　百度搜索 Windows 10 结果

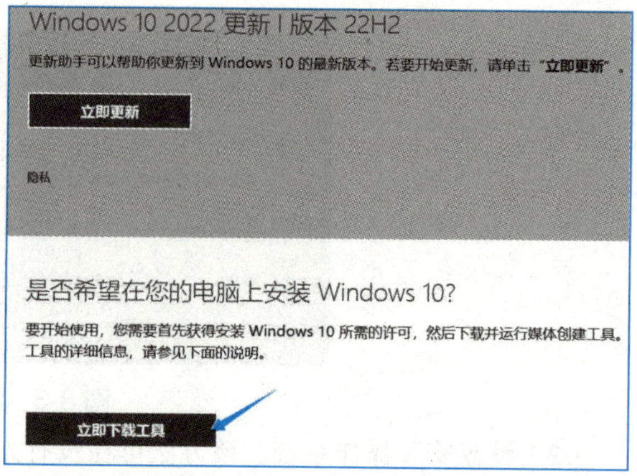


图 3-7　官网下载 Windows 启动盘工具位置

（3）双击打开下载好的软件，在出现“适用的声明和许可条款”对话框，如图 3-8 所示，单击右下角的“接受”按钮。

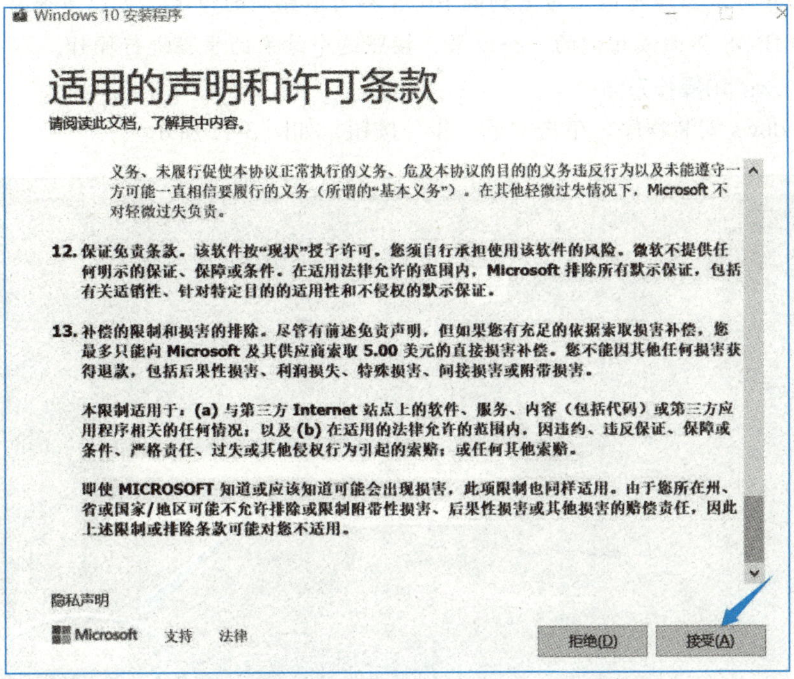

图 3-8 “适用的声明和许可条款”对话框

（4）等待片刻，选择“为另一台电脑创建安装介质”单选按钮，如图 3-9 所示，单击“下一步”按钮。

（5）选择安装介质为“U 盘”，如图 3-10 所示。单击“下一步”按钮，等待系统镜像下载完成，这个过程持续的时间受网速和 U 盘速度的影响，一般持续 20 ～ 40 min。

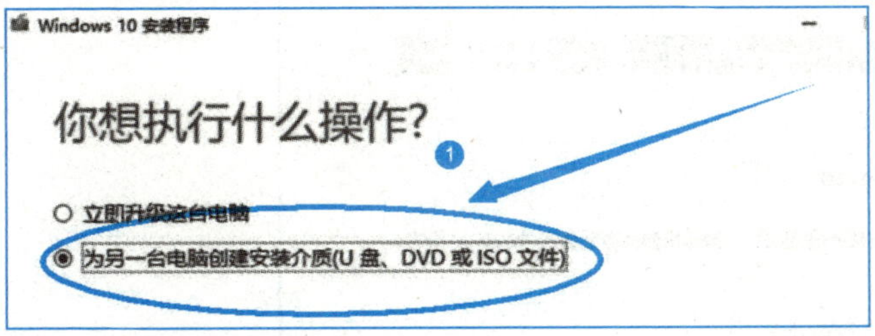

图 3-9 选择操作对话框

图 3-10 “选择要使用的介质”对话框

（6）当显示“你的 U 盘已准备就绪”时，单击“完成”按钮，等待窗口自动关闭后，系统 U 盘便制作完成了。

### 2. 更改计算机启动项

（1）将需要重装操作系统的计算机关机，插上刚才制作的系统 U 盘，使用搜索引擎搜索“笔记本品牌 + 如何更改启动顺序”。如“戴尔笔记本如何更改启动顺序”，然后在搜索结果中找到进入 BIOS 的按键（一般是【Esc】、【F1】～【F12】、【Delete】键中的一个），按下电源按钮开机，随后连续不停地单击相应按键进入 BIOS 的按键（是一下一下的单击，不是长按）。

（2）按照网上的步骤更改启动项顺序，将 U 盘设置为第一启动项（First Boot），更改完成后，保存设置并重启计算机（一般是按【F10】键然后按【Enter】键）。

注意：此步骤中可能出现与网上搜索到的 BIOS 界面不相同的情况，可以多查看几个搜索结果，找到图片与计算机的 BIOS 界面最相似的一个结果，按照这个结果的步骤进行操作。

### 3. 安装Windows 10操作系统

（1）进入 Windows 安装程序，单击"下一步"按钮，如图 3-11 所示。

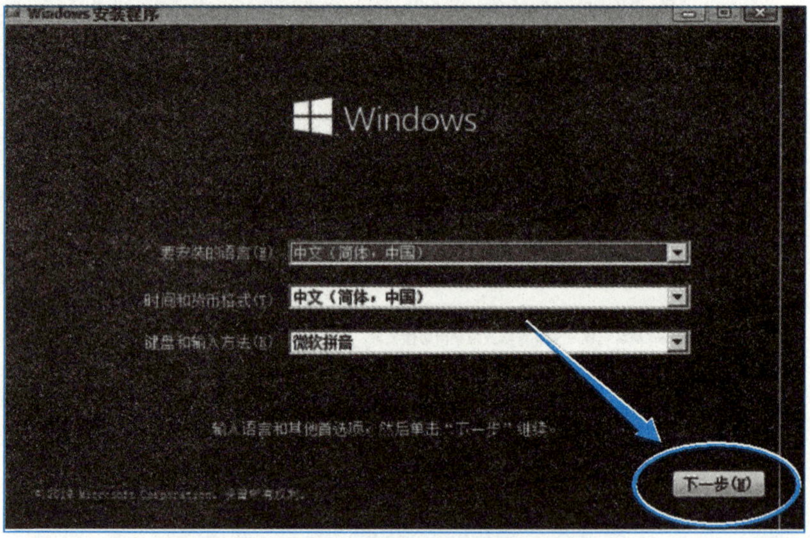


图 3-11 Windows 安装程序

（2）在"激活 Windows"对话框，单击"我没有产品密钥"，如图 3-12 所示。

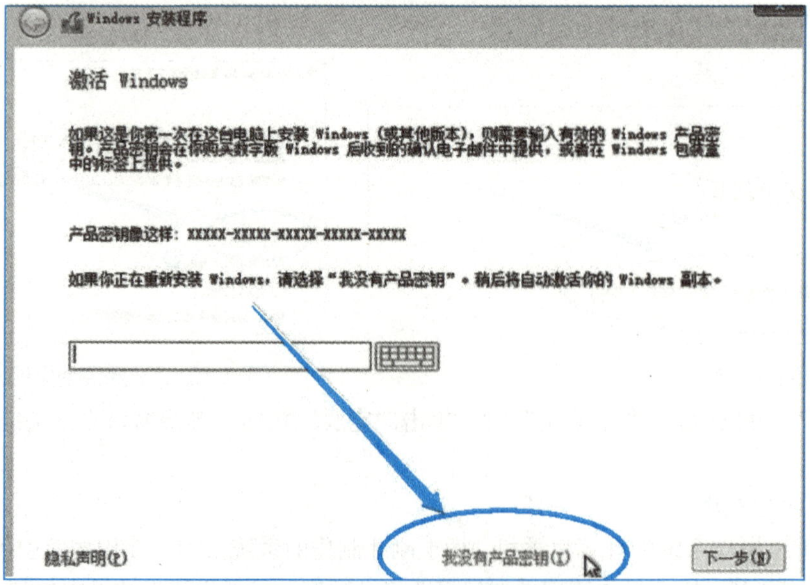


图 3-12 "激活 Windows"对话框

（3）选择"Windows 10 家庭版"（见图 3-13），单击"自定义：仅安装 Windows"（见图 3-14）。

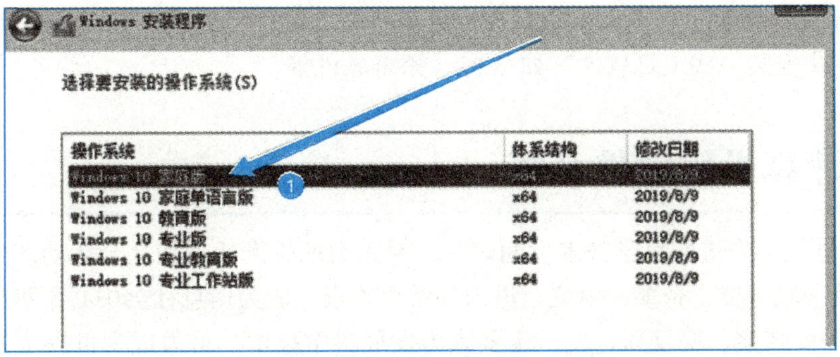


图 3-13 版本选择

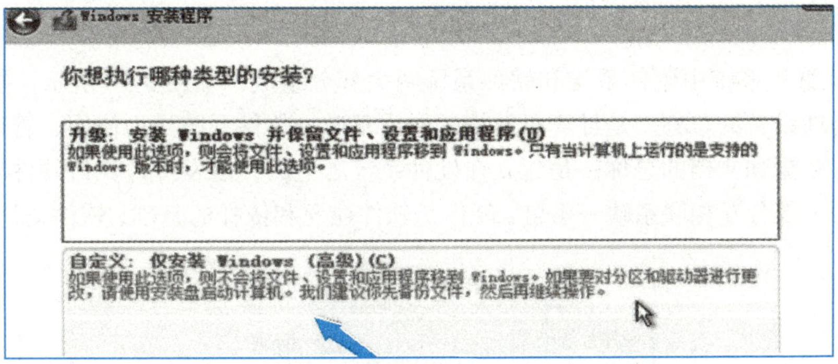


图 3-14 选择“自定义：仅安装 Windows”

（4）选择系统分区：在磁盘分区列表中找到你要安装 Windows 的磁盘分区（见图 3-15），单击“格式化”，之后单击“下一步”按钮。

注意：“格式化”操作会清空该磁盘分区上的所有数据，请务必确保该分区上的重要文件均已妥善备份。

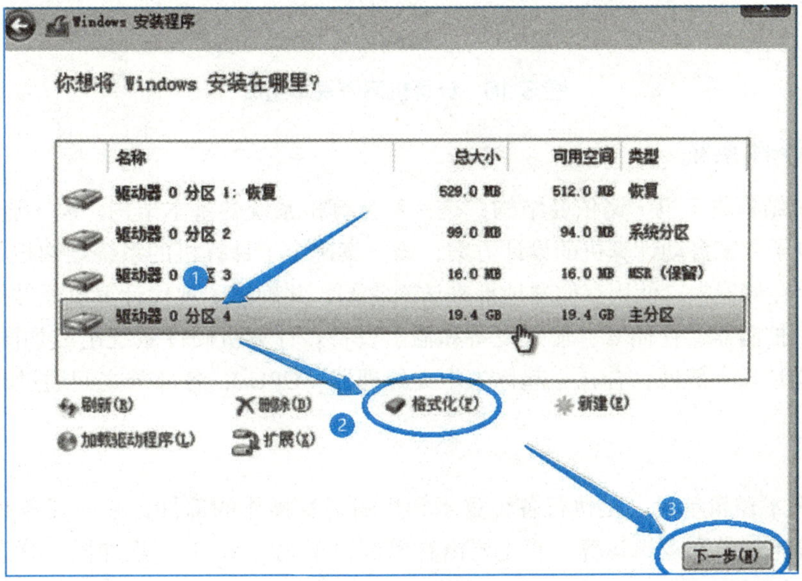


图 3-15 选择系统分区

等待安装程序进行部署，完成后拔掉U盘，计算机会自动重启进入Windows 10桌面。系统安装完成后，还需要进一步安装一些工具软件，如WPS、杀毒软件等。

## 3.2 计算机软硬件系统

计算机是20世纪最先进的科学技术发明之一，对人类的生产活动和社会活动产生了极其重要的影响。计算机已遍及一般学校、企事业单位，进入寻常百姓家，成为信息社会中必不可少的工具。习近平总书记指出："中国要强盛、要复兴，就一定要大力发展科学技术，努力成为世界主要科学中心和创新高地。"

### 3.2.1 计算机系统

一个完整的计算机系统由硬件系统和软件系统两大部分组成，如图3-16所示。硬件系统是组成计算机系统的各种物理设备的总称，是计算机系统的物质基础。软件系统是为使用、管理和维护计算机而编制的各种程序、数据和文档的总称，是建立在硬件系统之上的，是发挥计算机硬件功能的关键。整个计算机系统的这两个部分互相联系缺一不可，硬件是软件建立和依托的基础，软件是计算机系统的灵魂。

- 计算机系统
  - 硬件系统
    - 中央处理器
      - 运算器
      - 控制器
    - 存储器
      - 内存储器
        - 随机存储器
        - 只读存储器
      - 外存储器：硬盘、U盘、光盘等
  - 软件系统
    - 系统软件
      - 操作系统：Windows、UNIX、Linux等
      - 语言处理程序：C++等
      - 数据库管理系统：Oracle、SQL Server等
      - 常用服务程序：QAPLUS、PCTOOLS等
    - 应用软件
      - 专业软件：教务管理系统等
      - 通用软件：WPS、Office、AutoCAD等

图3-16 计算机系统基本组成

### 3.2.2 计算机硬件系统

计算机的系统结构属于冯·诺依曼结构，是一种计算机系统的基本架构。冯·诺依曼在1945年提出了程序存储式电子数字自动计算机的设计方案，该方案确定了计算机的系统结构核心思想是将程序和数据存储在同一个存储器中，使用存储器地址来访问它们，并确定了现代计算机硬件体系结构的五个基本部件：运算器、控制器、存储器、输入设备和输出设备。计算机硬件系统组成如图3-17所示，其中的控制器和运算器是核心部件，合在一起称为中央处理器（CPU），各部分之间通过相应的信号线进行通信。

#### 1. 运算器

运算器又称算术逻辑单元，是执行各种算术和逻辑运算操作的部件，它的任务是对数据信息加工处理，完成各种算术运算和逻辑运算。它主要由算术逻辑单元（ALU）、累加器、状态寄存器、通用寄存器等组成。

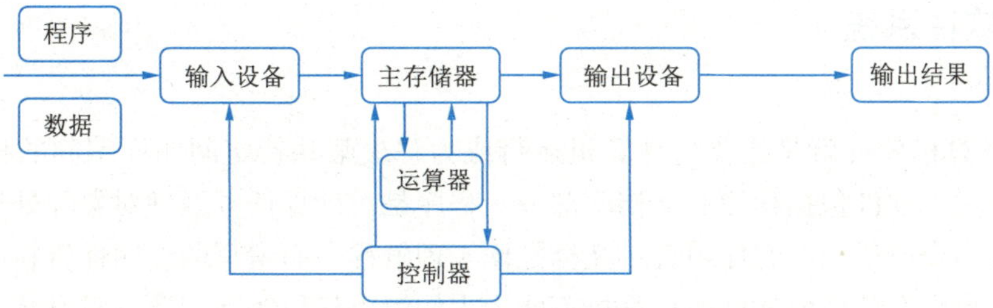


图 3-17 计算机硬件系统

### 2. 控制器

控制器是整个计算机系统的神经中枢和指挥中心，用来协调和指挥整个计算机系统的操作。控制器按照计算机的工作节拍（主频），从存储器中取指令，经过译码（分析指令），产生各种控制信号，从而指挥整个计算机有条不紊地、自动地执行程序，使计算机各部件协调一致并连续地工作。它主要由指令寄存器、译码器、程序计数器、时序电路等组成。

### 3. 存储器

存储器的主要功能是存储程序和数据，并能在计算机运行过程中高速、自动地完成程序或数据的存取，是具有“记忆”功能的设备。

### 4. 输入设备

输入设备是向计算机输入数据和信息的设备，是计算机与用户或其他设备通信的桥梁。人或外部与计算机通过输入设备可以进行信息交换，输入者把原始数据和处理这些数的程序输入计算机中。计算机能够接收各种各样的数据，既可以是数值型的数据，也可以是各种非数值型的数据，如图形、图像、声音等都可以通过不同类型的输入设备输入计算机中，进行存储、处理和输出。常用的输入设备有键盘、鼠标、摄像头、扫描仪、手写输入板等，如图 3-18 所示。

（a）键盘　（b）鼠标　（c）摄像头　（d）书写板　（e）扫描仪

图 3-18 常用的输入设备

### 5. 输出设备

输出设备是计算机硬件系统的终端设备，将计算机的运算和处理结果以能为人们或其他机器所接受的形式输出，也就是把各种运行结果数据或信息以数字、字符、图像、声音等形式表现出来。常用的输出设备有显示器、打印机、绘图仪等，如图 3-19 所示。

（a）显示器　（b）打印机　（c）绘图仪

图 3-19 常用的输出设备

## 3.2.3 计算机软件系统

### 1. 软件的定义

一般认为，计算机软件就是指支持计算机运行或为解决某些特定问题而编制的程序、数据以及相关的文档。简单地说，软件包括程序和文档两部分。程序是对计算任务处理对象和处理规则的描述，是某种程序设计语言指令或语句的有序组合；文档是便于理解程序而编写的说明性资料，如程序设计说明书、流程图等。一台没有装任何软件的计算机不能为人们解决任何实际问题，只有装入并且运行一定的软件时，计算机才能发挥它强大的作用。

### 2. 软件系统的组成

根据软件的不同用途，可将微型计算机的软件系统分为系统软件和应用软件两大类。

（1）系统软件。系统软件指的是无须用户干预，计算机就能正常、高效地工作所配备的各种程序的集合，其主要功能是进行调度、监控和维护计算机系统；负责管理计算机系统中的硬件，使它们协调工作，是计算机系统正常运行必不可少的。系统软件一般包括操作系统、语言处理程序、数据库管理系统、常用服务程序。

（2）应用软件。应用软件是为了帮助用户实现某一特定任务或特殊目的开发的软件，涉及计算机应用的所有领域。各种科学和工程计算软件、各种管理软件、各种辅助设计软件和过程控制软件等都属于应用软件。应用软件在计算机系统中的位置如图 3-20 所示。

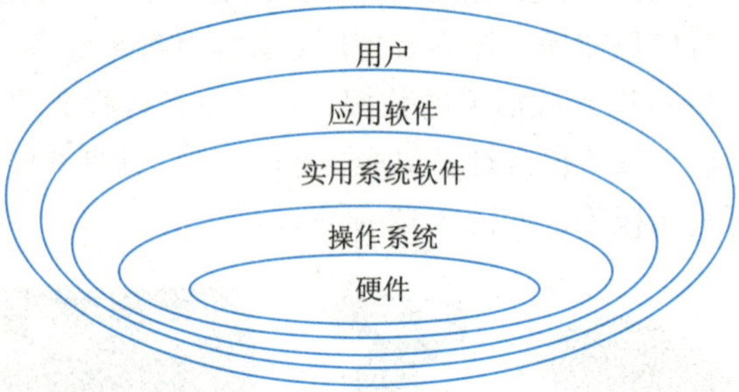


图 3-20 应用软件与系统软件的关系

现在市面上应用软件的种类非常多，应用软件的开发也是使计算机充分发挥作用的十分重要的工作。表 3-1 列举了各大领域常用的应用软件。

表 3-1 常用应用软件举例

| 种　类 | 举　例 |
|---|---|
| 通信软件 | QQ、微信、钉钉、陌陌 |
| 浏览器 | 极速、360、QQ、火狐、搜狗、Chrome、Edge |
| 安全软件 | 360、金山毒霸、小红伞、卡巴斯基、火绒、诺顿、瑞星 |
| 办公软件 | WPS、Microsoft Office、永中 Office |
| 多媒体软件 | 暴风影音播放器、快播、Windows Media Player、酷狗音乐播放器、百度音乐盒、千千音乐 |
| 下载软件 | 迅雷、QQ 旋风、比特彗星、网络蚂蚁 |
| 压缩软件 | WinRAR、2345 好压、迅捷、万能、WinZip |
| 行业软件 | 人力资源管理软件、宿舍人员管理系统、进销存管理软件 |

知识延伸

国产软硬件的发展与潜能

在党的二十大报告指出："坚持面向世界科技前沿、面向经济主战场、面向国家重大需求、面向人民生命健康，加快实现高水平科技自立自强。"彰显出实现高水平科技自立自强在新时代新征程推进和拓展中国式现代化进程中的关键地位。在世界百年未有之大变局加速演进的背景下，科技发展水平更加深刻地反映出一个国家的综合国力和核心竞争力，科技创新日益成为国际战略博弈的主要战场，围绕科技制高点的竞争愈加激烈。

超级计算机是各国竞相角逐的科技制高点，也是国家综合科技实力的体现。超级计算机让世界见证"中国速度"。截至 2023 年底，全球前十的超级计算机榜单中，中国占了两台，分别是神威·太湖之光和天河二号，如图 3-21 所示。

图 3-21 神威·太湖之光和天河二号超级计算机

2020 年 7 月 3 日，我国第一台纯国产计算机"天玥"成功下线。它是由中国航天科工集团第二研究院、中国航天科工二院七〇六所等研发的，它最大特点是完全国产化，从处理器（龙芯、鲲鹏等）、固件到操作系统（麒麟操作系统）均是国产化，再搭配国产办公软件，能够实现产品从硬件到软件的自主研发、生产、升级等全程可控。

## 3.2.4 任务：配置个人计算机

### 任务要求

小王是一位刚刚走进大学校园的大一新生，他意识到计算机是一个非常重要的工具，能够极大地提升学习、工作效率，但自己家庭并不是非常富裕，如何在有限的资金下选购一台性价比高的计算机成为他遇到的难题。

请结合大一新生小王的计算机需求，完成一份计算机配置清单，价格在 4 000 元左右，要求配置合理、价格实惠。

### 任务准备

一台普通的家用个人计算机主要包括主机、显示器、键盘、鼠标、音箱、打印机等硬件设备，在选购一台适合自己的个人计算机时，主要考虑主机主要部件中的性能指标。

在购买计算机的时候，大多数人面对琳琅满目的个人计算机产品会无从下手，不知道如何选择一款适合自己的计算机，以满足日后工作和学习的需要。在选购计算机的过程中，需要根据自己的用途和预算，着重考虑以下三个方面：

### 1．台式机还是笔记本电脑

考虑计算机是家用还是办公、学习。如果用于家用可以考虑购买台式机，相同配置的台式机价格要低于笔记本电脑，性价比高，且可以通过升级替换硬件延长计算机的使用寿命；如果用于办公、学习，需要移动并随时使用计算机，选择笔记本电脑会更方便，笔记本电脑的可移动便携性则远胜于台式机。

### 2．品牌机还是兼容机

台式机中有品牌机和兼容机两种选择。品牌机是各大计算机厂商制造好的整机，质量有保证，有较好的售后服务，但价格较贵且升级较困难。兼容机是用户自己购买配件组装的计算机，配置灵活，性价比高，升级方便，但需要用户具有一定的计算机组装知识。如果动手能力强，且对组装计算机有一定的兴趣，可以选择兼容机；反之，则适合选择品牌机。

### 3．兼容机主要配件的选择

（1）CPU。CPU 犹如人的大脑，它的好坏决定了计算机好坏的 60%。建议购买 CPU 时以产品型号为准，选择最近三年以内主流装机型号即可。

（2）主板。主板属于功能性配件，好的计算机主板必不可少。建议根据购买的 CPU 型号，清楚了解主板型号参数规格，以及性能好坏，然后再做选择。

（3）内存。关注内存的工作频率和容量大小，两个参数越大，性能越好，太小会引起计算机的卡顿。目前装机推荐 16 GB 及更大容量内存条。

（4）硬盘。市场上主要有机械硬盘（hard disk drive，HDD）和固态硬盘（solid state disk，SSD）两种。机械硬盘能够使误删文件得到恢复，而固态硬盘有极快的存储速度，两者各有优势。一般的配置做法是采用 SSD+HDD 的混合方案，SSD 用于系统和软件的存储，HDD 用于资料的存储。

（5）显卡。不以显存容量为标准。应重点要看它的核心代号，如 GT 1030、GTX 1080、RTX 3060 等，以及显卡的显存类型，如 D3 和 D5 版本的不同等。应根据日常图像处理的性能要求，选择最适合的显卡型号。

## 任务实施

（1）挑选计算机各物理器件，如 CPU、内存、主板等。

（2）各物理器件参数及兼容性核对。

（3）任务效果参考见表 3-2。

表 3-2　计算机配置清单

| 配　件 | 品 牌 型 号 | 价格 / 元（2024-2-23） |
|---|---|---|
| CPU | Intel 酷睿 i5-13400（盒装）10 核 16 线程 | 1449 |
| 散热器 | CPU 原装自带 | — |
| 主板 | 技嘉 B760M D2H DDR4 | 649 |
| 内存 | 金士顿骇客神条 Fury 系列 DDR4 3200 8 GB × 2 | 310 |
| 显卡 | 核心显卡 | — |
| 硬盘 | 金士顿 SNV2S 1 TB M.2 SSD | 509 |
| 机箱 | 酷冷至尊风行者 | 99 |
| 电源 | 长城 HOPE-6000DS | 219 |
| 显示器 | HKC CG275 | 845 |
| 键鼠套装 | 罗技 MK120 键鼠套装 | 82 |

这台计算机配置总价是 4 200 元左右，CPU 是 Intel 酷睿 13 代 i5-13400，拥有 10 核 16 线程，满足日常的学习、工作、生活需要。主板支出双通道内存，所以购置了两条 8 GB 内存。主板内置核心显卡除了普通学习、工作外，还可以满足玩游戏、轻度的平面设计，后期可根据需求，自行添加独立显卡。

## 3.3 Windows 10 文件系统管理

Windows 操作系统是人们日常常用的操作系统，文件系统是操作系统核心的管理模块之一。文件系统不仅负责数据的存储和检索，更是信息安全和隐私保护的第一道防线。通过高效的文件系统管理，用户能够有序地组织各类文档、图片、视频等数据资源，确保信息的可访问性和完整性。文件系统作为计算机存储信息的主要载体，更是数据安全的保障。习近平总书记主持召开中央全面深化改革委员会第二十六次会议时指出“要维护国家数据安全，保护个人信息和商业秘密”。作为信息时代的公民，每个人都应该具备数据保护意识和责任感。通过学习文件系统的工作原理和操作方法，学生将能够更加深刻地理解数据的重要性，以及在数字世界中维护信息安全的必要性。理解文件系统可以从文件系统的概念和文件系统操作两个方面入手，如图 3-22 所示。

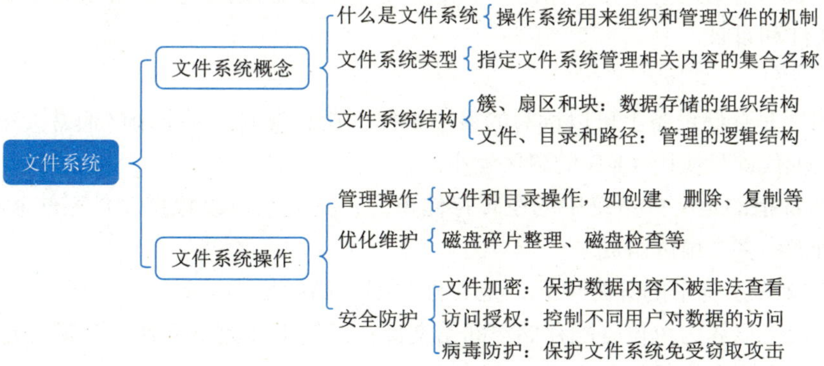


图 3-22 文件系统涵盖的内容

### 3.3.1 文件系统概念

#### 1. 什么是文件系统

文件系统是操作系统中负责存取和管理信息的模块，它用统一的方式管理用户和系统信息的存储、检索、更新、共享和保护，并为用户提供一整套方便有效的文件使用和操作方法。文件系统是操作系统中管理文件的机构，提供文件存储和访问功能。

文件系统通过创建文件来存储数据，每个文件都可以包含文本、图像、音频、视频等各种类型的数据。文件系统提供了通过文件名、路径等方式检索文件的能力。文件系统通过权限控制、备份恢复等方式保护数据的安全性和完整性。在多个用户或应用程序之间共享数据是文件系统的另一个重要功能。

文件系统为用户和应用程序提供了一个逻辑上连续、易于使用的数据存储空间。文件系统将物理存储设备的细节隐藏起来，只呈现给用户一个简洁、直观的接口。文件系统是操作系统中不可或缺的组成部分，负责数据的存储、检索、保护和共享等任务。

#### 2. 文件系统类型

文件系统类型是指计算机中用于组织和存储数据的一种系统或结构，它决定了数据如何在存储设备（如硬盘、闪存等）上进行存储、检索和管理。文件系统类型是操作系统用来识别、访问和管理文件与目录的规范或机制。

Windows 操作系统目前常用的文件系统类型主要包括以下几种：

（1）NTFS（new technology file system）：支持大容量存储设备和大文件大小，单个文件可以非常大，没有具体的大小限制。提供数据恢复特性，如使用日志记录来恢复意外断电或系统崩溃后的数据。支持文件加密和压缩，以及磁盘配额管理。拥有更高级的文件权限和安全特性，适合企业环境。适合于大容量硬盘和需要数据安全性的场合。

（2）FAT32（file allocation table 32）：兼容性好，可在多种操作系统和设备上使用，包括 Linux、MacOS 和各种移动设备。单个文件大小最大支持 4 GB，最大分区容量 32 GB，适合中小容量存储设备。不支持文件加密和压缩，功能相对简单。由于其广泛的兼容性，常用于 U 盘、SD 卡等移动存储设备。

（3）exFAT（extended file allocation table）：专为大容量存储和大文件设计，支持最大 1 EB 的文件大小。优化了闪存设备的性能和兼容性，常用于 SDXC 卡和外部硬盘。不支持文件权限管理，功能相对简单。适合于存储高清视频、大型文件和跨平台使用。

（4）ReFS（resilient file system）：Windows Server 2012 开始引入，是 NTFS 的改进版。支持数据保护和修复，适合于数据密集型应用和存储池。不支持文件压缩或加密，主要面向服务器环境。可以处理超大规模的卷、文件和目录。

### 3. 文件组织结构

（1）扇区。扇区是存储设备上可以读写的最小单位。在硬盘上，一个扇区通常大小为 512 B，随着技术的发展，一些现代硬盘使用 4 KB 的扇区大小。

（2）块。块通常指的是文件系统中的逻辑存储单元，其大小可以根据文件系统和存储设备的不同而变化。一个块可能由多个扇区组成。

（3）簇。簇是文件系统中的分配单元，是文件数据存储的最小空间。一个簇可以包含一个或多个扇区或块。文件系统会以簇为单位分配存储空间给文件，即使文件大小不到一个簇的大小，它也会占用一个完整的簇。簇的大小在格式化存储设备时确定，可以是 2 KB、4 KB、8 KB 等，较大的簇可以减少存储小文件时的空间浪费，但可能导致存储大文件时的空间碎片。存储结构示意图如图 3-23 所示。

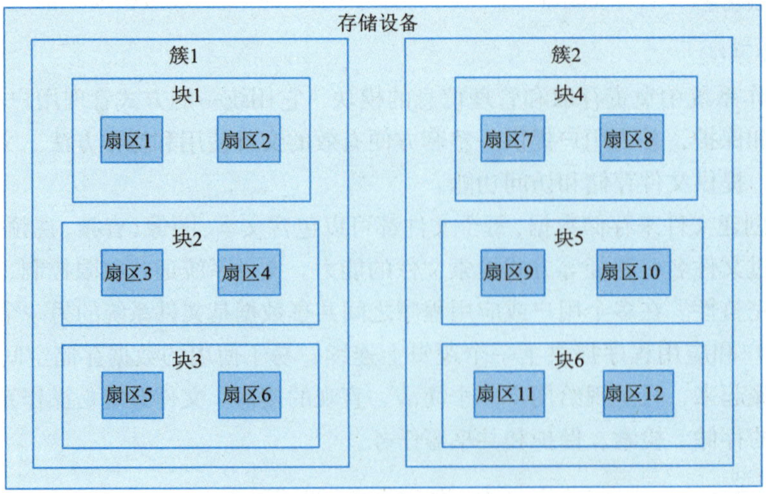


图 3-23 存储结构示意图

（4）文件。文件是存储在存储设备上的一组相关信息的集合，如文本文档、图片、程序等。文件可以有不同的类型和格式，操作系统通过文件扩展名来区分不同的文件类型。文件具有属性，如大小、创建日期、修改日期、访问权限等。

（5）目录。目录也称文件夹，是文件系统层次结构中的一个节点，用于组织和管理文件。目录可以包含其他文件和子目录，形成一个层次化的文件系统结构。目录其实是一种特殊的文件。目录具有属性，如创建日期、修改日期等，并且可以设置访问权限。

（6）路径。路径是指向文件或目录位置的描述方式，它指示了从文件系统根目录到目标文件或目录的路线。路径可以是绝对路径，从文件系统的根目录开始（Windows 操作系统指逻辑驱动器的盘符，如 C:），使用在 Windows 操作系统反斜杠（\）作为目录分隔符；也可以是相对路径，即相对于当前工作目录的路径。

## 3.3.2　文件系统操作

### 1. 优化维护

（1）磁盘整理。磁盘整理也称磁盘碎片整理或磁盘优化，是优化计算机文件系统性能的一种过程。磁盘使用时间增长后，文件可能会变得分散，即文件的各个部分（称为“碎片”）存储在磁盘的不同位置。磁盘整理工具将这些分散的文件碎片重新聚集在一起，或者重新安排磁盘上的数据，使其存储得更紧凑和有序。

（2）磁盘检查。磁盘检查也称磁盘扫描或文件系统检查，是一种用于验证和修复存储设备上文件系统错误的系统维护过程。磁盘检查的主要目的是确保文件系统的完整性和一致性，检测并修复逻辑错误、坏扇区或其他磁盘问题。磁盘检查可以识别多种错误，包括文件系统的交叉链接、丢失的簇、目录错误、文件大小不一致等。

（3）固态硬盘的优化。目前，很多计算机都使用固态硬盘。固态硬盘使用闪存芯片来存储数据，没有物理的磁头和磁盘旋转，因此不会因物理结构产生文件碎片。由于没有物理碎片，传统意义上的磁盘碎片整理对固态硬盘来说并不适用。

### 2. 安全防护

（1）文件加密。文件加密是一种安全措施，用于保护存储在计算机或其他设备上的文件内容，防止未授权访问或数据泄露。加密过程涉及使用加密算法将原始的可读文件数据（明文）转换成难以解读的形式（密文）。对称加密使用相同的密钥进行加密和解密，如 AES（高级加密标准）。非对称加密使用一对密钥，即公钥和私钥。公钥用于加密数据，私钥用于解密。加密虽然提高了安全性，但也带来了风险，如密钥丢失可能导致数据无法恢复。

（2）访问授权。文件系统的访问授权是指在操作系统中控制用户或进程对文件、目录或整个存储设备的访问权限的过程。访问权限通常包括读（读取文件内容）、写（修改文件内容或属性）、执行（运行文件，如程序）和删除（删除文件）。权限通常授予特定的用户或用户组。用户可以是个人或系统账户，组是具有共同权限设置的多个用户的集合。访问控制列表是一种数据结构，用于存储与文件或目录关联的访问权限，列出了哪些用户或组具有何种权限。

（3）病毒防护。文件系统的病毒防护是指一系列措施和技术，旨在防止计算机病毒和其他恶意软件感染和破坏文件系统及其中的数据。计算机病毒是一种恶意软件，能够自我复制，传播到其他计算机或文件，并可能破坏数据或系统功能。病毒防护措施包括使用杀毒软件、定期更新系统和应用程序的安全补丁、用户教育等。

### 3.3.3 任务：创建工作目录

#### 任务要求

按照目录结构图（见图3-24）创建“大气污染物数据”目录作为工作目录，按地市划分目录，并整理相关的文件到对应的目录中。

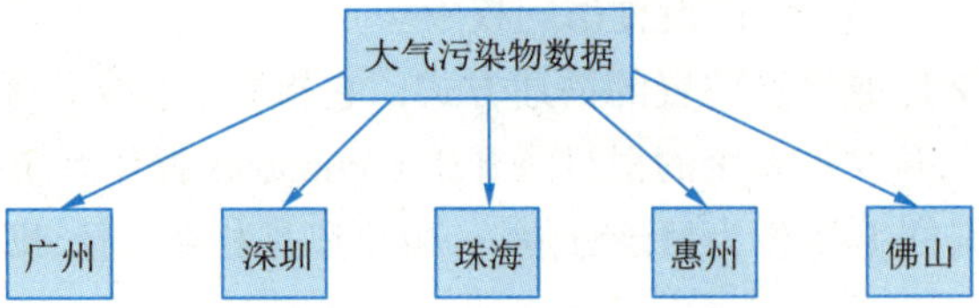


图3-24 任务目录结构

#### 任务准备

1. 文件创建

在文件系统中生成一个新的文件实例的行为。创建文件时，操作系统为新文件分配必要的资源，如存储空间和文件控制块；设置文件的初始属性，包括但不限于文件名、文件类型、创建时间、访问权限等；新文件的信息被记录在相应的目录中，这样用户或程序就可以通过目录结构找到并访问这个文件。

2. 文件复制粘贴

文件操作中的一个常用术语，涉及两个基本动作：复制和粘贴。复制是创建文件的一个副本的过程，原始文件保持不变，副本的文件放在系统的内存空间，此时不在文件系统中。粘贴是将复制得到的文件副本放置到用户指定的目标位置的过程，粘贴完成的文件才存放在文件系统。

3. 文件剪切粘贴

与复制粘贴不同，剪切粘贴会移动文件而不是复制。剪切操作后，原始位置的文件将不再存在，而是出现在目标位置。

4. 文件删除

删除文件是计算机操作中的一个基本过程，指的是从文件系统中移除一个或多个文件，使其不再在当前目录或路径下可访问。删除文件时，其属性和元数据将不再与文件关联，但可能在文件系统的日志或其他位置保留记录。

5. 文件查找

文件系统中用于定位和访问存储在文件系统中的一个或多个文件的过程。搜索完成后，系统会显示匹配搜索条件的文件列表，用户可以进一步查看或操作这些文件。用户可以通过使用通配符、正则表达式或高级搜索语法来优化搜索查询，缩小搜索范围或精确匹配。

#### 任务实施

（1）从素材中，按地市分别复制数据文件放入对应的目录中。所有名称包含“粤E”的文件都复制到“佛山”目录下。

（2）将“佛山”目录下的文件，文件名包含“粤E”部分的替换为“佛山”，如“粤E01.txt”替换为“佛山01.txt”。

## 知识延伸：高效文件管理工具

Everything 是一个运行于 Windows 操作系统的快速搜索引擎，它基于文件、文件夹名称进行搜索，具有高效的文件管理功能。Everything 仅索引文件和文件夹名，一般仅需几秒便可建立其数据库。全新安装的 Windows 10（大约 120 000 个文件）仅需 1 s 即可搜索完成。搜索 1 000 000 个文件将需要大约 1 min。Everything 是一款免费软件，感兴趣的同学可以自行搜索下载安装。

Everything 使用技巧：

（1）搜索文件和文件夹：在搜索框中输入文件或文件夹部分名称，搜索结果将会立即出现。

（2）并列条件：搜索的内容需要两个关键词条件同时满足。使用空格将两个关键词进行分割。例如，需要查找的某个文件需要同时拥有“python”和“课件”两个词，只需要在输入栏中输入“python 课件”，即可搜索出满足条件的文件，如图 3-25 所示。

（3）任一条件：多个搜索关键字中，只需要满足其中一个即可。使用“|”符号连接两个关键词。例如，需要查找的某个文件只需要有“python”和“课件”两个词的其中一个，只需要在输入栏中输入“python | 课件”，即可搜索出满足条件的文件，如图 3-26 所示。

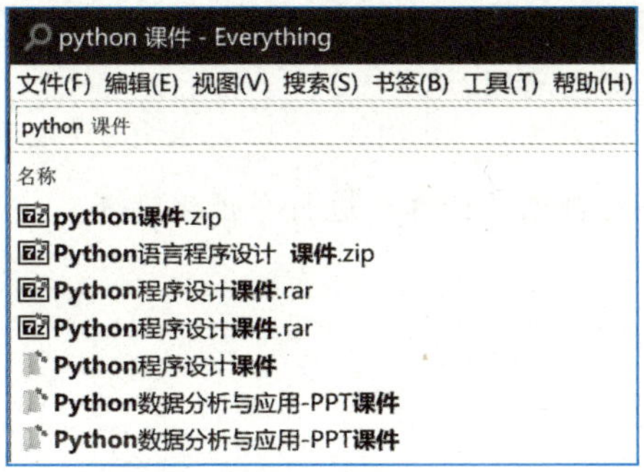


图 3-25 并列条件搜索

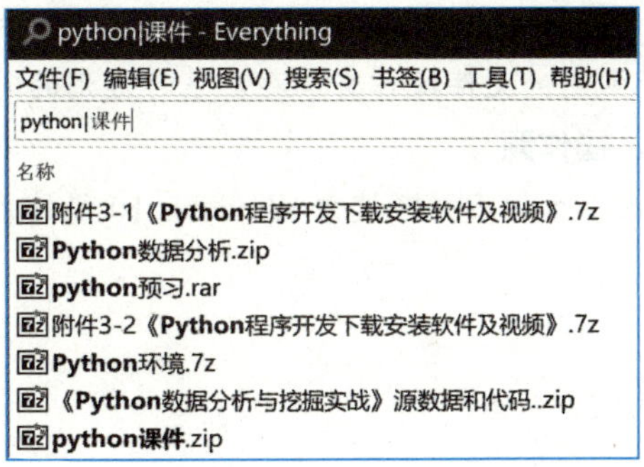


图 3-26 任一条件搜索

（4）排除条件：将包含某个关键词排除在搜索结果之外。使用“!”引导需要排除的关键词。例如，需要搜索包含“python”的文件，但不需要包含“课件”这个词，只需要在输入栏中输入“python ! 课件”，即可搜索出满足条件的文件。

（5）通配符：搜索关键词中使用通配符“*”将会匹配任意数量的任意字符。例如，搜索以 e 开头并以 g 结尾的文件和文件夹：“e*g”。

（6）搜索关键词中使用通配符“?”将会匹配任一字符。例如，搜索含有两个字符扩展名的文件：“*.??”。

（7）指定路径搜索：搜索指定位置的文件和文件夹，可以在搜索框中使用“\”。例如，在 downloads 文件夹中搜索全部 mp3 文件：“downloads\ .mp3”。

## 单元小结

本单元主要介绍计算机软硬件系统的概念，深入探索了操作系统的基本知识，并以 Windows 10 操作系统为例，介绍操作系统的安装和文件系统管理操作，以及一些高效的文件管理工具，以帮助读者能快速熟练使用计算机系统。

## 单元练习

### 一、选择题

1. 计算机硬件系统包括（　　）。

A. 显示器　　B. 主机箱　　C. 硬盘　　D. CPU

E. 资源管理器

2. 操作系统的功能包括（　　）。

A. 存储管理　　B. 设备管理　　C. 进程管理　　D. 文件管理

E. 资源管理器

3. 常用的文件类型极其扩展名正确的是（　　）。

A. 文本文档 txt　　B. 可执行程序 exe

C. 批处理文件 bat　　D. WPS 文档 wps

### 二、思考题

1. 你知道的国产操作系统有哪些？它们主要应用在哪些领域？

2. 常用的文件操作有哪些？平时应用的时候应该注意哪些问题？

### 三、操作题

利用百度搜索引擎搜索 Windows 10 操作系统设置，并对自己的计算机进行个性化设置。

# 单元四

# WPS 文档处理

## 单元导读

随着信息技术的飞速发展和市场需求的变化，国产办公软件经历了从无到有、从弱到强的蜕变。WPS 是国产办公软件的代表，它的发展背景深厚且充满挑战。初期，面对国外办公软件的强势竞争，国产办公软件凭借对本土用户需求的深刻理解和技术创新，逐渐在市场中站稳脚跟。随着国家对信息安全和自主可控技术的重视，国产办公软件迎来了前所未有的发展机遇。在政策支持和市场需求的双重推动下，国产办公软件不断升级迭代，提升用户体验，丰富功能应用，逐步构建起完善的软件生态体系。如今，WPS 已成为国内办公软件市场的佼佼者，不仅在国内市场占据重要地位，还积极向国际市场拓展，为全球用户提供优质的办公服务。

本单元主要介绍国产办公软件 WPS 的文字处理的基本知识，以及如何利用 WPS 文字处理进行文档编辑、图文混排、长文档编辑等操作方法，如何利用邮件合并快速高效完成文档批量处理。

## 知识结构图

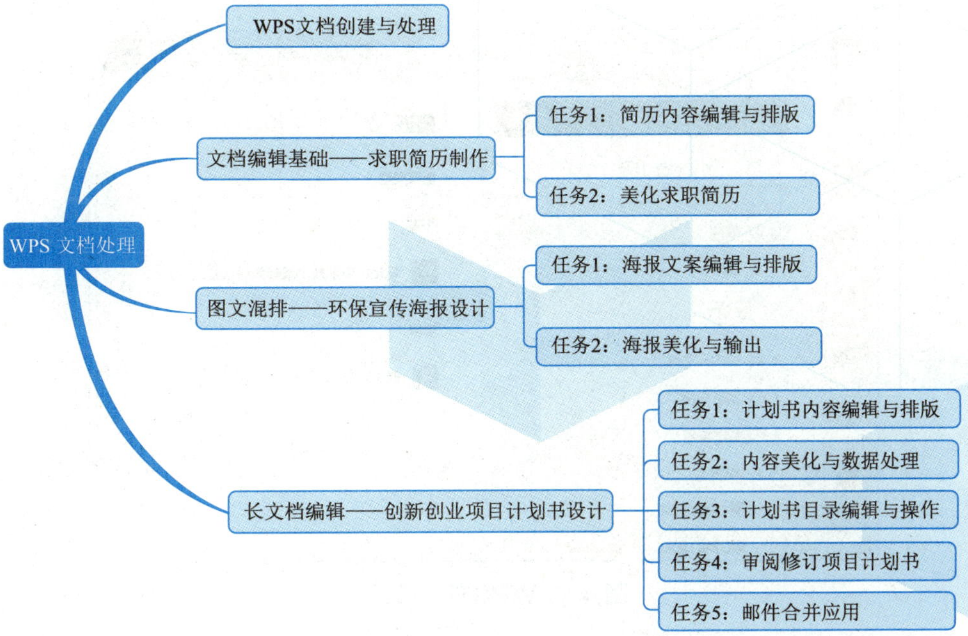

## 学习目标

### 1. 知识目标

（1）熟悉 WPS 文字处理的工作界面和视图方式；

（2）熟悉 WPS 文字基本操作；

（3）理解邮件合并的作用。

### 2. 技能目标

（1）能利用 WPS 文字中对文档进行美好，包括格式、图片、表格、图形等的操作；

（2）掌握长文档编辑和管理的操作；

（3）掌握常用的文档审阅方法。

### 3. 素质目标

（1）养成主动搜索新技术的习惯和精益求精的工匠精神；

（2）熟悉国产办公软件，树立科技创新理念。

# 4.1 任务：WPS 文档创建与处理

## 任务要求

WPS 是集文字、表格、演示、PDF 编辑、智能脑图、流程图等功能于一体的办公软件。本任务要求利用 WPS 免费模板“小清新城市信纸”创建一个文档，将文档保存好后同时输出 PDF 文档。

## 任务准备

### 1. WPS“首页”

WPS 的“首页”是一个特殊的标签页，始终默认置于标签栏的最左侧，用于快速开始和延续各类工作任务，如图 4-1 所示。主要包括：

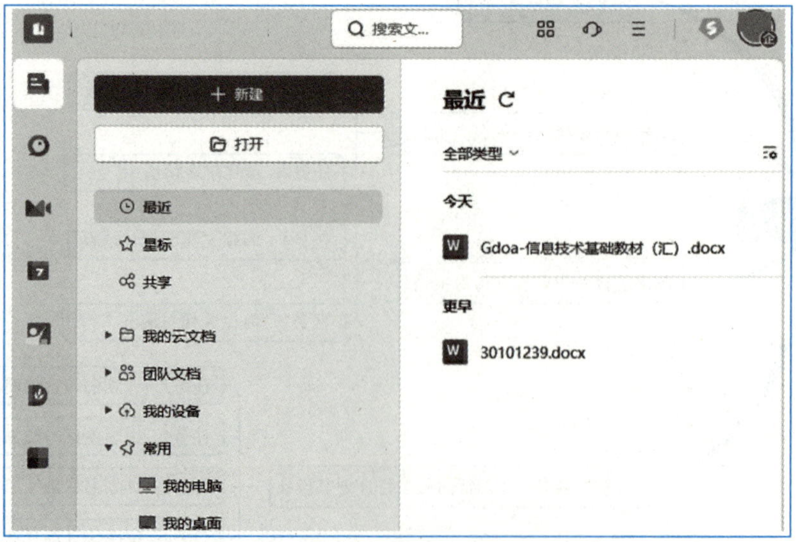


图 4-1 WPS 的“首页”

（1）全局搜索框：搜索文档、应用、模板、技巧等。

（2）设置：可以进行意见反馈、皮肤设置、全局设置等。

（3）账号：未登录账号时，单击此处可打开登录窗口；登录成功后则显示用户名和头像，以及用户的会员状态。同时可以单击打开个人中心进行账号管理。

（4）主导航：可快速定位和访问文档或服务，包括核对固定服务区域（如文档、日历）、自定义区域（如稻壳、应用等）。可进入应用中心预置应用到主导航。

（5）文件列表：帮助快速访问和管理文件。

### 2．WPS“新建”

WPS 的“新建”与其他办公软件“新建”不同。WPS 的“新建”界面同样是一个特殊的标签页的形式，提供了包括 WPS 文字、WPS 表格、WPS 演示、流程图、脑图、PDF 文档等在内的多种办公文档类型的创建，如图 4-2 所示。尽管不同版本 WPS 的“新建”标签页略有差异，但基本都包括：

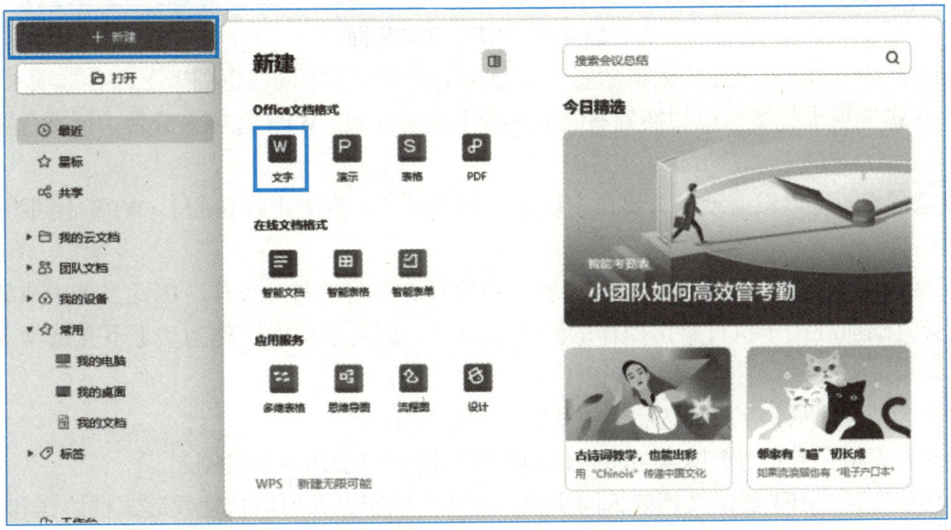


图 4-2　WPS“新建”界面

（1）个人资料：显示 WPS 账号和会员等相关信息。

（2）文档类型选区：选择要创建的文档类型。

（3）模板搜索框：可快速搜索想要的模板。

（4）空白文档：可新建所选类型的空白文档。

### 3．WPS工作界面

WPS 不同组件的工作界面有着基本一致的结构，如图 4-3 所示，主要区域包括：

（1）标签栏：用于标签切换和窗口控制，包括标签区（访问 / 切换 / 新建文档、窗口控制区切换 / 关闭 / 缩放工作窗口）、账号管理区（登录 / 切换 / 管理账号）。

（2）“文件”菜单：固定在界面左上角，提供常用的新建、保存、打印等命令，及最近使用的文件列表，方便快速打开。

（3）快速访问工具栏：用于放置高频使用的命令，以便快速找到并使用其功能。一般包括“保存”“输出为 PDF”“打印”“打印预览”“撤销”“恢复”六个命令按钮，同时可通过右侧拓展菜单选择并自定义该工具栏中的快速访问工具。

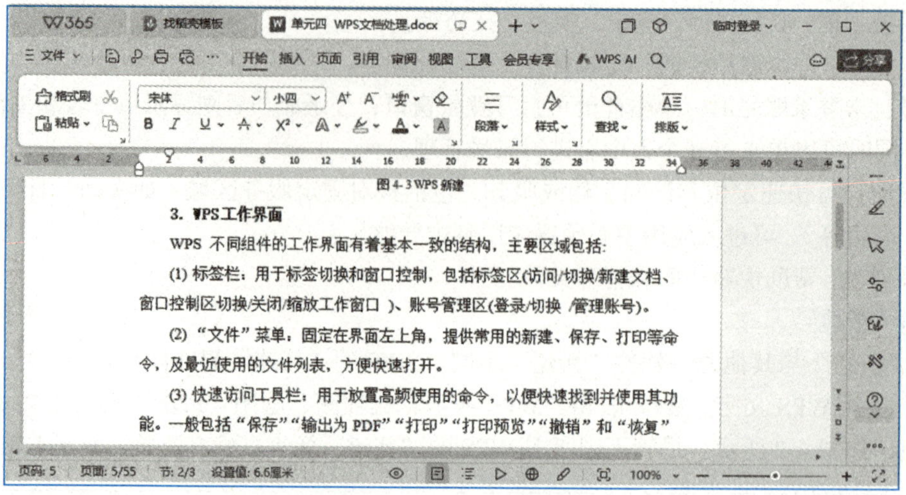


图 4-3　WPS 工作界面

（4）选项卡：WPS 拥有海量的编辑功能，并分类别整理到了不同的选项卡下，各选项卡下包含不同的命令控件，单击选项卡标签可以切换到不同的选项卡功能面板。WPS 选项卡分为“标准选项卡”和“上下文选项卡”。

① 标准选项卡：可以根据编辑需要自主切换的选项卡（一直固定存在的），WPS 不同组件的标准选项卡略有不同。

② 上下文选项卡：因为文档中的部分内容或对象具有自身的特殊操作，因此当选中或编辑它们时，选项卡区域会自动加载用于执行特定操作的附加选项卡，这类选项卡被称为“上下文选项卡”，如“页眉页脚”选项卡。

（5）选项卡功能面板：存放各选项卡下的具体功能按钮。

（6）快捷搜索框：主要用于搜索功能入口和使用帮助，位于选项卡右侧。

（7）协作状态区：用于展示文档的云同步状态和协作状态，并可以快速发起文档协作和分享。

（8）编辑区：内容编辑和呈现的主要区域，包括文档页面、标尺、滚动条等，WPS 表格包括名称框、编辑栏、工作表标签栏，WPS 演示组件还包括备注窗格。

（9）导航窗格和任务窗格：提供视图导航或高级编辑功能的辅助面板，一般位于编辑界面的两侧，执行特定命令操作时将自动展开显示。

（10）状态栏：显示文档状态，并提供视图控制。

### 4. WPS文档操作

WPS 文档操作与其他类型的文件操作差不多，包括文档创建、打开、保存等，另外它还提供文档输出功能。

（1）利用模板创建文档。打开 WPS“新建”标签，在新建文字下分类别存放着各式各样的模板，可以根据实际情况选择创建即可。如果在本机上保存有其他模板，也可通过“文件”菜单→“新建”命令→“本机上的模板”命令导入新建，如图 4-4 所示。

（2）文档输出。WPS 文字为了满足用户的需求，提供了多种输出模式，当对文档的内容编辑完成后，可以选择输出为 PDF、图片或 PPTX。具体操作方法是：单击打开“文件”下拉菜单，根据需要选择输出方式，如图 4-5 所示。

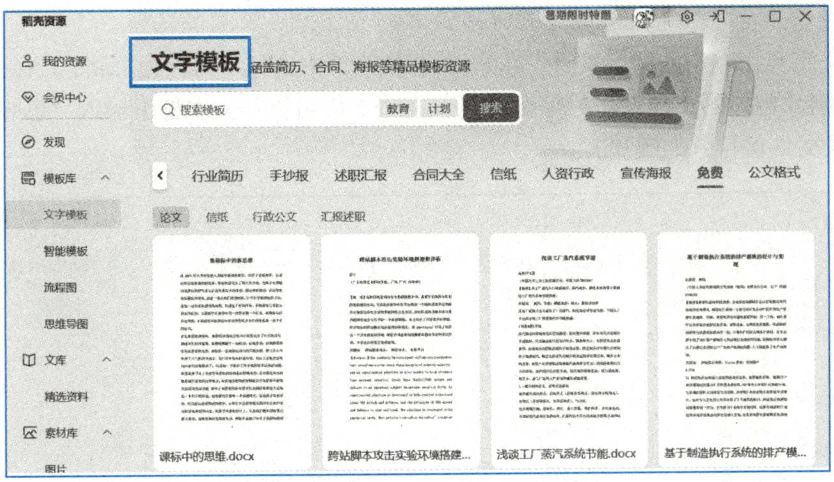


图 4-4　利用模板创建文档界面

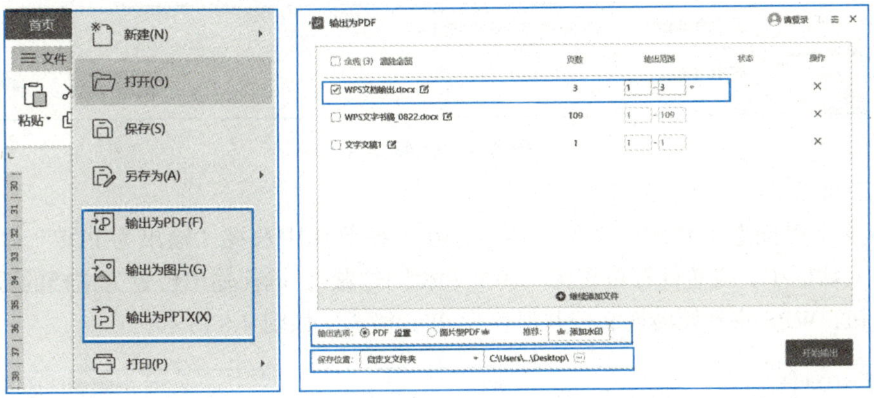


图 4-5　文档输出界面

## 任务实施

### 1. 利用模板创建一个Word文件

打开 WPS软件，单击顶部标签栏中的“来稻壳 找模板”选项，在稻壳资源中心中使用搜索框输入“小清新城市信纸”进行搜索。从搜索结果中选择第一个“小清新城市信纸”模板，并单击“免费下载”按钮，如图 4-6 所示。模板应用后，将基于该模板新建一个文档。

视 频

WPS文档创建与处理

图 4-6　模板下载

### 2. 保存文件

单击 WPS 文字界面左上角的“文件”菜单，在下拉菜单中选择“另存为”命令。在弹出的“另存为”对话框中，选择刚才创建的文件夹作为保存位置。在“文件名称”文本框中输入“思想家 .docx”，单击“保存”按钮完成文件保存，如图 4-7 所示。

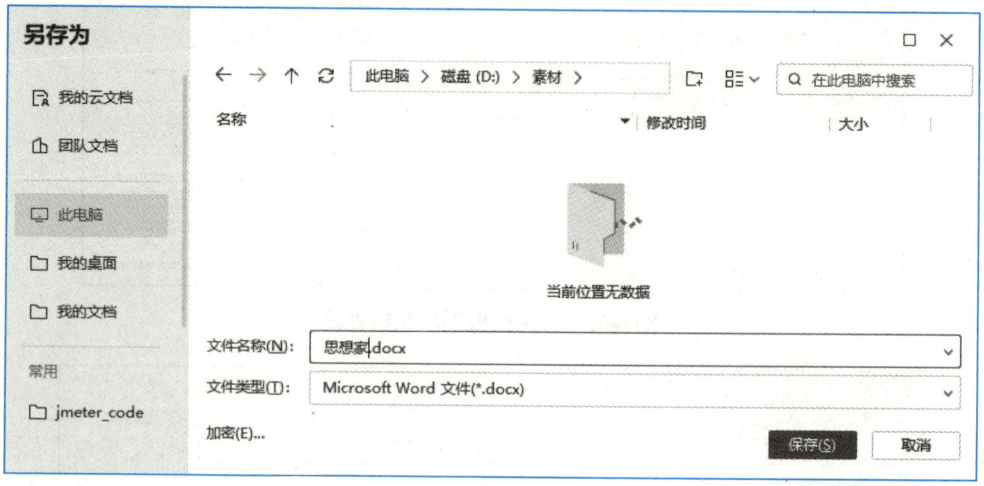


图 4-7 保存文件

### 3. 输出为PDF文件

单击 WPS 文字界面左上角的“文件”菜单，在下拉菜单中选择“输出为 PDF”命令。在弹出的“输出为 PDF”对话框中，设置保存位置为“源文件相同位置”，确保输出位置为文档的源文件夹。单击“开始输出”按钮，WPS 将开始转换文档并保存为 PDF 格式，如图 4-8 所示。

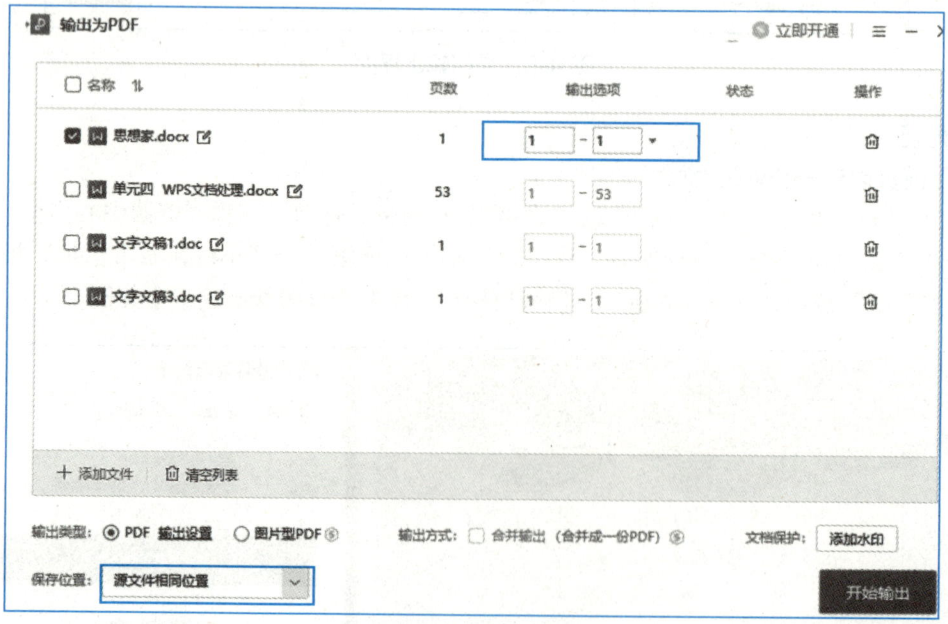


图 4-8 输出为 PDF 文件

# 4.2 文档编辑基础——求职简历制作

党的二十大报告指出："广大青年要坚定不移听党话、跟党走，怀抱梦想又脚踏实地，敢想敢为又善作善成，立志做有理想、敢担当、能吃苦、肯奋斗的新时代好青年，让青春在全面建设社会主义现代化国家的火热实践中绽放绚丽之花。"小王作为一名大三的环境学子，在党的二十大报告影响下，立志投身于中国生态文明建设中，同筑中国梦，共建地球村。

本节要求制作一份精美的求职简历，完成求职简历内容的设计与制作，并完成求职简历内容的整体美化，让即将毕业的小王同学能找到合适的工作岗位。

## 4.2.1 任务 1：简历内容编辑与排版

### 任务要求

本任务要求完成求职简历内容的设计与制作，帮助学生树立无纸化办公意识，弘扬崇尚节约理念，树立绿色环保观念，并培养学生书面沟通能力，能清晰表达自己想法和意见。最终实现效果如图 4-9 所示。

<table>
<tr><td colspan="5">个人简历</td></tr>
<tr><td colspan="5">个人信息</td></tr>
<tr><td>姓名：</td><td>王××</td><td>出生年月：</td><td>2001.10.1</td><td rowspan="4"></td></tr>
<tr><td>性别：</td><td>男</td><td>政治面貌：</td><td>中共党员</td></tr>
<tr><td>民族：</td><td>汉族</td><td>联系电话：</td><td>159××××0011</td></tr>
<tr><td>身体情况：</td><td>良好</td><td>电子邮箱：</td><td>123×××@qq.com</td></tr>
<tr><td>邮编：</td><td>528216</td><td>联系地址：</td><td colspan="2">佛山市南海区×××路 98 号</td></tr>
<tr><td colspan="5">教育背景</td></tr>
<tr><td colspan="2">2020.09 - 2023.06</td><td colspan="2">广东××学院</td><td>环境工程技术专业</td></tr>
<tr><td>主修课程</td><td colspan="4">环境监测、环境工程项目管理、生态修复工程技术、环境影响评价、智能水处理运行与调控、环境工程识图与 CAD</td></tr>
<tr><td colspan="5">实习经历</td></tr>
<tr><td colspan="2">2022.12 - 至今</td><td colspan="2">广州××环境公司</td><td>岗位：科员</td></tr>
<tr><td colspan="5">协助开展不达标断面污染源网格化巡查及排水户排查工作。<br>协助分公司水质安全、在线监测的运营与管理。<br>协助记录整理数据等日常工作及文书工作。</td></tr>
<tr><td colspan="5">校内实践</td></tr>
<tr><td colspan="5">2021.09 - 2021.12 参加校园挑战杯比赛（环境分析平台），主要负责市场调研及制作比赛 PPT、现场演讲。<br>2021.09 - 2022.06 学校学生会副主席，协助主席开展各项工作，负责学生会日常事务的管理。<br>2022.08 - 2022.10 参与老师的土壤重金属治理项目，主要负责土壤采样分析，并进行相关治理试验。</td></tr>
<tr><td colspan="5">技能证书</td></tr>
<tr><td colspan="5">普通话二乙等证书，具备普通话流利交谈能力。<br>大学英语四级（CET-4）证书，良好的听说读写能力，快速浏览英语专业文件及书籍；<br>全国计算机二级考试证书，能熟练运用 Office 相关软件；<br>水环境监测与治理职业技能等级证书（中级），具备特别突出的水环境监测与治理职业技能。</td></tr>
<tr><td colspan="5">自我评价</td></tr>
<tr><td colspan="5">诚实守信，以勤养德，以工长技，以学明志，为人诚恳，积极进取，仔细严谨，吃苦耐劳，与人友善。</td></tr>
</table>

图 4-9　个人简历最终实现效果

## 任务准备

### 1. 创建表格

WPS 提供了四种创建表格得方法，用户可以根据需要灵活选择。

（1）表格模型方法创建表格。在“表格”下拉菜单中的“表格模型”区域移动鼠标指针指定表格的行数和列数，选中的单元格区域显示为橙色，表格模型顶部显示当前选中的行数、列数，如图 4-10 所示，之后单击即可在文档中快速创建表格，这个表格是一个无任何样式的表格。

（2）指定行列方法创建表格。在“表格”下拉菜单中选择“插入表格”命令，在弹出的对话框中分别指定表格的行数、列数，然后在“列宽选择”区域指定表格列宽，如图 4-11 所示，单击“确定”按钮创建表格。如果希望以后创建的表格自动设置为当前指定的尺寸，则在对话框中选中“为新表格记忆此尺寸”复选框。

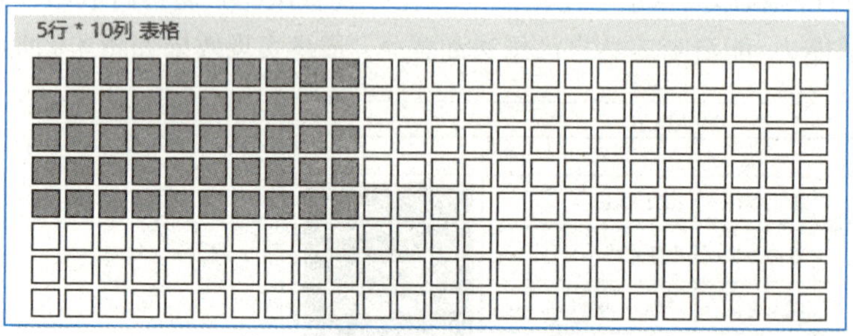


图 4-10　使用表格模型创建表格

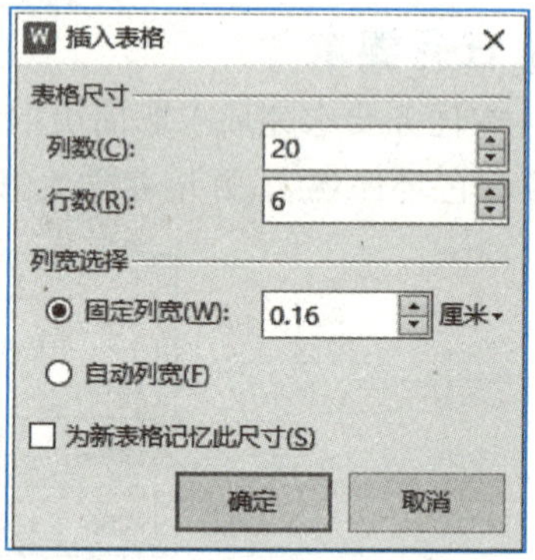


图 4-11　“插入表格”对话框

（3）绘制表格方法创建表格。在“表格”下拉菜单中选择“绘制表格”命令，此时鼠标指针显示为铅笔形状，按住鼠标左键并拖动，文档中将显示表格的预览图，指针右侧显示当前表格的行列数，如图 4-12 所示，释放鼠标即可绘制指定行数、列数的表格。

（4）自带样式方法创建表格。在“表格”下拉菜单中的“插入内容型表格”区域（见图 4-13）单击需要的表格模板图标即可创建表格，这个表格是带有样式的表格。

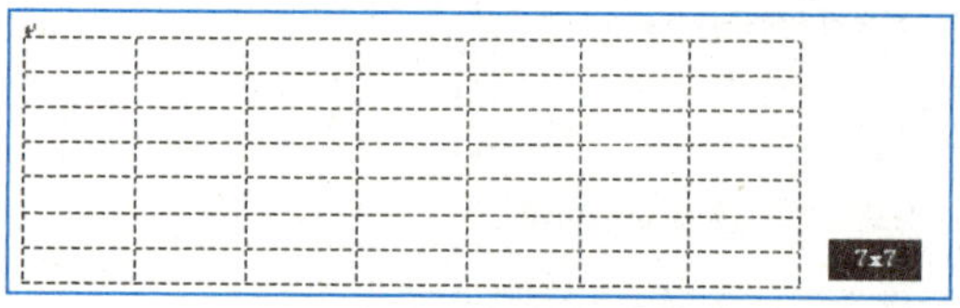


图 4-12　绘制表格

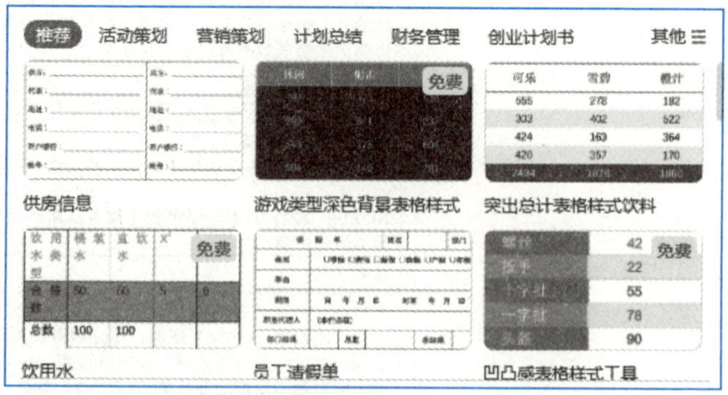


图 4-13　“插入内容型表格”区域

### 2. 创建嵌套表格

嵌套表格就是在表格中再创建表格，可以更好地表现灵活、多样的表格效果，如图 4-14 所示。操作方法是先把光标定位在需要嵌套表格的单元格，再执行创建表格的操作。

图 4-14 嵌套表格

### 3. 修改表格结构

在编辑表格内容时，经常需要调整表格大小位置、行高列宽等，或者插入或删除行、列、单元格，或者合并、拆分单元格。下面分别简要介绍这些操作的步骤方法。

（1）调整表格大小位置、行高列宽。

（2）“表格属性”中可以设置表格的大小、对齐方式、文字环绕、单元格边距和间距、行和列显示效果等。

（3）插入表格元素。

（4）将光标定位于表格中需要插入行、列或者单元格的位置。在“表格工具”菜单选项卡中，利用图 4-15 所示的功能按钮可方便地插入行或列或单元格。如果要在表格底部添加行，可以直接单击表格底边框上的+按钮；如果要在表格右侧添加列，可直接单击表格右边框上的按钮；如果要插入单元格，可单击功能组右下角的扩展按钮，再选择“插入单元格”命令，之后在图 4-16 所示选择插入单元格的方式，设置完成后，单击“确定”按钮关闭对话框。

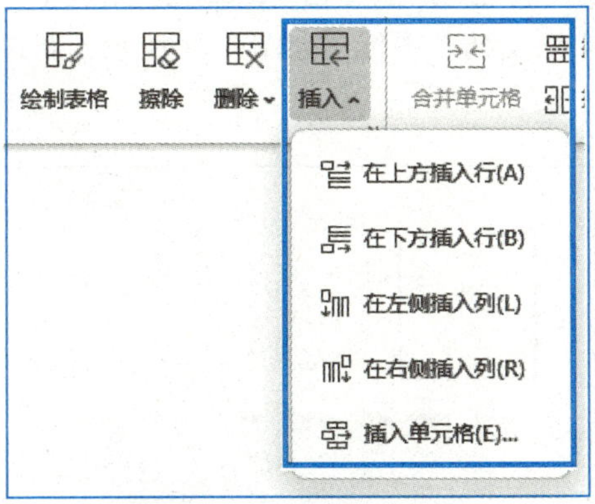


图 4-15 插入表格元素按钮

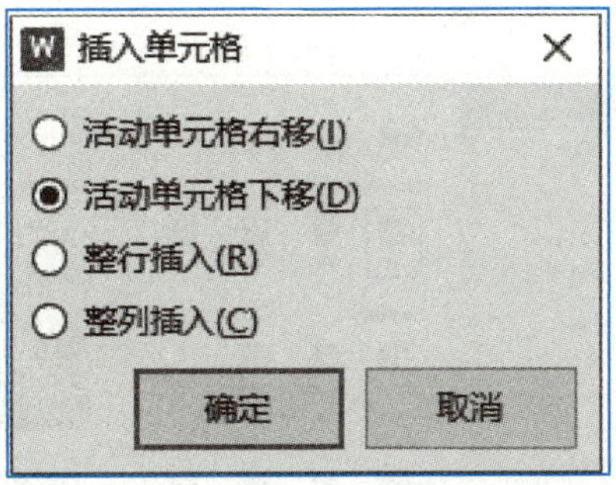


图 4-16 “插入单元格”对话框

（5）删除表格元素：删除表格元素的操作与插入表格元素的操作类似。

提示：选取单元格后，按【Delete】键只能删除该单元格中的内容，不会从结构上删除单元格。使用“删除单元格”对话框不仅可以删除单元格内容，也会在表格结构上删除单元格。

### 4. 合并、拆分单元格

（1）合并单元格：

① 选中要进行合并的多个连续单元格。

② 在“表格工具”菜单选项卡单击“合并单元格”按钮，或者右击并在弹出的快捷菜单中选择“合

并单元格”命令。合并单元格后，原来单元格的列宽和行高合并为当前单元格的列宽和行高，如图 4-17 所示。

| 序号 | 班级 | 学号 | 姓名 |
|---|---|---|---|
| 1 | 23 软件技术 1 班 | 2301002001 | 张三 |
| 2 | 23 软件技术 1 班 | 2301002002 | 李四 |

（a）合并之前

| 序号 | 班级 | 学号 | 姓名 |
|---|---|---|---|
| 1 | 23 软件技术 1 班 | 2301002001 | 张三 |
| 2 | 23 软件技术 1 班 | 2301002002 | 李四 |

（b）合并之后

图 4-17　合并单元格前后效果

（2）拆分单元格：

① 选中要进行拆分的单元格。

② 在“表格工具”菜单选项卡单击“拆分单元格”按钮，或者右击并在弹出的快捷菜单中选择“拆分单元格”命令，弹出“拆分单元格”对话框。

③ 指定要拆分的行数和列数。如果选择了多个单元格，选中“拆分前合并单元格”复选框，可以先合并选定的单元格，然后进行拆分。

④ 单击“确定”按钮关闭对话框，即可看到拆分效果。例如，将图 4-18 中的单元格拆分为 2 行 2 列的效果如图 4-19 所示。

| 序号 | 班级 | 学号 | 姓名 |
|---|---|---|---|
| 1 | 23 软件技术 1 班 | 2301002001 | 张三 |
| 2 | 23 软件技术 1 班 | 2301002002 | 李四 |

图 4-18　拆分前的单元格

| 序号 | 班级 | 学号 | 姓名 | |
|---|---|---|---|---|
| 1 | 23 软件技术 1 班 | 2301002001 | 张三 | |
| 2 | 23 软件技术 1 班 | 2301002002 | 李四 | |

图 4-19　拆分后的单元格

视频

简历内容编辑与排版

## 任务实施

### 1. 新建文档

启动 WPS 程序创建文档。单击软件界面中左上角“新建”按钮，单击 Office 文档格式中的“文字”图标，如图 4-20 所示，单击弹出的新窗口中“空白文档”图标，如图 4-21 所示，新建一个文字文稿。

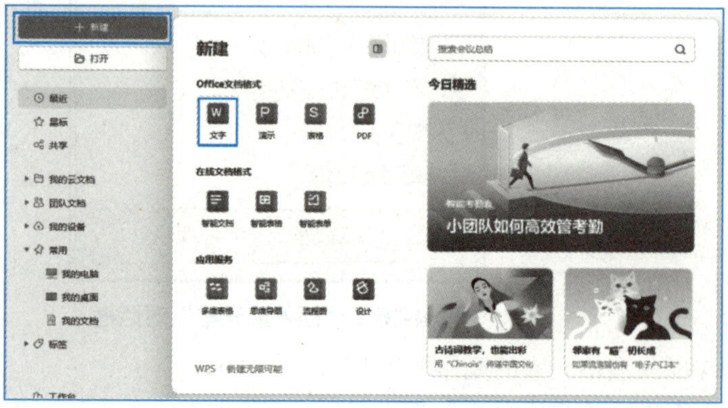


图 4-20　“新建”界面

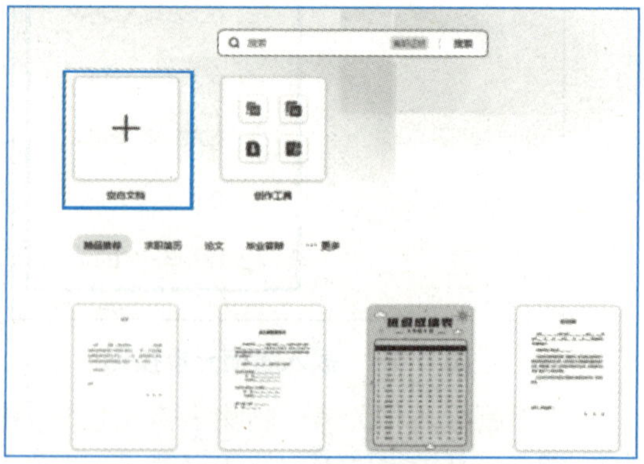

图 4-21　新建文字文稿

### 2. 输入文档标题

在空白文稿的第一行，输入文字“个人简历”，并设置段落“居中”对齐。按【Enter】键，使光标定位在新的段落。

### 3. 创建表格

在“插入”菜单选项卡单击“表格”按钮，在弹出的下拉菜单中选择“插入表格”命令，在弹出的

“插入表格”对话框中设置创建的表格属性：列数为 6、行数为 18、列宽选择为自动列宽，如图 4-22 所示，之后单击“确定”按钮创建表格。

### 4. 表格排版

（1）按住鼠标左键选中表格第 1 行单元格，单击“表格工具”菜单选项卡，设置行高属性参数值为“0.80 厘米”，如图 4-23 所示；同理，把第 2 ～ 6 行的单元格行高参数值设置为“1.10 厘米”，如图 4-24 所示。

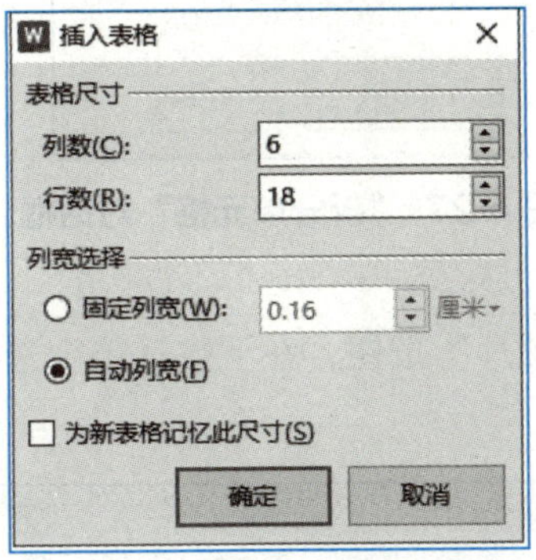


图 4-22　“插入表格”对话框

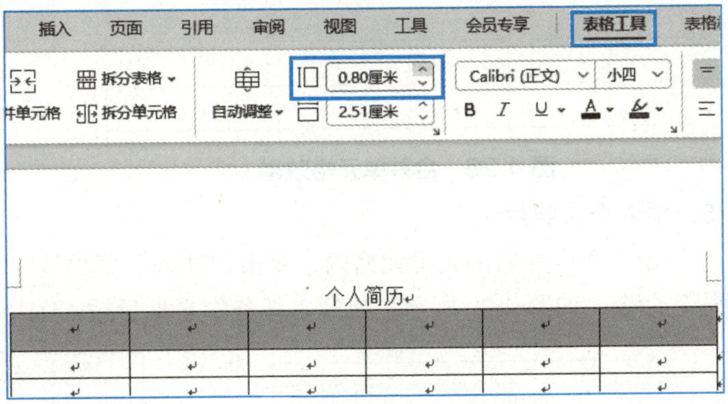


图 4-23　设置第 1 行行高

（2）按住鼠标左键选中表格第 4 列单元格，设置列宽参数值为“3.50 厘米”，如图 4-25 所示；同理，把第 5、6 列的单元格列宽参数值设置为“2.00 厘米”。

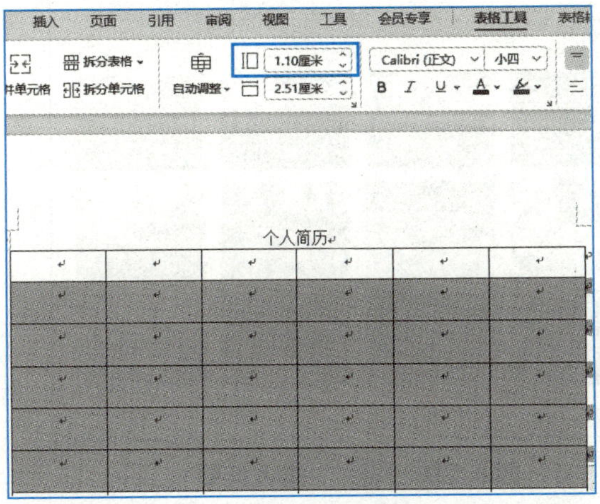


图 4-24　设置第 2 ～ 6 行行高

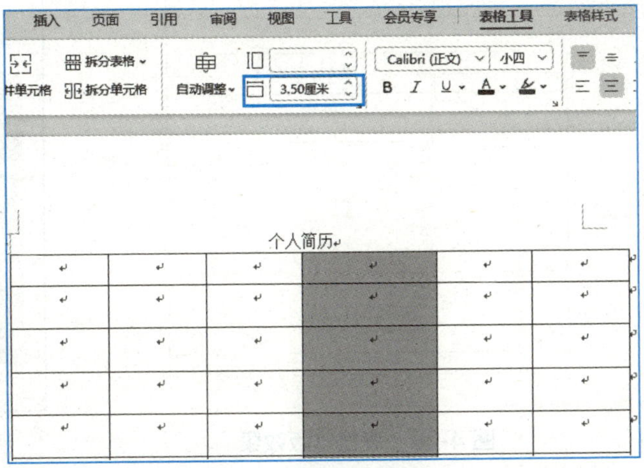


图 4-25　设置第 4 列列宽

（3）按住鼠标左键选中表格第 1 行单元格，单击“表格工具”菜单选项卡的“合并单元格”按钮，合并第 1 行单元格；同理，合并第 2 行第 5 列至第 5 行第 6 列单元格、合并第 6 行第 4-6 列单元格，如图 4-26 所示。

（4）按住鼠标左键选中表格第 7 行单元格，单击“合并单元格”按钮，接着设置行高属性参数值为“0.80 厘米”。同理，把第 8 行、第 9 行第 2 ～ 6 列、第 10 ～ 18 行的单元格合并，之后设置各行行高值为“0.70 厘米”“1.30 厘米”“0.80 厘米”“0.70 厘米”“1.80 厘米”“0.80 厘米”“3.30 厘米”“0.80 厘米”“3.00 厘米”“0.80 厘米”“1.20 厘米”。

（5）选中表格第 8 行单元格，单击“拆分单元格”按钮，在弹出的“拆分单元格”对话框中，把列数改为 3，如图 4-27 所示。同理，把第 11 行也拆分为 3 列。表格排版效果如图 4-28 所示。

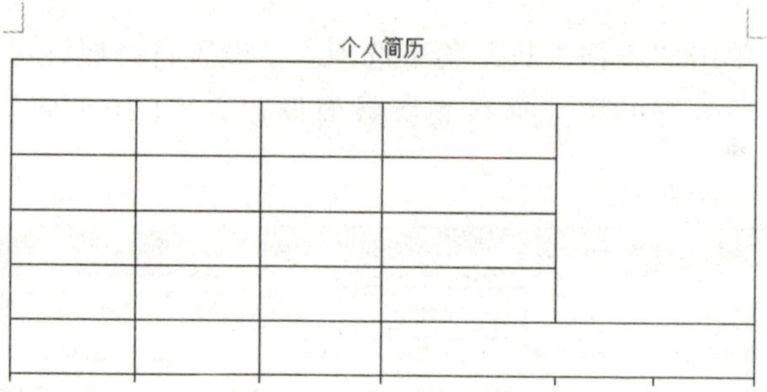


图 4-26　合并单元格效果

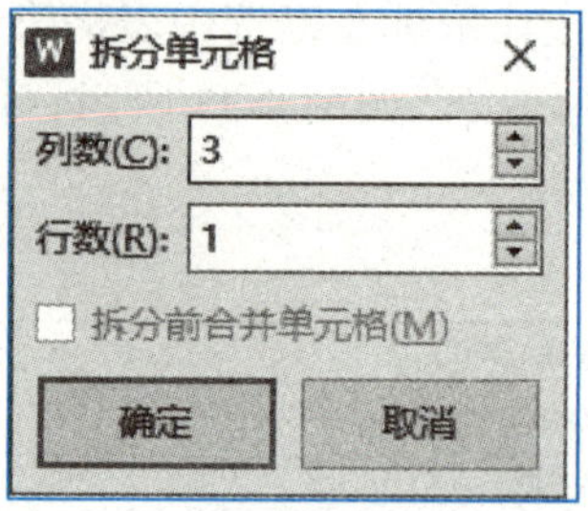


图 4-27　“拆分单元格”对话框

### 5. 插入个人照片

光标定位在合并后的大单元格内，单击“插入”菜单选项卡“图片”按钮，在下拉菜单中选择“本地图片”命令，如图 4-29 所示，找到本任务的素材后插入图片。

图 4-28　表格排版效果

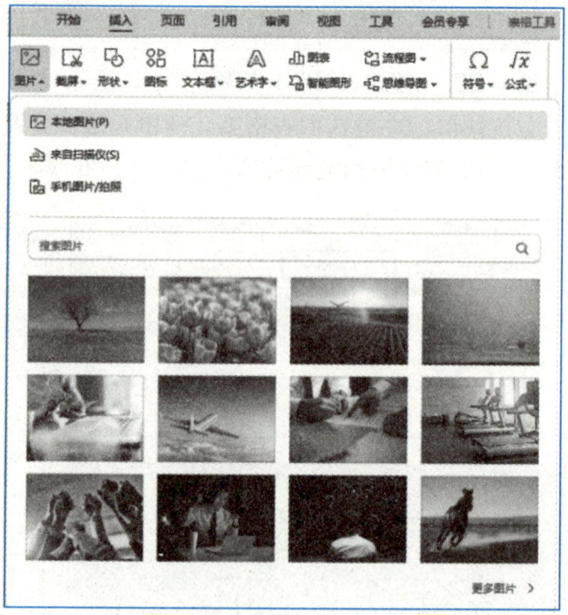


图 4-29　“图片”插入菜单

### 6. 输入表格内容

按图 4-9 所示个人简历效果图的文字内容，把光标定位在相应单元格输入对应的文字内容。

### 7. 设置单元格对齐方式

单击表格左上角按钮，选中整张表格。在“表格工具”菜单选项卡的对齐方式属性里，将参数值设置为“垂直居中”，如图 4-30 所示。

### 8. 调整单元格大小

按住鼠标左键选中第 9 行第 1 列的单元格的右侧线，压缩列宽，如图 4-31 所示。

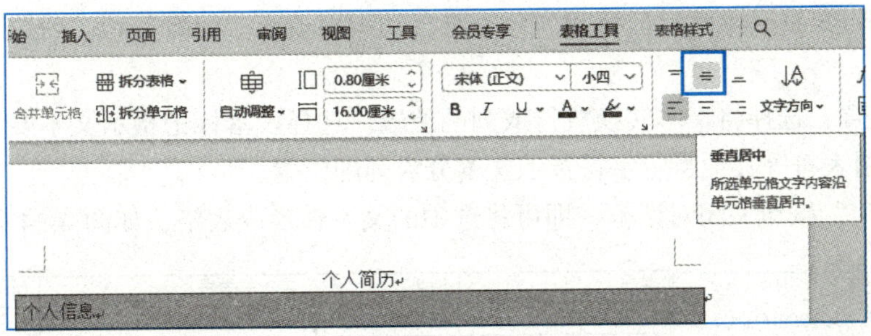


图 4-30　设置“垂直居中”对齐方式

| | | |
|---|---|---|
| 教育背景 | | |
| 2020.09--2023.06 | 广东××学院 | 环境工程技术专业 |
| 主修课程 | 环境监测、环境工程项目管理、生态修复工程技术、环境影响评价、智能水处理运行与调控、环境工程识图与 CAD | |

图 4-31　压缩列宽

### 9．保存文件

单击菜单栏左侧的“保存”按钮，在弹出的对话框中选择文件保存位置，输入文件名后，单击“确定”按钮，完成文件保存。

## 能力拓展

### 1．将文本转换成表格

（1）选中要转换为表格的文本，并将要转换为表格行的文本用段落标记分隔，要转换为列的文本用分隔符（逗号、空格、制表符等其他特定字符）分开。

提示：将文本转换为表格之前，必须先格式化文本，否则 WPS 不能正确识别表格的行、列分隔，从而发生错误。比如，以逗号分隔文本内容，则逗号必须在英文状态下输入。

（2）切换到“插入”菜单选项卡，单击“表格”下拉按钮，在弹出的下拉菜单中选择”文本转换成表格”命令，如图 4-32 所示，在弹出的“将文字转换成表格”对话框中设置表格尺寸和文字分隔位置，如图 4-33 所示。

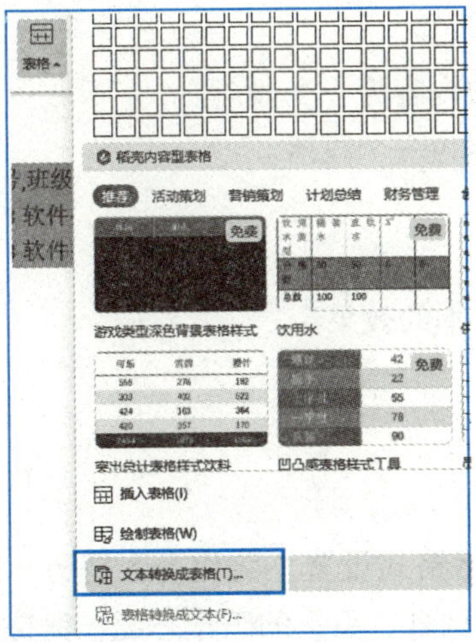


图 4-32　“文本转换成表格”命令

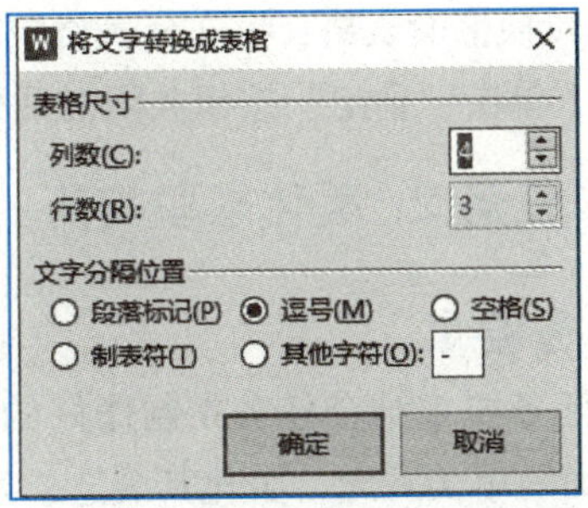


图 4-33　“将文字转换成表格”对话框

① 表格尺寸：WPS 根据段落标记符和列分隔符自动识别填充“行数”和“列数”，用户也可以根据需要进行修改。

② 文字分隔位置：选择将文本转换成行或列的位置。选择段落标记指示文本要开始的新行的位置；选择逗号、空格、制表符等其他特定字符指示文本分成列的位置。

（3）单击“确定”按钮关闭对话框，即可将选中的文本转换成表格，如图 4-34 所示。

序号,班级,学号,姓名↵
1,23 软件技术 1 班,2301002001,张三↵
2,23 软件技术 1 班,2301002002,李四↵

| 序号 | 班级 | 学号 | 姓名 |
|---|---|---|---|
| 1 | 23 软件技术 1 班 | 2301002001 | 张三 |
| 2 | 23 软件技术 1 班 | 2301002002 | 李四 |

图 4-34　文字转换成表格效果

### 2. 将表格转换为文本

将表格转换为文本，可以将表格中的内容按顺序提取出来，但是会丢失一些特殊的格式。

（1）在表格中选定要转换成文字的单元格区域。如果要将表格所有内容转换为文本，应选中整个表格，或将光标定位在表格中。

（2）切换到“表格工具”菜单选项卡，单击“转换成文本”按钮，打开图 4-35 所示的“表格转换成文本”对话框。

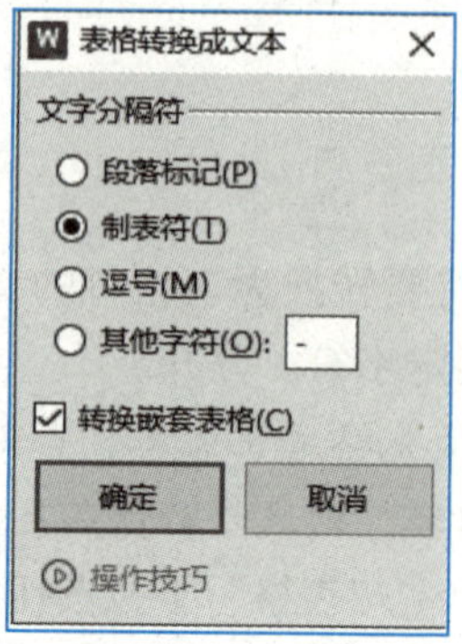


图 4-35　“表格转换成文本”对话框

（3）根据需要选择单元格内容之间的分隔符。

① 段落标记：以段落标记分隔每个单元格的内容。

② 制表符：以制表符分隔每个单元格的内容，每行单元格的内容为一个段落。

③ 逗号：以逗号分隔每个单元格的内容，每行单元格的内容为一个段落。

④ 其他字符：输入特定字符分隔各个单元格内容。

⑤ 转换嵌套表格：将嵌套表格中的内容也转换为文本。

（4）单击“确定”按钮关闭对话框，即可看到表格转换成文本的效果。

## 4.2.2　任务 2：美化求职简历

### 任务要求

本任务要求结合任务 1 制作好的个人简历，进一步进行表格格式设置，美化个人简历。帮助学生树立正确的审美观念，美化其观念，发展美的品格，培养严谨、认真、负责的工作态度，保持积极向上的工作态度。最终实现效果如图 4-36 所示。

**个　人　简　历**

**个人信息**

| | | | |
|---|---|---|---|
| 姓　　名： | 王×× | 出生年月： | 2001.10.1 |
| 性　　别： | 男 | 政治面貌： | 中共党员 |
| 民　　族： | 汉族 | 联系电话： | 159××××0011 |
| 身体情况： | 良好 | 电子邮箱： | 123×××@qq.com |
| 邮　　编： | 528216 | 联系地址： | 佛山市南海区×××路98号 |

**教育背景**

2020.09 - 2023.06　　广东××学院　　环境工程技术专业

主修课程　环境监测、环境工程项目管理、生态修复工程技术、环境影响评价、智能水处理运行与调控、环境工程识图与CAD

**实习经历**

2022.12 - 至今　　广州××环境公司　　岗位：科员

- 协助开展不达标断面污染源网格化巡查及排水户排查工作。
- 协助分公司水质安全、在线监测的运营与管理。
- 协助记录整理数据等日常工作及文书工作。

**校内实践**

1. 2021.09 - 2021.12 参加校园挑战杯比赛（环境分析平台），主要负责市场调研及制作比赛PPT、现场演讲。
2. 2021.09 - 2022.06 学校学生会副主席，协助主席开展各项工作，负责学生会日常事务的管理。
3. 2022.08 - 2022.10 参与老师的土壤重金属治理项目，主要负责土壤采样分析，并进行相关治理试验。

**技能证书**

1. 普通话二乙等证书，具备普通话流利交谈能力。
2. 大学英语四级（CET-4）证书，良好的听说读写能力，快速浏览英语专业文件及书籍；
3. 全国计算机二级考试证书，能熟练运用Office相关软件；
4. 水环境监测与治理职业技能等级证书（中级），具备特别突出的水环境监测与治理职业技能。

**自我评价**

诚实守信，以勤养德，以工长技，以学明志，为人诚恳，积极进取，仔细严谨，吃苦耐劳，与人友善。

图 4-36　个人简历美化最终实现效果

## 任务准备

### 1. 格式化表格

创建表格后，通常还需要设置表格内容的格式，美化表格外观。

（1）选中整个表格，在弹出的快速工具栏中设置表格内容的文本格式，如图 4-37 所示。

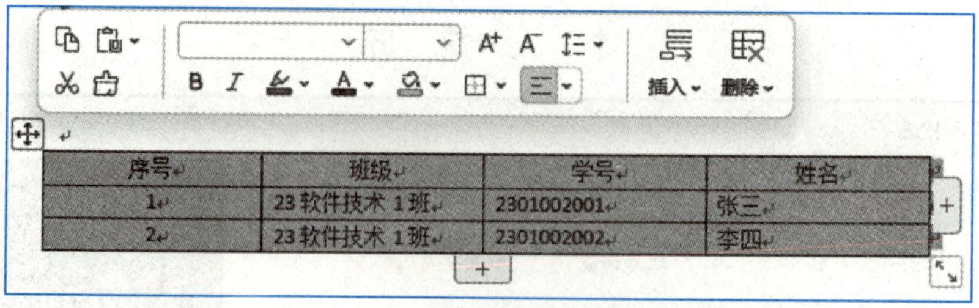


图 4-37　设置表格文本格式

（2）切换到“表格工具”菜单选项卡，选择单元格内容的对齐方式。

（3）切换到“表格样式”菜单选项卡，设置表格的样式，在“表格样式”下拉列表框中，套用一种内置的表格样式，如图 4-38 所示。

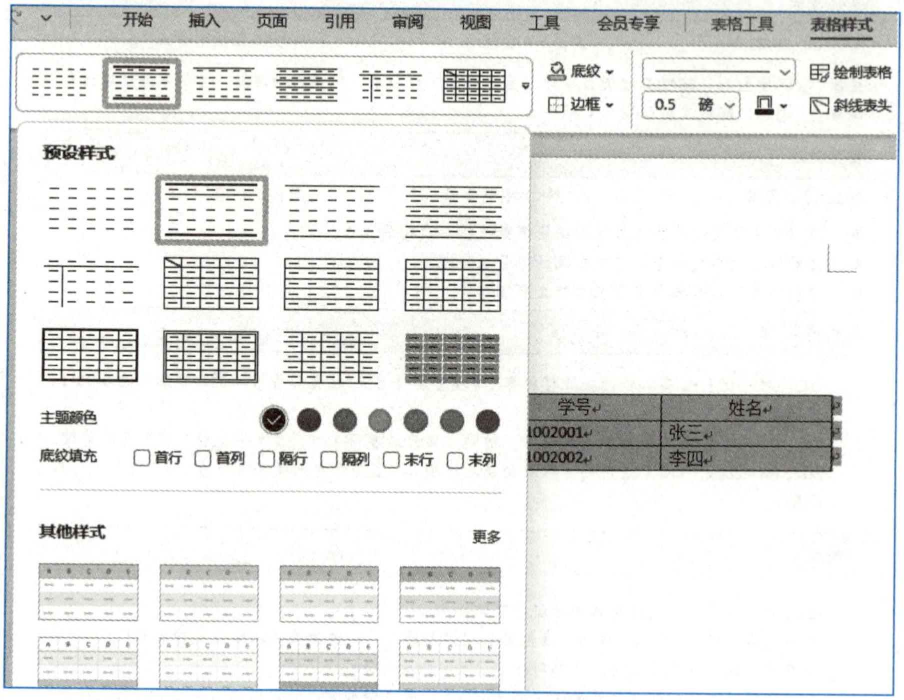


图 4-38　使用表格样式

如果内置的样式列表中没有理想的样式，可以选中表格元素后，单击“底纹”下拉按钮设置底纹颜色；单击“边框”下拉按钮自定义边框样式和位置。表格的底纹、边框设置方法与段落相同，在此不再赘述。

## 2. 设置字体格式

WPS 可以设置字体格式，美化字体效果。单击“开始”菜单项中的“字体”右下角按钮，弹出“字体”对话框。在此对话框中可见有常规的，中文字体、西文字体、字形、字号与复杂文种。在中文字体、西文字体的右侧可以设置字体的字形，如倾斜、加粗等，也可以设置字体的字号，如初号、四号等。如果输入如阿拉伯语、希伯来语、越南语等复杂文种，可以在“复杂文种”处选择字体、字形与字号。

可在下方“所有文字”，选择字体颜色、下划线线型、下划线颜色和着重号。在“效果”处可以添加文字效果，如添加删除线效果、上标或者下标文字效果。

视频
美化求职简历

## 任务实施

### 1. 打开文档

启动 WPS 程序。单击软件界面中左上角“文件”按钮，接着单击下拉菜单中的“打开”按钮，选择任务 1 保存的文件后，再单击对话框的“打开”按钮。

### 2. 设置标题文字格式

选中第 1 行的标题文字，更改字体为华文中宋、字号为三号。之后选中“个人简”三个文字，单击“开始”菜单选项卡中的字体对话框按钮。在弹出的“字体”对话框中，选择“字符间距”选项卡，在该选项卡里更改间距为加宽、值为 8 磅，如图 4-39 所示，单击“确定”按钮。接着单击“开始”菜单选项卡中的段落对话框按钮，设置标题段的段后间距为 0.5 行。

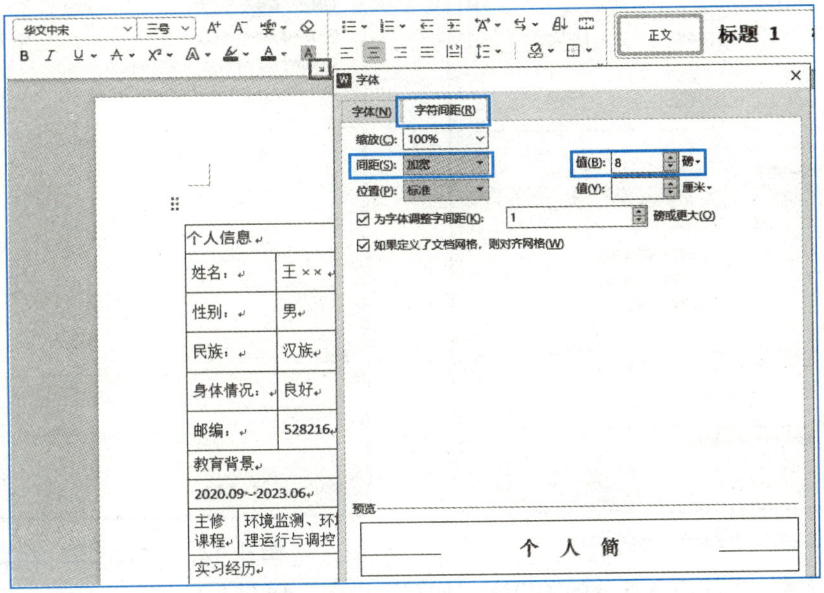


图 4-39　“字符间距”设置参数值

### 3. 设置表格样式

单击表格左上角按钮，选中整张表格。在“表格样式”菜单选项卡中的样式区，选择“三线表”样式，如图 4-40 所示。

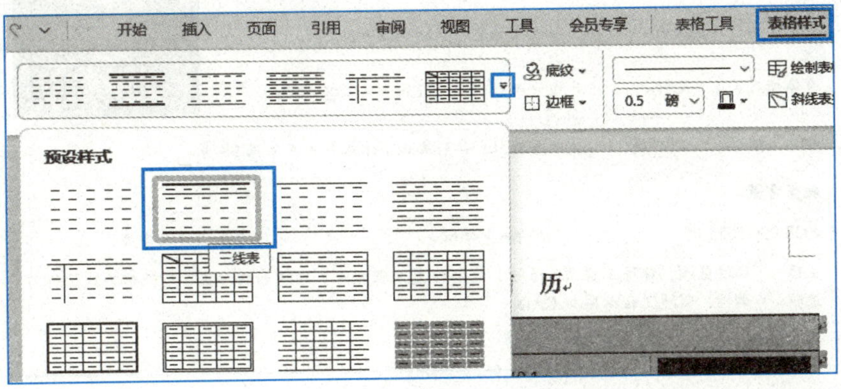


图 4-40　表格样式选择

### 4. 美化表格文字

（1）设置字体格式。单击表格左上角按钮，选中整张表格。单击“开始”菜单选项卡中的“字体”对话框按钮。在弹出的“字体”对话框中，中文字体设置为楷体、西文字体设置为 Times New Roman、字号为五号，如图 4-41 所示。

（2）加宽字符间距。选中第 2 行第 1 列的单元格文字“姓”，加宽其字符间距为 0.35 厘米，如图 4-42 所示。同理，使用格式刷功能把简历中个人信息部分的其他地方设置为相同格式。

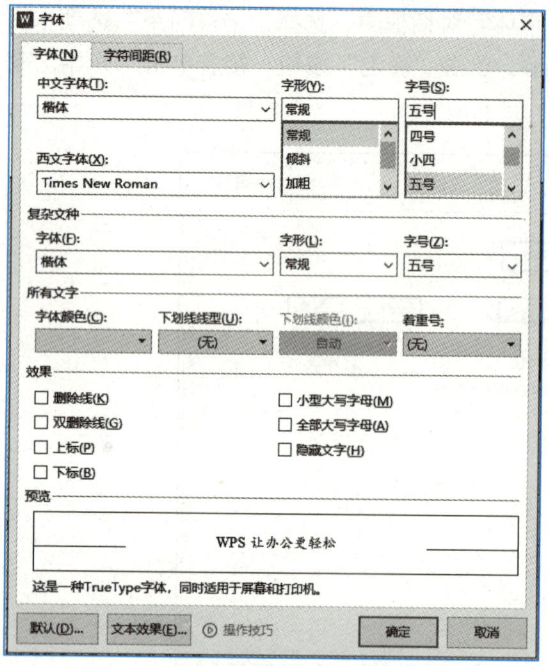


图 4-41 “字体”对话框

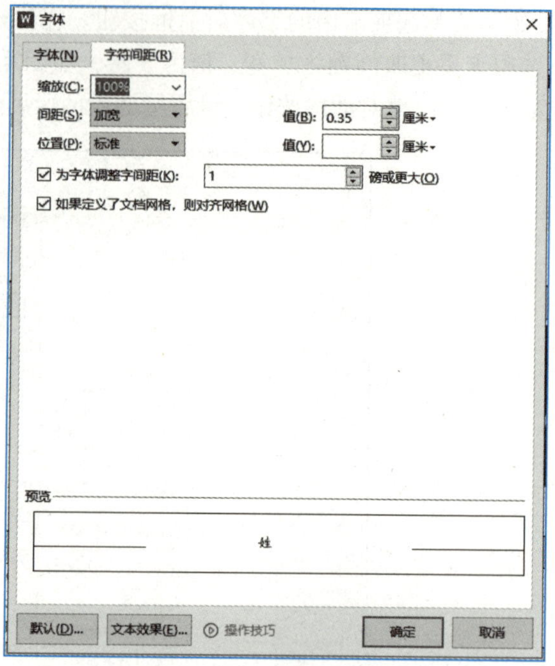


图 4-42 “字符间距”设置参数值

（3）加粗关键字。把简历各部分的关键字“加粗”设置，如图 4-43 所示。

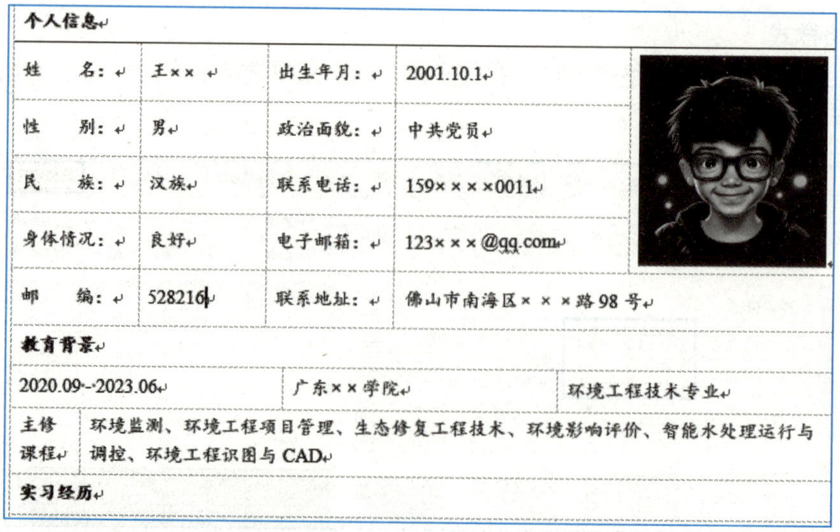

| | | | | |
|---|---|---|---|---|
| **个人信息** | | | | |
| **姓　　名：** | 王×× | **出生年月：** | 2001.10.1 | |
| **性　　别：** | 男 | **政治面貌：** | 中共党员 | |
| **民　　族：** | 汉族 | **联系电话：** | 159×××0011 | |
| **身体情况：** | 良好 | **电子邮箱：** | 123×××@qq.com | |
| **邮　　编：** | 528216 | **联系地址：** | 佛山市南海区×××路 98 号 | |
| **教育背景** | | | | |
| 2020.09--2023.06 | 广东××学院 | 环境工程技术专业 | | |
| **主修课程** | 环境监测、环境工程项目管理、生态修复工程技术、环境影响评价、智能水处理运行与调控、环境工程识图与 CAD | | | |
| **实习经历** | | | | |

图 4-43 加粗关键字

（4）添加项目符号、编号。选中实习经历的三条记录，单击“开始”菜单选项卡中的项目符号下拉按钮，在弹出的项目符号对话框中，选择“带填充效果的大圆形项目符号”按钮，如图 4-44 所示，应用到选中文字中。接着，选中校内实践的三条记录，再单击“开始”菜单选项卡中的编号下拉按钮，在弹出的编号对话框中，选择“1.2.3.”按钮，如图 4-45 所示，应用到选中文字中。同理，把编号应用到技能证书的四条记录，并重新从 1 开始编号，在编号对话框中选择自定义编号按钮，如图 4-46 所示。

## 5. 美化表格

（1）单元格添加边框线。按住【Ctrl】键，选中表格的第 7、10、13、15、17 行，在“表格样式”菜单选项卡中的样式区，单击“边框”下拉按钮，选择“边框和底纹”命令，如图 4-47 所示。在弹出的对话框中，设置实线线型、0.5 磅宽度、应用在单元格的上下横线位置，如图 4-48 所示。

（2）单元格设置底纹。按住【Ctrl】键，选中表格的第 1、7、10、13、15、17 行，在“表格样式”菜单选项卡中的样式区，单击“底纹”下拉按钮，在弹出的面板中，选择“浅绿，着色 4，浅色 60%”，如图 4-49 所示，应用到单元格。

## 6. 保存文件

单击菜单栏左侧的“保存”按钮，在弹出的对话框中选择文件保存位置，输入文件名后，单击“确定”按钮，完成文件保存。

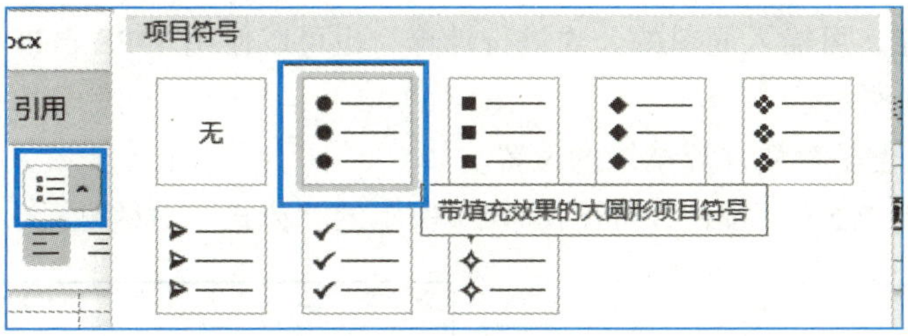


图 4-44　添加项目符号

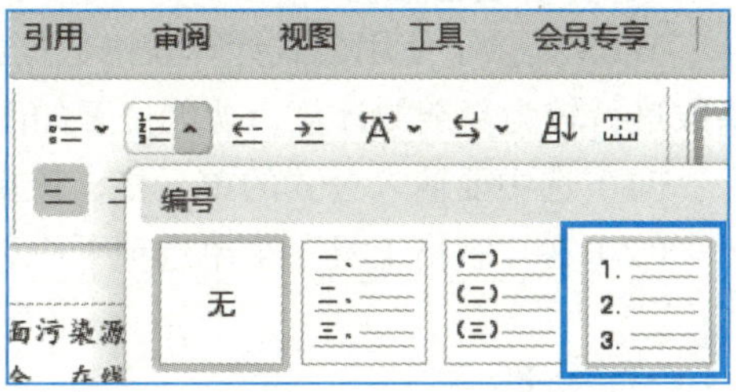


图 4-45　添加编号

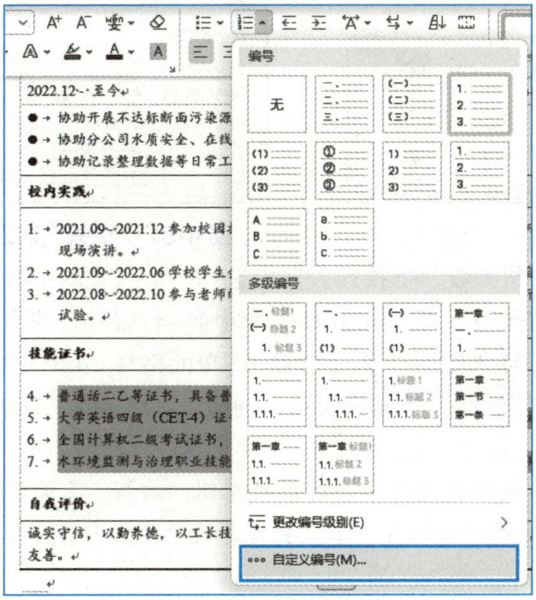


图 4-46　自定义编号

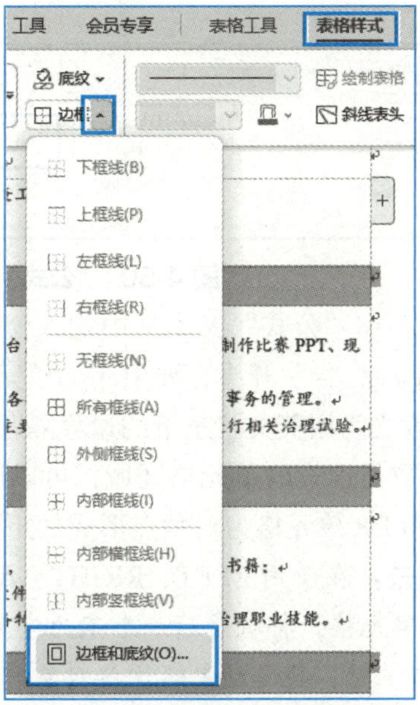


图 4-47　“边框和底纹”命令

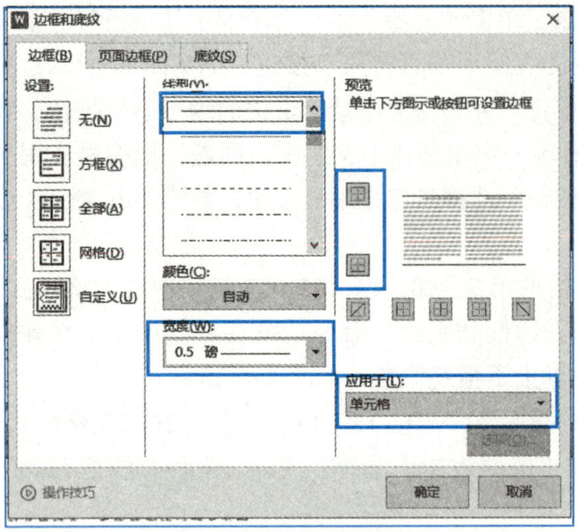


图 4-48 边框线设置

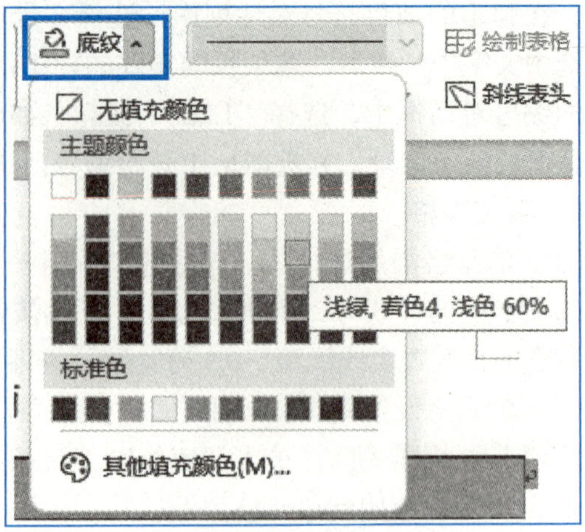


图 4-49 底纹设置

## 能力拓展

### 1. 计算表格数据

WPS 提供了使用公式计算表格数据的功能，可输入简单的公式进行计算，也可以使用 WPS 自带的函数进行较为复杂的计算，功能位置如图 4-50 所示。

（1）选中要输入公式的单元格，该单元格也是存放计算结果的位置。

（2）在“表格工具”菜单选项卡中，单击“公式”按钮，弹出图 4-51 所示的“公式”对话框。

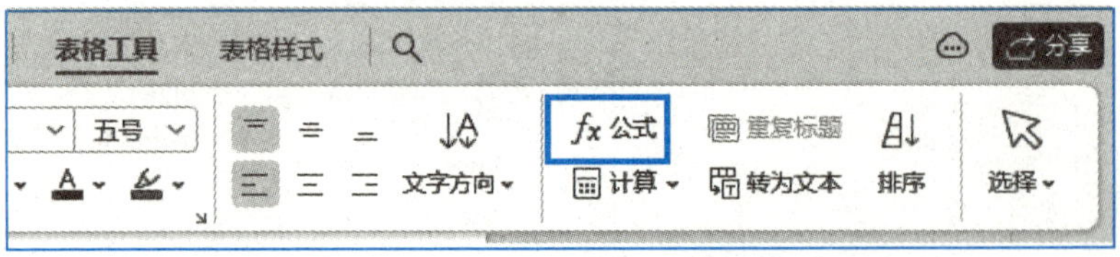


图 4-50 “公式”按钮位置

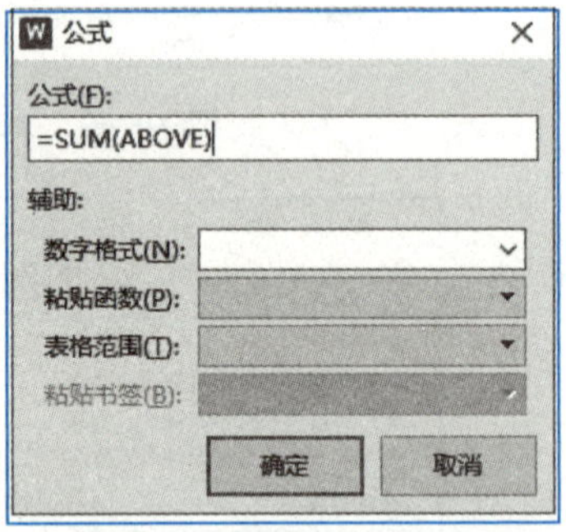


图 4-51 “公式”对话框

（3）在“公式”文本框中输入公式，或从“粘贴函数”下拉列表框中选择一个内置的函数。输入的公式应以“=”开头，要引用的单元格使用单元格地址（即单元格的“列编号+行编号”的形式）表示，参数之间用英文状态下的逗号隔开。例如，“=SUM(A3, C4)”表示计算 A3 单元格与 C4 单元格的和。如果参数是连续的单元格区域，可以用冒号分隔首尾的两个单元格表示。例如，“=SUM(C5:D8)”表示以 C5 和 D8 单元格为对角点形成的矩形区域的和。

**提示：** *在使用 LEFT、RIGHT、ABOVE 作为参数计算时，如果对应的左侧、右侧、上面的单元格有空白单元格，将从最后一个不为空且是数字的单元格开始计算。如果要计算的单元格内有异常的对象（如文本）时，将自动忽略这些对象。*

（4）在“数字格式”下拉列表框中选择计算结果的格式。

（5）设置完成后，单击“确定”按钮得到计算结果。

**提示：**使用公式计算得到的结果以“域”的形式显示在单元格中，如果表格中的数据发生了变化，只要按【F9】功能键更新域，计算结果将自动更新。

此外，如果要作为参数计算的单元格相邻，可以选中这些单元格后，在“表格工具”菜单选项卡中，单击“计算”下拉按钮选择计算函数，如图 4-52 所示，WPS 将自动在选中区域下方或右侧新建一行或一列显示计算结果。

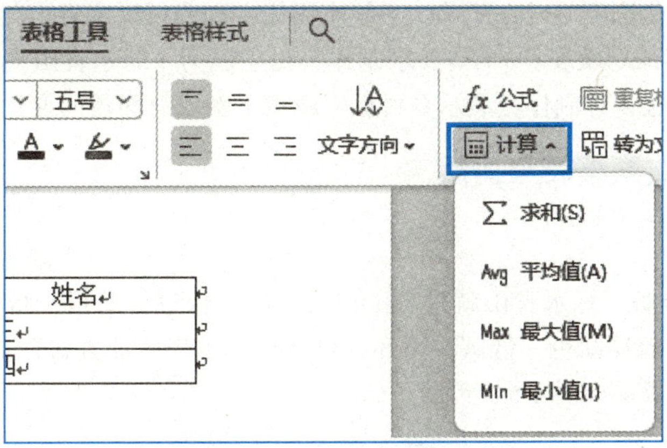


图 4-52 “计算”按钮位置

### 2. 排序表格数据

在实际应用中，有时需要对表格中的数据进行排序，例如查看班级成绩排名。利用 WPS 可最多使用三个关键字对数据进行排序。

（1）将光标置于需要排序的表格中，在“表格工具”菜单选项卡中单击“排序”按钮，打开“排序”对话框，如图 4-53 所示。

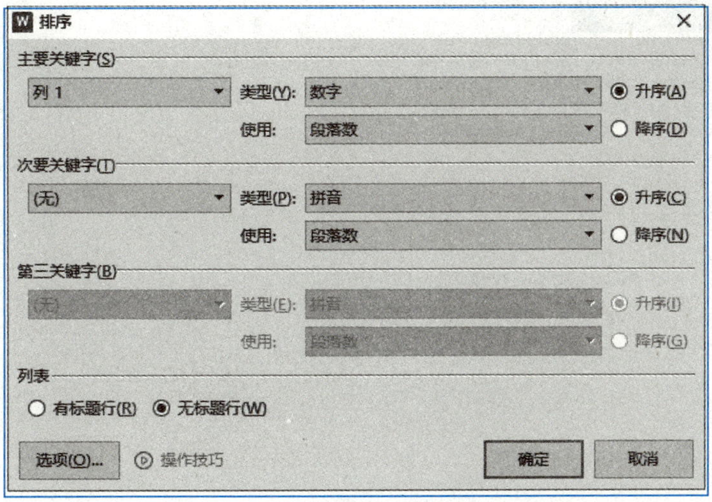


图 4-53 “排序”对话框

（2）在“排序”对话框设置关键字的显示方式，以及标题行是否参与排序。

（3）选择“有标题行”单选按钮，在关键字下拉列表框中显示表格各列标题作为关键字；否则显示为默认的列号，且标题行也参与排序。如果表格设置了“重复标题行”，则不能设置“列表”选项。

（4）设置排序关键字、排序依据和排序方式。

## 4.3 图文混排——环保宣传海报设计

党的二十大报告指出：“大自然是人类赖以生存发展的基本条件。尊重自然、顺应自然、保护自然，是全面建设社会主义现代化国家的内在要求。必须牢固树立和践行绿水青山就是金山银山的理念，站在人与自然和谐共生的高度谋划发展。”本节要求制作一份主题为“绿水青山就是金山银山”的环保宣传海报，完成图文混排的海报设计制作，展示乡村振兴政策下新农村面貌的变化。

### 4.3.1 任务 1：海报文案编辑与排版

#### 任务要求

本任务要求编辑和排版“绿水青山就是金山银山”的环保宣传海报，帮助学生树立和践行绿水青山就是金山银山的理念，倡导绿色、低碳、循环、可持续的生产生活方式，养成节约用电的工作习惯，提升职业素养。最终实现效果如图 4-54 所示。

环保海报

中国的植树节由凌道扬和韩安、裴义理等林学家于 1915 年倡议设立，最初将时间确定在每年清明节。1928 年，国民政府为纪念孙中山逝世三周年将植树节改为 3 月 12 日。新中国成立后的 1979 年，在邓小平提议下，第五届全国人大常委会第六次会议决定每年 3 月 12 日为我国的植树节。

截至目前，全国城市建成区绿化覆盖面积171.9万公顷，比上年增长 10.7 万公顷；城市人均公园绿地面积11.8平方米，比上年增加 0.6 平方米。全国城市建成区绿化覆盖率、绿地率已分别达到 39.2%和 35.3%。

全民义务植树运动有力推动了中国生态状况的改善。这个运动启动之前的 1981 年，中国森林面积为 17.29 亿亩，活立木蓄积量为 102.6 亿立方米，森林覆盖率为 12%。经过多年的不懈奋斗，中国森林面积已达到 26.2 亿亩，活立木蓄积量达到 136.18 亿立方米，森林覆盖率提高到 18.21%。在世界森林资源日益减少的情况下，中国实现森林资源的持续增长。

森林资源的作用

1. 调节自然界水循环；

2. 调节气候；

3. 增加降水量；

4. 防风固沙；

5. 同时还具有生产初级生产量的功能。

破坏森林的后果

一、导致水土流失；

二、大气中二氧化碳增加；

三、气候改变，旱、涝、风灾加重；

四、土壤沙化，环境恶化；

环保海报

五、不少珍稀物种濒临灭绝；

六、形成森林资源危机。

图 4-54 宣传海报最终实现效果

## 任务准备

### 1. 设置页面水印

水印是位于文本和图片后面的文本或图片，通常淡化或被冲掉，因此不会干扰页面上的内容。水印常常用来标志文档所属的公司名称、logo，也会添加上“机密”“绝密”的字样。

设置页面水印操作：单击“页面”菜单选项卡中的“水印”按钮，再选择“插入水印”命令，如图 4-55 所示。

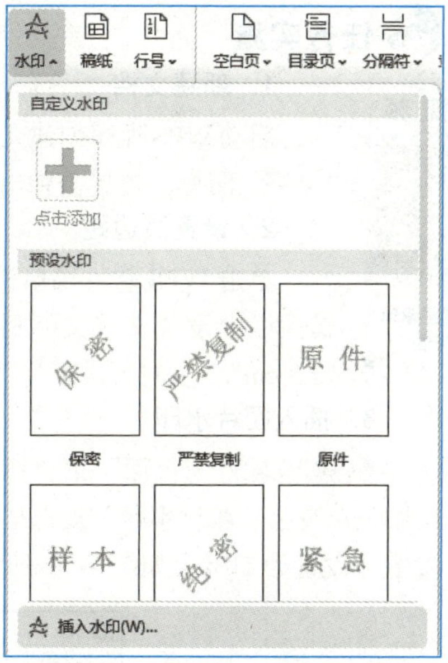


图 4-55 “插入水印”命令

### 2. 设置段落格式

在 WPS 中设置段落格式主要包括调整段落间距、行间距、对齐方式、缩进与首行缩进等。这些设置可以帮助用户根据不同的排版需求调整文档的外观和格式。

（1）调整段落间距。段落间距包括段前距和段后距，决定了段落之间的空白区域大小。要调整这些间距，在“段落”对话框中的“间距”部分，输入或选择段前和段后距离即可。

（2）设置行间距。行间距是指段落内各行文字之间的垂直距离。WPS 提供了多种行间距选项，如单倍行距、1.5 倍行距、2 倍行距等。同样地，在“段落”对话框中的“行距”部分可以设置。

（3）对齐方式。段落的对齐方式包括左对齐、居中对齐、右对齐和两端对齐。不同的对齐方式适用于不同的排版需求。例如，居中对齐常用于标题或重要段落，而两端对齐则能使文本更加整齐划一。

（4）缩进与首行缩进。缩进是指段落相对于页面边缘的距离。WPS 允许设置左缩进、右缩进以及首行缩进。首行缩进是中文排版中常见的格式，能使段落看起来更加清晰。

### 3. 插入页眉页脚

在 WPS 文字处理软件中，页眉页脚是很常见的组成部分，是指文档中位于页面顶部和底部的区域，用于显示文档的各种重要信息。页眉位于页面的顶端，通常用于在整个文档中保持一致的元素，可由文本或图形组成，通常包括页码、章节标题和作者姓名等信息。页脚位于页面的底部。与页眉类似，页脚也是在整个文档中保持一致的部分，通常包括页码、日期、文档的脚注等。

插入页眉页脚操作：单击“插入”菜单选项卡中的“页眉页脚”按钮，如图 4-56 所示，之后在编辑区输入内容。单击“页眉页脚切换”按钮，光标会跳转到页脚部分，可在编辑区输入内容。

如果要分节设置页眉效果，须在文档已分节的前提下，单击“同前节”按钮，取消与上一节的页眉页脚链接，这个细节设置可以设置文档不同节应用不同格式的页眉页脚内容。

最后单击“页眉页脚”菜单选项卡中的“关闭”按钮，退出“页眉”的编辑。

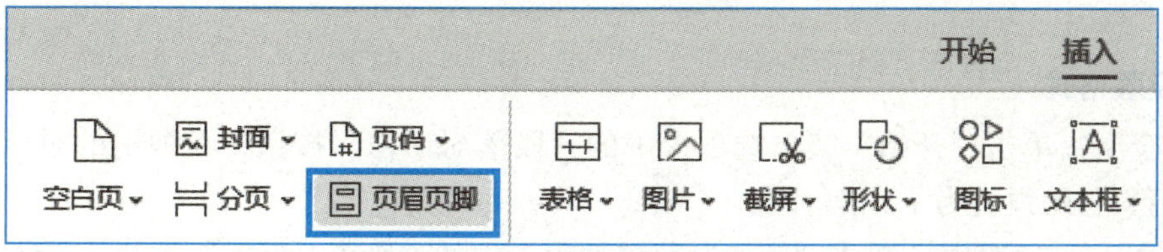


图 4-56 “页眉页脚”插入按钮

## 任务实施

视频

海报文案编辑与排版

### 1. 新建文档

启动WPS程序创建文档。单击软件界面中左上角“新建”按钮，接着单击Office文档格式中的“文字”图标，再单击弹出的新窗口中“空白文档”图标，新建一个文字文稿。

### 2. 设置页边距

单击 WPS 软件菜单栏中的“页面”按钮，在“页边距”属性栏中设置文字文稿页面的页边距大小：上下页边距为“2.2 cm”、左右页边距为“2 cm”，如图 4-57 所示。

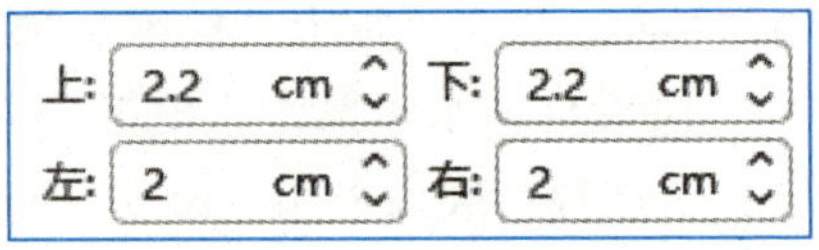


图 4-57　页边距设置

### 3. 插入图片水印

在 WPS 软件“页面”菜单栏中，单击“水印”按钮，再选择“插入水印”命令。在“水印”对话框中，先勾选“图片水印”复选框，接着单击“选择图片”按钮，选择素材图片“树 .jpg”，再把“缩放”参数值设置为 50%，如图 4- 58 所示。

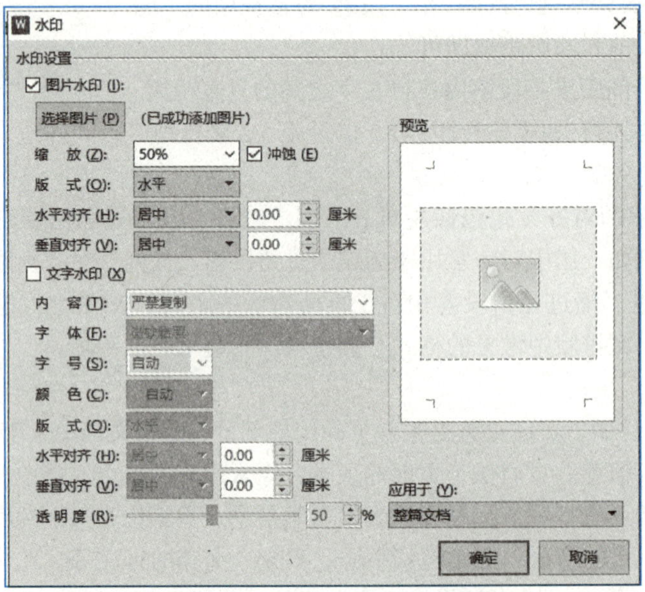


图 4-58　图片水印设置参数

### 4. 撰写正文内容

在文档中输入海报正文内容，如图 4-59 所示。

### 5. 设置字体格式

选中全文，单击“开始”菜单选项卡中的“字体”按钮，选择“宋体”；接着单击“字号”按钮，选择“小四”。

### 6. 设置段落格式

（1）选中全文，单击“开始”菜单选项卡中的“段落对话框”按钮，在弹出的对话框中，段前间距设置为 0.5 行、行距设置为 1.5 倍行距。

（2）选中第一、二段文本，单击“开始”菜单选项卡中的“段落对话框”按钮，在弹出的对话框中，特殊格式设置为首行缩进 2 字符，如图 4-60 所示。

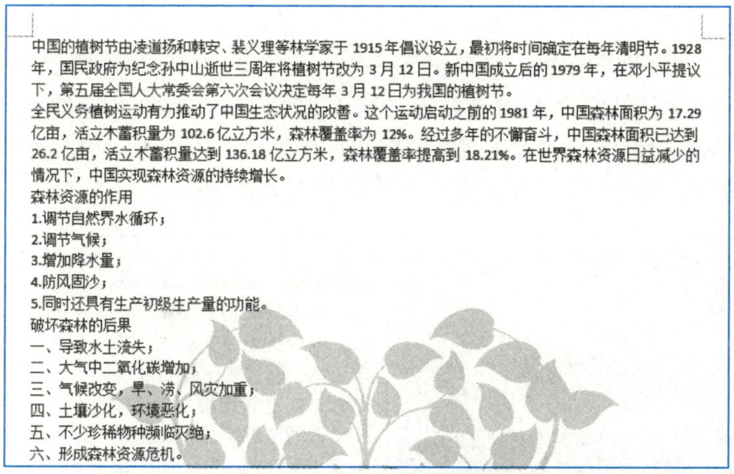

图 4-59　正文文字内容

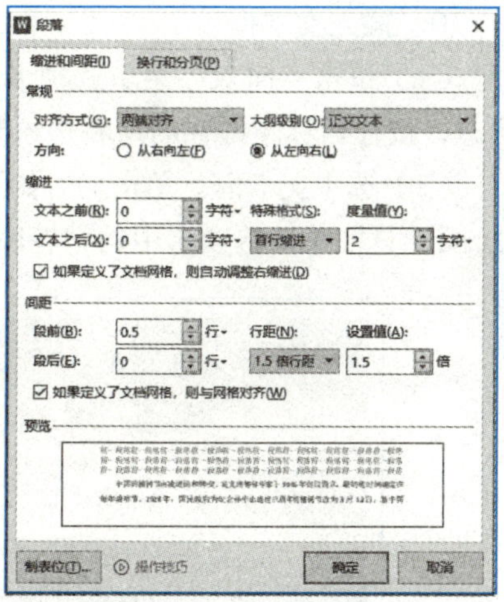

图 4-60　特殊格式参数值

## 7. 插入页眉

单击“插入”菜单选项卡中的“页眉页脚”按钮，接着在“页眉”编辑区输入文字“环保海报”。之后单击“页眉页脚”菜单选项卡中的“关闭”按钮，退出“页眉”的编辑。

## 8. 插入图片

光标定位在第二段文字前，按【Enter】键，新建一个段落，再按【Backspace】键，使段落左置顶。单击“插入”菜单选项卡中“图片”按钮，接着选择下拉菜单中的“本地图片”命令，之后在“插入图片”对话框中找到本任务素材“金山银山背景 .jpg”插入图片。单击“图片工具”菜单选项卡中的“布局对话框”按钮，在弹出的“布局对话框”中，切换到“大小”选项卡，缩放设置高度和宽度为 22%，如图 4-61 所示。

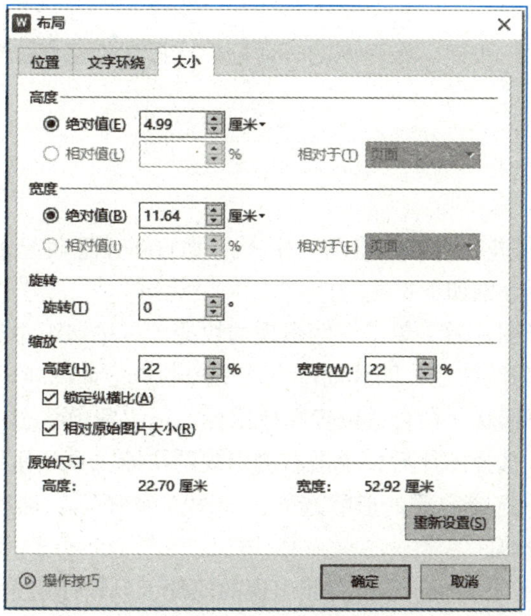

图 4-61　图片缩放设置

### 9. 插入文本框

（1）单击“插入”菜单选项卡中的“文本框”按钮，接着单击“横向”命令。鼠标指针变为“十”状态，按住鼠标左键在图片右边绘制一个不超过页面距的文本框，并输入文字内容，如图 4-62 所示。

（2）选中文本框。单击“开始”菜单选项卡中的“对齐文本”按钮，选择“中部对齐”命令。单击“绘图工具”菜单选项卡中的“轮廓”按钮，选择“无边框颜色”命令，如图 4-63 所示。

图 4-62　插入文本框并输入内容

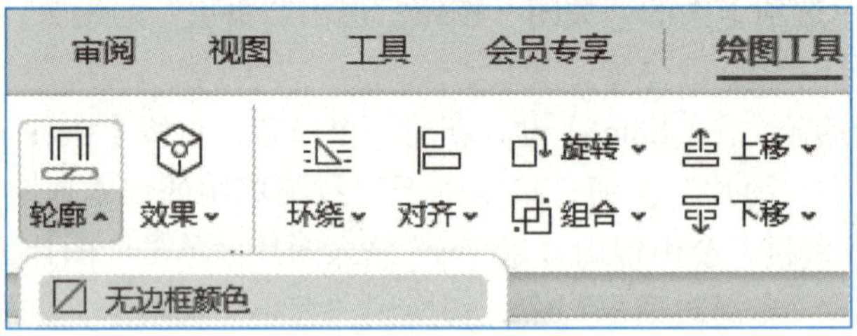


图 4-63　设置文本框轮廓

### 10. 保存文件

单击菜单栏左侧的“保存”按钮，在弹出的对话框中选择文件保存位置，输入文件名后，单击“确定”按钮，完成文件保存。

## 能力拓展

### 1. 裁剪图片

图片插入文档后可以对其进行裁剪，将图片中不需要的部分隐藏起来，只保留需要的部分。WPS 文字中提供了三种裁剪方式，分别如下：

（1）自由裁剪图片：选择图片后，单击右侧出现的快捷工具按钮组中的“裁剪图片”按钮，或单击“图片工具”选项卡中的“裁剪”按钮，图片周围有八个控制点，如图 4-64 所示。将鼠标指针移动到这些控制点上会变成对应的裁剪形状，在合适位置释放鼠标，退出裁剪状态，保留裁剪部分。

（2）将图片裁剪为形状：选择图片后，单击右侧出现的快捷工具按钮组中的“裁剪图片”按钮，接着在“按形状裁剪”选项卡下选择需要的形状选项，如图 4-65 所示，然后选择需要的形状选项，此时会根据所选形状对图片进行裁剪。

（3）按比例裁剪图片：选择图片后，单击右侧出现的快捷工具按钮组中的“裁剪图片”按钮，在“按比例裁剪”选项卡下选择需要的裁剪比例选项，如图 4-66 所示，此时会根据所选比例对图片进行裁剪，不过会以图片中心进行裁剪。如果需要调整裁剪区域，可以用鼠标拖动图片来调整要裁剪的区域，在合适位置释放鼠标，将被裁剪的部分会显示为灰色，确认裁剪，文档只保留裁剪后的图片。

图 4-64 裁剪图片八个控制点

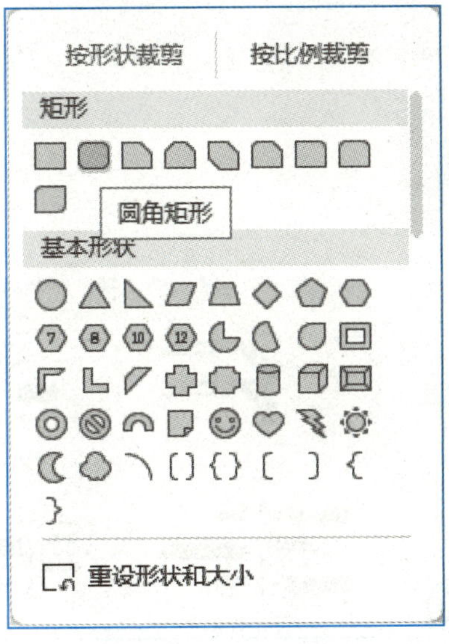


图 4-65 按形状裁剪

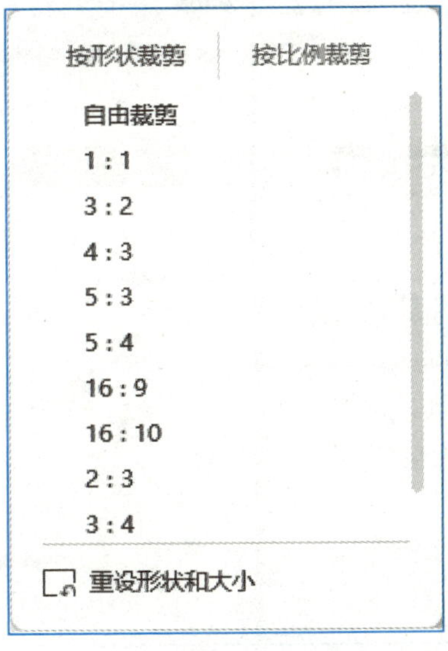


图 4-66 按比例裁剪

### 2. 插入智能图形

智能图形是信息和观点的可视化表现形式，多用于表现多个对象之间的关系，并通过图形结构和文字说明有效地传达作者的观点和信息。WPS 文字提供了多种样式的智能图形，用户可以根据需要选择合适的样式插入文档中。将文本插入点定位在要插入智能图形的位置，单击“插入”选项卡中的“智能图形”按钮，如图 4-67 所示。打开“选择智能图形”对话框，左侧列表框中列出了所有的智能图形，选择某一图形时，右侧即会显示其预览效果并对该图形做出说明，如图 4-68 所示。

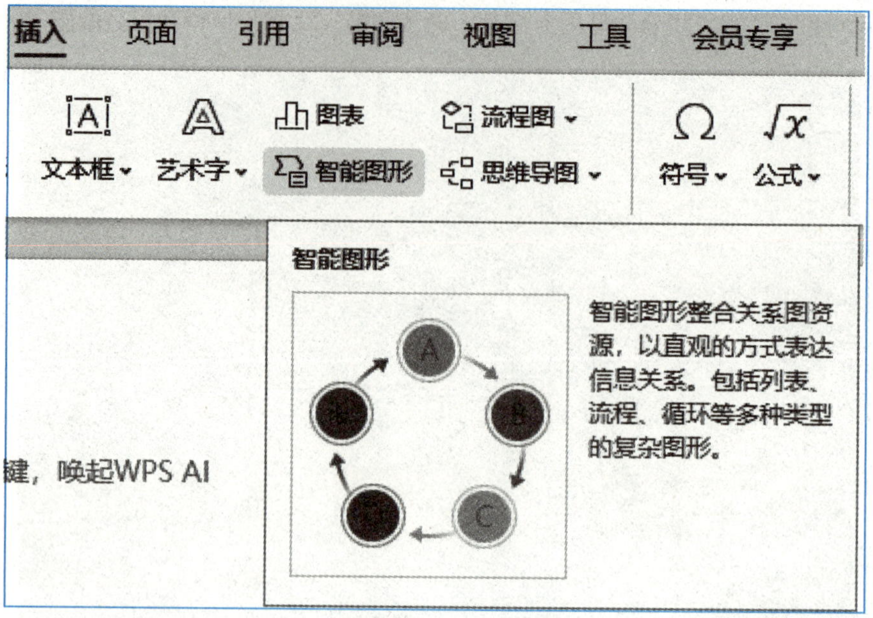


图 4-67　插入智能图形命令

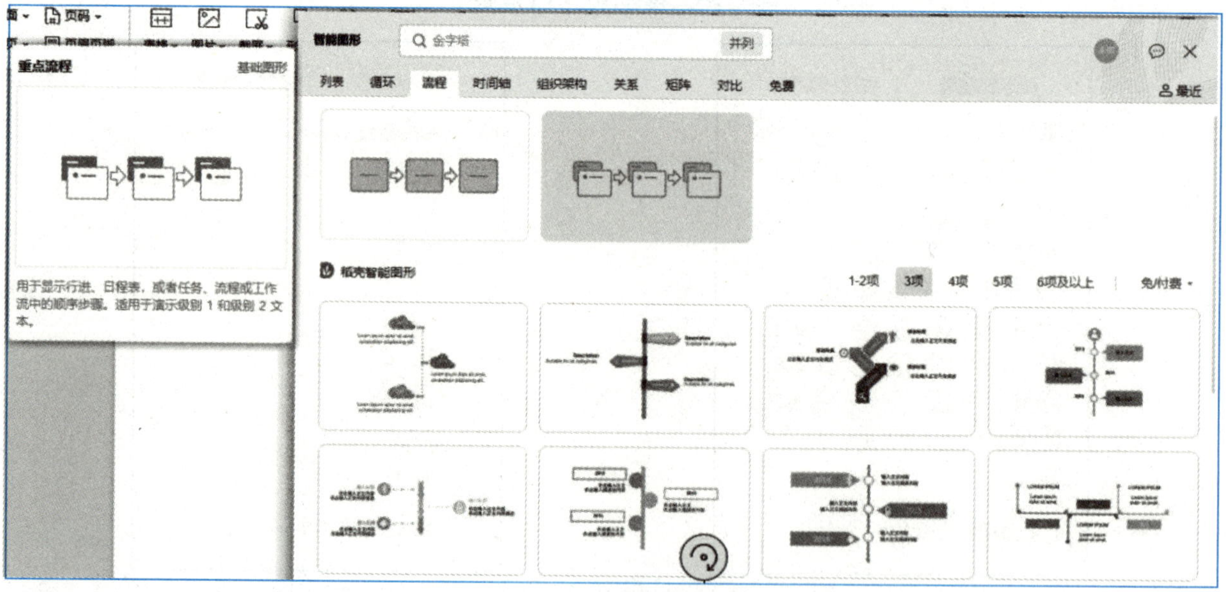


图 4-68　选择智能图形预览效果

## 4.3.2　任务 2：海报美化与输出

### 任务要求

本任务要求结合任务 1 排版好的环保宣传海报，进一步美化该海报，呼吁人们爱护生态环境，共建天蓝、地绿、水清的美丽家园。本任务帮助学生树立保护生态环境就是保护生产力、改善生态环境就是发展生产力意识，养成精益求精的职业素养。最终实现效果如图 4-69 所示。

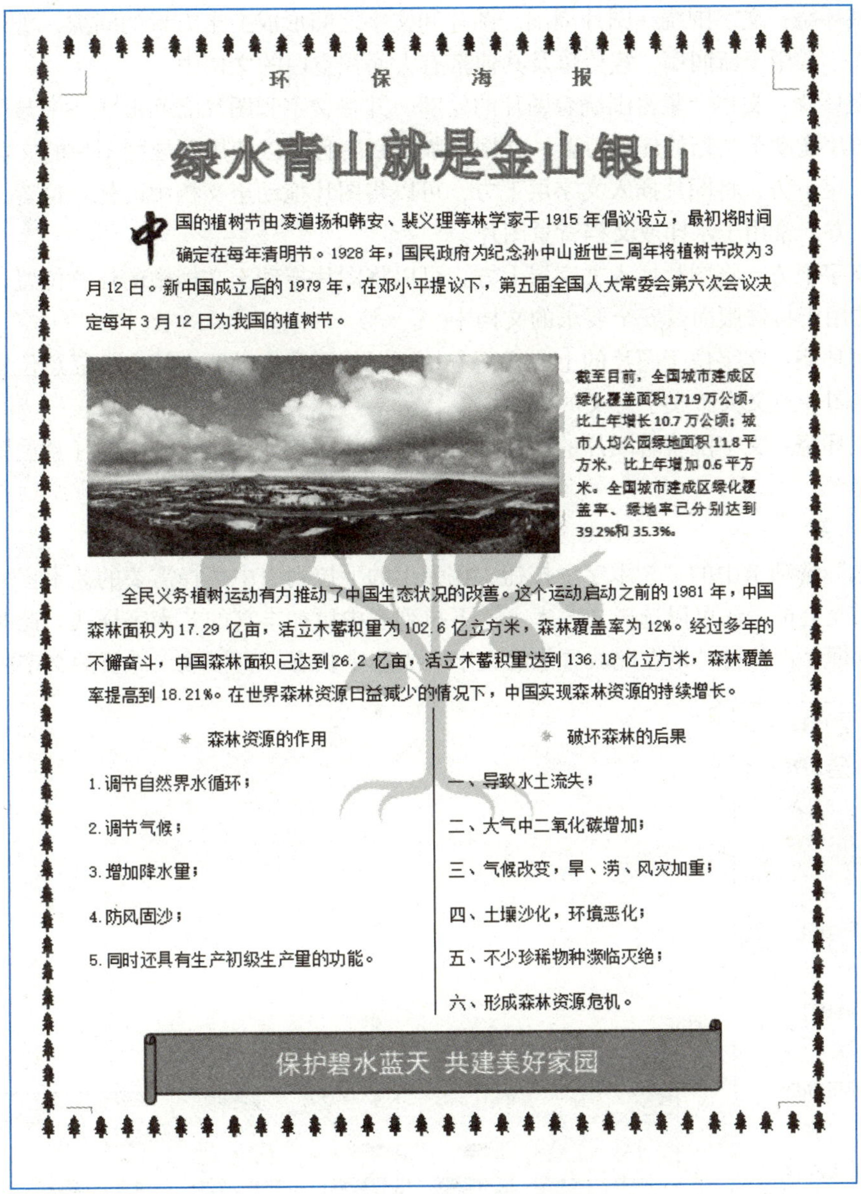

环　保　海　报

绿水青山就是金山银山

中国的植树节由凌道扬和韩安、裴义理等林学家于 1915 年倡议设立，最初将时间确定在每年清明节。1928 年，国民政府为纪念孙中山逝世三周年将植树节改为 3 月 12 日。新中国成立后的 1979 年，在邓小平提议下，第五届全国人大常委会第六次会议决定每年 3 月 12 日为我国的植树节。

截至目前，全国城市建成区绿化覆盖面积171.9万公顷，比上年增长10.7万公顷；城市人均公园绿地面积11.8平方米，比上年增加0.6平方米。全国城市建成区绿化覆盖率、绿地率已分别达到39.2%和35.3%。

全民义务植树运动有力推动了中国生态状况的改善。这个运动启动之前的 1981 年，中国森林面积为 17.29 亿亩，活立木蓄积量为 102.6 亿立方米，森林覆盖率为 12%。经过多年的不懈奋斗，中国森林面积已达到 26.2 亿亩，活立木蓄积量达到 136.18 亿立方米，森林覆盖率提高到 18.21%。在世界森林资源日益减少的情况下，中国实现森林资源的持续增长。

森林资源的作用

1. 调节自然界水循环；
2. 调节气候；
3. 增加降水量；
4. 防风固沙；
5. 同时还具有生产初级生产量的功能。

破坏森林的后果

一、导致水土流失；
二、大气中二氧化碳增加；
三、气候改变，旱、涝、风灾加重；
四、土壤沙化，环境恶化；
五、不少珍稀物种濒临灭绝；
六、形成森林资源危机。

保护碧水蓝天　共建美好家园

图 4-69　环保海报美化的最终实现效果

## 任务准备

### 1. 设置文字环绕方式

为了让文字和图片排列美观，需要为文档中的图片设置环绕方式。WPS 提供了嵌入型、四周型环绕、紧密型环绕、衬于文字下方、浮于文字上方、上下型环绕和穿越型环绕七种文字环绕方式。如图 4-70 所示。

（1）嵌入型：在文档中插入的图片默认为嵌入型，该类图片的展现方式与文字相同，只能从一个段落标记拖曳到另一个段落标记，拖动位置相对受限。若将图片插入包含文字的段落中，该行的行高将以图片的高度为准。

（2）四周型环绕：文字围绕在图片周围，图片和文字之间形成一个方形的间隙，可以将图片拖动至文档的任意位置。常用于新闻稿、宣传单及其他带有大面积空白的文档中。

（3）紧密型环绕：文字会紧密围绕着图片的轮廓，并在文字和图片之间形成一个与图片大小相同的间隙，可以将图片拖动至文档的任意位置。常用于版面紧凑且可以使用不规则图片的文档中。

（4）衬于文字下方：将图片插入文字层下方，可以将图片拖动至文档中的任意位置。视觉效果为文字书写在图片上方，常用于水印或文档背景图片。

（5）浮于文字上方：将图片插入文字层上方，可以将图片拖动至文档中的任意位置。效果为图片遮挡部分文字，常用于特殊版面及安全要求的文档中。

（6）上下型环绕：文字位于图片的上方或下方，可以将图片拖动至文档中的任意位置。可以突出图片，常用于一些图片意义大于文字意义的文档中。

（7）穿越型环绕：文字围绕着图片的环绕顶点，可以将图片拖动至文档中的任意位置。效果与“紧密型环绕”相同。

## 2. 插入艺术字

单击“插入”选项卡中的“艺术字”按钮，在弹出的下拉列表中选择需要的艺术字样式，如图 4-71 所示。如果是稻壳会员，还可以选择“艺术字”下拉列表中更加丰富的艺术字样式。此时，文档中出现一个艺术字文本框，占位符“请在此放置您的文字”为选中状态，直接输入需要的文字内容即可。

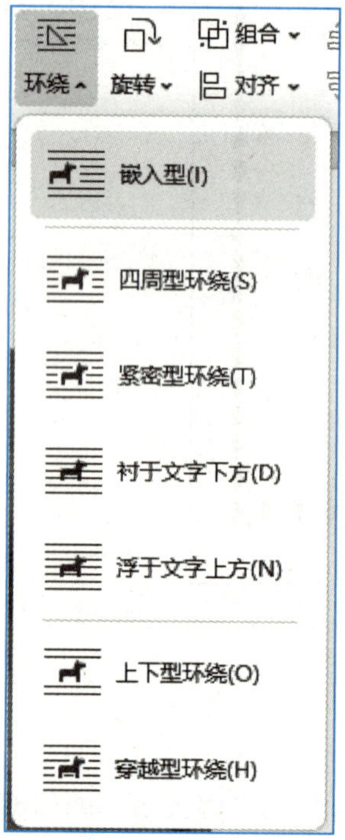


图 4-70 文字环绕方式

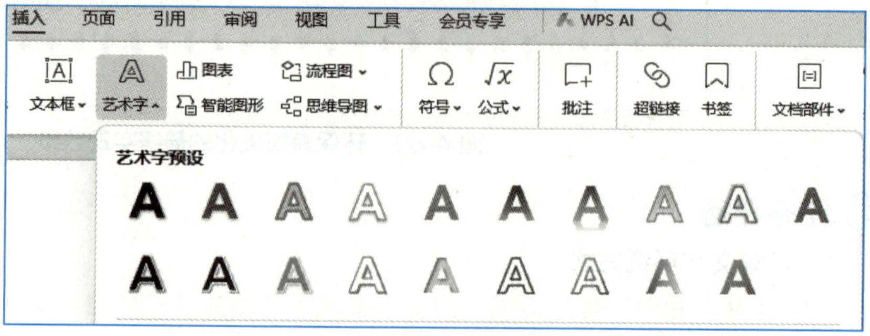


图 4-71 插入艺术字

## 3. 首字下沉

首字下沉是设置段落的第一行第一字字体变大，并且向下一定的距离，与后面的段落对齐，段落的其他部分保持原样。通过把段落的第一个字放大并下沉，使其突出显示，吸引读者的注意力。这种排版方式常用于报纸、杂志、书籍等出版物的标题、引言或章节标题等位置。

首字下沉操作：单击“插入”菜单选项卡中的“首字下沉”按钮，如图 4-72 所示。在“首字下沉”对话框中有“下沉”“悬挂”两个选项。两者之间的区别是：下沉是在原来的位置等高等宽的变大，字的左侧位置不会变，而且下沉首字后面的文字还会从左边开始，就像陷在段落里；而悬挂则是紧靠左侧等高等宽的变大，后面的文字每一行都会从悬挂首字的右侧起始，就像单独悬空在段落外面。

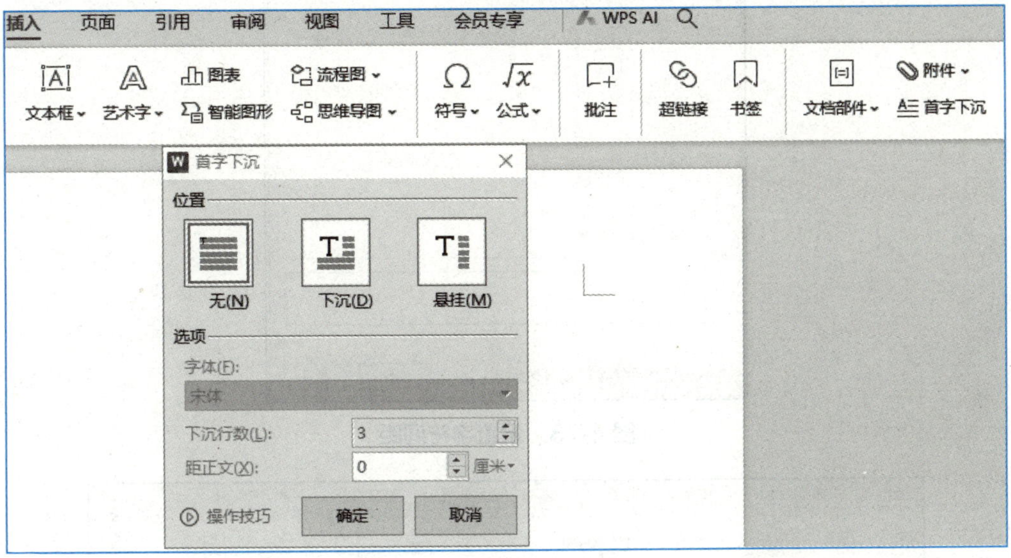


图 4-72 首字下沉命令

## 任务实施

### 1. 打开文档

启动 WPS 程序。单击软件界面中左上角“文件”按钮，接着单击下拉菜单中的“打开”按钮，选择 4.3.1 节任务 1 保存的文件后，再单击对话框的“打开”按钮。

视频

海报美化与输出

### 2. 设置页眉格式

（1）单击“插入”菜单选项卡中的“页眉页脚”按钮。选中“页眉”文字“环保海报”，单击“开始”菜单选项卡中“字体对话框”按钮，在“字体”选项卡中，“中文字体”选择“宋体”、“字形”选择“加粗”、“字号”选择“四号”、“字体颜色”选择“标准色：绿色”。单击“确定”按钮退出“字体”对话框。

（2）选中“页眉”的前三个文字：环保海。单击“开始”菜单选项卡中“字体对话框”按钮。在“字体”选项卡中，单击“字符间距”选项卡，间距参数值为加宽、1 厘米，如图 4-73 所示。单击“确定”按钮退出“字体”对话框。

（3）单击“开始”菜单选项卡中的“居中对齐”按钮，使页眉段落居中对齐。最后单击“页眉页脚”菜单选项卡中的“关闭”按钮，退出“页眉”的编辑。

### 3. 插入艺术字标题

（1）光标定位在第一段文字前，按【Enter】键，新建一个段落。光标再定位在第一段，按【Backspace】键，使段落左置顶。

（2）单击“插入”菜单选项卡中的“艺术字”按钮，在弹出的艺术字样式库中选择“填充 - 金色，着色 2，轮廓 - 着色 2”，如图 4-74 所示。接着输入艺术字文字内容“绿水青山就是金山银山”。

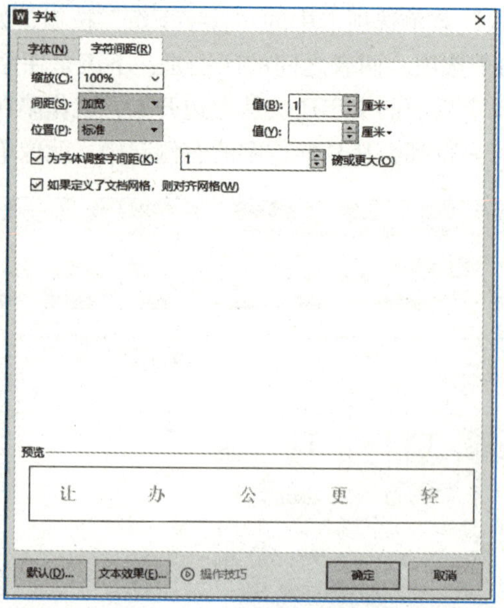


图 4-73　设置字符间距

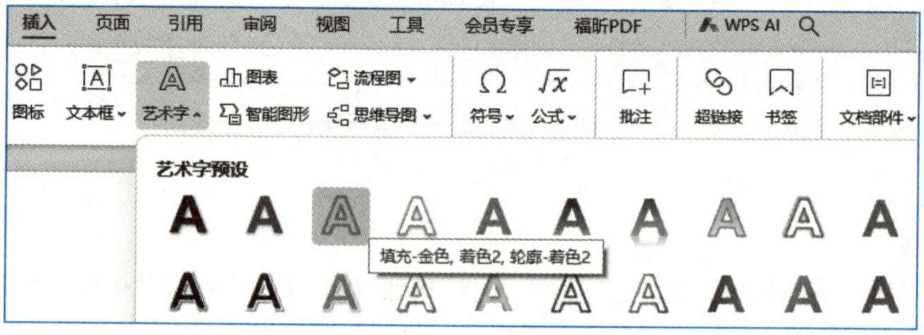


图 4-74　选择艺术字样式

（3）单击艺术字边框线选中艺术字。接着单击“绘图工具”菜单选项卡中“环绕”按钮，在下拉菜单命令中选择“嵌入型”命令。再单击“绘图工具”菜单选项卡中“文字效果”按钮，在下拉菜单中选择“转换”→“山形”命令，如图 4-75 所示。

（4）移动鼠标，把光标从艺术字移开。单击鼠标使光标停留在第一个段落，再单击“开始”菜单选项卡中“居中对齐”按钮，使艺术字居中对齐。

### 4．设置首字下沉

选中第二个段落的首字“中”，单击“插入”菜单选项卡中的“首字下沉”按钮。在“首字下沉”对话框中，位置为“下沉”、字体为华文行楷、下沉行数为 2，如图 4-76 所示。

### 5．设置页面边框

（1）单击“开始”菜单选项卡中“边框”按钮，在弹出的“边框和底纹”对话框中，单击“页面边框”选项卡，设置为方框、宽度为 18 磅、艺术型为小松树、应用于整篇文档，如图 4-77 所示。

（2）单击“页面边框”选项卡右下角的“选项”按钮，在弹出的“边框和底纹选项”对话框中，设置距正文上、下为 5 磅，左、右为 20 磅，度量依据为文字，勾选“总在前面显示”和“环绕页眉”复选框，如图 4-78 所示。

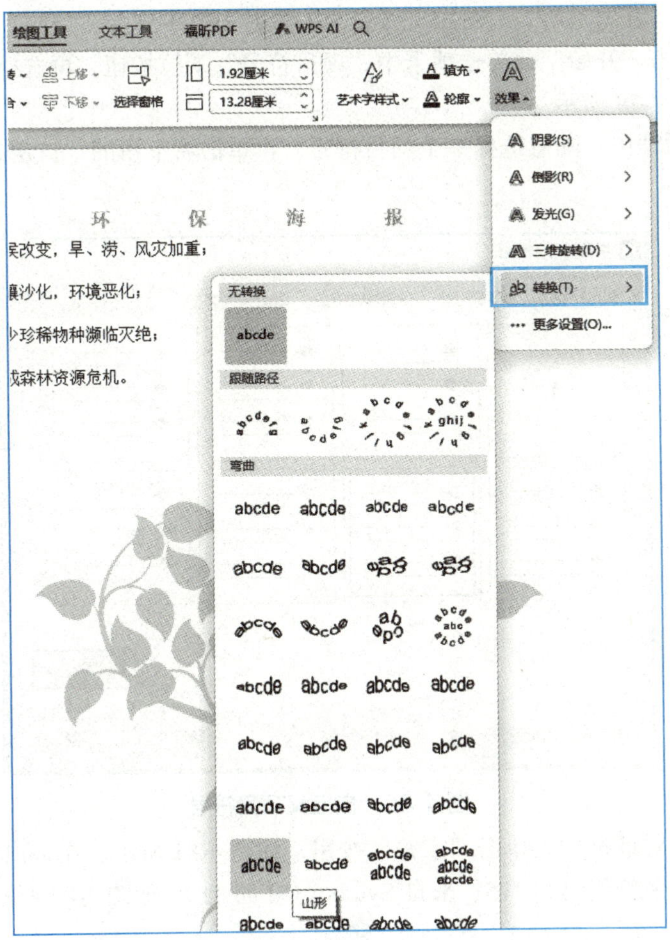


图 4-75 艺术字文字效果

图 4-76 首字下沉参数

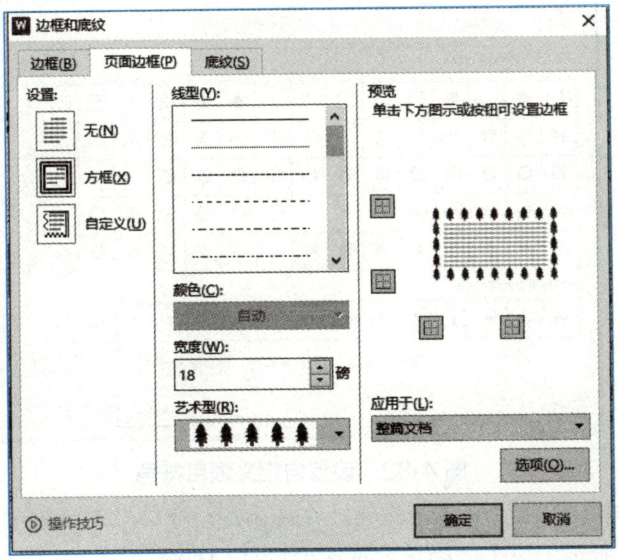


图 4-77 设置页面边框

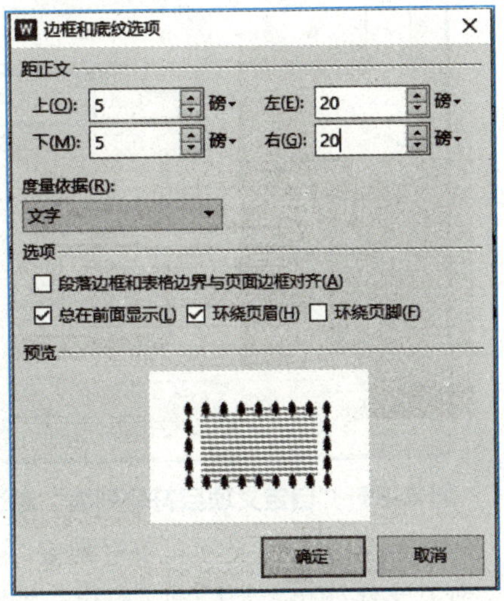


图 4-78 设置边框和底纹选项

### 6. 设置项目符号

（1）选中文字“森林资源的作用”。单击“开始”菜单选项卡中“项目符号”下拉按钮，再选择下拉菜单中的“自定义项目符号”命令，如图 4-79 所示。

（2）在弹出的“项目符号和编号”对话框中，随意选择一个项目符号，再单击右下角的“自定义”按钮，如图 4-80 所示。

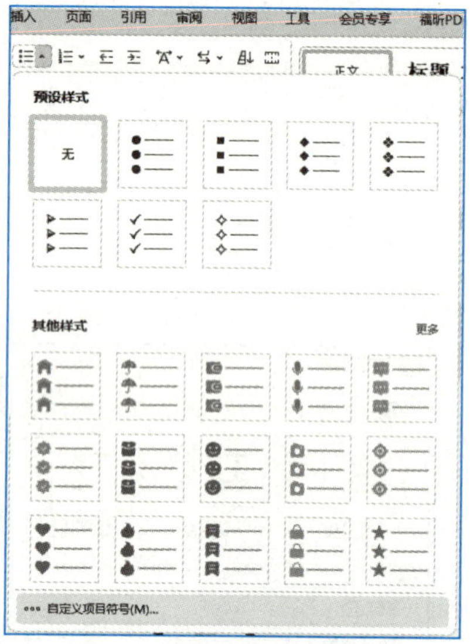


图 4-79 “自定义项目符号”命令

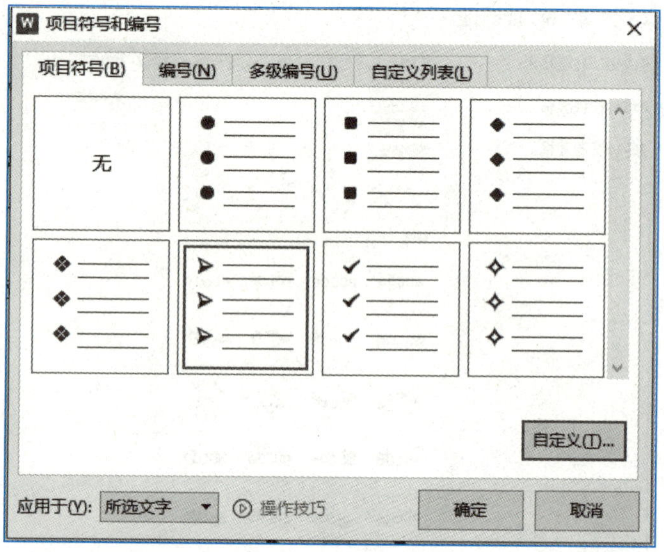


图 4-80 自定义项目符号

（3）在弹出的“自定义项目符号列表”对话框中，单击“字符”按钮，如图 4-81 所示。在弹出的“符号”对话框中，选择字体为 Wingdings、字符代码为 175、来自 Symbol（十进制），如图 4-82 所示。单击“插入”按钮。

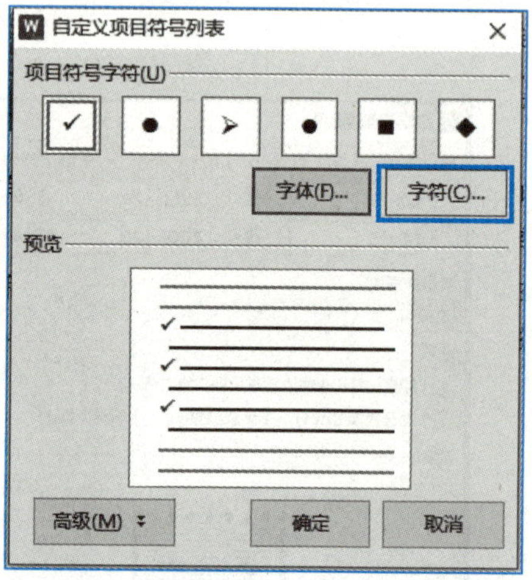


图 4-81 “自定义项目符号列表”对话框

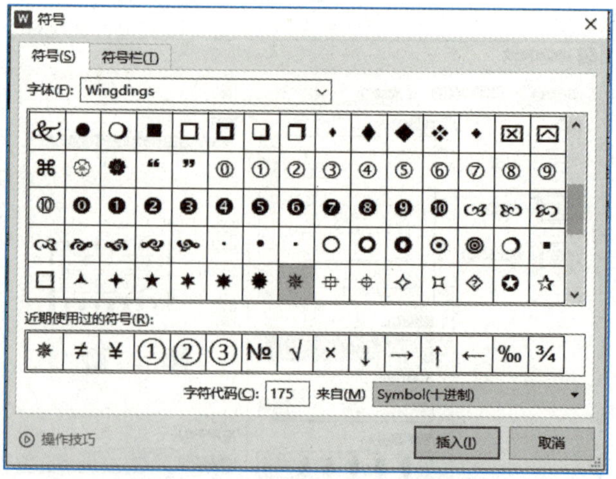


图 4-82 设置自定义项目符号

（4）回到“自定义项目符号列表”对话框中，单击“字体”按钮。在弹出的“字体”对话框中，选择“所有字体颜色”为标准色橙色，如图 4-83 所示。单击“确定”按钮设置项目符号。

（5）单击“开始”菜单选项卡中“居中对齐”按钮，使段落居中对齐。

（6）单击“开始”菜单选项卡中“格式刷”按钮，把项目符号效果应用到文字“破坏森林的后果”。

### 7. 设置分栏

（1）选中文字“森林资源的作用……六、形成森林资源危机。”。单击“页面”菜单选项卡中“分栏”按钮，选择“更多分栏”命令，如图 4-84 所示。在弹出的“分栏”对话框中，选择“两栏”、勾选“分隔线”，如图 4-85 所示。

（2）把光标定位在“破坏森林的后果”段落中。单击“页面”菜单选项卡中“分隔符”按钮，选择“分栏符”命令，如图 4-86 所示。使左右两栏对齐。

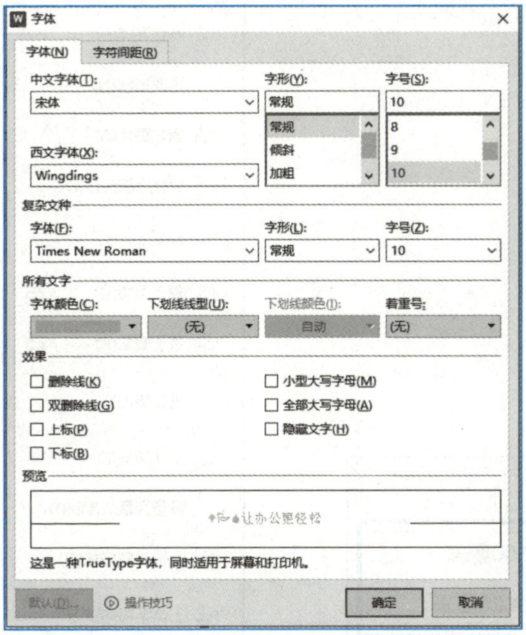


图 4-83　设置自定义项目符号颜色

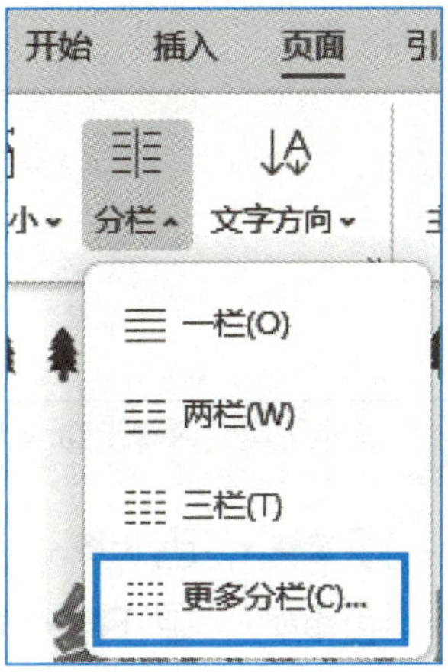


图 4-84　分栏命令

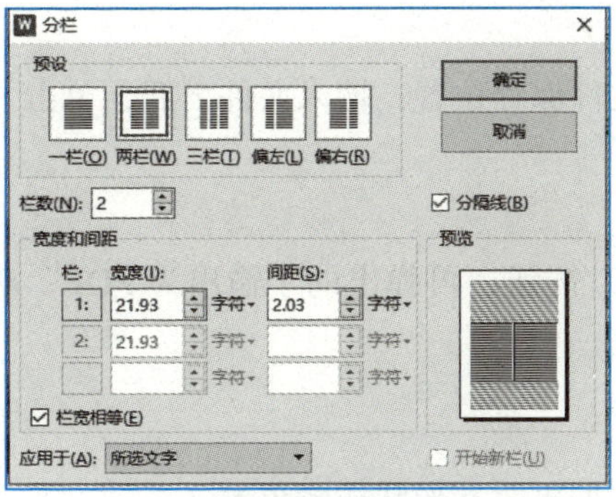


图 4-85　分栏参数值

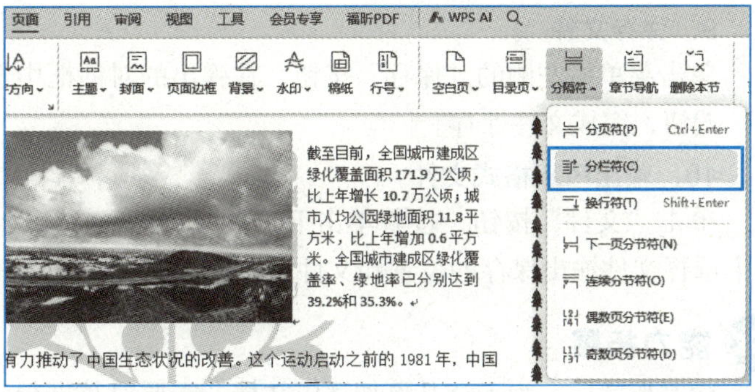


图 4-86　分栏符命令

### 8. 插入形状图形

（1）单击“插入”菜单选项卡中“形状”按钮，选择“横卷形”命令，然后按住鼠标左键绘制一个形状图形。

（2）单击“绘图工具”菜单选项卡中“填充”下拉按钮，选择标准色：草绿色。再单击“轮廓”下拉按钮，选择标准色：黑色。在“绘图工具”菜单选项卡中把形状图形高度设置为 2 厘米、宽度为

14.2 厘米，如图 4-87 所示。再移动形状图形使其水平居中。

（3）在形状图形右击，在弹出的快捷菜单中选择“编辑文字”命令，如图 4-88 所示。输入文字“保护碧水蓝天 共建美好家园”。选中文字，字体改为黑体、字号改为小二号。

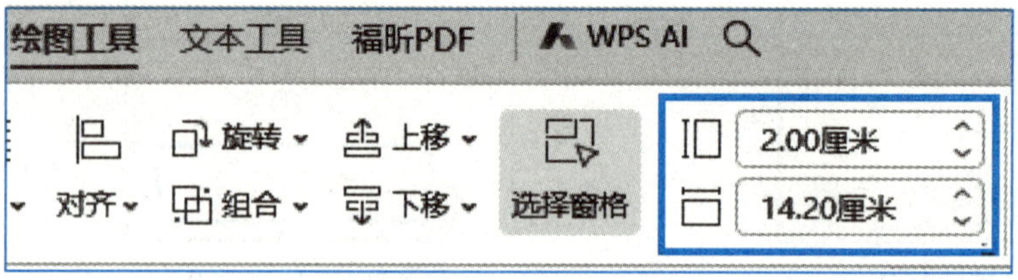


图 4-87　形状图形大小

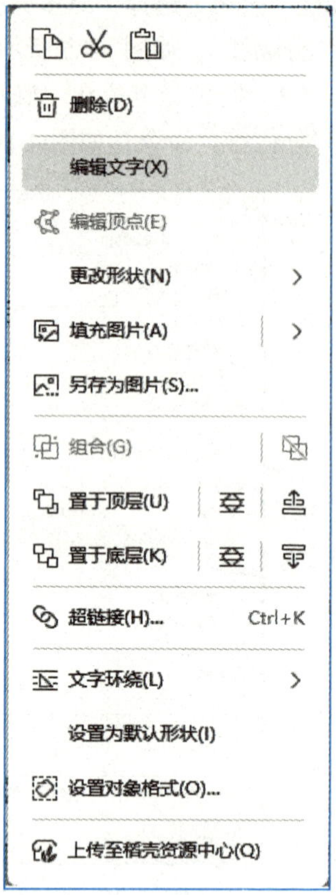


图 4-88　编辑文字命令

#### 9. 保存文件

单击菜单栏左侧的“保存”按钮，在弹出的对话框中选择文件保存位置，输入文件名后，单击“确定”按钮，完成文件保存。

#### 10. 输出PDF格式文件

单击“文件”按钮，接着单击下拉菜单中的“输出为 PDF”按钮，再弹出的“输出为 PDF”对话框中选择文件输出保存的位置和文件名，完成文件 PDF 格式输出。

### 能力拓展

绘制形状后，为了让其更加适应文档，需要对其进行设置，如更改其形状或颜色等。

#### 1. 更改形状的形状

如果对绘制的形状不满意，可以将其删除重新绘制，或者通过下面的方法进行更改。

（1）更改形状：选中要更改的形状，单击“绘图工具”选项卡中“编辑形状”按钮，在弹出的下拉列表中选择“更改形状”命令，然后在弹出的下级子菜单中根据需要选择形状，如图 4-89 所示。

（2）编辑形状：如果只是需要对形状的轮廓微调，可以在“编辑形状”下拉列表中选择“编辑顶点”

命令，此时会进入顶点编辑状态，如图 4-90 所示。将鼠标指针移动到形状的任意顶点，按住鼠标左键拖动顶点，即可改变形状。

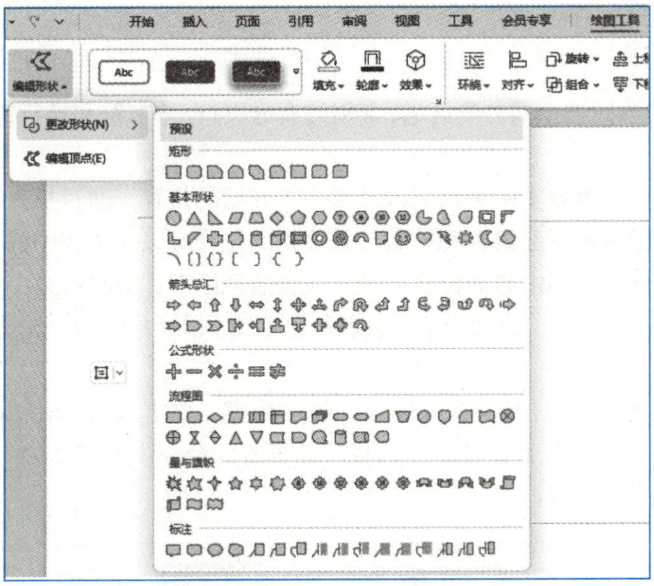


图 4-89　更改形状命令

图 4-90　编辑形状

2. 为形状添加文字

有时需要在形状中添加文字。例如，在流程图中添加步骤编号、在图片中添加浮于图片上方的文字说明、在判断矩阵中添加判断条件等。要在形状中添加文字，可以在绘制的形状空白位置右击，在弹出的快捷菜单中选择“添加文字”命令。此时会在形状中心位置定位文本插入点，输入所需文字即可。输入的文字可以像普通文字一样，在“开始”选项卡或浮动工具栏中设置文字的字体和段落格式。

## 4.4 长文档编辑——创新创业项目计划书设计

党的二十大报告指出“创新是第一动力”，我们不仅可以感悟到创新创业的理念，更可以从中汲取到实践的经验和方法，青年是人的一生中最具创新的阶段，也是社会上最富活力、最具创造性的群体。习近平总书记曾寄语青年，“让创新成为青春远航的动力，让创业成为青春搏击的能量”。创新创业大赛是由科技部、财政部、教育部、国家网信办和中华全国工商业联合会共同指导举办的一项以“科技创新，成就大业”为主题的全国性创业比赛。截至 2024 年 2 月，12 年来，中国创新创业大赛累计参赛企业和团队超过 32 万家，撬动银行、创业投资等金融资本累计投资企业超过千亿元，历届参赛主体中已有超 200 家企业成功上市，100 多家企业在新三板挂牌，为推动经济社会高质量发展贡献了企业科技创新力量。

### 4.4.1　任务 1：计划书内容编辑与排版

#### 任务要求

张同学和他的团队正在参加学校大学生创新创业比赛，按照比赛要求已经完成了项目计划书的基本内容编写，但在长文档排版和美化方面却遇到了不少问题。请利用所学知识，按照任务要求帮助该团队完成创新创业计划书的排版和美化工作。

## 任务准备

### 1. 分隔符插入

WPS 中的分隔符主要用于在文档中创建不同类型的分隔区域，常用的有分页符、分节符和换行符等，是日常工作中经常用到的基本操作。

（1）分页符。分页符是分页的一种符号，代表着上一页结束以及下一页开始的位置。通过插入分页符，可以将一个长文档分成多个页面，以便于进行页面设置和排版。分页符的位置可以在文档中的任何位置，但通常会在一个段落的末尾或者需要分隔不同内容的位置插入。在普通视图下，分页符是一条虚线，又称自动分页符，如图 4-91 所示。在页面视图下，分页符是一条黑灰色宽线，鼠标指针指向单击后，变成一条黑线。

要使用分页符，首先需要在文字文档中将光标定位到需要插入分页符的位置，然后按【Ctrl+Enter】组合键即可；或者单击“插入”选项卡中的“分页”下拉按钮，选择“分页符”命令（见图 4-92）。这样即在光标位置插入了一个分页符，将文档分成了两页。

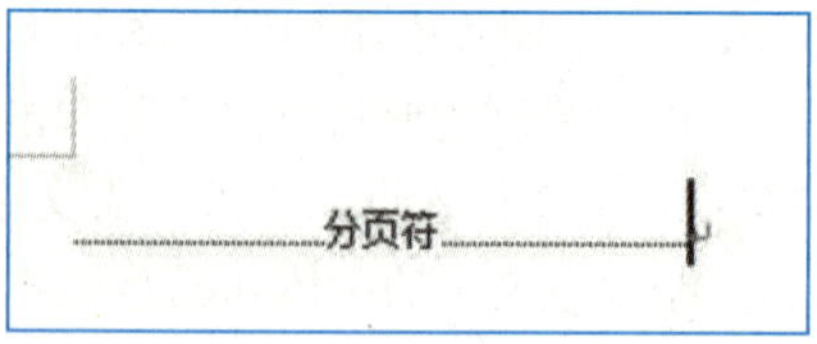


图 4-91　分页符符号

图 4-92　插入分页符路径

（2）分节符。相对于分页符，分节符的功能强大得多。它是分页符的超集，它不仅可以分页，而且创建了独立的文档节，而不同的节可以分别设置自己的页面格式、页眉、页脚、页码等样式。所以，分节符所分隔的不仅是内容，还有样式；而分页符分隔的仅是内容。正是因为把文档分为了若干节（在插入分节符之前，整个文档只是一个节），才能为每节单独设置页面样式。例如，将文档第一页设置为纵向，第二页设置为横向，如果直接调整纸张方向，会发现两页内容会同步修改为横向或者纵向，这个时候可以插入分节符再调整方向。

常用的分节符分有：

① 下一页分节符：插入一个分节符，新节从下一页开始。

② 连续分节符：插入一个分节符，新节从同一页开始。

③ 奇数页分节符或偶数页分节符：插入一个分节符，新节从下一个奇数页或偶数页开始。

分节符插入方法如图 4-93 所示。

（3）换行符。换行符是一种换行符号，又称软回车、手动换行符。使用换行符的位置呈现灰色向下的箭头“↓”，其作用是将文段内容强制换行，但不分段。“回车符”和“换行符”都具有文本换行的作用，但它们并不是同一种符号，使用“换行符”进行换行的文本依旧为一整个段落。

换行符的使用与分节符和分页符的操作使用方法相同，如图 4-94 所示。此外，还可以通过按【Shift+Enter】组合键插入换行符。

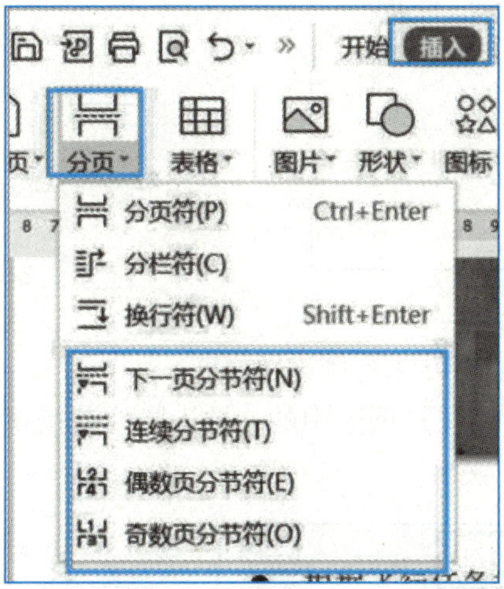


图 4-93　分节符插入方法

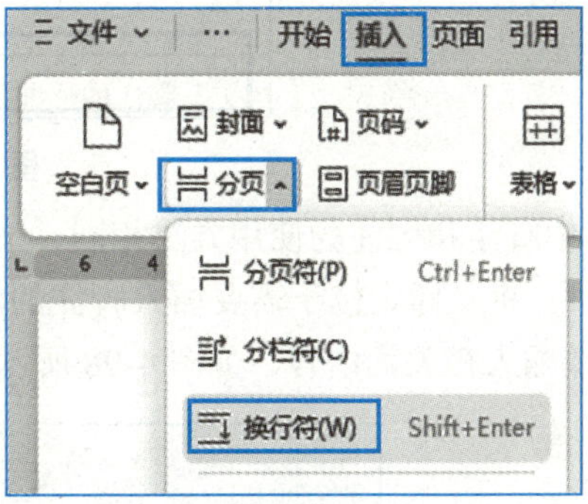


图 4-94　换行符插入方法

## 2．分栏设置

分栏是页面布局中的一个功能，在进行文档编辑中，为了使页面排版更为美观，可以采用分栏的方式，很多书籍、报纸的排版就使用了这一功能。

选择需要进行分栏操作的内容，单击“页面”选项卡中的“分栏”下拉按钮，选择“更多分栏”命令（见图 4-95），即可进入分栏的设置界面，可以选择预设内容中的一栏或者两栏，以选择两栏为例，单击两栏，勾选“栏宽相等”复选框，单击“确定”按钮（见图 4-96），内容即可分为两栏。

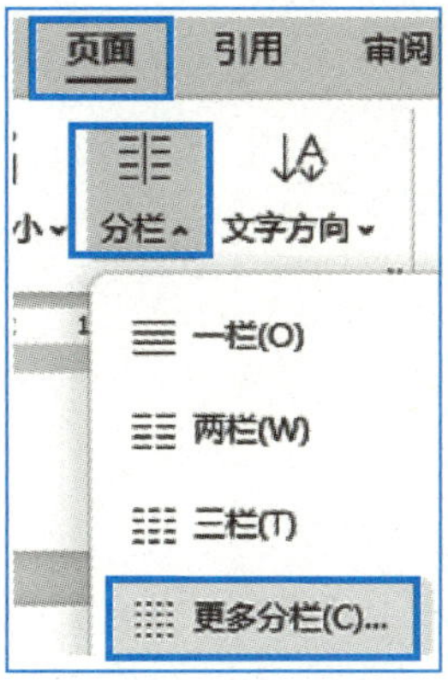


图 4-95　分栏设置路径

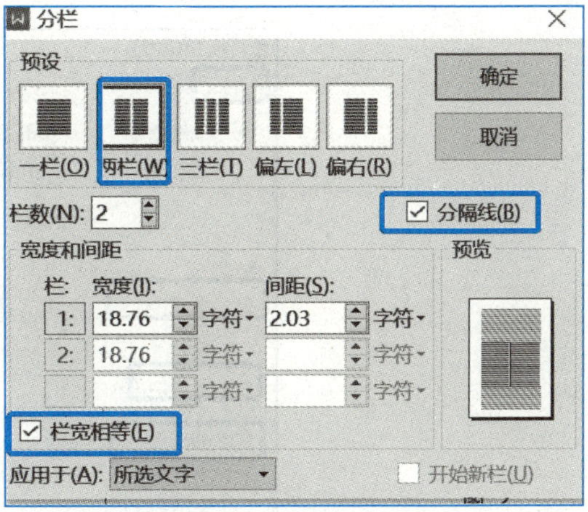


图 4-96　设置“两栏”效果

## 3．脚注和尾注设置

在撰写论文或者是书籍时经常会使用脚注和尾注，其中脚注是对特定文本的补充说明，一般在页面底部，是对某个内容的注释，如图 4-97 所示；尾注虽然也是对特定文本的补充说明，但通常在文本的末尾，用于引文的出处。

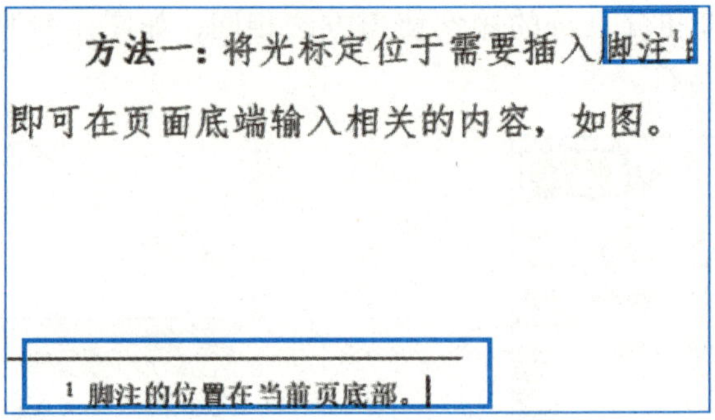


图 4-97　脚注的位置

WPS 中脚注和尾注的使用方法相同，下面以“脚注”的使用方法为例进行说明。

方法 1：将光标定位于需要插入脚注的内容处，单击“引用”选项卡中的“插入脚注”按钮，即可在页面底端输入相关的内容，如图 4-98 所示。

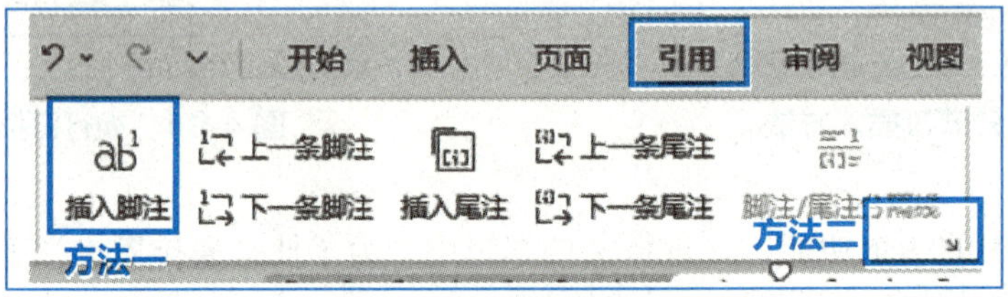


图 4-98　脚注插入方法 1

方法 2：单击“引用”选项卡中的“脚注 / 尾注分割线”旁边的对话框启动器按钮，弹出“脚注和尾注”对话框，选择脚注的“位置”“编号格式”“起始编号”“将更改应用于”等，最后单击“插入”按钮，如图 4-99 所示。

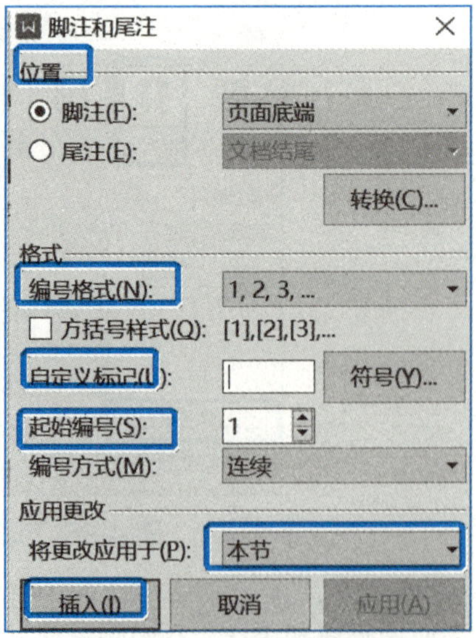


图 4-99　脚注插入方法 2

如果需要对脚注和尾注格式进行设置，则可以进入“开始”选项，对文字的大小、颜色等进行设置；如果要删除脚注，选中脚注的标识，按【Delete】键删除即可。

视 频

策划书内容编辑与排版

## 任务实施

### 1. 设置正文字体、段落格式

按【Ctrl+A】组合键全选策划书内容，设置中文字体为宋体、西文字体为 Times New Roman、小四，如图 4-100所示。设置段落为首行缩进 2 字符、段前段后间距 0 磅、1.5 倍行距，如图 4-101 所示。（说明：标题格式后面任务利用样式进行设置）

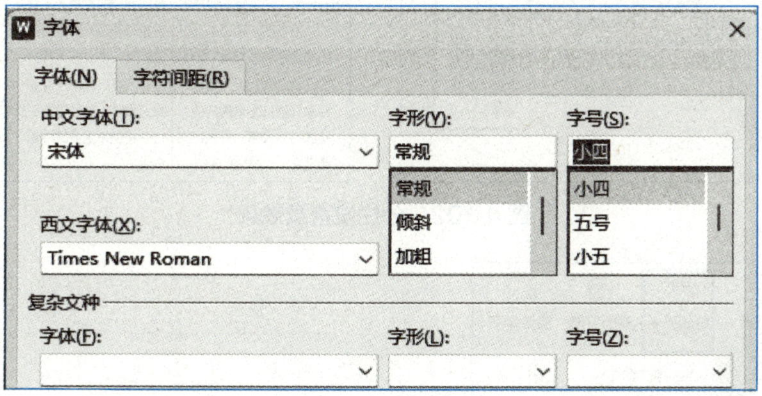


图 4-100　字体设置

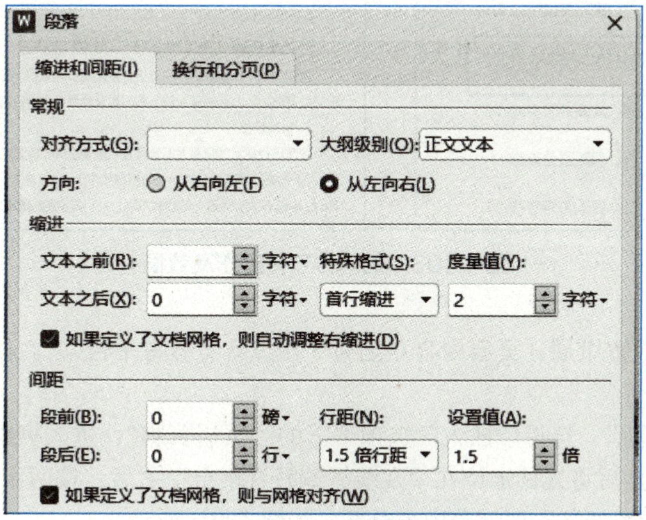


图 4-101　段落设置

### 2. 分栏设置

选择“4. 市场发展趋势”下的正文内容，设置三栏的分栏效果，具体操作为：单击“页面”选项卡中的“分栏”下拉按钮，选择“更多分栏”命令，打开“分栏”对话框，选择“三栏”，栏间距设置为 1 字符，勾选“分隔线”复选框，单击“确定”按钮，如图 4-102 所示。

### 3. 插入分节符

为方便评委查阅策划书，一般需要将每一章的内容另起一页，这个时候需要在每个章节标题前插入分节符。具体操作为：将光标定位在章节标题前，单击“页面”选项卡中的“分隔符”下拉按钮，选择“下一页分节符”命令，就可以将该章节内容另起一页，如图 4-103 所示。

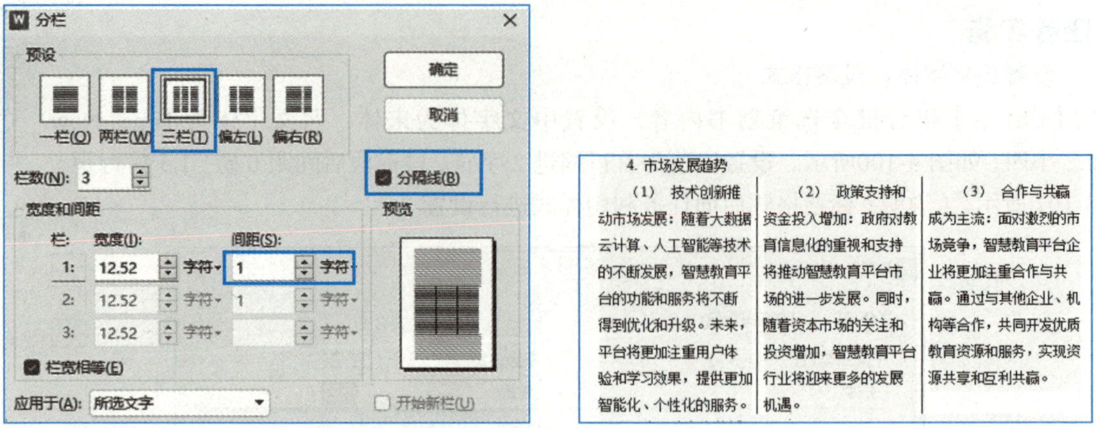


图 4-102 分栏设置及效果

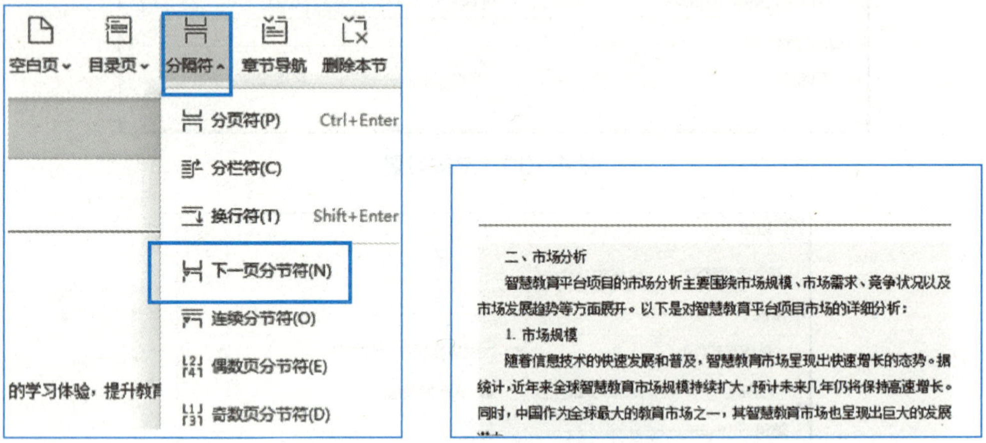


图 4-103 插入分节符操作及效果

## 4. 插入页眉

为策划书每个章节设置页眉，页眉内容左侧为“在线智慧教育平台”、右侧为章节标题。具体操作如下：

（1）设置第一章节页眉。选择“插入”选项卡下的“页眉页脚”，进入页眉编辑区，输入“在线智慧教育平台项目概述”，然后将光标定位在“在线智慧教育平台”之后，按两次【Tab】键，即可将“在线智慧教育平台”和“项目概述”两部分内容分开，如图 4-104 所示。

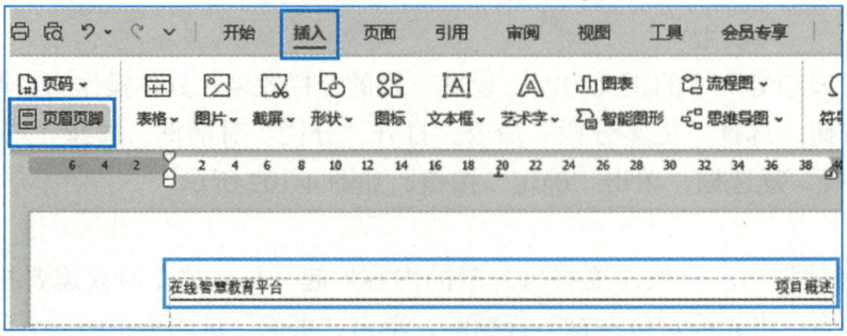


图 4-104 第一章节页眉设置及效果

（2）设置第二章节及之后章节的页眉。单击“页眉页脚”选项卡中的“后一项”即可跳到第二章节页眉处，修改页眉右侧内容为第二章节标题，如果直接修改第一章节的页眉也会跟着改变，此时需要先去掉“页眉同前节”前面的钩，如图 4-105 所示。这时再输入第二章节标题即可。后面的页眉设置也是同样的操作。

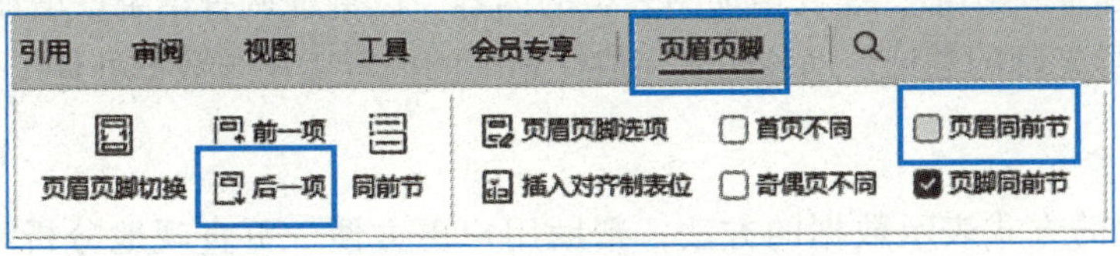


图 4-105 取消“页眉同前节”设置

## 5. 插入页码

回到文档第一页，单击“页眉页脚”选项卡中的“页眉页脚切换”按钮即可切换到页脚处。单击“插入页码”按钮，选择位置为“居中”、应用范围为“本页及之后”，单击“确定”按钮即可插入页码，如图 4-106 所示。

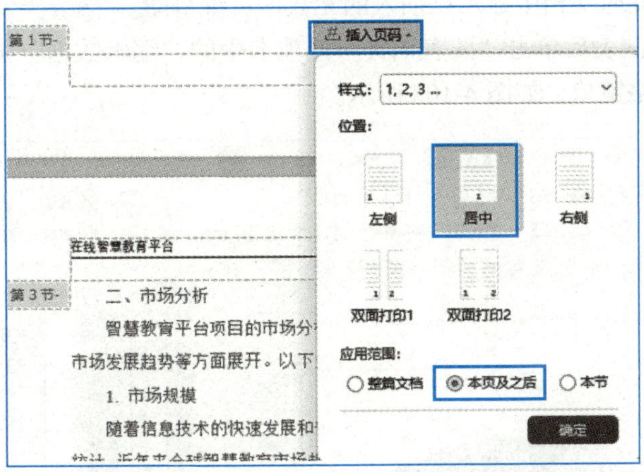


图 4-106 页码插入设置

## 6. 插入封面

选择“插入”选项卡中的“封面”，在“预设封面页”找到合适的封面并单击，在相应的文本框输入项目相关内容，删掉不需要的文本框，如图 4-107 所示。

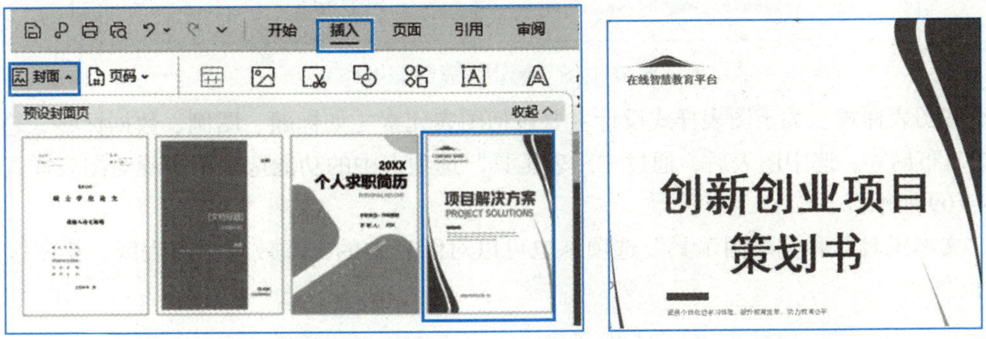


图 4-107 插入封面操作及效果

## 4.4.2 任务 2：内容美化与数据处理

### 任务要求

张同学和他的团队已经完成了创新创业比赛项目计划书的内容编辑与排版，但是指导老师认为“整个文档以文字为主，吸引力不够，建议增加图表类的内容，以佐证调查结果，增加文档吸引力”。请利用所学知识，按照指导老师的意见帮助该团队完成计划书的内容美化与数据处理工作。

### 任务准备

图表是以图形化的方式表示数据的方法，帮助用户更方便、更直观地分析和比较数据。除了在 WPS 表格中可以制作图表，也可以直接在 WPS 文字中直接通过插入图表的方式操作图表。下面通过一个案例讲解如何插入图表。

案例说明：某大学计算机专业全班共 85 人，其中汉族 45 人，回族 18 人，纳西族 11 人，壮族 7 人，羌族 4 人。现在需要用三维饼图展现本班各民族学生的分布情况。具体操作如下：

（1）插入图表。将光标定位到需要插入图表的位置，单击“插入”选项卡中的“图表”按钮，选择“饼图”→“三维饼图”，此时文档中显示已插入的无数据三维饼图。

（2）编辑数据。选中图表后单击“图表工具”选项卡中的“编辑数据”按钮，在弹出的 WPS 表格中编辑图表数据后关闭表格窗口，如图 4-108 所示。

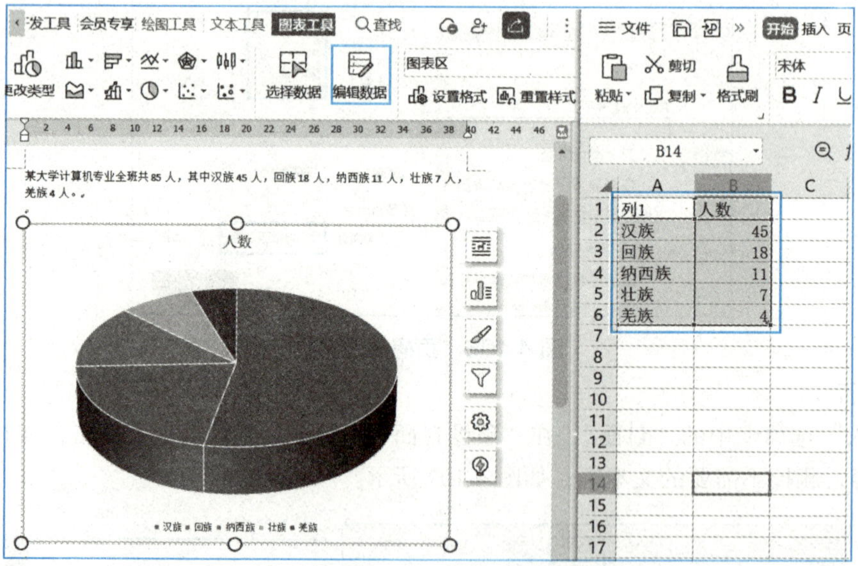


图 4-108 编辑图表数据操作

（3）设置图表样式。关于图表样式设计主要包括图表元素（如标题、图例、数据标签、趋势线等）、颜色、样式、布局等。选中图表后，通过“图表工具”选项卡中的功能选项可实现对图表样式效果的设计，如图 4-109 所示。

通过“文本工具”和“绘图工具”选项卡也可以对图表中的文本效果，图表区、绘图区的格式效果进行设计。

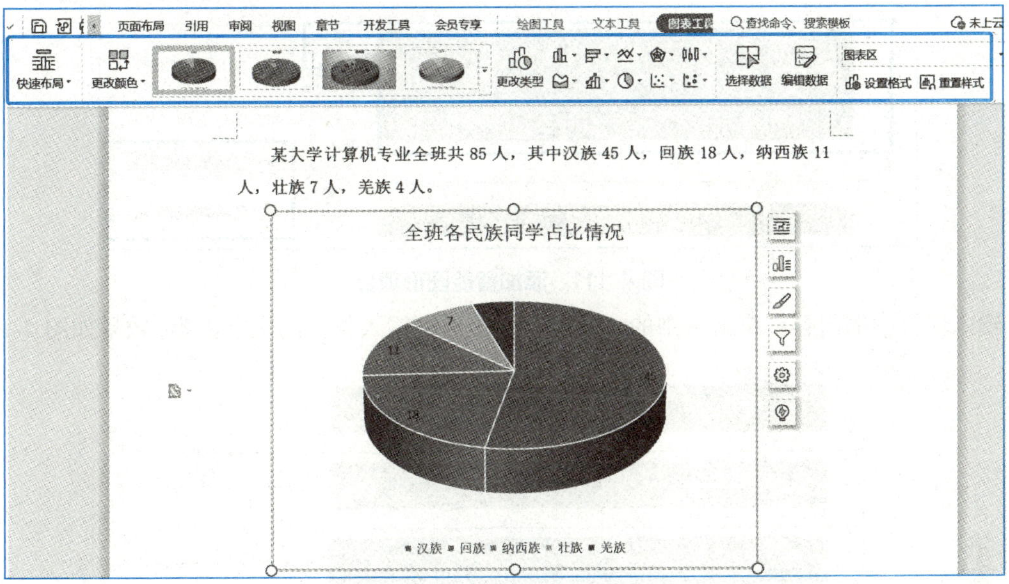


图 4-109　图表样式设置

## 任务实施

### 1. 插入智能图形

在策划书第三部分“平台功能”第一段的内容后插入智能图形，直观展示平台功能。

（1）插入智能图形。单击“插入”选项卡中的“智能图形”按钮，选择“SmartArt”，选择“垂直框列表”，单击即可插入智能图形，如图 4-110 所示。

视 频

内容美化与数据处理

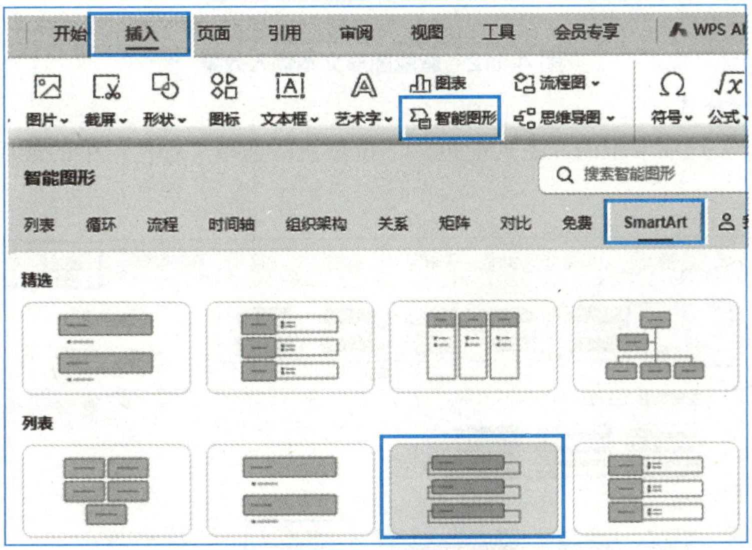


图 4-110　插入智能图形

这时候插入的智能图形只有三项内容，需要根据实际情况添加内容，具体操作为：单击图中某个形状，右侧会出现工具栏，单击“添加项目”按钮，选择“在后面添加项目”命令即可添加内容，如图 4-111 所示。

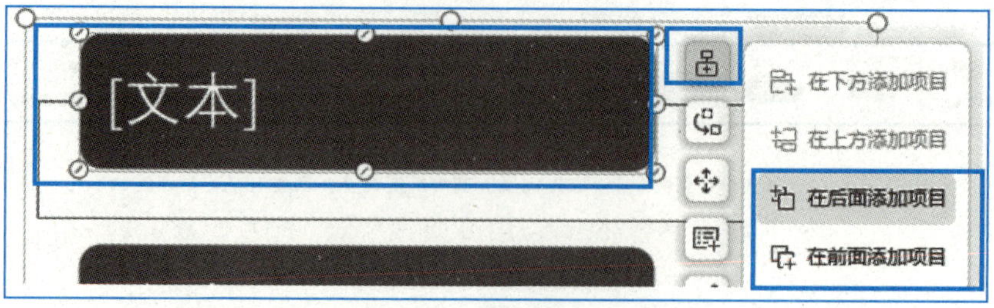


图 4-111　添加智能图形项目

（2）输入项目中的内容。单击图中的“文本”或矩形框输入相关的文字内容，效果如图 4-112 所示。

图 4-112　智能图形文本输入效果

## 2. 设置智能图形格式

（1）单击“设计”选项卡中的“系列配色”下拉按钮，选择“彩色”中的最后一个配色方案，效果如图 4-113 所示。

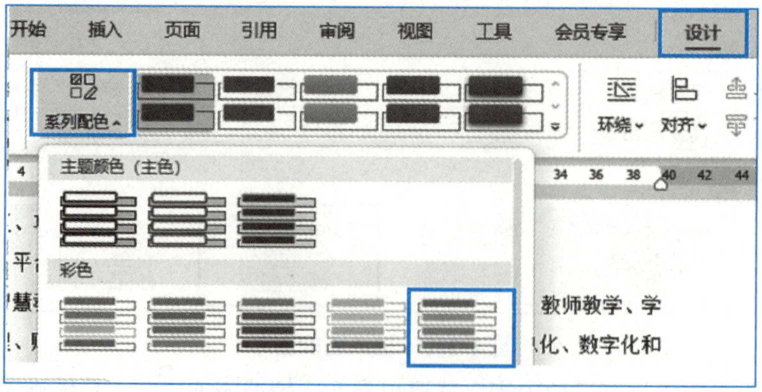


图 4-113　修改智能图形配色

（2）单击智能图形中的某个矩形，设置字体为黑体、14 号，居中对齐，如图 4-114 所示。

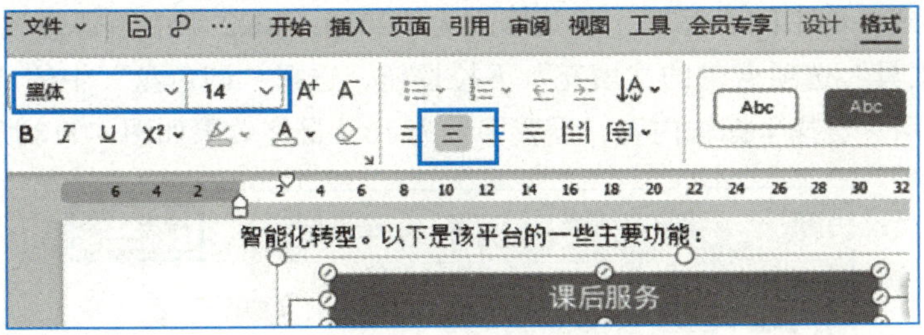


图 4-114　设置图形字体格式

### 3．插入图表

在策划书第二部分“市场规模”第一段的内容后插入图表，直观展示智慧教育市场规模。

（1）插入图表。单击“插入”选项卡中的“图表”工具按钮，选择“柱形图”→预设“簇状柱形图”，如图 4-115 所示。

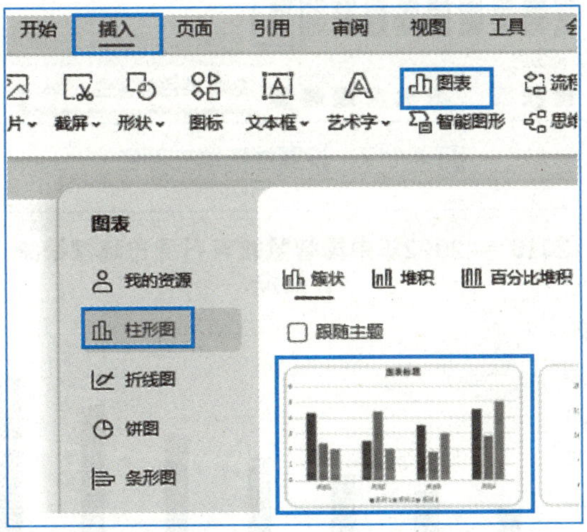


图 4-115　插入图表

（2）编辑数据。选中图表后单击“图表工具”选项卡中的“编辑数据”按钮，在弹出的 WPS 表格中编辑图表数据后关闭表格窗口，如图 4-116 所示。

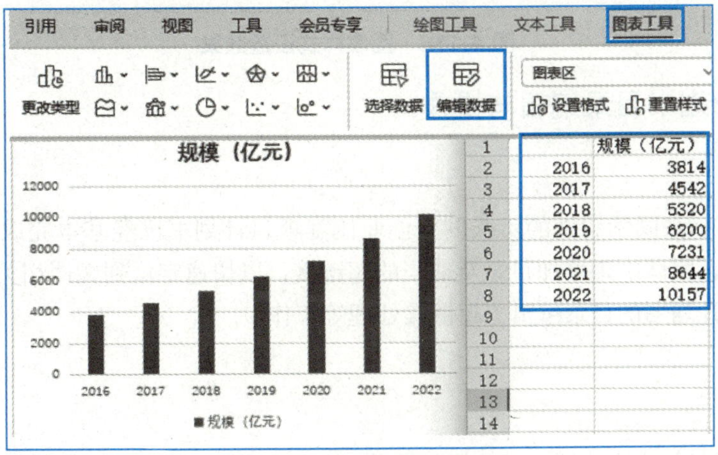


图 4-116　图表数据内容

（3）设置图表样式。选中图表标题，将其修改为“2016—2022 年中国智慧教育行业市场规模统计情况”。单击“绘图工具”选项卡中的“填充”下拉按钮，选择“调色盘”中的“浅绿，着色 6，深色 50%”，如图 4-117 所示。选择坐标轴内容，设置字号为 10，最终效果如图 4-118 所示。

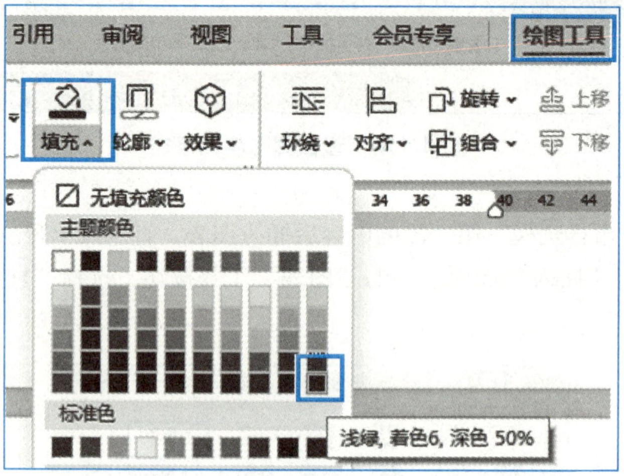


图 4-117 设置柱形填充颜色

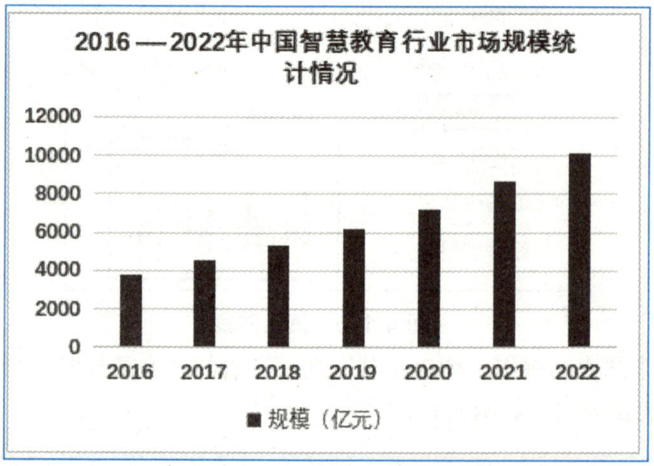


图 4-118 图表样式设置效果

### 4.4.3 任务 3：计划书目录编辑与操作

#### 任务要求

经过几轮修改，小张同学和她的团队创新创业比赛项目计划书已经基本完成，但是每次查看修改都需要翻半天，因此，团队决定增加目录及适当的超链接，以快速定位到文档相关位置。请利用所学知识，帮助该团队完成计划书的目录编辑与超链接处理等工作。

#### 任务准备

1．样式设置

样式是字符格式和段落格式属性的集合，是为了编辑文档方便而设置的一些格式组合。使用样式可以同时设置文字和段落的多种属性，提高工作效率。比如在编辑长文档过程中，经常遇到主副标题、正文摘要需要不同的字体、不同的字号大小等，样式这一功能可以快速统一文本格式，让写作更加高效。

样式的操作包括应用样式、新建样式、修改样式和删除样式。

（1）应用样式。应用样式是应用 WPS 预设样式进行格式设置，这些样式包括预设样式和在线样式。具体操作如下：选择需要设置样式的文本，找到“开始”选项卡中的“预设样式”，选择其中某一个样式单击即可，如图 4-119 所示。

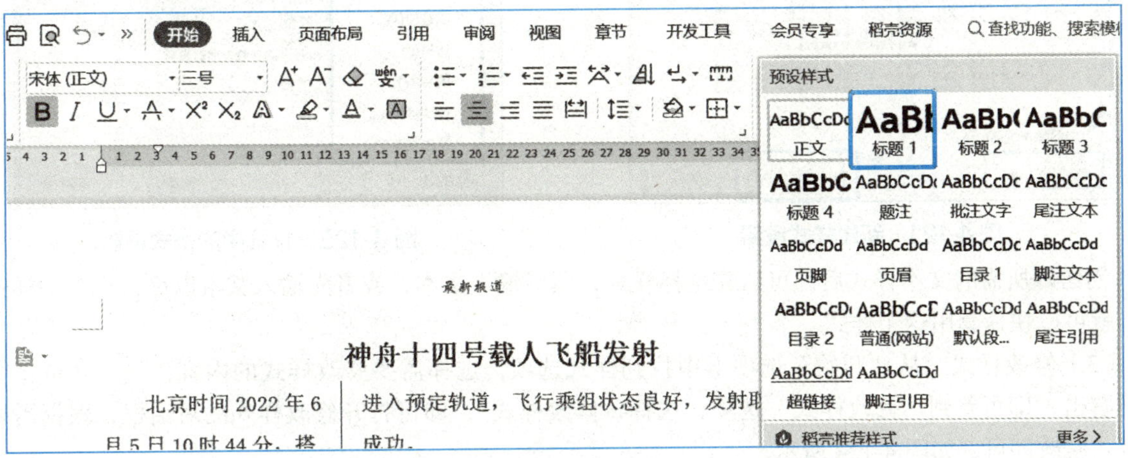


图 4-119　应用预设样式

（2）新建样式。当预设样式没办法实现想要的效果时，可以根据需要新建样式。具体操作如下：单击“开始”选项卡，选择样式中的“新建样式”命令，如图 4-120 所示，即可打开“新建样式”对话框。

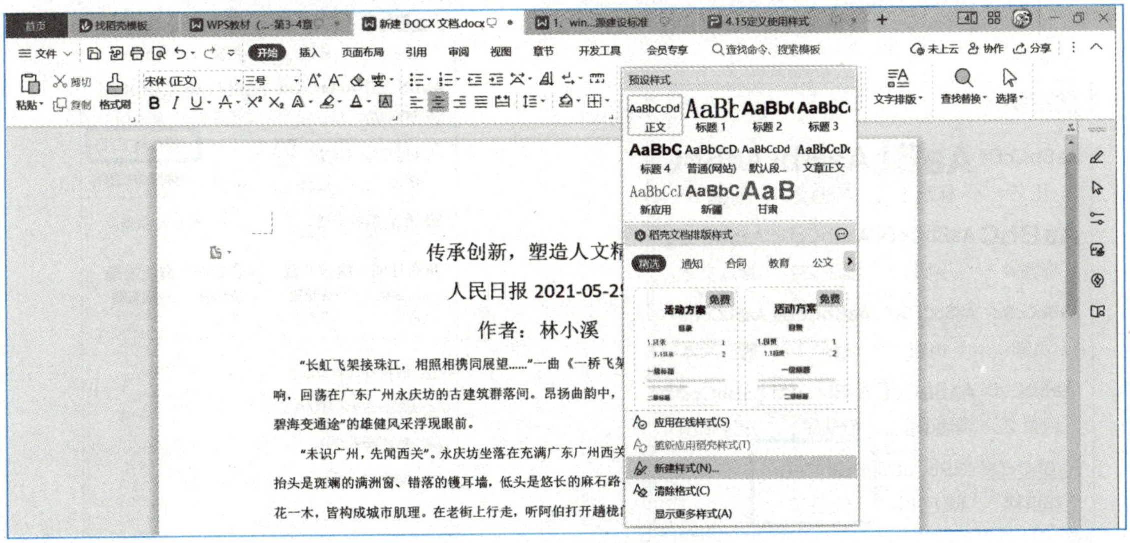


图 4-120　新建样式路径

在“新建样式”对话框中，对“名称”进行设置，如“文章正文”，然后选择“样式类型”为“段落”，“样式基于”选择“无样式”（见图 4-121），接下来可以通过单击“格式”按钮对正文的样式进行设置（见图 4-122 和图 4-123）。

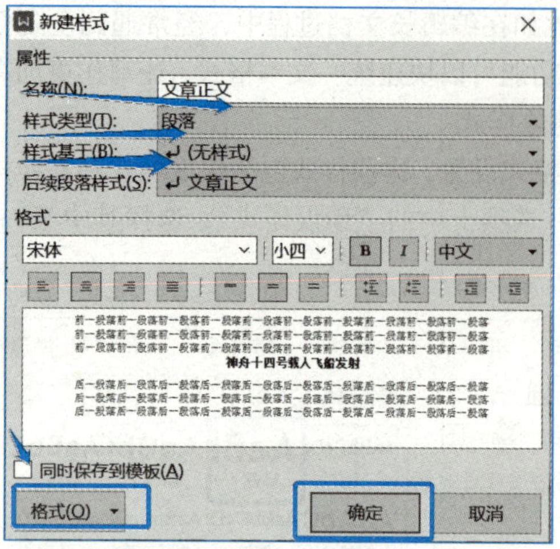


图 4-121 新建样式设置

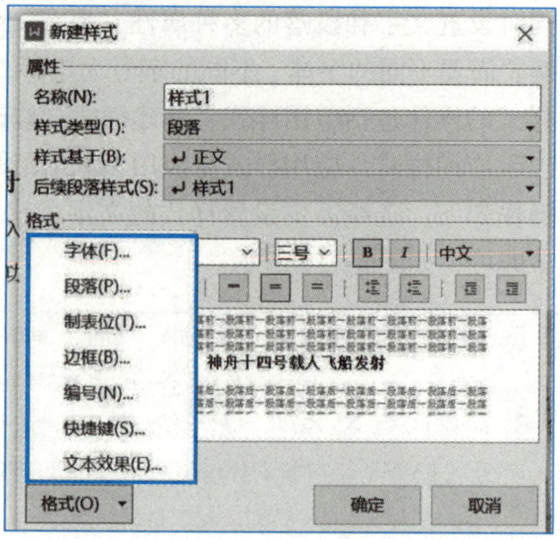


图 4-122 样式中的格式设置

创建好所需的文本样式后，可以先选择样式，然后输入文本，或者先输入文本以后，再单击样式套用，就可以快速套用这个样式。

（3）修改样式。从“开始”选项卡中找到样式选项，选择需要修改样式的内容，如“文章正文”，然后右击，即可看到“修改样式”选项，选择“修改样式”，即可打开修改样式的对话框，根据需要进行格式修改即可，如图 4-124 所示。

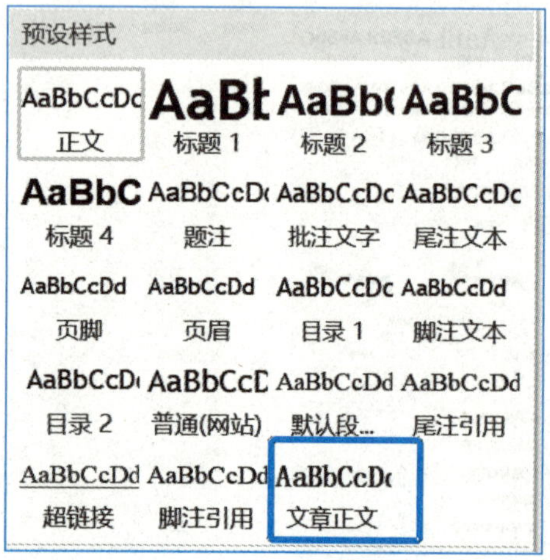


图 4-123 新建样式效果

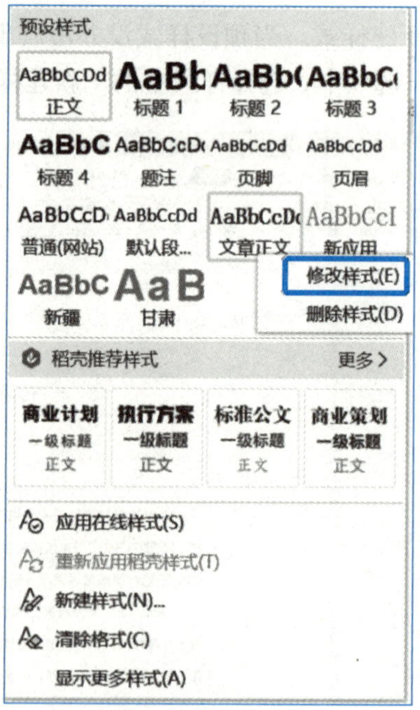


图 4-124 修改样式

（4）删除样式。如果某个样式不需要了可以将其删除。在“开始”选项卡中找到“样式”选项，找到需要删除的样式内容，然后右击，可以看到“删除样式”，单击即可删除当前样式，如图 4-125 所示。

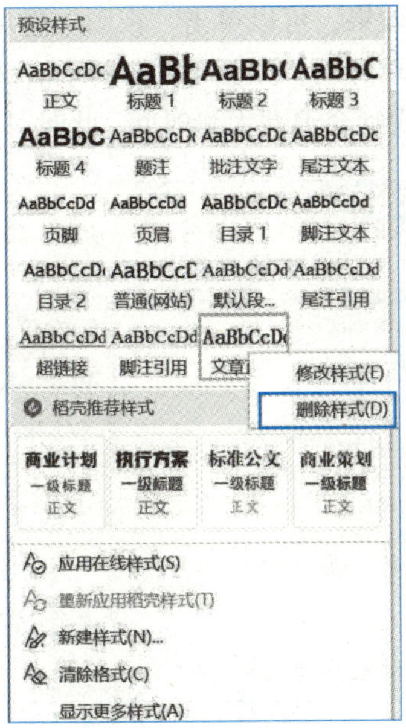

图 4-125 删除样式

## 2. 目录设置

目录是书稿中常见的组成部分，由文章的标题和页码组成。目录的作用在于使阅读者快速地检阅或定位到感兴趣的内容。在 WPS 中设置目录的前提是对文档中的标题已经设置了目录级别。只有设置好目录级别后，才能进行插入目录的操作。

（1）目录级别。在实际操作过程中，为了确保目录内容准确、层次无误，需要先对文档章节标题进行级别设置。目录级别设置的操作如下：

方式 1：选中需要设置目录级别的标题文字，打开“段落”对话框，将大纲级别设置为 1 级、2 级、3 级等。

方式 2：选中需要设置目录级别的标题文字，单击“引用”选项卡中的“目录级别”下拉按钮，根据需要选择级别即可，如图 4-126 所示，将“过程介绍”设为一级目录。

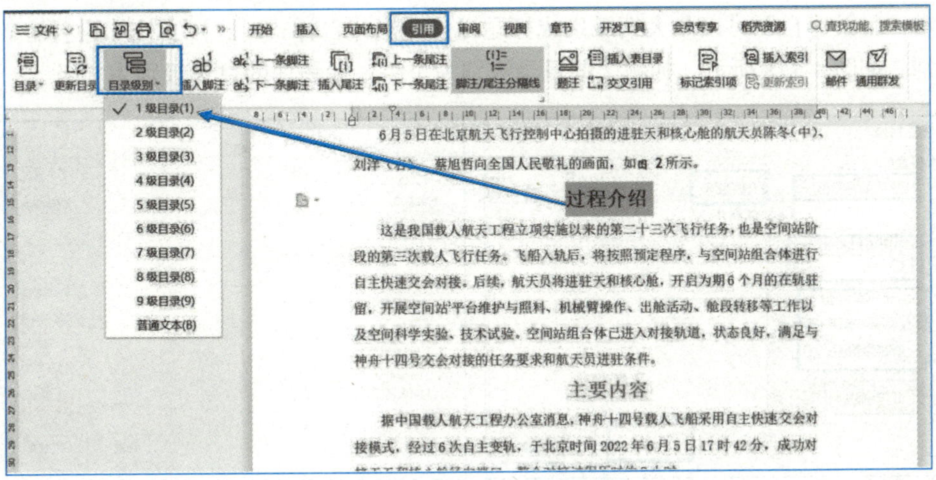

图 4-126 设置目录级别

目录级别设置完成后，如要预览效果，可以单击“视图”选项卡中的“导航窗格”下拉按钮，选择“靠右”或“靠左”，便能看到当前目录大纲，如图 4-127 所示。文档编辑过程中，有时需要快速找到某些章节的内容，如果使用上下翻页查找则会浪费大量时间，此时可以利用导航窗格快速找到需要的内容。

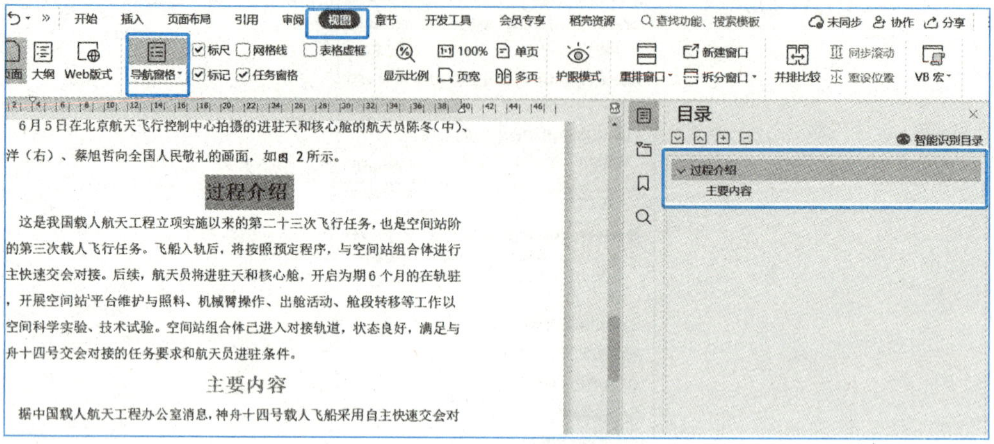

图 4-127　预览目录级别

（2）插入目录。WPS 文字提供的插入目录方式包括智能目录、自动目录和自定义目录。

智能目录是利用 AI（人工智能）技术自动识别标题，判断文档结构、标题长短等大量因素，来推算出目录显示，如有不准确的地方，可手动去做调整。通过“引用”选项卡中的“目录”下拉列表选择智能目录类型。

自动目录是根据标题设置的目录级别属性来提取的标题，可以做到精确无误，且高效规范，但往往设置了大纲级别的内容都会被纳入目录，需要手动调整。使用方法是：将光标定位到需要插入目录的位置，单击“引用”选项卡中的“目录”下拉按钮，选择“自动目录”命令，即可快速生成目录。

自定义目录可以根据读者自己需要设置目录样式。将光标定位于需要插入目录的位置后，单击“引用”选项卡中的“目录”下拉按钮，选择“自定义目录”命令，在弹出的“目录”对话框中根据需要设置目录效果。

此外，可以单击“目录”对话框下方的“选项”按钮打开“目录选项”对话框，对“目录建自”进行设置。通常“目录建自”可以是大纲级别或标题样式，当建自样式时，可自定义设置有效标题样式在目录中的级别。如图 4-128 所示，标题 2 的目录级别为 1 级，标题 3 的目录级别为 2 级。

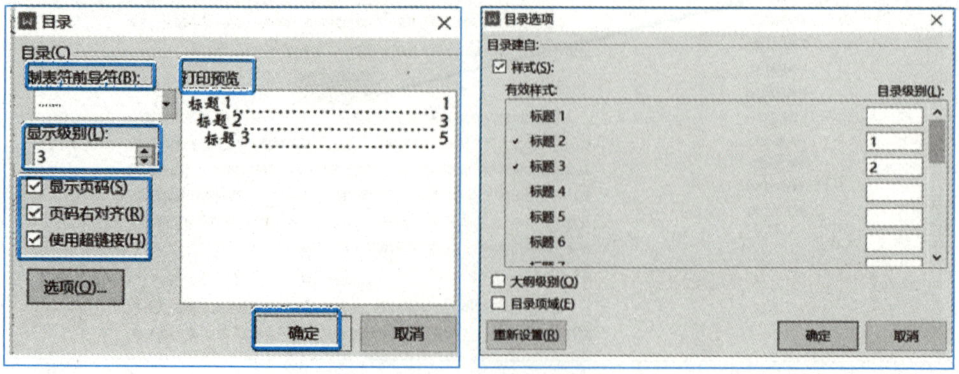

图 4-128　插入目录设置

（3）更新目录。文档编辑过程中，如果已经生成目录，但后续又修改了目录级别内容，这时候就需要更新目录。其操作如下：

单击“引用”选项卡中的“更新目录”按钮，打开“更新目录”对话框，可以选择只更新页码，也可以选择更新整个目录。通常情况下，如果没有对目录大纲进行调整可以选择只更新页码，如果目录大纲也进行了调整可以选择更新整个目录，最后单击“确定”按钮即可。

### 3. 题注设置

WPS 文档里中的题注用于给图片、表格、图表、公式等项目添加的名称和编号。使用题注功能可以为文档中引用的图片、表格、图表等内容按顺序自动编号并添加注释，当移动、插入或删除题注时，其他题注序号将自动更新。

以图片插入题注为例，单击“引用”选项卡中的“题注”按钮，进入题注编辑页面，标签选择“图”，也可以选择“新建标签”，自定义为“图 1-”，最后单击“确定”按钮，如图 4-129 所示。

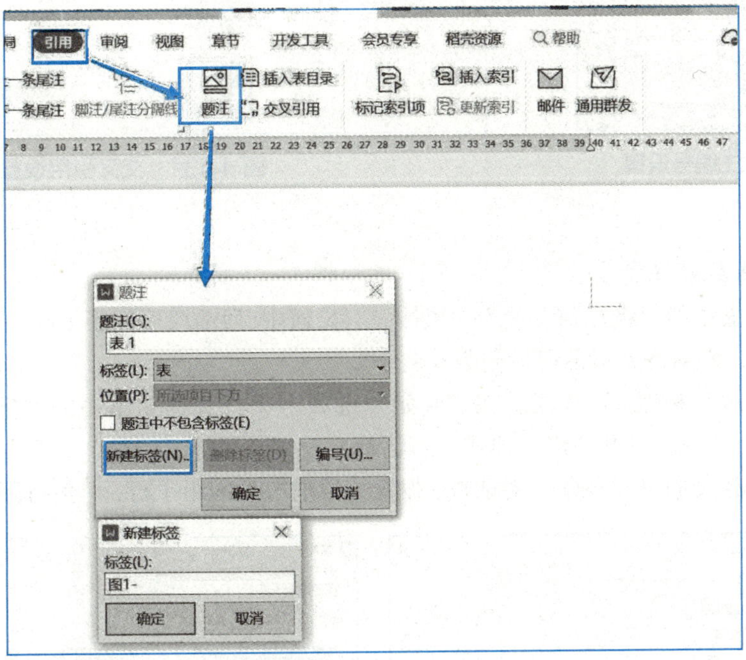


图 4-129　新建题注标签

单击“编号”按钮为题注编号，如图 4-130 所示。编号有两种方式，第一种直接在格式中选择编号样式确定即可，适用于短文档。如果是长文档，建议勾选“包含章节编号”复选框，此时可以根据不同章节选择题注编号起始样式，但需要注意如果标题中没有设置则会出现错误提示，因此在使用包含章节编号前，首先要确定标题是否已应用样式。

### 4. 交叉引用设置

交叉引用是对文档中其他位置内容的引用，WPS 文字中通常可以对标题、书签、脚注、题注等相关内容进行交叉引用。如果交叉引用时设置了“插入超链接”，完成后按住【Ctrl】键并单击引用即可实现内容的快速跳转。其操作方法如下：

首先，确定插入点。将光标置于插入点的位置，单击“引用”选项卡中的“交叉引用”按钮，在打开的“交叉引用”对话框中设置引用对象（包括引用类型、引用哪一个题注、是否插入超链接等）；设置完成单击“插入”按钮即可，如图 4-131 所示。

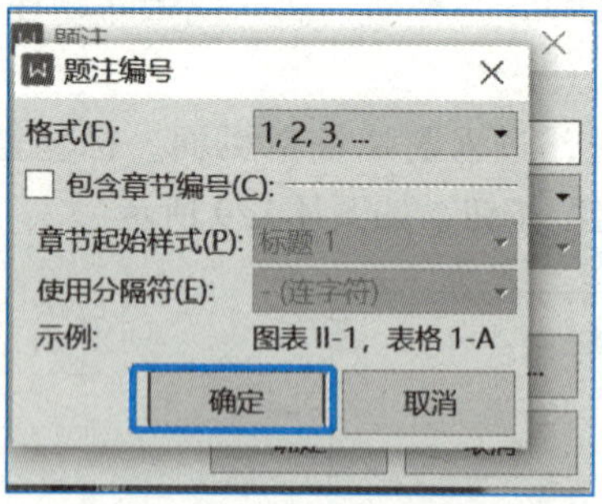


图 4-130　题注编号设置

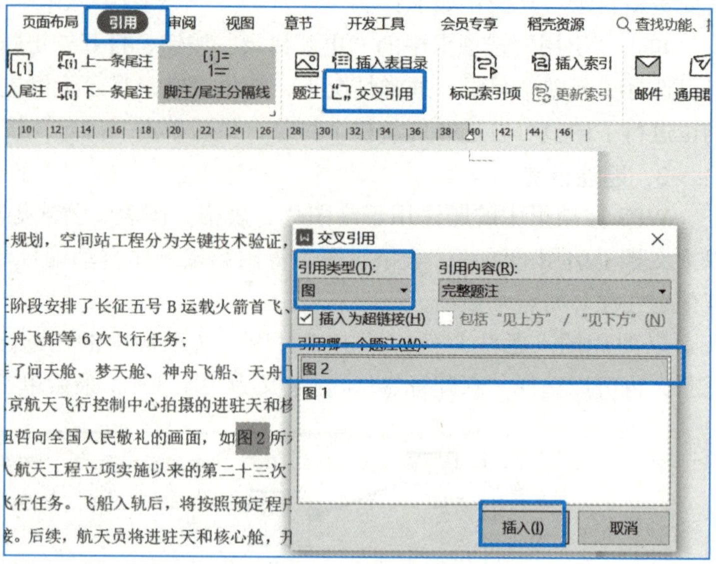


图 4-131　交叉引用设置

## 任务实施

视 频

策划书目录编辑与操作

### 1. 设置标题样式

将策划书中的一级标题设置为“黑体，三号，居中，段前段后间距 1 行”，二级标题设置为“黑体，小三号，左对齐，段前段后间距 0.5 行”。

（1）修改“标题 1”样式。在“开始”选项卡中找到样式集中的“标题 1”，右击并选择“修改样式”命令，打开“修改样式”对话框。设置“黑体，三号，居中”。单击左下角的“格式”→“段落”，打开“段落”对话框，设置“段前段后间距 1 行，单倍行距”，如图 4-132 所示。

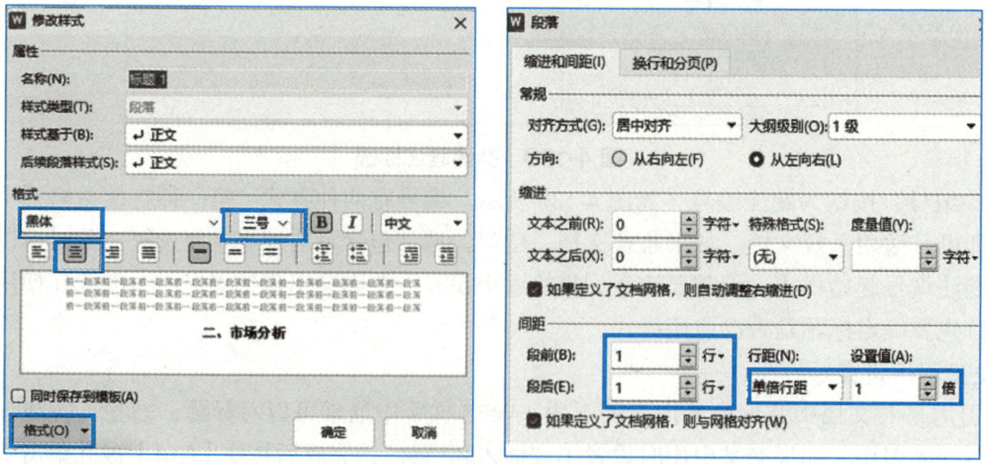


图 4-132　“标题 1”样式修改

（2）应用“标题 1”样式。单击一级标题，再单击“标题 1”样式，即可应用该样式，如图 4-133 所示。

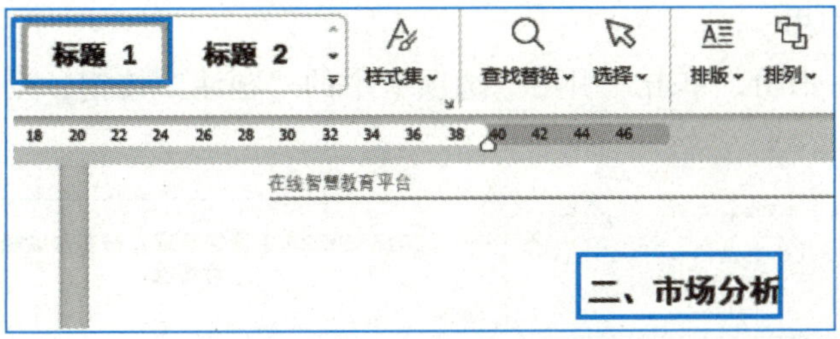


图 4-133　“标题 1”样式应用

（3）修改“标题 2”样式。在“开始”选项卡中找到样式集中的“标题 1”，右击并选择“修改样式”，打开“修改样式”对话框。设置“黑体，小三号，左对齐”。设置“段前段后间距 0.5 行，单倍行距”，如图 4-134 所示。

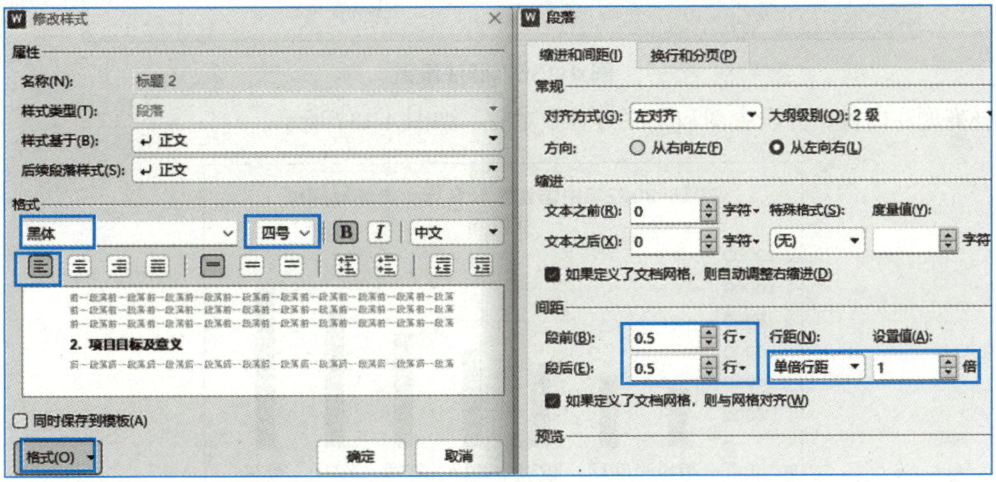


图 4-134　“标题 2”样式修改

（4）应用“标题 2”样式。单击二级标题，再单击“标题 2”样式，即可应用该样式，如图 4-135 所示。

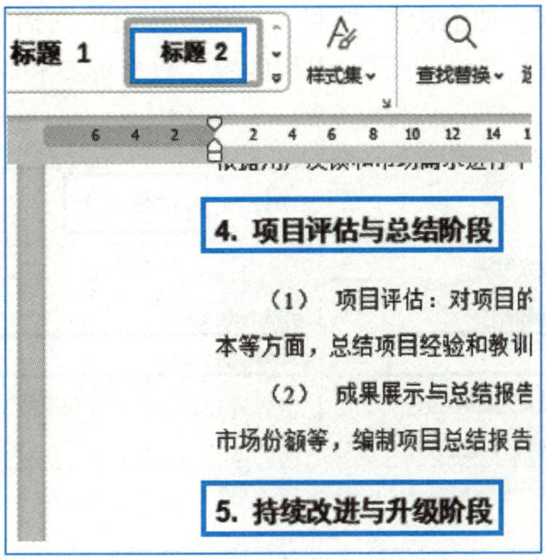


图 4-135　“标题 2”样式应用

## 2. 设置题注与交叉引用

（1）选中文中的第一张图，单击“引用”选项卡中的“题注”按钮，设置题注标签为“图”，如图 4-136 所示。

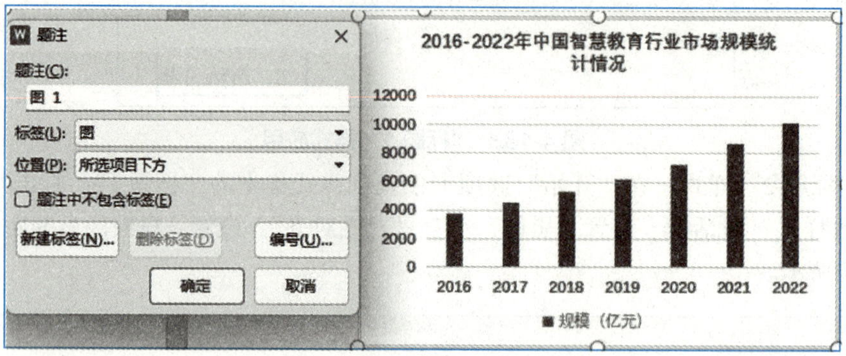


图 4-136　题注设置

（2）补齐题注内容，并设置图和题注为居中对齐，如图 4-137 所示。

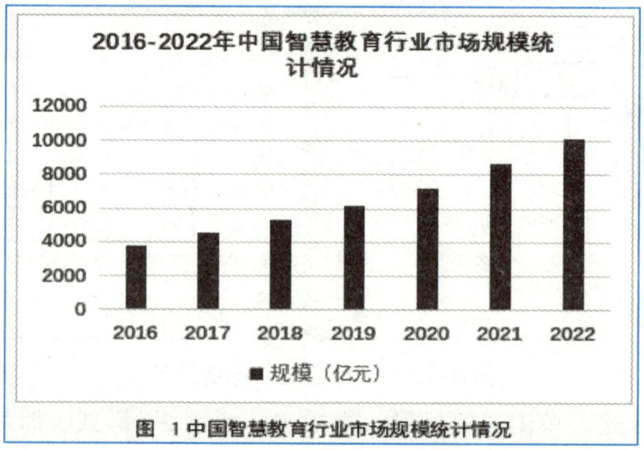


图 4-137　设置题注对齐方式

（3）接着在图的上方文字末尾加上内容“( 见 )”，将光标定位在括号里面，单击“引用”选项卡中的“交叉引用”按钮，设置引用类型为“图”，引用内容“只有标签和编号”，如图 4-138 所示，最后修改字体格式即可。

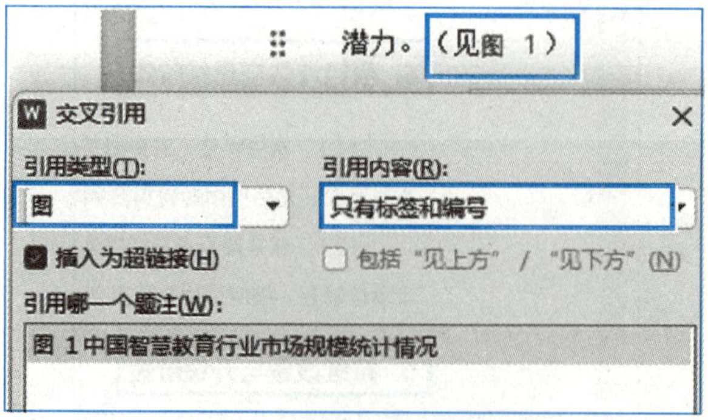


图 4-138　交叉引用设置

### 3. 插入目录

在第一章节前的空白部分插入一个空白页，将光标定位在空白页上，单击“引用”选项卡中的“目录”中的第 2 个目录样式即可插入目录，如图 4-139 所示。然后设置目录行距为 1.5 倍行距。

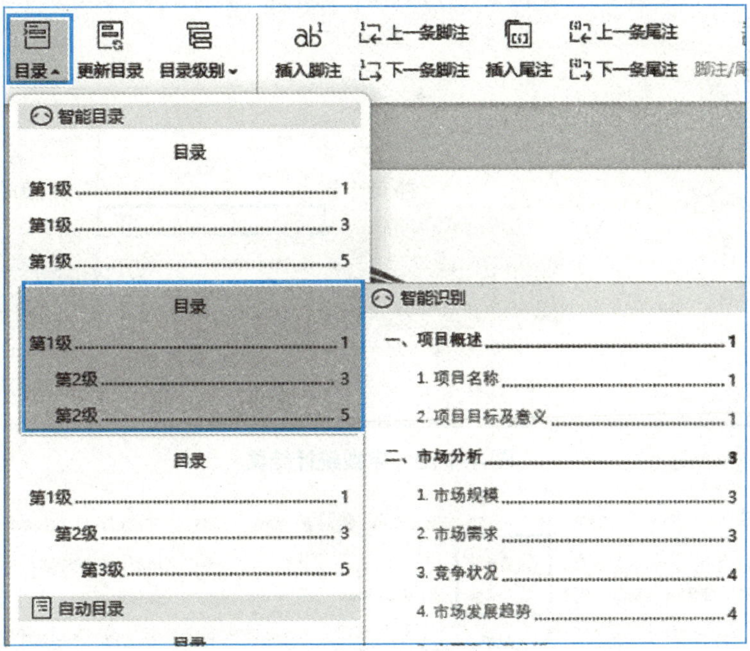


图 4-139 插入目录

## 4.4.4 任务 4：审阅修订项目计划书

### 任务要求

小张同学和她的团队决定再一次对创新创业比赛项目计划书进行团队内部的审查，希望团队成员能对内容进行修改但又需要留下痕迹，同时又不希望团队成员以外的人随便获取文档内容。请利用所学知识，帮助该团队完成计划书的审阅修订处理等工作。

### 任务准备

#### 1. 字数统计

编辑文档过程中，想要查看总共输入多少文字内容，或者想要查看所选文段字句有多少字数，可以使用 WPS 中的字数统计功能，它可以快速帮助统计文档中的页数、字数等。

如果需要统计的是整篇文档的字数，直接单击“审阅”选项卡中的“字数统计”按钮，打开“字数统计”对话框，可以看到页数、字数、字符数等内容，如图 4-140 所示。如果需要统计的是某个部分内容的字数，则需要选中相应文本，再执行上面的操作。

#### 2. 繁简转换

繁简转换就是将简体中文和繁体中文进行转换，具体操作如下：选择需要转换的简体文字，单击“审阅”选项卡中的“简转繁”按钮，即可将简体转换为繁体；同理，要把繁体转换为简体，先选择需要转换的繁体文字，单击“繁转简”按钮即可，如图 4-141 所示。

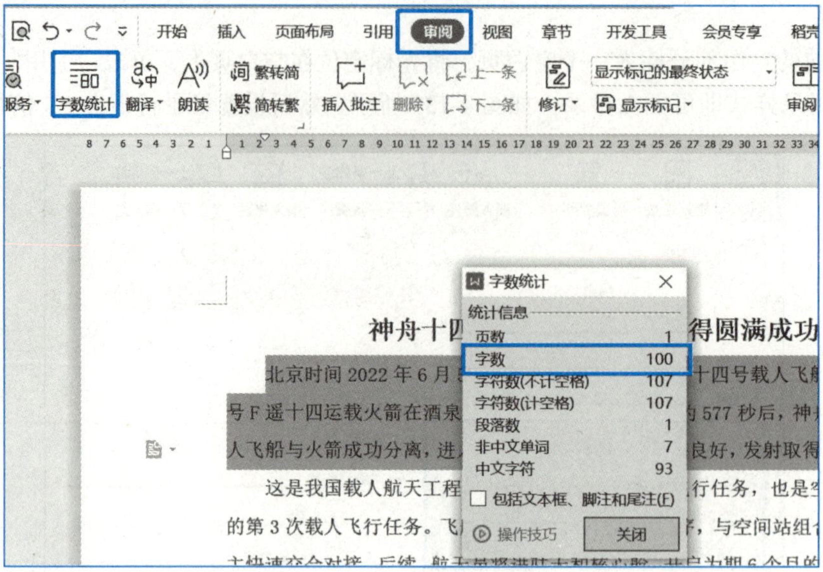


图 4-140　字数统计结果

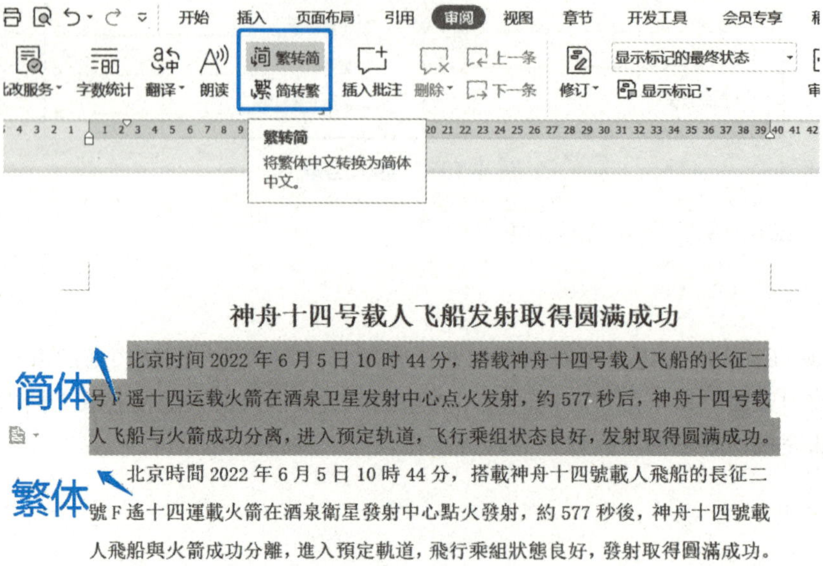


图 4-141　繁简转换操作

### 3. 文档批注

在 WPS Office 中，批注功能是一种用于在文档中添加注释和标记的工具。它允许用户在文本、图片表格和幻灯片等不同类型的文档中添加批注。批注可用于标记重要信息、提出修改建议或与其他用户进行实时协作。通过使用批注功能，编辑人员可以轻松地与其他共享文档的用户进行交流和讨论，从而提高合作效率。文档批注操作主要包括插入批注、答复批注和删除批注。

选择需要加入批注的内容，单击“插入”选项卡中的“插入批注”按钮，即可弹出批注编辑框，这时在批注的编辑框中输入内容即可，如图 4-142 所示。如果需要对某个批注进行答复，单击日期后边的图标，选择“答复”，在答复文本框输入相关内容即可；如果想要删除批注，选择“删除”即可。

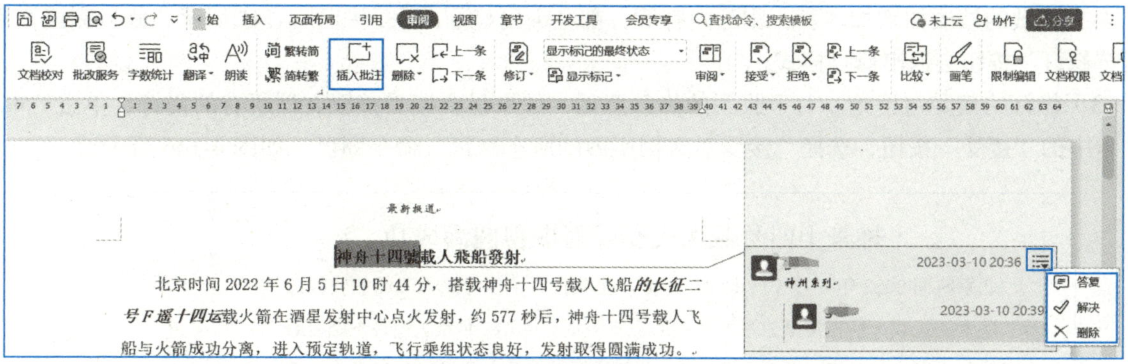

图 4-142　插入批注

## 4．文档修订

文档阅读或审阅过程中，为了方便别人能清楚知道读者对文档做了哪些修改（如增加内容、删除内容等），这个时候需要使用文档修订的功能。修订能够让文档作者跟踪多位审阅者对文档所做的修改，这样作者可以一个一个地复审这些修改并选择接受或者拒绝审阅者的修订。

文档修订主要包括修订设置、修订模式开启与关闭、修订后的显示方式及修订的接受或拒绝等操作。

（1）修订标记设置。开启修订模式前可以对修订标记进行设置。具体操作如下：打开需要修订的文档内容，单击“审阅”选项卡中的“修订”下拉按钮，选择“修订选项”命令即可对修订的样式进行设置，如图 4-143 所示。可以对插入内容、删除内容、批注颜色等按照自己的需要进行设置，最后单击“确定”按钮即可。

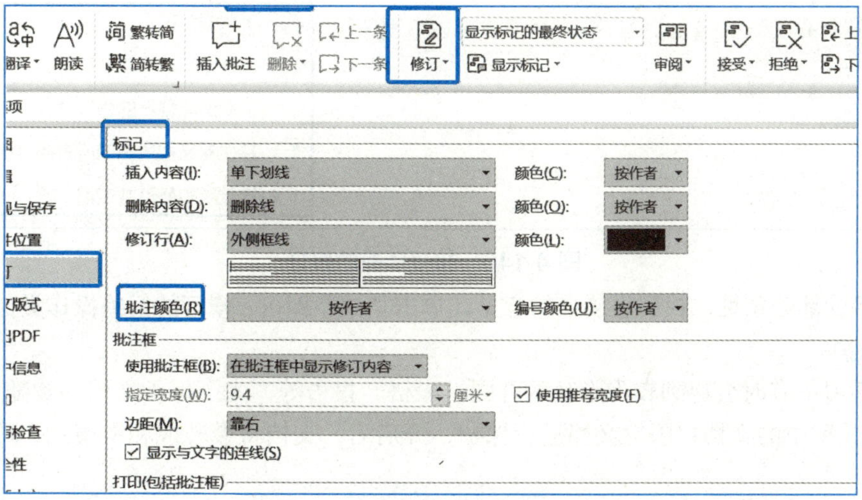

图 4-143　修订标记设置

（2）文档修订。单击“审阅”选项卡中的“修订”按钮，文档即进入修订状态，如图 4-144 所示。

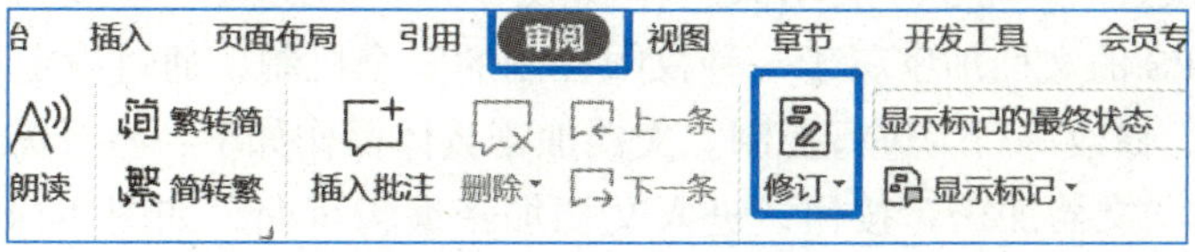

图 4-144　修订打开路径

对文档做的修改如增加内容、删除内容等，都会突出显示出来，如图 4-145 所示。修订完成，再次单击“修订”按钮会退出修订模式。

（3）修订的接受与拒绝。对于收到的修订意见，如果是要接受整篇文档所有的修订，单击“审阅”选项卡中的“接受”按钮，选择“接受对文档所做的所有修订”命令即可，如图 4-146 所示。

神舟十四号载人飞船发射取得圆满成功

北京时间 2022 年 6 月 5 日 10 时 44 分，搭载神舟十四号载人飞船的长征二号 F 遥十四运载火箭在酒泉卫星发射中心点火发射，约 577 秒后，神舟十四号载人飞船与火箭成功分离，进入预定轨道，飞行乘组状态良好，发射最后取得圆满成功。

北京时间 2022 年 6 月 5 日，搭载神舟十四号载人飞船的长征二号 F 遥十四运载火箭在酒泉卫星发射中心点火发射，约 577 秒后，神舟十四号载人飞船与火箭成功分离，进入预定轨道，飞行乘组状态良好，发射取得圆满成功。

删除：10 时 44 分

图 4-145 修订效果

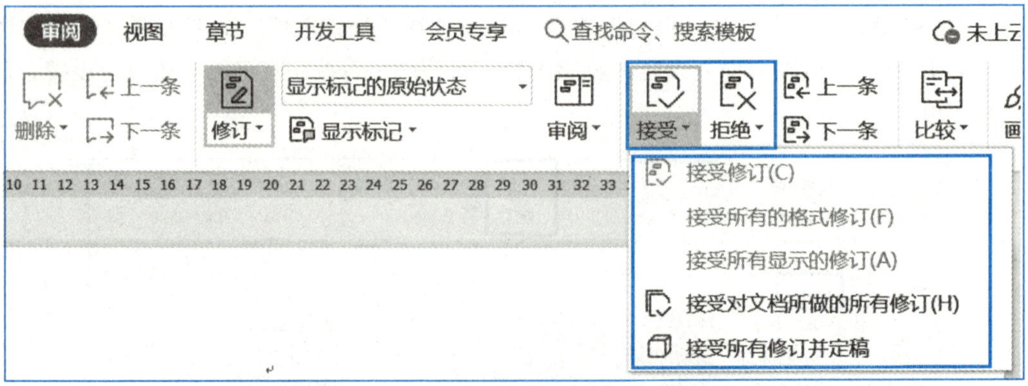


图 4-146 接受所有的修订

如果只是接受部分意见，找到想接受的意见，单击“√”即可；修订的拒绝操作类似。

### 5. 文档保护

工作或者学习中有时会遇到较为隐私的合同、表格、报告等，为了保护文档不被随意访问和修改，可以使用 WPS 文字中的文档权限对文档进行保护，开启后，文档将会转成私密模式，可对访问者和编辑者进行指定。

（1）限制编辑。WPS 限制编辑可以保护文档不被非法用户访问、编辑或修改，同时保护文档的版权。限制编辑的操作如下：单击“审阅”选项卡中的“限制编辑”按钮，单击页面右侧“限制”按钮。在右侧栏根据需要进行相关设置后，单击“启动保护”，如图 4-147 所示。

（2）文档加密。WPS 的文档加密属于一种权限控制的安全机制，通过设定不同角色的权限，对文档的编辑、打印、复制、修改等行为进行控制。文档加密具体操作如下：打开需要文档加密的文档，单击“审阅”选项卡中的“文档加密”按钮，进入文档加密编辑页面，如图 4-148 所示，开启文档加密保护。

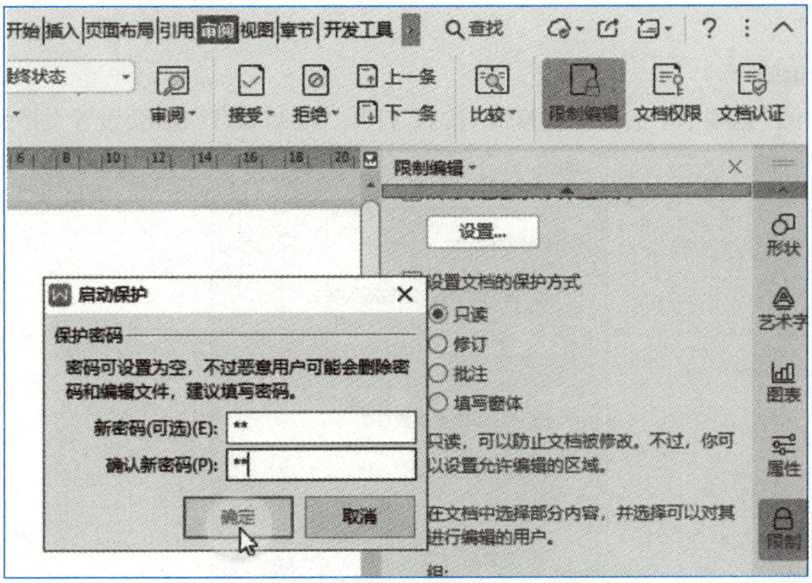


图 4-147　限制编辑操作

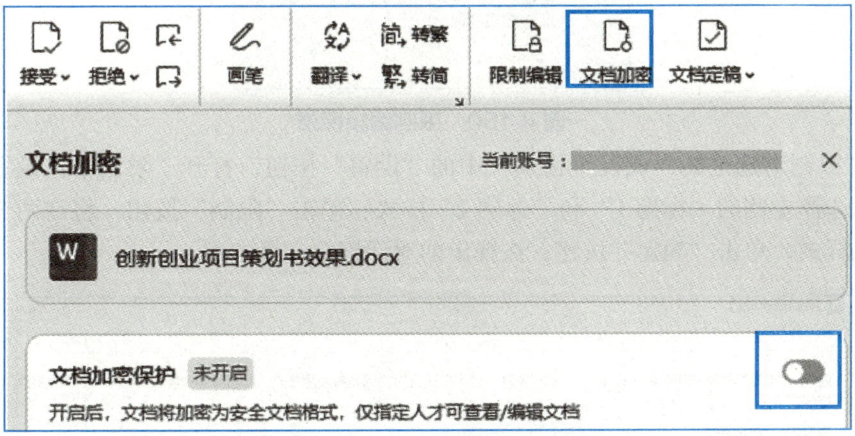


图 4-148　文档加密打开路径

文档加密还可以“添加指定人”，这样有些团队成员也可以对文档进行编辑，选择添加指定人，然后可以使用微信、WPS 账号或者邀请的方式添加，如图 4-149 所示。

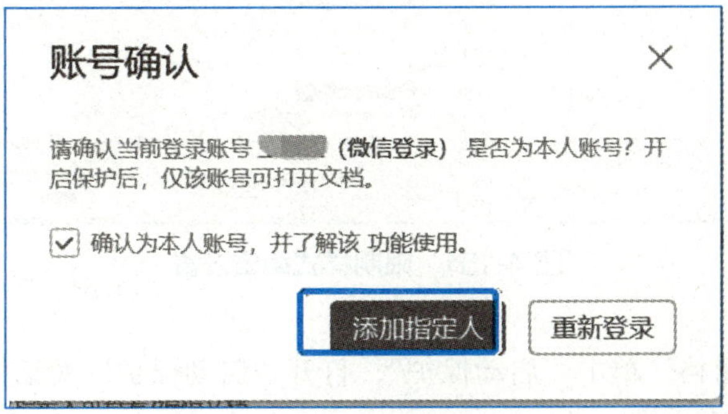


图 4-149　添加指定人权限

## 任务实施

### 1．设置限制编辑

（1）单击“审阅”选项卡中的“限制编辑”按钮，打开“限制编辑”窗格，设置文档的保护方式为“修订”，如图 4-150 所示。

视 频

审阅修订
项目策划书

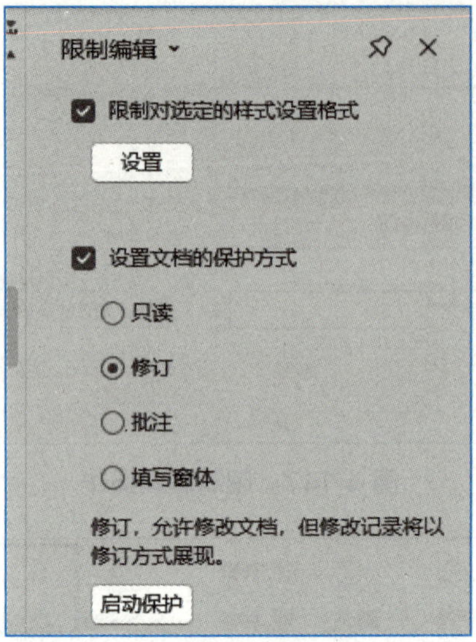


图 4-150　限制编辑窗格

（2）单击“限制对选定的样式设置格式”中的“设置”按钮，打开“限制格式设置”对话框，如图 4-151 所示。选择左侧的“标题 1”和“标题 2”样式，单击“限制”按钮，将这两个样式添加到右侧的限制使用的样式，单击“确定”按钮，在弹出的对话框中选择“否”。

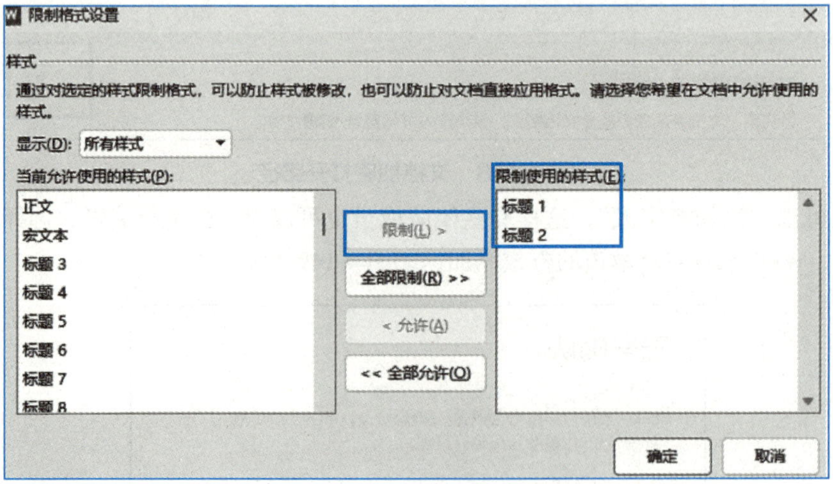


图 4-151　限制样式编辑设置

### 2．设置保护密码

（1）在“限制编辑”窗格，单击“启动保护”，打开“启动保护”对话框，如图 4-152 所示，输入并确认新密码，单击“确定”按钮。

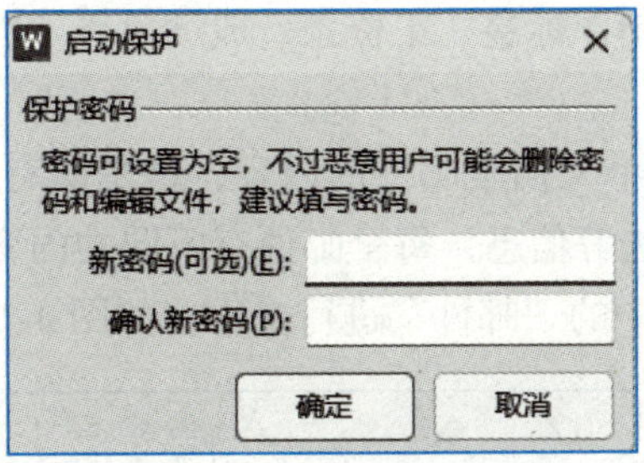


图 4-152　设置保护密码

（2）回到文档页面，可以发现应用了“标题 1”和“标题 2”样式的内容没办法设置格式了，修改文字部分以修订的形式进行，如图 4-153 所示。

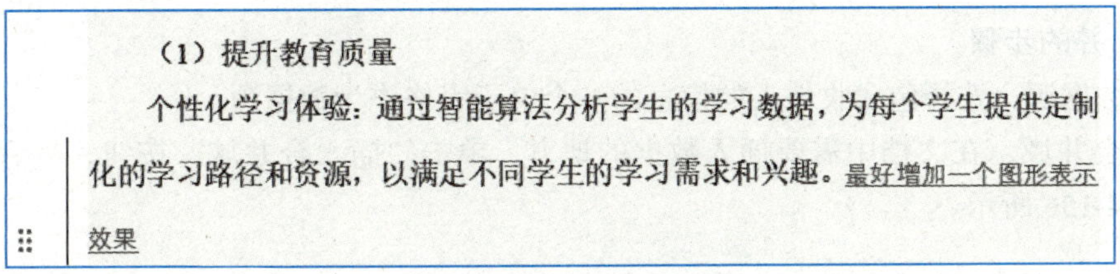


图 4-153　文档保护效果

### 3. 添加批注

（1）为第二部分中的“5. 主要竞争者分析”第一段最后一句添加批注“添加一个表格对竞争者进行对比分析”，并设置批注字体为“黑体、五号、红色”。

（2）选中第二部分中的“5. 主要竞争者分析”第一段最后一句，单击“审阅”选项卡中的“插入批注”按钮，在批注栏中输入内容“添加一个表格对竞争者进行对比分析”。选中刚才输入的批注内容，设置字体为“黑体、五号、红色”，如图 4-154 所示。

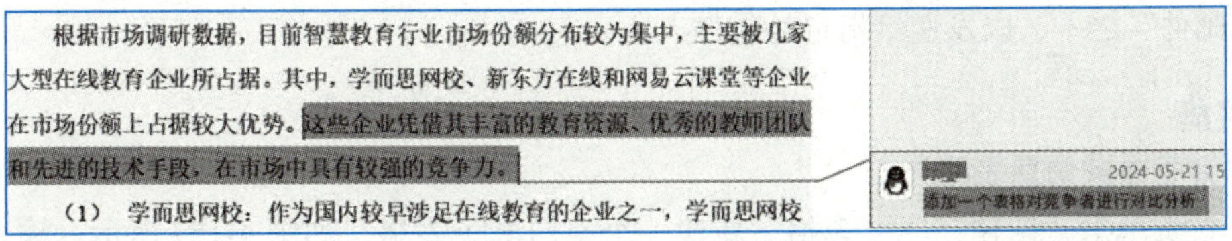


图 4-154　批注字体设置

## 4.4.5　拓展任务——邮件合并应用

### 任务要求

学校大学生创新创业比赛决赛现场需要邀请评委专家，负责活动的老师需要给每个评委发送邀请函。由于人数较多，每个人的邀请函单独编写比较费时。请利用所学知识，按照任务要求完成专家邀请函的制作工作。

### 任务准备

#### 1. 邮件合并的作用

WPS 邮件合并提供了一种可以批量处理文档的方法，可以快速处理一类特殊的文档，如提醒邮件、制作信封等文档，还可以用于批量制作标签、工资条、成绩单等。因此，合理应用邮件合并可以有效提高工作效率。

邮件合并涉及两个文档：第一个文档是邮件的内容，这是所有邮件相同的部分，称为“主文档”；第二个文档包含收件人的称呼、地址等信息，每个邮件有不同的内容，称为“数据源”。

邮件合并通过“引用”选项卡中的“邮件”进行操作，如图 4-155 所示。

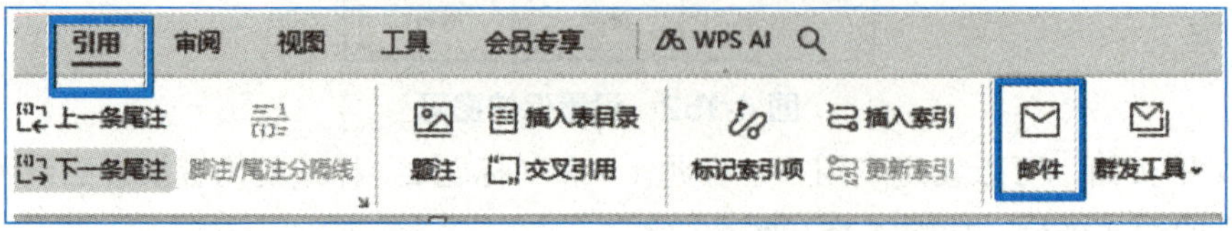


图 4-155　邮件合并操作路径

## 2. 邮件合并的步骤

（1）选取数据源，选择包含收件人的信息的一个电子表格作为数据源。

（2）插入合并域。在文档中需要插入数据的地方，单击“插入合并域”按钮，然后选择相应的数据字段，如图 4-156 所示。

图 4-156　插入合并域

（3）查看合并数据。插入所有必需的合并域后，可以预览文档，确保数据正确无误。

（4）根据需要选择合并操作。用户可以选择“合并到新文档”“合并到不同文档”“合并到打印机”“合并到电子邮件”之一，以发送给指定的收件人。

# 任务实施

## 1. 制作评委专家信息表格

在 WPS 首页单击“新建”→“表格”新建一个空白电子表格，如图 4-157 所示。输入图 4-157 所示的内容并保存，文件名为“专家信息表 .xlsx”。

视 频

邮件合并应用

| | A | B | C |
|---|---|---|---|
| 1 | 序号 | 教师名称 | 职称 |
| 2 | 1 | 李× | 讲师 |
| 3 | 2 | 王× | 副教授 |
| 4 | 3 | 唐× | 高工 |
| 5 | 4 | 刘× | 教授 |
| 6 | 5 | 陈× | 高级经济师 |
| 7 | 6 | 杨× | 教授 |

图 4-157　评审专家信息内容

### 2. 制作邀请函模板文档

在 WPS文字新建一个空白文档，保存为“邀请函文档 .docx”，输入邀请函内容，并设置相关的格式，如图 4-158 所示（注：邀请函中专家名称部分需要空着，后续从刚才的表格里合并进来）。

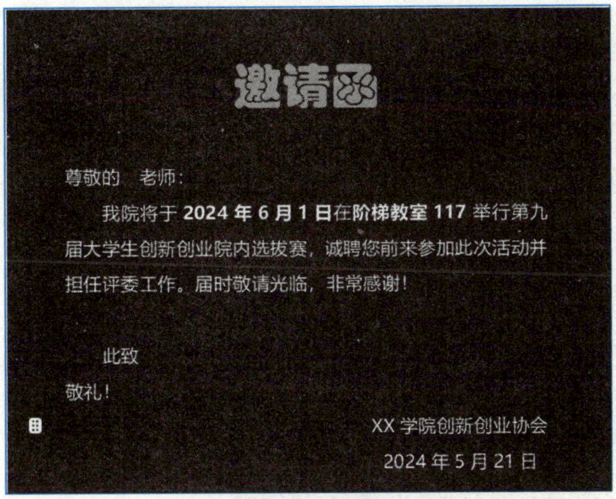


图 4-158　邀请函内容及格式设置

### 3. 邮件合并操作

（1）打开“邮件合并”选项卡。在邀请函主文档中单击“引用”选项卡中的“邮件合并”按钮，即可打开邮件合并选项卡，如图 4-159 所示。

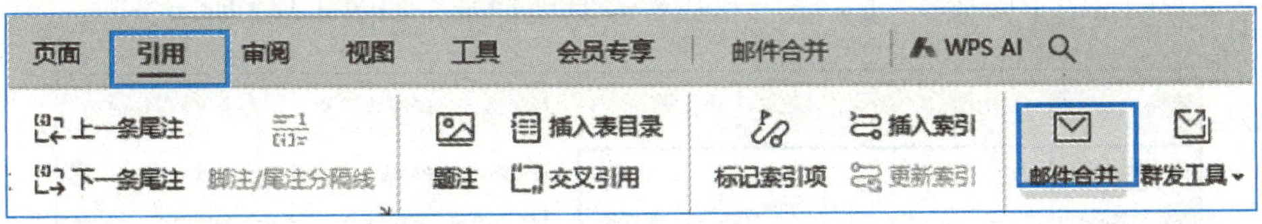


图 4-159　打开“邮件合并”工具

（2）选择数据源。单击“邮件合并”选项卡中的“打开数据源”按钮，在“选取数据源”对话框中选择刚才准备的电子表格，单击“打开”按钮，如图 4-160 所示。

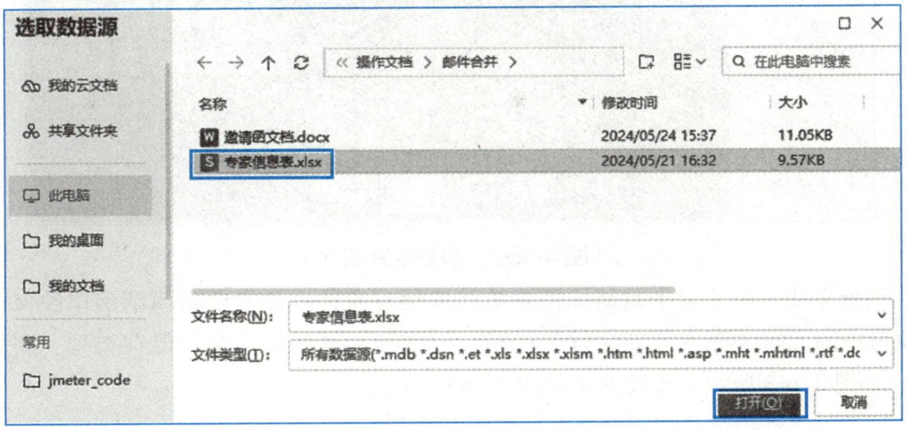


图 4-160　选取数据源

（3）插入合并域。将光标定位在“尊敬的”和“老师”之间，单击“邮件合并”选项卡中的“插入合并域”按钮，在弹出的对话框中选择“教师名称”，单击“插入”按钮插入“教师名称”域，如图 4-161 所示。

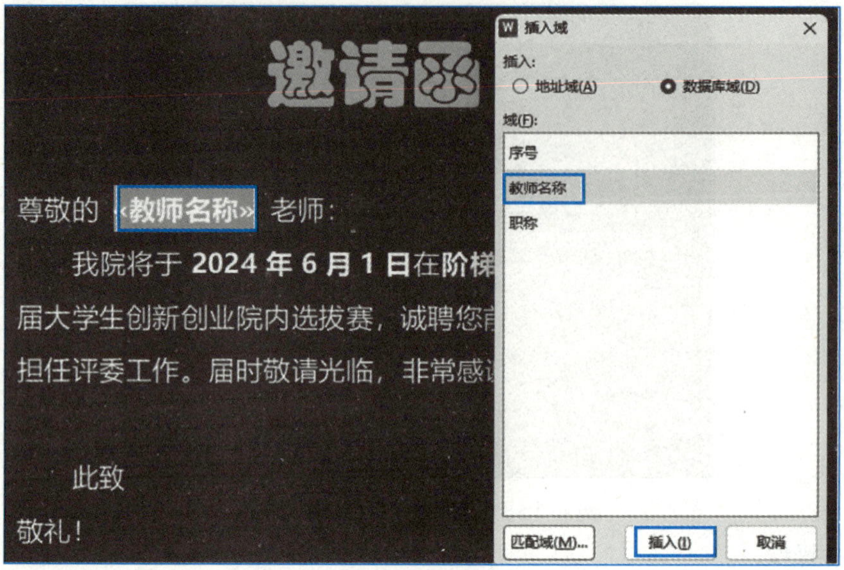


图 4-161 插入合并域

（4）查看合并数据。单击“邮件合并”选项卡中的“查看合并数据”按钮可以看到刚才插入的域变成专家的名字。单击“上一条”“下一条”可以查看其他记录，如图 4-162 所示。

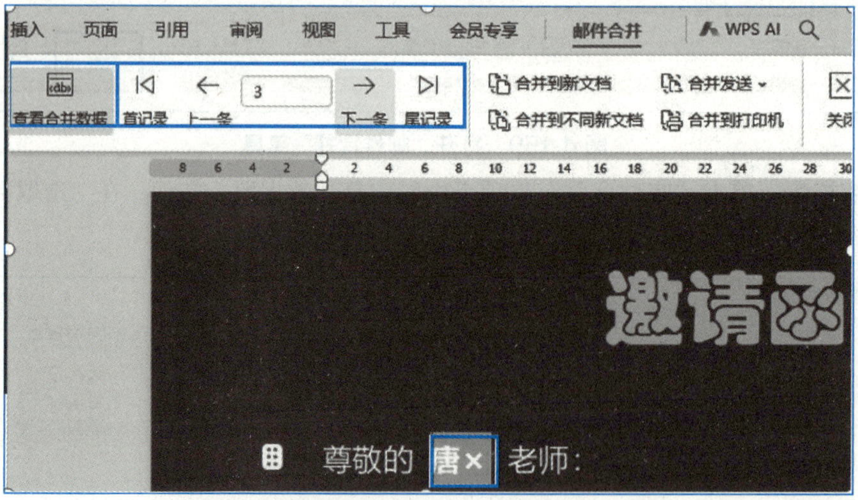


图 4-162 预览合并数据

（5）合并到新文档。由于每个邀请函需要单独发给专家，因此需要将邀请函单独保存。单击“邮件合并”选项卡中的“合并到不同新文件”按钮，设置新文档的文件名、保存类型、文件位置，单击“确定”按钮，如图 4-163 所示，最终效果如图 4-164 所示。

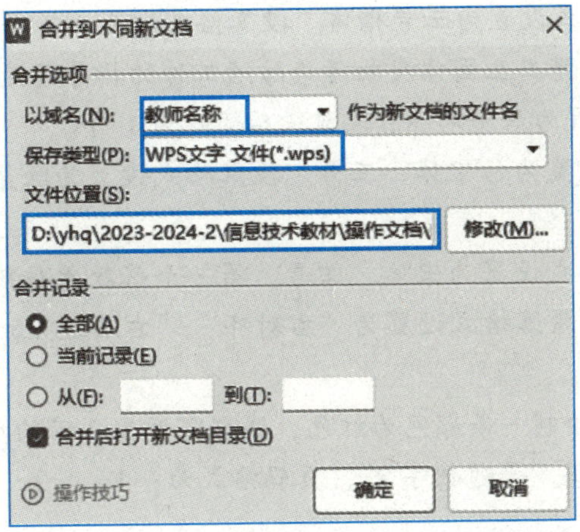


图 4-163　合并到不同新文档操作

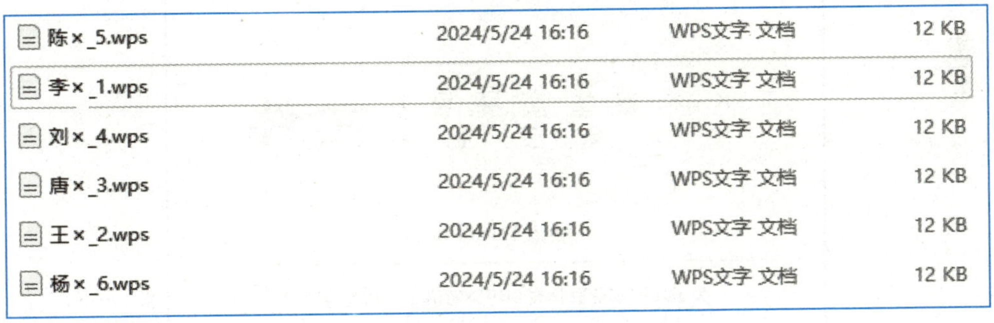


图 4-164　合并到不同新文档操作效果

## 单元小结

本单元通过四个典型任务全面展示了 WPS 文字处理方面强大的功能，编辑和打印不同用户的办公文档需求，如公文、报告、制作表格、编辑海报、长文档等特定版式的文档制作，能够帮助学生理解和掌握文字处理在实际工作和学习中的应用，从而提高办公效率。

## 单元练习

1. 制作一份公文通知文件，如图 4-165 所示。

（1）打开素材“公文制作 .docx”，进行页面设置：纸张大小为 A4 纸张，纵向；页边距：上为 3.7 厘米、下为 3 厘米、左为 2.8 厘米、右为 2.6 厘米；页眉为 1.5 厘米、页脚为 2.2 厘米；每页 22 行。

（2）利用双行合一制作文件头，把发文机关“×× 省生态环境厅 ×× 省工业厅”合并在一行内显示。

（3）格式设置：

① 文件头的文字内容（发文机关和“文件”二字），字符格式设置为黑体、50 号、红色、加粗。段落格式设置为分散对齐；段前和段后间距 2 行；固定行距 70 磅。

② 第二行发文号，字符格式设置为三号楷体。段落格式设置为居中对齐。

③ 第三行的标题“关于加强工业固体废物污染防治工作的指导意见”，字符格式设置为宋体、小二号、加粗、红色。段落格式设置为居中对齐；段前段后间距为 1 行。

④ 全文正文，字符格式设置为仿宋体、三号。段落格式设置为除第一自然段外，每个自然段首行空二个字符。

⑤ 最后两行，落款字符格式设置为宋体、四号。第一个落款单位段落格式设置为“右对齐”；“右缩进 3 字符”。第二个落款单位段落格式设置为“右对齐”；“右缩进 4.5 字符”。落款时间段落格式设置为“右对齐”；“右缩进 3 字符”。

（4）在发文号和标题之间绘制一条颜色为红色，线型宽度为 2 磅的水平直线。

（5）在页面底端，选择页码“普通数字 2”，页码格式为：-1-、-2-、……，起始页码为“-1-”，插入页码。

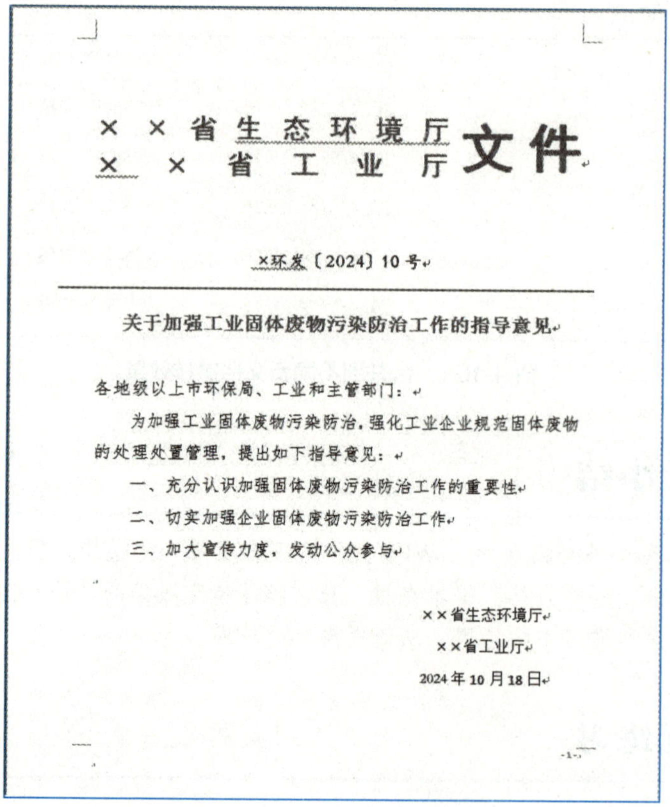
××省生态环境厅
××省工业厅 文件

×环发〔2024〕10 号

关于加强工业固体废物污染防治工作的指导意见

各地级以上市环保局、工业和主管部门：

为加强工业固体废物污染防治，强化工业企业规范固体废物的处理处置管理，提出如下指导意见：

一、充分认识加强固体废物污染防治工作的重要性

二、切实加强企业固体废物污染防治工作

三、加大宣传力度，发动公众参与

××省生态环境厅

××省工业厅

2024 年 10 月 18 日

-1-

图 4-165 公文通知文件效果

2. 课程表制作，如图 4-166 所示。

（1）创建 9×7 表格，并输入相应的文字。

（2）合并单元格：合并 A1 和 B1 单元格、合并 A2:A5 单元格、合并 A6:A9 单元格。

（3）设置对方方式：第一个单元格中的“星期”，“右对齐”；其他的单元格“中部居中”。

（4）设置文字方向：将“上午”和“下午”文字垂直显示。

（5）添加表格线：绘制斜线表头；外侧框线为“上粗下细型”“3 磅”；内侧框线为“单实线”“0.75

磅”；第一行下框线为“单实线”“2.25 磅”；在“上午”和“下午”之间设置为一条 1.25 磅“双实线”。

（6）设置列宽为 1.8 cm。

（7）修饰表格：在表格前输入标题“课程表”，设置为“黑体”，“二号”，“加粗”，“居中”；表格在页面中水平居中；上表头和左表头单元格设置“黄色”底纹。

（8）根据个人情况填写课程名称。

**课程表**

| 星期 / 节次 | | 星期一 | 星期二 | 星期三 | 星期四 | 星期五 |
|---|---|---|---|---|---|---|
| 上午 | 1 | | | | | |
| | 2 | | | | | |
| | 3 | | | | | |
| | 4 | | | | | |
| 下午 | 5 | | | | | |
| | 6 | | | | | |
| | 7 | | | | | |
| | 8 | | | | | |

图 4-166 课程表效果

3．制作一张环保低碳电子报，如图 4-167 所示。

图 4-167 环保低碳电子报效果

（1）新建并保存文档。

（2）设置页面：纸张为A4，横向，页面边距，上为4.5厘米，下为1.8厘米，左右为1.5厘米。

（3）制作电子报刊头。设置页眉：从左往右添加日期，文本设置：一号，标准色绿色；主题“环保·低碳”，文本设置为方正舒体，小初；刊名“绿色环保专刊”，文本设置为方正姚体，初号。并设置页眉下框线颜色为“绿色(R:100，G:200，B:0)”，粗细为4.5磅。

（4）插入素材图片“家”，设置“衬于文字下方”，大小为80%，放置在左上角。

（5）插入艺术字“有了“我”——家才美丽”，样式为第1行第5列，放置在图片上面。

（6）编辑“环保宣言”板块。

① 在页面右下角绘制一个文本框，并添加内容。

② 设置标题“环保宣言”字体为宋体、四号、加粗、蓝色、居中。正文字体为宋体、小四号、左缩进1字符，并添加“★”项目符号。

③ 插入“边框”画，设置“衬于文字下方”，并调整图片大小和位置。

（7）编辑“植树的意义”板块。

① 页面左下角绘制一个文本框，输入内容，文字为宋体，小四号。

② 首行缩进2字符在第2段文字左缩进1.5字符，将文本框设置为无轮廓。

③ 插入素材中的图片1，将它设置为“衬于文字下方”，并适当调整图片大小。

④ 插入艺术字“植树的意义”，字体为华文彩云，形状为“右牛角形”、文本轮廓为“深红色”，并适当旋转艺术字，设置为“浮于文字上方”，放置在图片左下角。

（8）编辑“低碳绿色出行”板块。

① 插入一个圆角矩形，并添加内容，设置文本为宋体，小四号，段前间距1行。

② 设置圆角矩形无填充色，边框为“绿色(R:0，G:200，B:0)”，线型为短划线，粗细为2.25磅。

③ 绘制文本框，输入内容“低碳绿色出行”，字体为华文新魏，三号。文本框设置为无轮廓，并放置在圆角矩形右上角。

# 单元五
# WPS 表格处理

## 单元导读

党的二十大明确了新时代新征程党的使命任务，国家重视建设数字中国，强调“加快发展数字经济，促进数字经济和实体经济深度融合”，对于教育和文化领域的数字化要求，提出“推进教育数字化，建设全民终身学习的学习型社会”，凸显数字化在教育工作中的战略地位，为教育信息化工作提出了行动指引。

本单元的 WPS 表格处理知识，将紧扣数据操作与处理技术的关键点，挖掘数据的价值，在掌握表格基本操作的基础上优化操作流程，实现数据与信息的融合、数据与业务的联动，构建数字空间，为数据赋能。

## 知识结构图

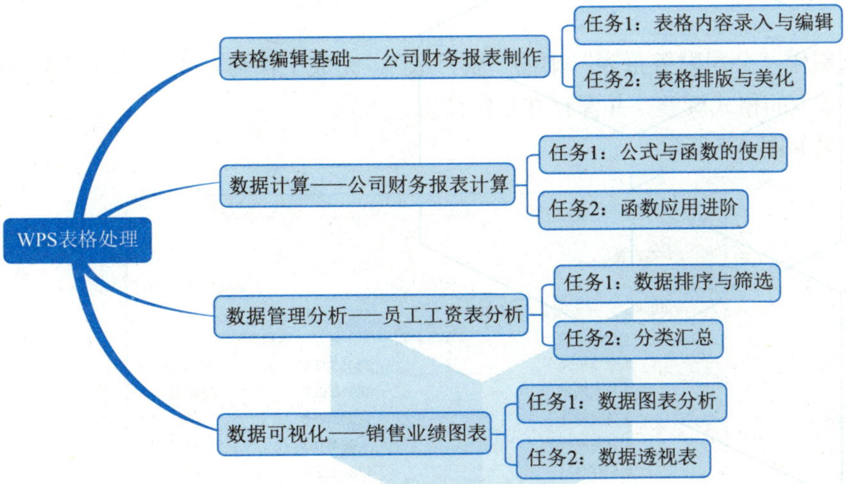


## 学习目标

### 1. 知识目标

（1）熟悉 WPS 表格的界面及功能；

（2）熟悉工作簿和工作表的操作方法；

（3）理解公式与函数的原理；

（4）理解数据管理与分析的方法。

### 2. 技能目标

（1）掌握数据与文本的格式设置和排版美化；

（2）掌握公式与函数的使用方法；

（3）掌握数据分析工具的使用；

（4）掌握数据可视化工具的操作。

### 3. 素质目标

（1）具备严谨细致的工作作风；

（2）具备自主学习、探索学习的意识；

（3）具备信息化处理能力。

# 5.1 表格编辑基础——公司财务报表制作

党的二十届三中全会提出："加快构建促进数字经济发展体制机制，完善促进数字产业化和产业数字化政策体系。"数据是数字时代的基础性资源和战略性资源，也是数字经济的关键生产要素。在表格的基础编辑学习过程中，为统计和查看数据信息，需要先制作相应的表格。虽然利用文字编辑软件能实现简单的表格编辑，但遇到需要计算的单元格时，只能依靠手工输入公式完成，效率低下。WPS 表格是专业的表格制作软件，可以轻松实现计算、填充、条件格式显示、套用样式等便捷功能，进行高效的计算和分析操作。

## 5.1.1 任务 1：表格内容录入与编辑

### 任务要求

本任务要求制作"公司财务报表"中的"资产表"，完成工作簿和工作表的基本操作、输入数据与文本内容、进行基本的格式调整，并保存在指定位置。

最终实现效果如图 5-1 所示。

| | A | B | C | D |
|---|---|---|---|---|
| 1 | 公司资产表 | | | |
| 2 | | | 制表日期： | 2024年12月31日 |
| 3 | 核算单位：广州市环境工程有限公司 | | | |
| 4 | 序号 | 资产 | 年度余额 | 累积余额 |
| 5 | 1 | 货币资金 | 2805393.5 | 16183560.2 |
| 6 | 2 | 应收账款 | 1851039.8 | 27060605.4 |
| 7 | 3 | 预付账款 | 128800.0 | 833700.0 |
| 8 | 4 | 其他应收款 | 95479.3 | 366397.9 |
| 9 | 5 | 库存商品 | 1700383.6 | 4808419.6 |
| 10 | 6 | 合计：流动资产 | | |
| 11 | 7 | 固定资产原价 | 1129582.8 | 6110030.4 |
| 12 | 8 | 累计折旧 | -260149.8 | -1770921.4 |
| 13 | 9 | 无形资产 | 98626.2 | 142864.8 |
| 14 | 10 | 合计：非流动资产 | | |
| 15 | 11 | 总计：总资产 | | |

图 5-1 公司资产表编辑效果

## 任务准备

### 1. 工作界面功能区

（1）功能区包含“开始”“插入”“页面”“公式”“数据”“审阅”“视图”“工具”等选项卡，其中“公式”“数据”选项卡是 WPS 表格特有选项卡。

（2）在功能区中，有某些选项卡只有在对象被选定时才显示。例如，根据表格数据生成图表后，选中图表对象时会显示“绘图工具”“文本工具”“图表工具”选项卡 绘图工具 文本工具 图表工具，而没有选定图片或图表等对象时则不显示这些选项卡。

（3）名称框：显示了活动单元格的地址。名称框的内容可以修改，单击名称框进行编辑，按【Enter】键确认编辑，即修改了单元格的名称。

（4）编辑栏：用于显示和编辑当前单元格中的内容或数据，当单元格中的内容需要由公式函数计算得出的时候，在编辑栏中输入公式函数，单元格中显示出计算结果。

### 2. 工作表区域

（1）工作表编辑区：表格编辑区是操作界面中最大最主要的区域，该区域由工作表单元格、工作表标签 Sheet1、行号 1、列号 A 及滚动条组成。

（2）活动单元格：处于选中状态、正在进行编辑处理的单元格，每个单元格的地址都由对应的列号和行号构成，活动单元格的地址或名称显示在“名称框”中。

（3）行号与列号：显示每个单元格所在的行与列，也是用来选择整行或整列的工具。

（4）工作表标签：显示每张工作表的名称，新建工作表的默认名称为 Sheet1，双击工作表标签可以重命名，通过单击 + 按钮增加新的工作表，当有多张工作表时，单击工作表标签选择要显示或编辑的表。

### 3. 工作簿与工作表

工作簿是一个表格文件，工作簿与工作表的关系就像书本与书页的关系，新建工作簿时，默认有一个空白工作表 Sheet1，可以自行添加和删除工作表。

新建工作簿时默认的工作表数量是可以修改的，选择“文件”→“选项”，命令，在打开的对话框中单击“常规与保存”按钮，在设置框中修改“新工作簿内的工作表数”中的数字，如图 5-2 所示。这里还可设置标准字体、字体大小、用户名、文档保存默认格式等。

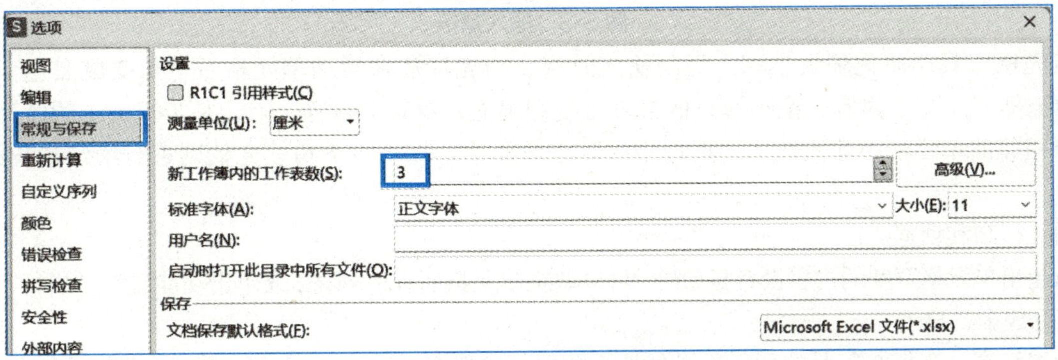


图 5-2 文件选项对话框

工作表可以被复制、移动、重命名、新添加、删除等，需要先选定被操作的工作表。

### 4. 单元格的操作

（1）选定单元格。表格的基本组成元素是单元格，向工作表输入数据时，应先选定单元格或单元格区域。单击某个单元格即选定，按住【Ctrl】键选定不连续的多个单元格。光标在左侧行号位置单击选定一整行，在上方列号位置单击选定一整列，在左上角行号与列号交叉处单击“全选”按钮◢，选定整张工作表。

（2）输入数据内容。数据主要是文本、数值、货币、日期、时间等类型。

输入的中英文字符被识别为文本类型，自动左对齐；输入的数字被识别为数值类型，自动右对齐。当输入编号、证件号码时，大部分情况能自动识别为文本类型，如果未能识别，也可以手动设置为文本类型。

日期和时间具有数字特性，能被自动识别。常规日期格式有“2001 年 12 月 1 日”“2001.12.1”“2001/12/1”等，一般自动显示为“2001/12/1”，修改显示格式可以右击单元格，选择“设置单元格格式”命令，在打开的对话框中选择“数字”选项卡中的“日期”选项，选择合适的日期显示格式。

（3）编辑单元格。单元格可以复制、移动、插入、删除、编辑、清除内容等。复制单元格时，默认复制格式，粘贴时选中多个目标单元格，则一次性粘贴多份。移动单元格时，除了剪切粘贴，也可以直接拖动单元格边框。

插入单元格后，将影响到其他单元格的地址。整行（整列）的插入、删除、隐藏、行高、自动调整等，可在右击弹出的快捷菜单中设置，如图 5-3 所示，修改数字可以插入多行（列）。

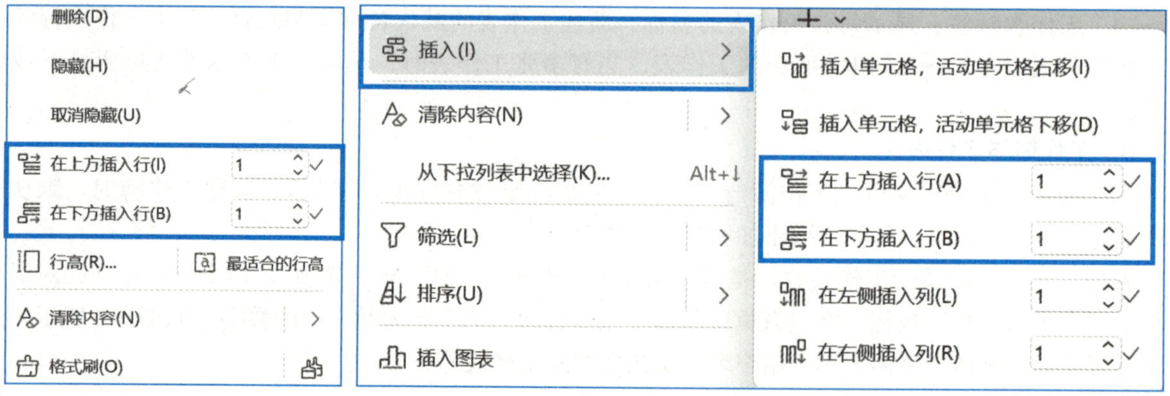


图 5-3　插入整行

填充柄工具能简化输入步骤、提高输入效率，当光标放在活动单元格右下角变成黑色“+”时拖动填充柄。对文本内容，拖动填充柄会进行复制填充；对数字内容，默认是步长为 1 的序列填充；在两个相邻的单元格中输入数字，再选中这两个单元格，拖动右下角填充柄则进行给定步长的序列填充。

（4）行高和列宽。

当超出单元格宽度的内容没有显示时，可以调整单元格所在的列宽，或单击功能区的“换行”按钮，使内容分成多行显示。

设置行高，光标在行号的两行交界处按下并拖动，能调整上方一行的行高，或在行号处右击并选择“行高”命令，在打开的对话框中输入行高数值。

设置列宽，光标在列号的两列交界处按下并拖动，能调整左边一列的列宽，或在列标处右击并选择“列宽”命令，在打开的对话框中输入列宽数值。

自动调整行高和列宽，在行号交界处双击，自动调整上方一行到合适高度，在列号处光标变✛形状时双击，自动调整左边一列到合适宽度。

视　频

表格内容录入与编辑

## 任务实施

### 1. 新建工作簿

在 D 盘新建工作簿“公司财务报表”，文件类型为 .xlsx。

启动 WPS Office，单击“新建”→“表格”→“空白表格”按钮，如图 5-4 所示。

图 5-4　新建空白表格

此时新建了一个空白的工作簿“工作簿 1”，如图 5-5 所示。单击左上方快速访问工具栏中的“保存”按钮，打开“另存为”对话框，如图 5-6 所示。在“文件名称”框中将“工作簿 1”修改为“公司财务报表”，文件类型为 .xlsx（扩展名）不变。选择 D 盘（D:\），单击“打开”→“保存”按钮。

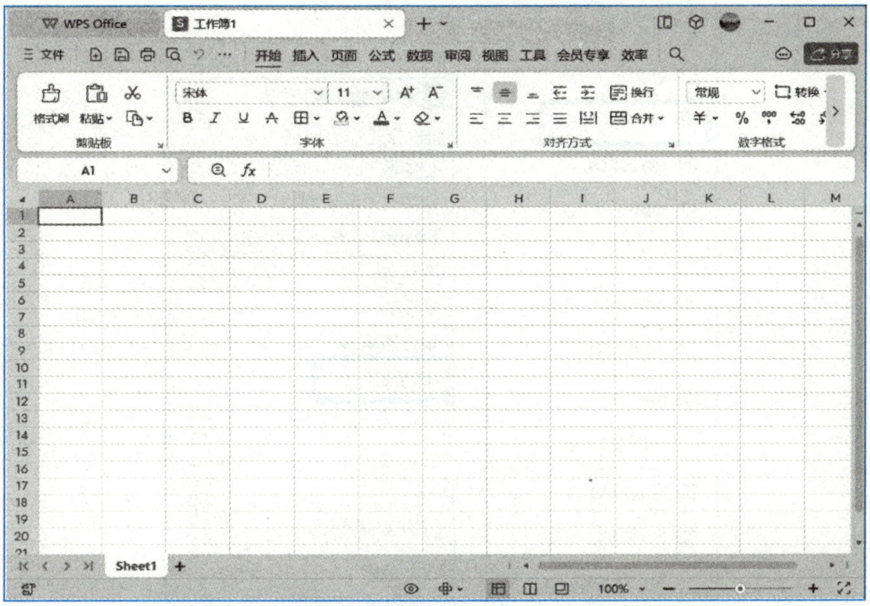


图 5-5　新建的空白工作簿

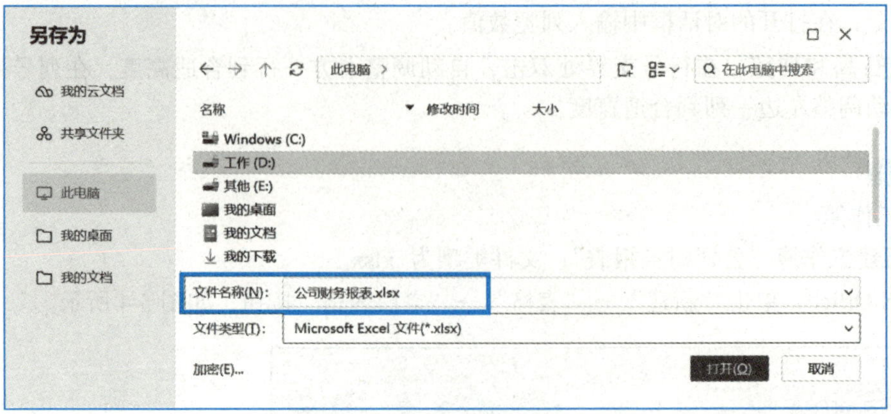


图 5-6　保存工作簿

## 2．编辑工作表

（1）将工作表 Sheet1 改为“资产表”，并新添加新工作表“利润表”“现金流量表”，将工作表“利润表”和“现金流量表”交换位置。

双击工作表标签 Sheet1，使其变为蓝底白字，输入“资产表”并按【Enter】键。单击工作表标签右边的按钮添加新工作表，并且将工作表标签 Sheet2 改为“利润表”，同样的方法再添加“现金流量表”，此时显示为。也可以右击工作表标签，选择“重命名”命令来修改。

（2）将工作表“利润表”和“现金流量表”交换位置。

方法 1：左键选定工作表标签“利润表”，按住不放并拖动，此时出现的小黑三角指示了拖入的位置，将“利润表”拖至“现金流量表”后面时，松开鼠标即可。

方法 2：右击工作表标签“利润表”，选择“移动”命令，弹出图 5-7 所示的对话框，要移至“现金流量表”的后面，选择“(移至最后)”。

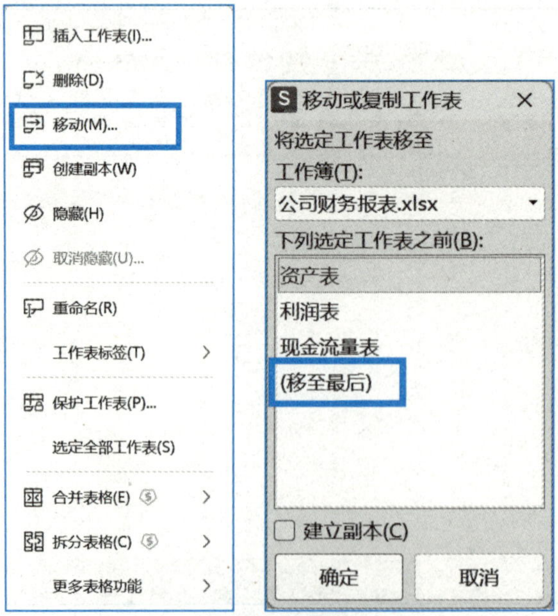


图 5-7　移动或复制工作表

### 3．输入内容

在工作表“资产表”中，按图 5-8 所示输入文本和数据。

| | A | B | C | D | E |
|---|---|---|---|---|---|
| 1 | 公司资产表 | | | | |
| 2 | 序号 | 资产 | 年度余额 | 累积余额 | |
| 3 | | 货币资金 | 2805393.5 | 16183560.2 | |
| 4 | | 应收账款 | 1851039.8 | 27060605.4 | |
| 5 | | 预付账款 | 120300.0 | 833700.0 | |
| 6 | | 其他应收款 | 95479.3 | 366397.9 | |
| 7 | | 库存商品 | 1700383.6 | 4808419.6 | |
| 8 | | 合计：流动资产 | | | |
| 9 | | 固定资产原价 | 1129582.8 | 6110030.4 | |
| 10 | | 累计折旧 | -260149.8 | -1770921.4 | |
| 11 | | 无形资产 | 98626.2 | 142864.8 | |
| 12 | | 合计：非流动资产 | | | |
| 13 | | 总计：总资产 | | | |
| 14 | 核算单位：广州市环境工程有限公司 | | | | |
| 15 | | | | | |

图 5-8 输入数据

单击左下方标签“资产表”，选中单元格 A1，输入表格标题“公司资产表”（或单击 A1 单元格，再单击编辑框，输入“公司资产表”），单击其他单元格确认输入（或按【Enter】键确认输入，或单击编辑栏的“输入”按钮☑确认输入）。

在第二行输入各列的列标题。选中单元格 A2，输入“序号”。在 B2、C2、D2 单元格分别输入“资产”“年度余额”“累计余额”。继续在其他单元格输入文本和数据。

**注意：**输入数据时，需要手动调整 B、C、D 列的列宽，使所有内容都能显示出来。将鼠标指针移至上方 B、C 两列的交界处，光标变成✛形状时，按下鼠标并拖动，调整 B 列的列宽。用同样的方法调整 C 列和 D 列的列宽。

### 4．编辑与修改数据内容

完成编辑后的效果如图 5-9 所示。

| | A | B | C | D |
|---|---|---|---|---|
| 1 | 公司资产表 | | | |
| 2 | | | 制表日期： | 2024年12月31日 |
| 3 | 核算单位：广州市环境工程有限公司 | | | |
| 4 | 序号 | 资产 | 年度余额 | 累积余额 |
| 5 | 1 | 货币资金 | 2805393.5 | 16183560.2 |
| 6 | 2 | 应收账款 | 1851039.8 | 27060605.4 |
| 7 | 3 | 预付账款 | 120300.0 | 833700.0 |
| 8 | 4 | 其他应收款 | 95479.3 | 366397.9 |
| 9 | 5 | 库存商品 | 1700383.6 | 4808419.6 |
| 10 | 6 | 合计：流动资产 | | |
| 11 | 7 | 固定资产原价 | 1129582.8 | 6110030.4 |
| 12 | 8 | 累计折旧 | -260149.8 | -1770921.4 |
| 13 | 9 | 无形资产 | 98626.2 | 142864.8 |
| 14 | 10 | 合计：非流动资产 | | |
| 15 | 11 | 总计：总资产 | | |

图 5-9 编辑与修改数据内容

（1）设置小数位数：对年度余额、累计余额列的数据，保留 1 位小数。

选中区域 C3:D13，右击区域，选择“设置单元格格式”命令，在图 5-10 所示的对话框中选择“数值”选项，“小数位数”修改为“1”，单击“确定”按钮，返回工作表编辑页面。如图 5-11 所示，C 列和 D 列已输入的数据变为保留 1 位小数。要增加和减少小数的位数，也可以单击“开始”工具栏中的按钮，每单击一次增加或减少 1 位小数位数。

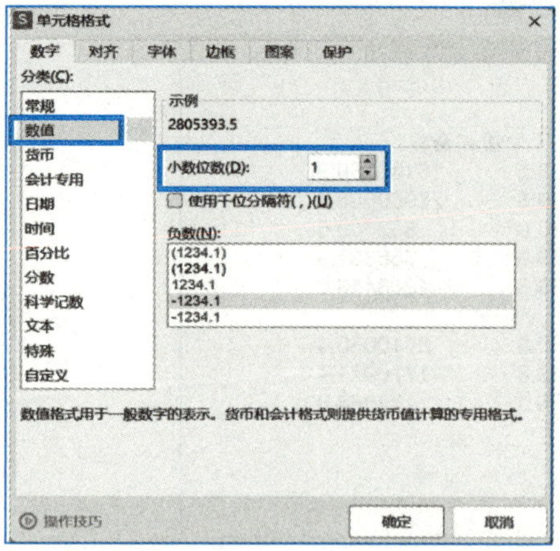


图 5-10　设置小数位数

图 5-11　设置效果

（2）插入空行：在第 1、2 行之间插入 2 行空白行。

单击左侧的行号 2 选中第 2 行，在选中的区域中右击，将“在上方插入行”按钮中的行数改为 2，再单击此按钮，则在原来第 1、2 行之间插入了两行。

注意：插入操作会影响其他单元格的地址，原来的区域 A2:D13 变为了 A4:D15。

（3）输入日期：在 C2 单元格中输入文本“制表日期：”，在 D2 单元格中输入今天的日期，并显示为“**** 年 ** 月 ** 日”的格式。

当前日期的输入可以用组合键【Ctrl+;】快捷输入，也可以手动输入。一般默认短日期格式如 2024/12/31，修改显示格式的方法有两种：

方法 1：选中 D2 单元格，单击“开始”选项卡“数字格式”组中的“自定义”下拉按钮，如图 5-12（a）所示，选择“长日期”格式。

方法 2：右击 D2 单元格，选择“设置单元格格式”命令，打开对话框如图 5-12（b）所示，单击“数字”选项卡的“日期”选项，在“类型”框中选择“2001 年 3 月 7 日”的格式。

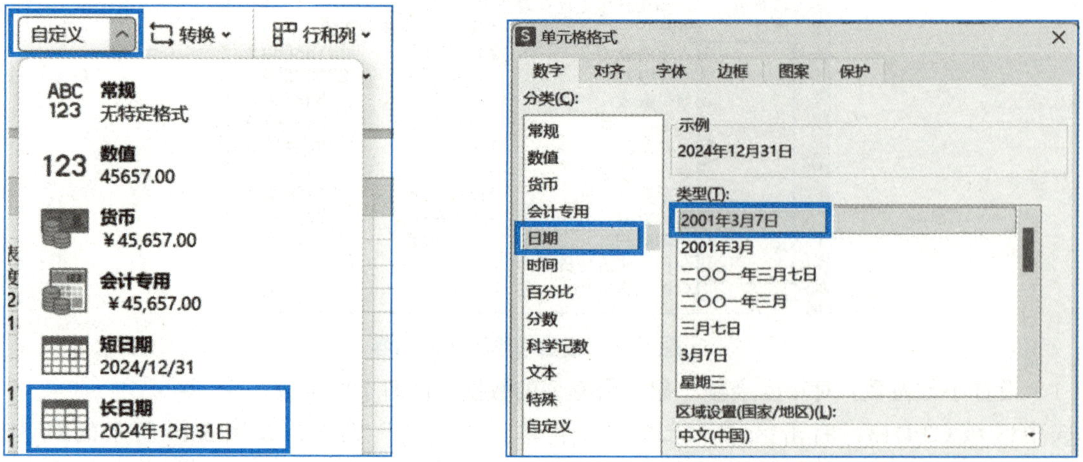


（a）　　（b）

图 5-12　修改日期显示格式

（4）移动单元格：将当前第 16 行的内容“核算单位：……”移动至第 3 行。

方法 1：直接拖动，选中“核算单位：……”的区域 A16:D16，当光标放在区域的边框处时，变为✥形状，此时按下鼠标并拖动至第 3 行对应位置。

方法 2：“剪切”移动，选中“核算单位：……”的区域 A16:D16，单击“开始”选项卡中的“剪切”按钮（或右击并在弹出的快捷菜单中选择“剪切”按钮，或按【Ctrl+X】组合键），再选中 A3 单元格，单击“粘贴”按钮（或按【Ctrl+V】组合键）。

（5）快速填充：在 A5 单元格中输入 1，将光标移至 A5 单元格的右下角控制柄处，光标形状变成黑色“+”时，按下鼠标并拖动至 A15 单元格。

（6）修改数据：将预付账款的年度余额由“120300”修改为“128800”。

单击需要修改数据的单元格 C7（或双击单元格进入编辑状态），输入新的数据“128800”，按【Enter】键确认输入。

### 5. 设置行高列宽

（1）设置第 1 行的行高为 30，第 2～15 行的行高为 18。

方法 1：将光标放在左边的第 1 行行号处、变成黑色箭头“➡”时单击，选中第 1 行，在选中区域右击并选择“行高”命令，输入 30，单击“确定”按钮。再将光标放在第 2 行行号处变成黑色箭头时，按下并拖动至第 15 行选中 2～15 行，在“行高”框中输入 18，单击“确定”按钮。

方法 2：将鼠标放在第 1、2 行行号交界处，光标变成‡时按下并拖动，调整至[行高: 30.00 (1.06 厘米)]时松开鼠标。再选中第 2～15 行，光标在其中任意两行的行号交界处按下并拖动，调整至[行高: 18.00 (0.63 厘米)]时松开鼠标。

（2）设置 A 列列宽为 8，B、C、D 列列宽为 19。

方法 1：将鼠标放在上方第 A 列的列标处、变成黑色箭头“⬇”时单击，选中 A 列，在选中区域右击并选择“列宽”命令，输入 8，单击“确定”按钮。再选中 B、C、D 列，在“列宽”框中输入 19，单击“确定”按钮。

方法 2：将鼠标放在第 A、B 列列标的交界处，光标变成✛时按下并拖动，调整至[列宽: 8.00 (1.68 厘米)]时松开鼠标。再选中 B、C、D 列，光标在其中任意两列的列标交界处按下并拖动，调整至[列宽: 19.00 (3.81 厘米)]时松开鼠标。

## 5.1.2　任务 2：表格排版与美化

### 任务要求

在任务 1“表格内容录入与编辑”的基础上，进一步进行表格格式设置，排版美化表格，突出显示重要数据，使表格的信息特征更加清晰。

最终实现效果如图 5-13 所示。

### 任务准备

#### 1. 合并单元格

单元格是 WPS 表格中的最小单位，无法再拆分，但可以合并多个单元格。选中要合并的区域，单击“开始”选项卡中的“合并”按钮，单元格中有数据内容时，需要选择合并方式：“合并内容”方式在合并后保留全部单元格中的内容，“合并居中（常规）”方式只显示第一个单元格中的内容。勾选“记住此次操作”，以后合并单元格都会默认按这次的选择来。

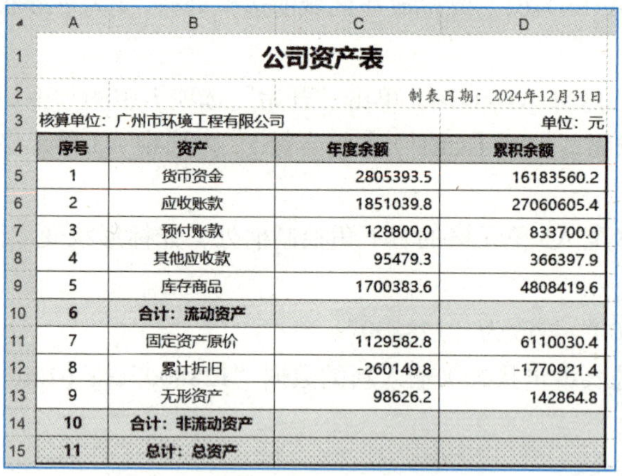

公司资产表

| | | | |
|---|---|---|---|
| | | | 制表日期：2024年12月31日 |
| 核算单位：广州市环境工程有限公司 | | | 单位：元 |
| 序号 | 资产 | 年度余额 | 累积余额 |
| 1 | 货币资金 | 2805393.5 | 16183560.2 |
| 2 | 应收账款 | 1851039.8 | 27060605.4 |
| 3 | 预付账款 | 128800.0 | 833700.0 |
| 4 | 其他应收款 | 95479.3 | 366397.9 |
| 5 | 库存商品 | 1700383.6 | 4808419.6 |
| 6 | 合计：流动资产 | | |
| 7 | 固定资产原价 | 1129582.8 | 6110030.4 |
| 8 | 累计折旧 | -260149.8 | -1770921.4 |
| 9 | 无形资产 | 98626.2 | 142864.8 |
| 10 | 合计：非流动资产 | | |
| 11 | 总计：总资产 | | |

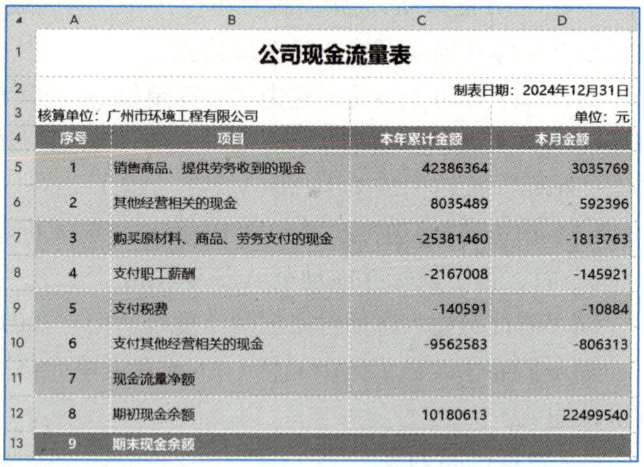

公司现金流量表

| | | | |
|---|---|---|---|
| | | | 制表日期：2024年12月31日 |
| 核算单位：广州市环境工程有限公司 | | | 单位：元 |
| 序号 | 项目 | 本年累计金额 | 本月金额 |
| 1 | 销售商品、提供劳务收到的现金 | 42386364 | 3035769 |
| 2 | 其他经营相关的现金 | 8035489 | 592396 |
| 3 | 购买原材料、商品、劳务支付的现金 | -25381460 | -1813763 |
| 4 | 支付职工薪酬 | -2167008 | -145921 |
| 5 | 支付税费 | -140591 | -10884 |
| 6 | 支付其他经营相关的现金 | -9562583 | -806313 |
| 7 | 现金流量净额 | | |
| 8 | 期初现金余额 | 10180613 | 22499540 |
| 9 | 期末现金余额 | | |

图 5-13　公司资产表和现金流量表的效果

单元格合并还有合并后居中、合并内容、换行合并、跨列居中等多种方式，单击“合并”下拉按钮进行选择。

取消合并：选中已合并的区域，再单击“合并”按钮即取消合并。

### 2. 表格格式

字体格式在“开始”选项卡“字体”组中的工具按钮区可以直接设置，或右击并选择“设置单元格格式”命令，在打开的“单元格格式”对话框的“字体”选项卡设置。对齐方式除了在上方工具按钮区设置，也可以在“单元格格式”对话框的“对齐”选项卡中设置。

单元格在默认情况下没有边框线，显示的是虚框，打印时不会显示出来。设置简单边框线在工具栏的“框线”按钮中设置，更多的设置在“单元格格式”的“边框”选项卡中。底纹填充单击工具栏的“填充”按钮，可以填充单一颜色，复杂图案及效果在“图案”选项卡中设置。

WPS 提供了多种预设表格样式，单击“开始”选项卡中的“套用表格样式”按钮，用户可以选择需要的样式快速美化工作表。突出单元格时，单击“单元格样式”按钮进行设置。

为整个工作表添加背景图片效果，单击“页面”选项卡中的“背景图片”按钮，将照片、图片等设置为背景。取消背景图片时，单击“页面”选项卡中的“删除背景”按钮。

### 3. 条件格式

单元格中数据按一定的条件或规则突出显示时，单击“开始”选项卡中的“条件格式”按钮设置条件格式。常用的条件格式包括：突出显示单元格规则有大于、小于、介于、等于、文本包含、发生日期等；项目选取规则有值最大的 10 项或 10% 项、值最小的 10 项或 10% 项、高于平均值、低于平均值等；数据条包括渐变填充的多种数据条、实心填充的多种数据条以及其他规则，数据条的长度表示单元格值的大小；色阶将在单元格中显示多色渐变的底纹，由数据的相对值大小决定底纹的颜色；图标集是在每个单元格中显示图标集中的图标。

### 4. 打印设置

表格在打印时，需要设置纸张大小、方向、页边距等相关信息，在“页面”工具栏设置或打开“页面设置”对话框设置。设置页面格式后，工作表中会出现虚线框标识页面的分隔，在“打印预览”中能看到打印效果。

## 任务实施

视频
表格排版与美化

### 1. 复制工作表内容

打开“公司财务报表 - 素材 .xlsx”，将工作表 Sheet2 和 Sheet3 中的内容，复制到“公司财务报表 .xlsx”文件的“现金流量表”和“利润表”工作表中，如图 5-14 所示。

| | A | B | C | D |
|---|---|---|---|---|
| 1 | 公司现金流量表 | | | |
| 2 | 制表日期: | | | |
| 3 | 核算单位：广州市环境工程有限公司 | | | 单位：元 |
| 4 | 序号 | 项目 | 本年累计金额 | 本月金额 |
| 5 | 1 | 销售商品、提供劳务收到的现金 | 42386364 | 3035769 |
| 6 | 2 | 其他经营相关的现金 | 8035489 | 592396 |
| 7 | 3 | 购买原材料、商品、劳务支付的现金 | -25381460 | -1813763 |
| 8 | 4 | 支付职工薪酬 | -2167008 | -145921 |
| 9 | 5 | 支付税费 | -140591 | -10884 |
| 10 | 6 | 支付其他经营相关的现金 | -9562583 | -806313 |
| 11 | 7 | 现金流量净额 | | |
| 12 | 8 | 期初现金余额 | 10180613 | 22499540 |
| 13 | 9 | 期末现金余额 | | |

（a）

| | A | B | C | D |
|---|---|---|---|---|
| 1 | 公司利润表 | | | |
| 2 | 制表日期: | | | |
| 3 | 核算单位：广州市环境工程有限公司 | | | 单位：元 |
| 4 | 序号 | 项目 | 本年累计金额 | 本月金额 |
| 5 | 1 | 营业收入 | 45019800 | 5398120 |
| 6 | 2 | 营业成本 | -32302987 | -3970673 |
| 7 | 3 | 销售费用 | -1703937 | -150331 |
| 8 | 4 | 管理费用 | -3860843 | -301517 |
| 9 | 5 | 业务招待费 | -67741 | -9035 |
| 10 | 6 | 财务费用 | -43085 | -7480 |
| 11 | 8 | 小计：营业利润 | | |
| 12 | 7 | 利息收入 | 31577 | 2898 |
| 13 | 9 | 营业外收入 | 578780 | 39612 |
| 14 | 10 | 政府补贴 | 61321 | 0 |
| 15 | 11 | 其他支出 | -170683 | -10179 |
| 16 | 12 | 总计：利润总额 | | |

（b）

图 5-14　现金流量表和利润表

单击 Sheet2，选中区域 A1:D13，单击“开始”选项卡中的“复制”按钮（或在区域中右击并选择单击“复制”命令，或按【Ctrl+C】组合键），再在“公司财务报表 .xlsx”的“现金流量表”选中 A1 单元格，单击“粘贴”按钮（或按【Ctrl+V】组合键），如图 5-14（a）所示。

用同样的方法，将“公司财务报表 - 素材 .xlsx”的 Sheet3 内容复制到“公司财务报表 .xlsx”的“利润表”中，如图 5-14（b）所示。

**注意：** 如果复制后出现 # 号 ##########，或数字变成了科学计数形式 -3.2E+07，增加列宽，调整至全部内容都显示出来即可。

### 2. 设置字体格式

打开工作表“资产表”，设置后的效果如图 5-15 所示。

（1）合并单元格 A1:D1，标题内容水平、垂直居中放置。

选中准备合并的单元格区域 A1:D1，单击“开始”选项中“对齐方式”组中的“合并”按钮 合并 及“垂直居中”按钮和“水平居中”按钮。

（2）第 1 行的标题为：微软雅黑、16 磅、加粗、字体颜色为“深蓝”。

选中标题所在的 A1 单元格，在“开始”选项卡的“字体”组，选择“微软雅黑”字体、字号 16，单击“加粗”按钮 B，在“颜色”下拉列表中选择“深蓝”色，如图 5-16 所示。

（3）第 2 行：华文楷体、11 磅、颜色为“钢蓝，着色 1，深色 25%”。

选中区域 C2:D2，在“开始”选项卡选择“华文楷体”字体、字号 11，在“颜色”下拉列表中选择“钢蓝，着色 1，深色 25%” 钢蓝, 着色1, 深色 25%。

（4）第 3 ～ 15 行：微软雅黑、10 磅、黑色。

选中区域 A3:D15，选择“微软雅黑”字体、字号 10，在“颜色”下拉列表中选择“自动”，默认是黑色。

（5）第 4、10、14、15 行：字体加粗。

选中 A4:D4，再按住【Ctrl】键选择区域 A10:D10、A14:D15，单击“加粗”按钮。

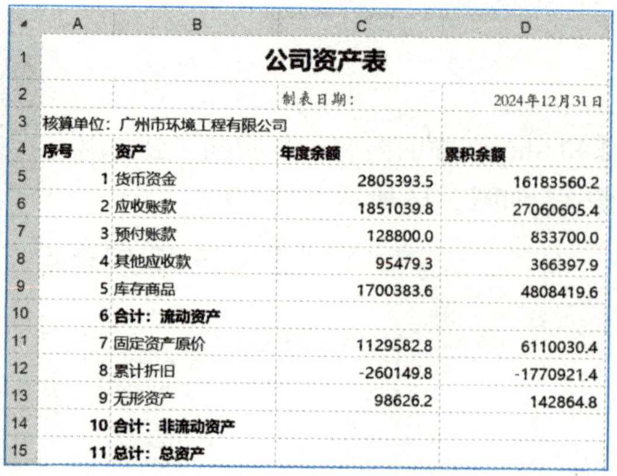

| | A | B | C | D |
|---|---|---|---|---|
| 1 | 公司资产表 | | | |
| 2 | | | 制表日期: | 2024年12月31日 |
| 3 | 核算单位：广州市环境工程有限公司 | | | |
| 4 | 序号 | 资产 | 年度余额 | 累积余额 |
| 5 | 1 | 货币资金 | 2805393.5 | 16183560.2 |
| 6 | 2 | 应收账款 | 1851039.8 | 27060605.4 |
| 7 | 3 | 预付账款 | 128800.0 | 833700.0 |
| 8 | 4 | 其他应收款 | 95479.3 | 366397.9 |
| 9 | 5 | 库存商品 | 1700383.6 | 4808419.6 |
| 10 | 6 | 合计：流动资产 | | |
| 11 | 7 | 固定资产原价 | 1129582.8 | 6110030.4 |
| 12 | 8 | 累计折旧 | -260149.8 | -1770921.4 |
| 13 | 9 | 无形资产 | 98626.2 | 142864.8 |
| 14 | 10 | 合计：非流动资产 | | |
| 15 | 11 | 总计：总资产 | | |

图 5-15 设置标题和字体后的效果

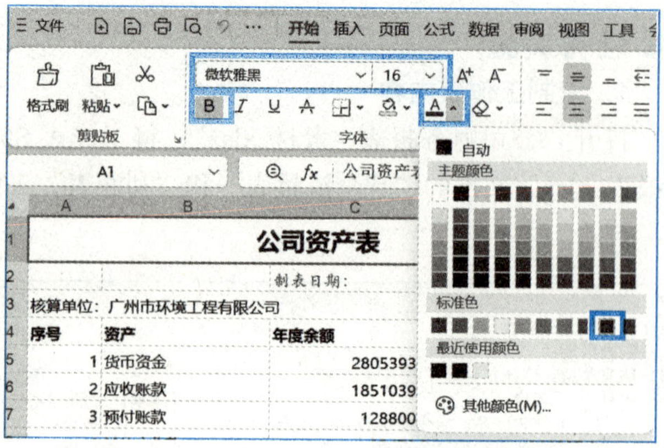


图 5-16 字体格式设置

### 3. 设置对齐方式

设置后的效果如图 5-17 所示。

| | A | B | C | D |
|---|---|---|---|---|
| 1 | 公司资产表 | | | |
| 2 | | | | 制表日期：2024年12月31日 |
| 3 | 核算单位：广州市环境工程有限公司 | | | |
| 4 | 序号 | 资产 | 年度余额 | 累积余额 |
| 5 | 1 | 货币资金 | 2805393.5 | 16183560.2 |
| 6 | 2 | 应收账款 | 1851039.8 | 27060605.4 |
| 7 | 3 | 预付账款 | 128800.0 | 833700.0 |
| 8 | 4 | 其他应收款 | 95479.3 | 366397.9 |
| 9 | 5 | 库存商品 | 1700383.6 | 4808419.6 |
| 10 | 6 | 合计：流动资产 | | |
| 11 | 7 | 固定资产原价 | 1129582.8 | 6110030.4 |
| 12 | 8 | 累计折旧 | -260149.8 | -1770921.4 |
| 13 | 9 | 无形资产 | 98626.2 | 142864.8 |
| 14 | 10 | 合计：非流动资产 | | |
| 15 | 11 | 总计：总资产 | | |

图 5-17 设置对齐方式后的效果

（1）区域 A2:D15 设置垂直居中对齐。

选中区域 A2:D15，单击“开始”选项卡“对齐方式”组中的“垂直居中”按钮。

（2）区域 A4:D4、A5:B15 的内容水平居中对齐。

先选中 A4:D4，再按住【Ctrl】键选择区域 A5:B15，单击“水平居中”按钮。

（3）区域 C5:D15 的内容水平右对齐。

选中区域 C5:D15，单击“水平右对齐”按钮。

（4）合并 C2 和 D2 单元格，并使内容放在同一行，水平右对齐。

选中区域 C2:D2，单击“开始”选项卡中的“合并”按钮，弹出图 5-18（a）所示的对话框，选择右边的“合并内容”，单击“确定”按钮。或单击“合并”右边的下拉按钮，弹出图 5-18（b）所示的下拉列表，选择“合并内容”。

（5）在 D3 单元格中输入“单位：元”，水平右对齐。

合并后的内容分成了两行显示，将光标放在“制表日期：”后面，按【Delete】键删除换行符，显示原来 C2 和 D2 的内容在同一行，再单击“水平右对齐”按钮。选中 D3 单元格，输入“单位：元”，按【Enter】键确认输入，再单击“水平右对齐”按钮。

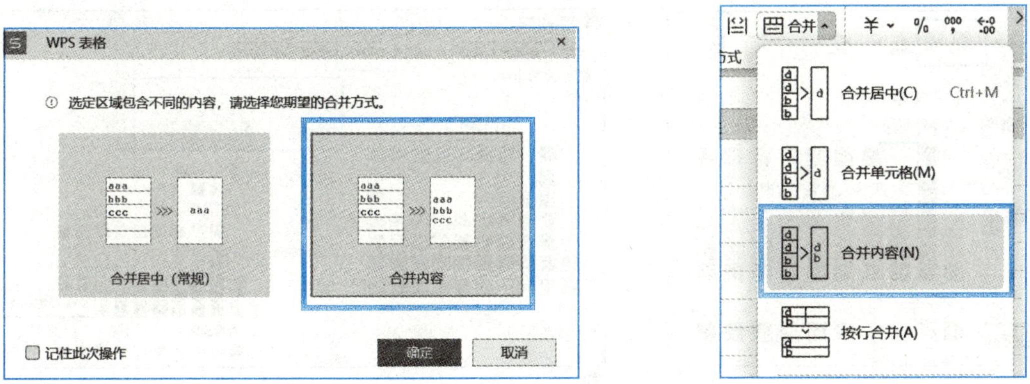


（a） （b）

图 5-18 合并内容选项

## 4. 设置边框和图案

（1）区域 A4:D15 添加粗外框线、细内边线。

选中区域 A4:D15，单击“开始”选项卡“字体”组中的“框线”按钮，将为区域所有单元格添加细边线。单击右边的下拉按钮，选择“其他边框”，打开“单元格格式”对话框的“边框”选项卡，如图 5-19 所示。在“样式”中选择粗线，在“预置”中单击“外边框”，设置区域的粗外框线。继续在“样式”中选择细线，在“预置”中单击“内部”按钮，设置区域的细内边线。

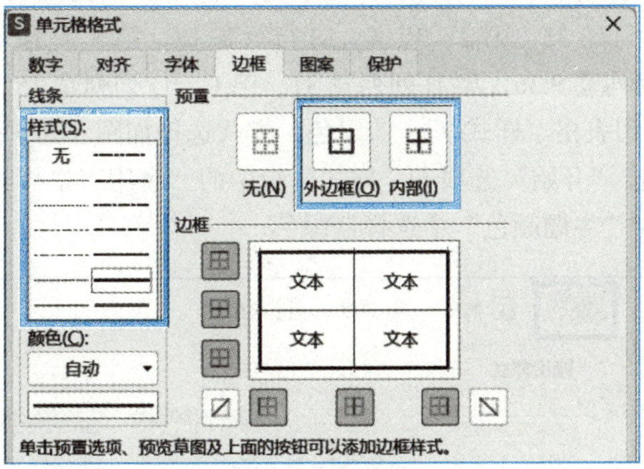


图 5-19 设置内外边框线

（2）列标题区域 A4:D4 填充底纹“灰色 -25%，背景 2”。

选中列标题区域 A4:D4，单击“开始”选项卡“填充颜色”右边的下拉按钮，弹出图 5-20（a）所示面板，选择色块“灰色 -25%，背景 2”。

（3）区域 A10:D10、A14:D15 填充底纹“白色，背景 1，深色 5%”。

选中区域 A10:D10、A14:D15，在弹出面板中选择色块“白色，背景 1，深色 5%”。

（4）区域 A15:D15 设置图案样式“12.5% 灰色”，图案颜色“浅绿，着色 4，浅色 40%”。

选中区域 A15:D15，在区域中右击并选择“设置单元格格式”命令，打开“单元格格式”对话框的

“图案”选项卡，在“图案样式”下拉列表中选择“12.5% 灰色”，在“图案颜色”下拉列表中选择“浅绿，着色 4，浅色 40%”，如图 5-20（b）所示。

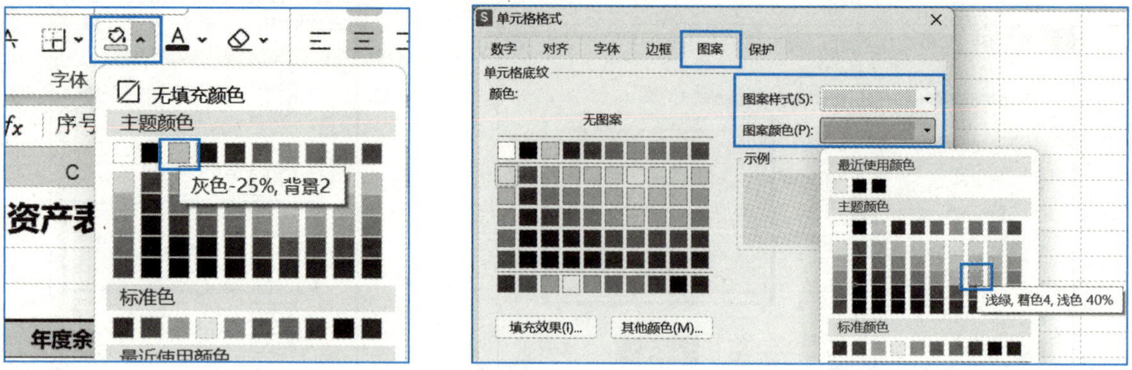


（a） （b）

图 5-20 设置填充颜色和图案

### 5. 套用表格样式

打开工作表“现金流量表”；

（1）设置区域 A1:D3 字体为“微软雅黑”，10 磅，垂直居中对齐。

（2）合并 A1:D1 单元格，水平居中对齐，加粗，16 磅。

（3）合并 B2:D2 单元格，水平右对齐，在最后添加输入今天的日期。

（4）设置 D3 单元格水平右对齐，第 3 行垂直底端对齐。

（5）区域 A4:D4、A5:A13 水平居中对齐，B5:B13 水平左对齐，C5:D13 水平右对齐。

（6）行高设置：第 1 行行高 35，第 2、3、4、13 行行高 18，第 5 ～ 12 行高 26。

（7）列宽设置：第 A 列列宽 9.36，第 B 列列宽 31，第 C、D 列列宽 18。

（8）对区域 A4:D13 套用表格“样式 7”，蓝绿色，样式选择如图 5-21 所示。

选中区域 A4:D13，单击“开始”选项卡“样式”组中的“套用表格样式”按钮，弹出图 5-21 所示的面板，选择“样式 7”，在“主题颜色”中选择蓝绿色。

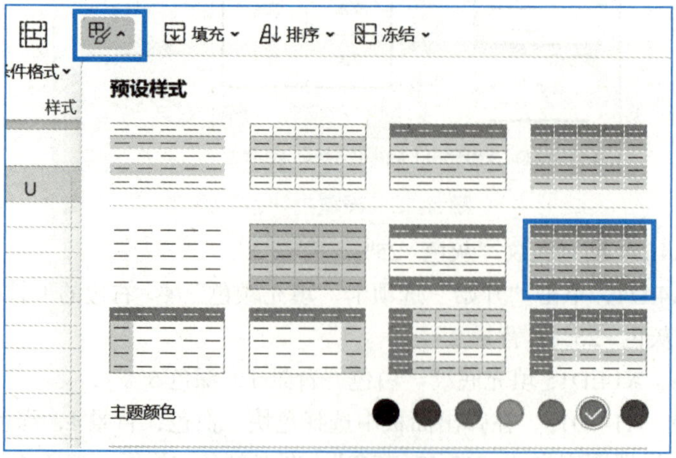


图 5-21 套用表格样式选择

（9）区域 A4:D13 字体为“微软雅黑”，10 磅。

选中区域 A4:D13，在“开始”选项卡修改“字体”为“微软雅黑”，大小 10 磅。

### 6. 设置背景图片

打开工作表“利润表”，最终效果如图 5-22 所示。

（1）设置所有字体为“黑体”，11 磅，垂直居中对齐。

（2）区域 A1:D1 的标题设置“跨列居中”合并，加粗，19 磅。

（3）合并 B2:D2 单元格，水平右对齐，在最后按【Ctrl+；】组合键添加当天的日期。

（4）设置 D3 单元格水平右对齐，第 3 行垂直底端对齐。

（5）区域 A4:D4、A5:A16 水平居中对齐。

（6）设置行高：第 1 行行高 32，第 2 ～ 16 行行高 16。

（7）设置列宽：第 A 列列宽 8.27，第 B 列列宽 20，第 C、D 列列宽 15。

（8）设置框线：区域 A4:D16 添加粗外框线、细内边线。

（9）插入行、列：在第 1 行上方插入 10 空行，在第 A 列左边插入 1 列，调整空列 A 列的列宽为 6。

选中第 1 行，右击并在弹出的快捷菜单中的“在上方插入行”

修改数量为“10”，单击确认（或者单击“10”右边的“√”确认）。选中第 A 列，右击并在弹出的快捷菜单中的“在左侧插入列”插入 1 列，再选中此时空的第 A 列，在“列宽”中输入 6。

（10）背景图片：为表格添加背景图片“鹿 .jpg”，如图 5-23 所示，在计算机中选择图片。

单击“页面”选项卡“主题”组中的“背景图片”，找到计算机中图片的存储位置，单击图片“鹿 .jpg”，单击“打开”按钮，此时表格已被背景图片铺满。

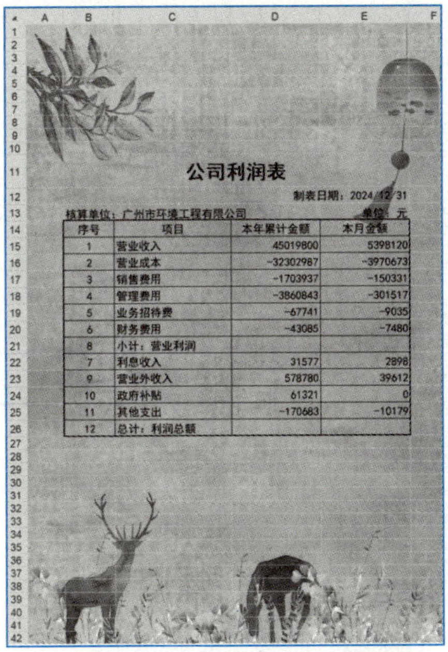


图 5-22　利润表效果

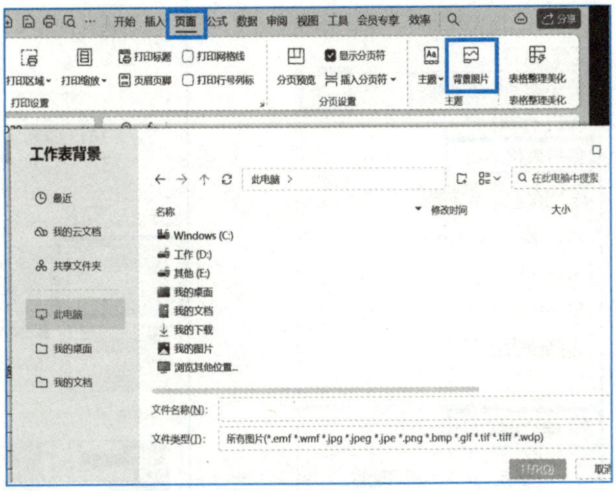


图 5-23　设置页面背景

需要删除背景时，看到按钮此时是“删除背景”提示，单击即删除。

## 能力拓展

### 1. 工作表标签

对“资产表”的工作表标签设置为“橙色”,“现金流量表”设置为“矢车菊蓝,着色 5,浅色 40%”,“利润表”设置为“钢蓝,着色 1,浅色 60%”。

右击“资产表”工作标签,选择“工作表标签”→“标签颜色”,在“标准色”中选择“橙色”。右击“现金流量表”工作标签,在颜色面板中选择“矢车菊蓝,着色 5,浅色 40%”。用同样的方法对“利润表”选择“钢蓝,着色 1,浅色 60%”,设置后的标签颜色效果为

。

### 2. 复制工作表

新建工作簿“备份表格 .xlsx”,保存在 D 盘,将工作表“资产表”整表复制到新工作簿中。

单击左上角的 WPS 图标 → “新建” → “表格” → “空白表格”新建“工作簿”,单击“保存”按钮位置选择 D:\ 盘,文件名改为“备份表格”。右击“资产表”工作表标签,选择“移动”命令,打开“移动或复制工作表”窗格,如图 5-24 所示,勾选“建立副本”,在工作簿下拉列表中选择“备份表格 .xlsx”,可以将工作表复制到其他工作簿文件中。

### 3. 条件格式

对“资产表”的区域 D5:D15 设置“蓝色数据条”显示,区域 C5:C15 设置大于 150 万元的显示为“绿填充色深绿色文本”。

选择区域 D5:D15,单击“开始”选项卡中的“条件格式”下拉按钮,选择“数据条”命令,选择“蓝色数据条”,如图 5-25 所示。

选择区域 C5:C15,单击“条件格式”中的“突出显示单元格规则”,选择“大于”,如图 5-26(a)所示,打开对话框如图 5-26(b)所示,输入“1500000”,在“设置为”下拉列表框中选择“绿填充色深绿色文本”,最后效果如图 5-27 所示。

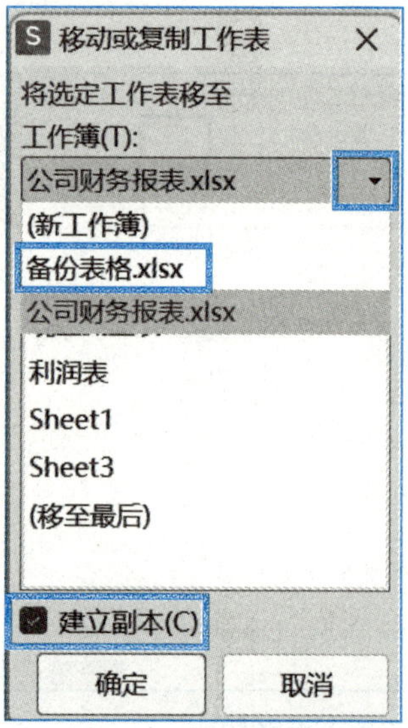


图 5-24 移动或复制工作表

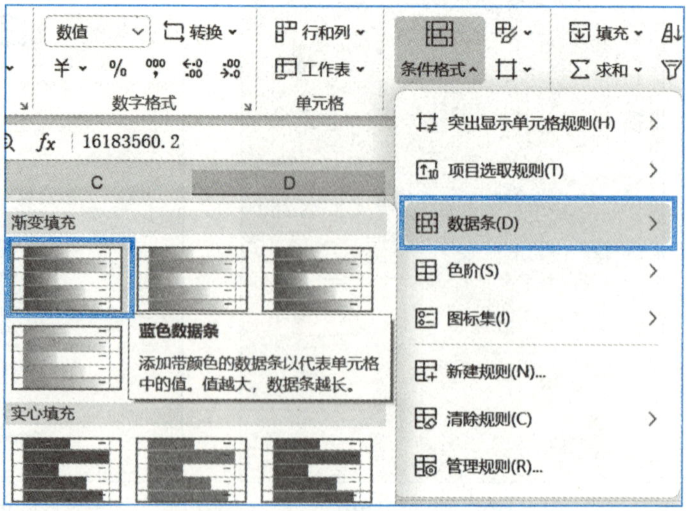


图 5-25 设置条件格式数据条

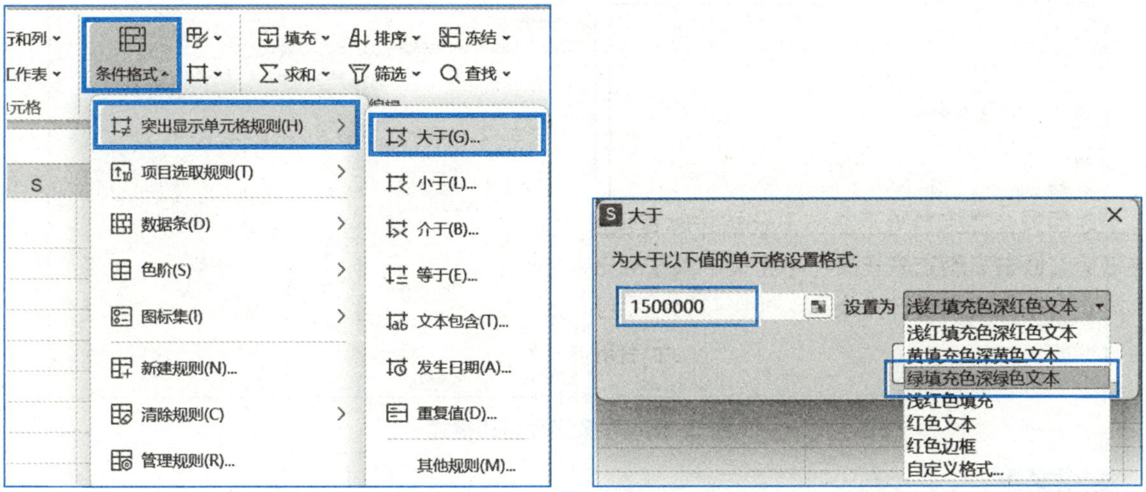


（a）　（b）

图 5-26　设置突出显示单元格规则

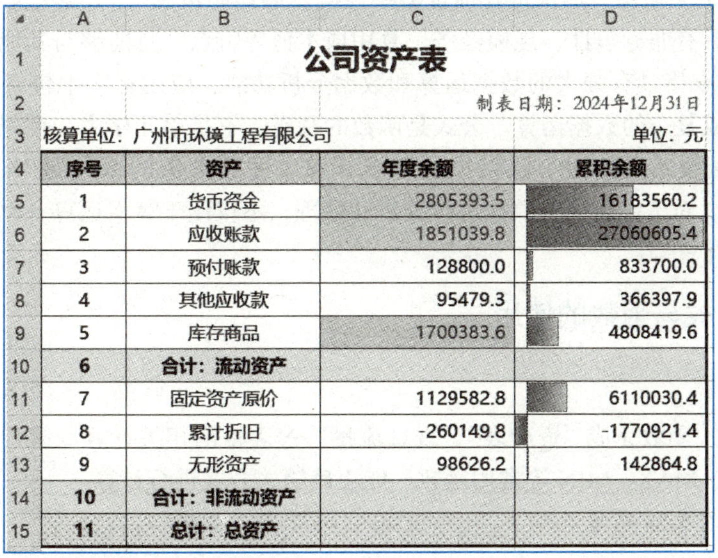

| | A | B | C | D |
|---|---|---|---|---|
| 1 | **公司资产表** | | | |
| 2 | | | | 制表日期：2024年12月31日 |
| 3 | 核算单位：广州市环境工程有限公司 | | | 单位：元 |
| 4 | **序号** | **资产** | **年度余额** | **累积余额** |
| 5 | 1 | 货币资金 | 2805393.5 | 16183560.2 |
| 6 | 2 | 应收账款 | 1851039.8 | 27060605.4 |
| 7 | 3 | 预付账款 | 128800.0 | 833700.0 |
| 8 | 4 | 其他应收款 | 95479.3 | 366397.9 |
| 9 | 5 | 库存商品 | 1700383.6 | 4808419.6 |
| 10 | **6** | **合计：流动资产** | | |
| 11 | 7 | 固定资产原价 | 1129582.8 | 6110030.4 |
| 12 | 8 | 累计折旧 | -260149.8 | -1770921.4 |
| 13 | 9 | 无形资产 | 98626.2 | 142864.8 |
| 14 | **10** | **合计：非流动资产** | | |
| 15 | **11** | **总计：总资产** | | |

图 5-27　条件格式效果

### 4．页面设置

对“现金流量表”设置 A5 纸张大小，方向“横向”，页边距为上下各 1.25，左右各 2.5。

单击“页面”选项卡“打印设置”右下角按钮，打开“页面设置”对话框，如图 5-28 所示。在“页面”选项卡中，方向为“横向”，“纸张大小”选择 A5；在“页边距”选项卡中，上、下边距都输入 1.25，左、右边距输入 2.5，单击“确定”按钮。可以在打印预览中查看效果。

设置完成后，保存“公司财务报表 .xlsx”。

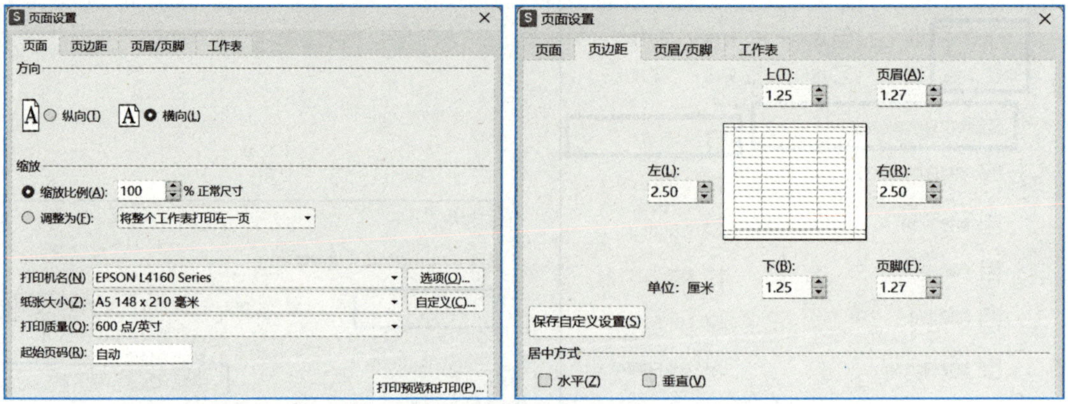


图 5-28 设置页面打印格式

## 5.2 数据计算——公司财务报表计算

党的二十届三中全会强调“加快构建促进数字经济发展体制机制”，数据要素是发展新质生产力的关键要素，数据要素具有非竞争性、规模经济、复用成本低等特点，且能够与其他要素深度融合，产生叠加倍增效果。WPS 表格具有强大的数据运算和数据分析功能，应用程序中包含了丰富的函数，用户使用公式和函数能完成复杂的数据运算。公式是函数的基础，它是单元格中一系列值、单元格引用、名称或运算符的组合；函数是预定义的或者说是内置的，可以进行算术、文本、逻辑运算等。

使用公式函数可以对工作表中的数据进行分析和处理，不仅用于算术运算，也可用于字符运算、逻辑运算、日期和时间计算等。

### 5.2.1 任务 1：公式与函数的使用

#### 任务要求

本任务要求用公式函数完成“资产表”“现金流量”等表格的相关计算与统计，能灵活运用 SUM、AVERAGE、COUNT、MAX、MIN 等常用函数，能正确输入公式进行计算。

最终实现效果如图 5-29 所示。

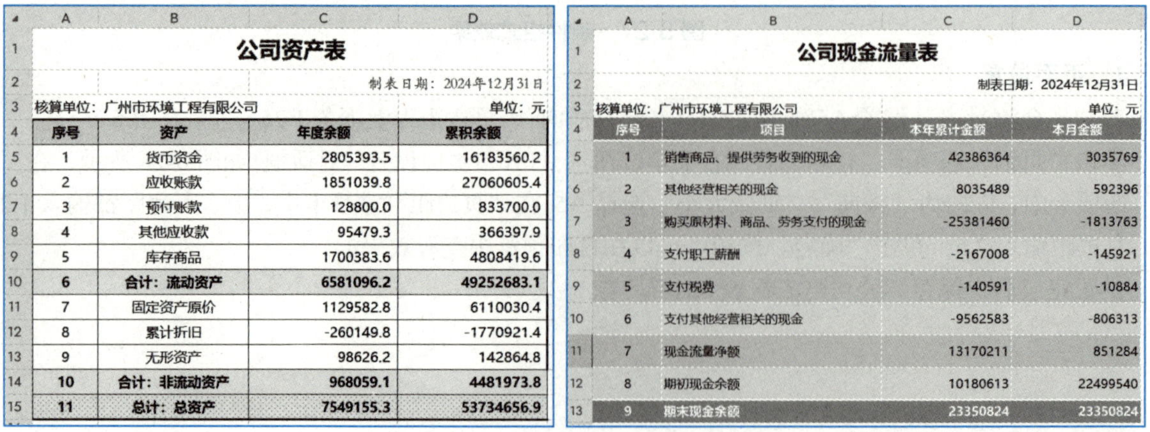

公司资产表

制表日期：2024年12月31日

核算单位：广州市环境工程有限公司 单位：元

| 序号 | 资产 | 年度余额 | 累积余额 |
|---|---|---|---|
| 1 | 货币资金 | 2805393.5 | 16183560.2 |
| 2 | 应收账款 | 1851039.8 | 27060605.4 |
| 3 | 预付账款 | 128800.0 | 833700.0 |
| 4 | 其他应收款 | 95479.3 | 366397.9 |
| 5 | 库存商品 | 1700383.6 | 4808419.6 |
| 6 | 合计：流动资产 | 6581096.2 | 49252683.1 |
| 7 | 固定资产原价 | 1129582.8 | 6110030.4 |
| 8 | 累计折旧 | -260149.8 | -1770921.4 |
| 9 | 无形资产 | 98626.2 | 142864.8 |
| 10 | 合计：非流动资产 | 968059.1 | 4481973.8 |
| 11 | 总计：总资产 | 7549155.3 | 53734656.9 |

公司现金流量表

制表日期：2024年12月31日

核算单位：广州市环境工程有限公司 单位：元

| 序号 | 项目 | 本年累计金额 | 本月金额 |
|---|---|---|---|
| 1 | 销售商品、提供劳务收到的现金 | 42386364 | 3035769 |
| 2 | 其他经营相关的现金 | 8035489 | 592396 |
| 3 | 购买原材料、商品、劳务支付的现金 | -25381460 | -1813763 |
| 4 | 支付职工薪酬 | -2167008 | -145921 |
| 5 | 支付税费 | -140591 | -10884 |
| 6 | 支付其他经营相关的现金 | -9562583 | -806313 |
| 7 | 现金流量净额 | 13170211 | 851284 |
| 8 | 期初现金余额 | 10180613 | 22499540 |
| 9 | 期末现金余额 | 23350824 | 23350824 |

图 5-29 公司报表计算后的效果

## 任务准备

### 1. 公式

输入公式：与普通输入的单元格数据不同，公式是以等号“=”开头的计算式。单元格中显示由公式计算得到的值，而对应的编辑栏中显示公式内容。

表格中的公式遵循一定规则：输入时以英文等号“=”开头，接着输入需计算的数据对象和运算符。数据对象可以是数字、单元格、单元格区域、函数、运算式等。

修改公式：一般在“编辑栏”中进行修改，按【Enter】键或单击“确认”按钮确认修改。

删除公式：按【Delete】键或【Backspace】键删除公式内容。

常用的运算符有加、减、乘、除（+、-、*、/）等。比较运算符用来比较两个值的大小，其结果为逻辑值 true 或 false。常用的比较运算符有 =、>、<、>=、<=、<>，在比较运算符的两边是数值、单元格地址、运算式等，如 A2=2、A2<=B3-4、A2*3>5。

### 2. 函数

函数是系统自带的具有特定运算功能的公式，可以直接使用。函数比输入公式更加快捷和方便，同时减少了错误的发生。在单元格中显示由函数计算得到的值，对应的编辑栏中显示函数内容。

函数也以“=”开头，接着是函数的主体部分。插入函数时，先选中单元格，再单击编辑栏中的“插入函数”按钮 $f_x$，这时在函数前面自动添加“=”。

函数由函数名、参数两个部分组成，格式为：函数名 ( 参数 1, 参数 2,…)。

函数名是需要执行运算的函数名称，一般是英文单词或缩写。参数是函数运算所使用的单元格、区域、数值、表达式等，必须符合函数的要求才能计算出有效值，否则会得到如“#N/A”等错误的值。

### 3. 常用函数的使用方法

（1）SUM 函数。

用途：计算参数区域中的所有数值之和。

语法：SUM( 数值 1, 数值 2, ...)。

参数：“数值 1，数值 2，...”是多个需要求和的区域、数值、引用等。

实例：在单元格 A1 中输入 1、A2 为 2、A3 为 3，则函数 SUM(A1:A3) 的值为 6，SUM(A3,5) 的值为 8，SUM(A1:A3,4) 的值为 10。

（2）AVERAGE 函数。

用途：计算参数区域中所有数值的算术平均值。

语法：AVERAGE( 数值 1, 数值 2, ...)。

参数：“数值 1，数值 2，...”是多个需要求平均值的区域、数值、引用等。

（3）MAX 函数。

用途：返回参数区域中最大数的数值。

语法：MAX( 数值 1, 数值 2, ...)

参数：多个区域、数值、引用等。

（4）MIN 函数。

用途：返回参数区域中最小数的数值。

语法：MIN( 数值 1, 数值 2, ...)。

参数：多个区域、数值、引用等。

（5）COUNT 函数。

用途：返回含有数字的参数的个数，统计单元格区域或数组中含有数字的个数。

语法：COUNT( 值 1, 值 2, ...)。

参数："值 1，值 2，..."是多个需要统计个数的区域、数值、引用等，其中只有数字类型的参数才能被统计。

实例：在单元格 A1 中输入 18、A2 为"环境"、A3 为空、A4 为 54、A5 为 36，则函数 COUNT(A1:A5) 的值为 3。

（6）COUNTA 函数。

用途：返回有内容的参数的个数，统计单元格区域或数组中含有任何内容（非空）的个数。

语法：COUNTA( 值 1, 值 2，...)。

参数：多个需要统计个数的区域、数值、引用等，非空参数就能被统计。

实例：在单元格 A1 中输入 90、A2 为"环境"、A3 为空、A4 为 54、A5 为"36"，则函数 COUNTA(A1:A5) 的值为 4。

## 任务实施

视频

公式与函数的使用

### 1. 求和函数SUM和公式

打开"公式函数 - 素材 .xlsx"，对"资产表"进行如下计算：

（1）在 C10 和 D10 中计算"合计：流动资产"的年度余额和累积余额。

在"资产表"选中 C10 单元格，单击编辑栏中的"插入函数"按钮 *fx*，打开图 5-30（a）所示"插入函数"对话框，选择 SUM 函数，单击"确定"按钮，打开图 5-30（b）所示的"函数参数"对话框，单击"数值 1"后面的空白栏，在表格中选择区域 C5:C9，此时区域显示在"数值 1"中，单击"确定"按钮。在 C10 单元格中计算出区域 C5:C9 的数值之和，即"流动资产年度余额"。选中 C10 单元格，拉动单元格右下角的填充柄至 D10，在 D10 中计算出了"流动资产累积余额"。

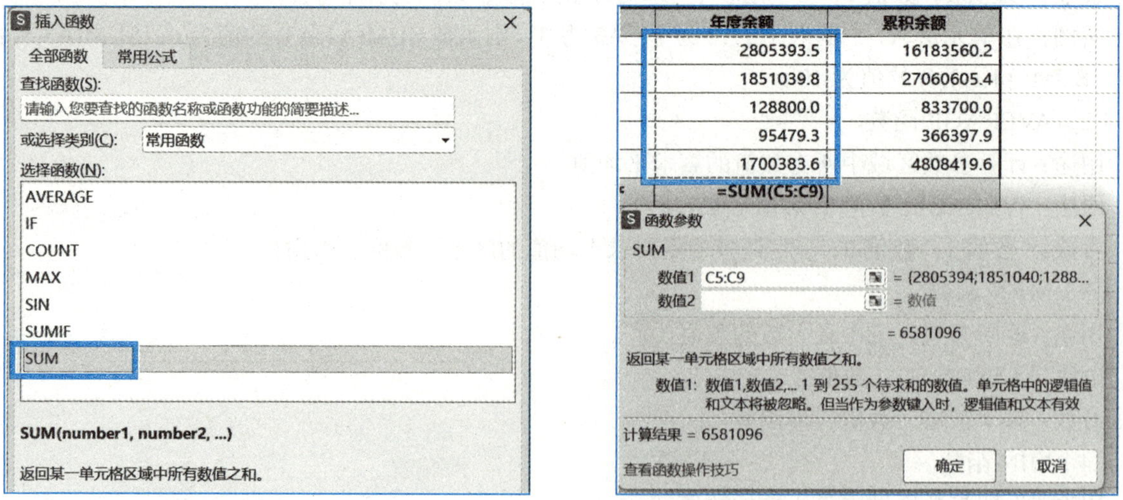


（a）　　　　（b）

图 5-30　SUM 函数和参数设置

（2）在 C14 和 D14 中计算“合计：非流动资产”的两项余额。

选中 C14 单元格，与前面 C10 单元格一样使用 SUM 函数，参数选择区域 C11:C13，在 C14 单元格中计算出区域 C11:C13 数值之和，即“非流动资产年度余额”，再填充至 D14 单元格。

（3）用公式，在 C15 和 D15 中计算“总计：总资产”的两项余额。

选中 C15 单元格，在编辑栏中先输入“=”，在 C10 单元格上单击，编辑栏中显示“=C10”；接着输入“+”，再在 C14 单元格上单击，编辑栏中显示“=C10+C14”，按【Enter】键确认（或按编辑栏的☑确认），在 C15 单元格中计算出“总资产年度余额”，再填充至 D15 单元格。

（4）对工作表“现金流量表”，用 SUM 函数，在 C11 和 D11 中计算“现金流量净额”的年度累计、本月金额。

在工作表“现金流量表”选中 C11 单元格，使用 SUM 函数，参数选择区域 C5:C10，在 C11 单元格中计算出“现金流量净额”的本年累计金额，再填充至 D11 单元格。

（5）用 SUM 函数或公式，在 C13 和 D13 中计算“期末现金余额”的两项金额。最终效果如图 5-29 所示。

选中 C13 单元格，使用 SUM 函数，参数选择区域 C11:C12，在 C13 单元格中计算出“期末现金余额”的本年累计金额，再填充至 D13 单元格。或者在 C13 单元格使用公式计算，编辑栏中输入“=C11+C12”，确认即可，再填充至 D13 单元格。

### 2. 其他函数

对“污染统计”工作表，完成如下计算，最后效果如图 5-31 所示。

| | A | B | C | D | E | F | G | H | I |
|---|---|---|---|---|---|---|---|---|---|
| 1 | 大气污染情况统计表（万吨） | | | | | | | | |
| 2 | 年份 | 工业排放 | | | 生活排放 | | | 统计时长（年）： | 10 |
| 3 | | 二氧化硫 | 氮氧化物 | 烟粉尘 | 二氧化硫 | 氮氧化物 | 烟粉尘 | 指标项数： | 6 |
| 4 | 2015 | 2234.8 | 1136.0 | 1672.9 | 354.0 | 387.8 | 224.3 | | |
| 5 | 2016 | 2140.0 | 1261.3 | 1469.8 | 328.1 | 382.0 | 215.5 | | |
| 6 | 2017 | 1991.3 | 1250.5 | 1255.6 | 329.9 | 374.0 | 230.9 | | |
| 7 | 2018 | 1866.1 | 1284.8 | 1128.0 | 348.3 | 407.9 | 243.3 | | |
| 8 | 2019 | 1864.4 | 1465.6 | 1051.9 | 320.7 | 386.8 | 225.9 | | |
| 9 | 2020 | 2017.2 | 1729.7 | 1100.9 | 200.4 | 674.5 | 177.9 | | |
| 10 | 2021 | 1911.7 | 1658.1 | 1029.3 | 205.7 | 679.7 | 205.0 | | |
| 11 | 2022 | 1835.2 | 1545.6 | 1094.6 | 208.5 | 681.7 | 183.5 | | |
| 12 | 2023 | 1740.3 | 1404.8 | 1456.1 | 233.9 | 672.9 | 284.5 | | |
| 13 | 2024 | 1556.7 | 1180.9 | 1232.6 | 296.9 | 651.0 | 305.2 | | |
| 14 | 平均排放量 | 1915.77 | 1391.73 | 1249.17 | 282.64 | 529.83 | 229.6 | | |
| 15 | 最大排放量 | 2234.8 | 1729.7 | 1672.9 | 354 | 681.7 | 305.2 | | |
| 16 | 最小排放量 | 1556.7 | 1136 | 1029.3 | 200.4 | 374 | 177.9 | | |

图 5-31　污染统计表计算结果

（1）调整 A 列的列宽为 12，H 列的列宽为 16，I 列的列宽为 5；在 A14:A16 单元格中分别输入“平均排放量”“最大排放量”“最小排放量”；在 H2 中输入“统计时长（年）：”，在 H3 中输入“指标项数：”。

选中第 A 列，右击并选择“列宽”命令输入 12；选中第 H 列，在“列宽”中输入 16；选中第 I 列，在“列宽”中输入 5。选中 A14 单元格，输入“平均排放量”，在 A15、A16、H2、H3 中分别输入对应内容。

（2）用 AVERAGE 函数，在 B14:G14 中计算每种污染源的年平均排放量。

选中 B14 单元格，单击“插入函数”，选择 AVERAGE 函数，如图 5-32（a）所示，在表格中选择区域 B4:B13，如图 5-32（b）所示，在“函数参数”对话框可以预览计算结果，此时 B14 中计算出了“二氧化硫”的平均排放量。用填充柄填充至 C14:G14 区域，计算出每种污染源的年平均排放量。

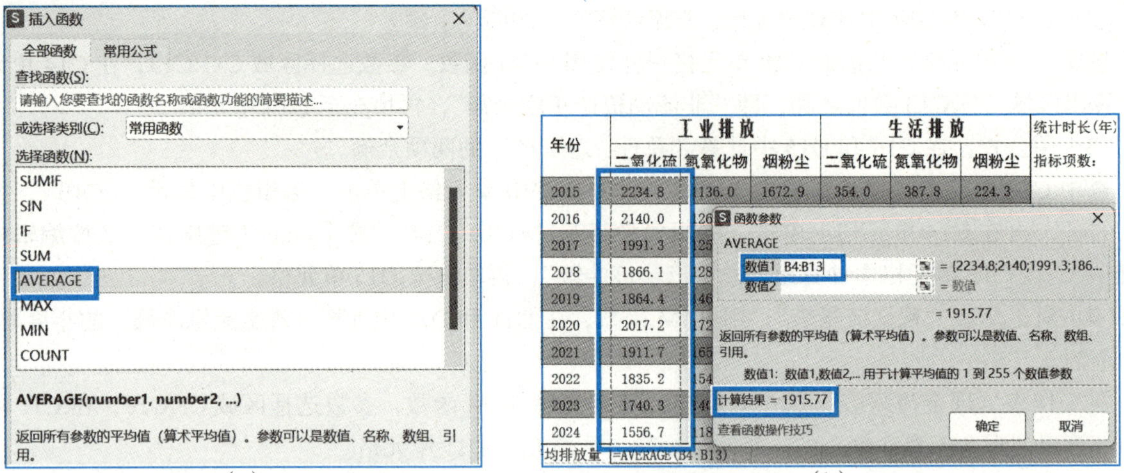

（a） （b）

图 5-32 AVERAGE 函数及参数设置

（3）用 MAX 函数，在 B15:G15 中计算每种污染源的最大排放量值。

选中 B15 单元格，插入 MAX 函数，选择区域 B4:B13，单击“确定”按钮，再填充至 C15:G15 区域，计算出每种污染源的年最大排放量。

（4）用 MIN 函数，在 B16:G16 中计算每种污染源的最小排放量值。

选中 B16 单元格，插入 MIN 函数，如果在默认的“常用函数”中没有 MIN 函数，如图 5-33（a）所示，单击“选择类别”右边的下拉按钮，在“全部”或“统计”类别中，都能找到 MIN 函数，如图 5-33（b）所示，再选择区域 B4:B13，单击“确定”按钮，填充至 C16:G16 区域，计算出每种污染源的年最小排放量。

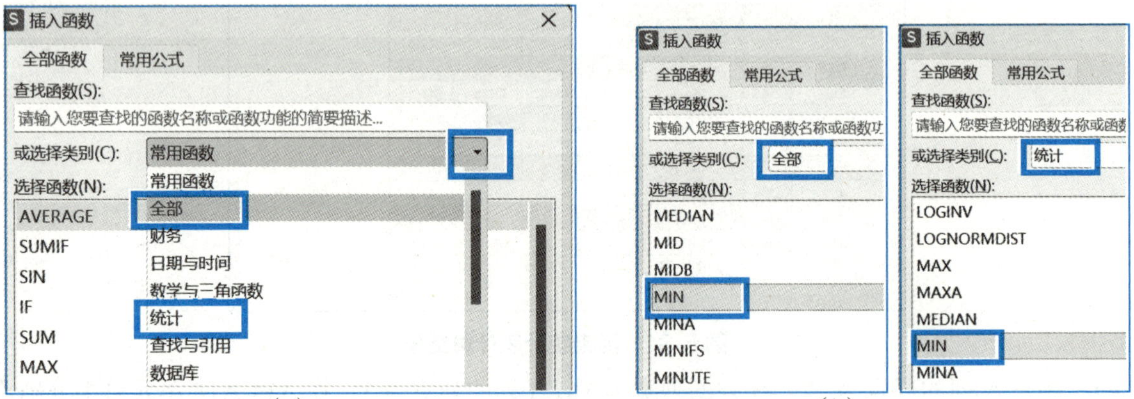

（a） （b）

图 5-33 选择 MIN 函数

（5）用 COUNT 函数，在 I2 中计算统计年份时长。

选中 I2 单元格，插入 COUNT 函数，选择区域 A4:A13，单击“确定”按钮，此时 I2单元格中统计出的数量为 10 年，即区域 A4:A13 中含有数字的单元格个数。

（6）用 COUNTA 函数，在 I3 中计算污染指标项数。

选中 I3 单元格，插入 COUNTA 函数，如果“常用函数”中没有 COUNTA 函数，则在“全部”或“统计”类别中找，如图 5-34（a）所示，选择区域 B3:G3，如图 5-34（b）所示，单击“确定”按钮。此时 I3 单元格中统计出了污染指标项数 6 项，即区域 B3:G3 中的非空单元格个数。

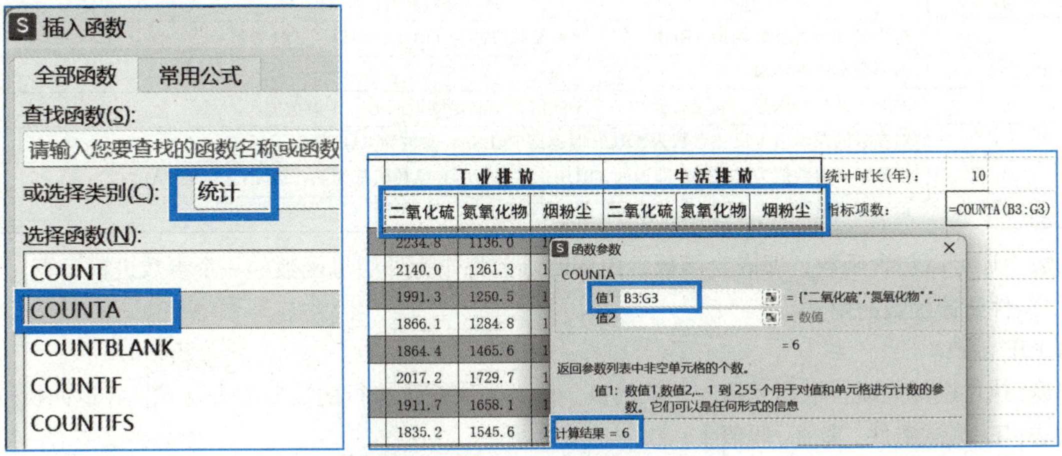


图 5-34 COUNTA 函数及区域参数

## 5.2.2 任务 2：函数应用进阶

### 任务要求

本任务要求用公式函数完成“成绩表”的相关计算与统计，能灵活运用 IF、SUMIF、AVERAGEIF、COUNTIF、RANK 等函数，正确结合公式和地址引用进行运算，并拓展学习财务函数的使用方法。最终效果如图 5-35 所示。

| | A | B | C | D | E | F | G | H | I | J | K | L | M | N |
|---|---|---|---|---|---|---|---|---|---|---|---|---|---|---|
| 1 | 学号 | 姓名 | 语文 | 数学 | 英语 | 物理 | 化学 | 总分 | 平均分 | 等级1 | 等级2 | 排名 | 英语调整分 | 英语调整系数 |
| 2 | 13010201 | 艾小群 | 87 | 78 | 80 | 82 | 83 | 410 | 82.0 | 合格 | B | 6 | 84.0 | 1.05 |
| 3 | 13010202 | 陈美华 | 81 | 90 | 80 | 86 | 91 | 428 | 85.6 | 优秀 | A | 3 | 84.0 | |
| 4 | 13010203 | 关汉瑜 | 90 | 97 | 91 | 89 | 88 | 455 | 91.0 | 优秀 | A | 1 | 95.6 | |
| 5 | 13010204 | 梅颂军 | 72 | 47 | 56 | 65 | 68 | 205 | 68.3 | 合格 | B | 12 | 58.8 | |
| 6 | 13010205 | 蔡雪敏 | 84 | 79 | 90 | 82 | 80 | 415 | 83.0 | 合格 | B | 5 | 94.5 | |
| 7 | 13010206 | 林淑仪 | 45 | 66 | 53 | 70 | 72 | 208 | 69.3 | 合格 | B | 11 | 55.7 | |
| 8 | 13010207 | 区俊杰 | 67 | 56 | 60 | 47 | 51 | 127 | 63.5 | 合格 | C | 14 | 63.0 | |
| 9 | 13010208 | 王玉强 | 46 | 61 | 41 | 65 | 67 | 193 | 64.3 | 合格 | C | 13 | 43.1 | |
| 10 | 13010209 | 何那娜 | 77 | 78 | 68 | 84 | 75 | 382 | 76.4 | 合格 | B | 8 | 71.4 | |
| 11 | 13010210 | 朋小林 | 86 | 95 | 90 | 91 | 87 | 449 | 89.8 | 优秀 | A | 2 | 94.5 | |
| 12 | 13010211 | 李静 | 82 | 93 | 70 | 89 | 84 | 418 | 83.6 | 合格 | B | 4 | 73.5 | |
| 13 | 13010212 | 唐刚亮 | 79 | 66 | 49 | 75 | 68 | 288 | 72.0 | 合格 | B | 10 | 51.5 | |
| 14 | 13010213 | 赵 明 | 67 | 66 | 89 | 70 | 56 | 292 | 73.0 | 合格 | B | 9 | 93.5 | |
| 15 | 13010214 | 蔡明威 | 75 | 80 | 72 | 85 | 79 | 391 | 78.2 | 合格 | B | 7 | 75.6 | |
| 16 | 优秀的人数： | | 3 | 4 | 4 | 5 | 3 | | | | | | | |
| 17 | 不及格的人数： | | 2 | 2 | 4 | 1 | 2 | | | | | | | |
| 18 | 统计平均分列中，获得A等级的同学的平均分： | | | | | | | | 88.8 | | | | | |

图 5-35 成绩表统计结果

### 任务准备

#### 1. 逻辑函数

用来判断真假值，或者进行符合检验的函数。WPS 表格中提供了多种逻辑函数，常用的逻辑函数见表 5-1。

表 5-1 常用的逻辑函数

| 函数名 | 说明 |
| --- | --- |
| AND | 检查是否所有参数均为 TRUE，如果所有参数值都为 TRUE，则返回 TRUE |
| FALSE | 返回逻辑值 FALSE |
| IF | 判断条件是否满足，满足时返回一个参数值，不满足则返回另一个参数值 |
| NOT | 对参数的逻辑值求反：参数为 TRUE 时返回 FALSE；参数为 FALSE 时返回 TRUE |
| OR | 如果任一参数值为 TRUE，即返回 TRUE；只有当所有参数值都为 FALSE 时才返回 FALSE |
| TRUE | 返回逻辑值 TRUE |

函数中还可以包含函数，即嵌套函数，内层的函数将作为外层母函数的一个参数进行运算。

### 2. 条件统计函数的用法

（1）IF 函数。

用途：执行逻辑判断，根据逻辑表达式的真、假，来决定该执行的数值或表达式，并返回执行结果。

语法：IF(测试条件,真值,假值)

参数："测试条件"是逻辑式，结果要么为 TRUE 要么为 FALSE；"真值"是逻辑式"测试条件"为 TRUE 时，IF 函数该返回的结果；"假值"是逻辑式"测试条件"为 FALSE 时，IF 函数该返回的结果；其中，"真值"和"假值"也可以是一个表达式。

（2）COUNTIF 条件统计函数。

用途：根据指定条件对若干单元格、区域或引用进行计数。

语法：COUNTIF(区域,条件)

参数："区域"为用于条件判断的单元格区域，"条件"是由数字、逻辑表达式等组成的判定条件。

（3）SUMIF 条件求和函数。

用途：根据指定条件对若干单元格、区域或引用进行求和。

语法：SUMIF(区域,条件,求和区域)

参数："区域"为用于条件判断的单元格区域，"条件"是由数字、逻辑表达式等组成的判定条件，"求和区域"为需要求和的单元格、区域或引用。

（4）AVERAGEIF 条件求平均值函数。

用途：根据指定条件对若干单元格、区域或引用进行求平均值。

语法：AVERAGEIF(区域,条件,求平均值区域)

参数："区域"为用于条件判断的单元格区域，"条件"是由数字、逻辑表达式等组成的判定条件，"求平均值区域"为需要求平均值的单元格、区域或引用。

（5）RANK 排名函数。

用途：求某一个数值在某一区域内的排名。

语法：RANK(数值,引用,排位方式)

参数："数值"为被排名的数值或单元格地址；"引用"为排名该参照的数值区域，即参数"数值"是在哪个范围内的名次；"排位方式"一般取 0 或 1，可以省略，即默认为降序排序的名次，此时不需要输入参数，如果想要升序排序求得名次，"排位方式"的值取 1。

### 3. 单元格地址引用

公式函数中常用地址引用来表示单元格或区域，单元格地址引用分为相对引用、绝对引用和混合引用三种。

（1）相对引用。用单元格的列标和行号作为单元格地址，如 F3。使用相对引用的公式函数与单元格的位置有关，当相对位置发生变化时，所引用的单元格也发生变化。

例如，在单元格 D1 中输入公式“=B1*C1”，按【Enter】键确认后，D1 单元格中是 B1 乘以 C1 的结果，如图 5-36（a）所示。将 D1 复制、粘贴到 D4 单元格时，D4 复制了 D1 中的公式，以及乘数与结果的位置关系，所以 D4 中自动填入了公式“=B4*C4”的结果，如图 5-36（b）所示。

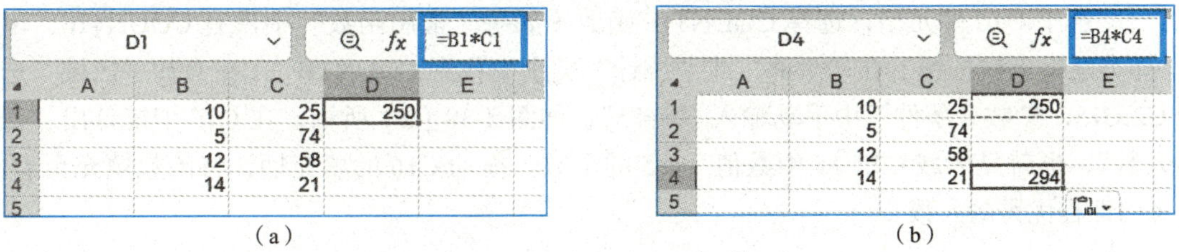


图 5-36　复制公式和相对位置关系

利用相对引用的特点，可以很方便地在不同的单元格中使用相同的公式，对不同行列中的数据进行相同方法的计算。

（2）绝对引用。在行号或列号前面加一个美元符号“$”，如 $F$3。使用绝对引用的公式，所引用的单元格位置是固定的，即使相对位置发生变化，所引用的单元格也不变。

例如，对 B 列的期末成绩乘以 60%，在 D 列得到总评分的期末成绩部分，系数值放于 C2 单元格中。在 D2 单元中输入“=B2*C2”得到了 B2 的总评分，但拉动填充柄时，D3 以下单元格的总评分计算错误，如图 5-37（a）所示。但采用绝对引用 $C$2，将系数值单元格 C2 固定下来，公式改为“=B2*$C$2”，再拉动填充柄就能得到全部正确的总评分。如图 5-37（b）所示。

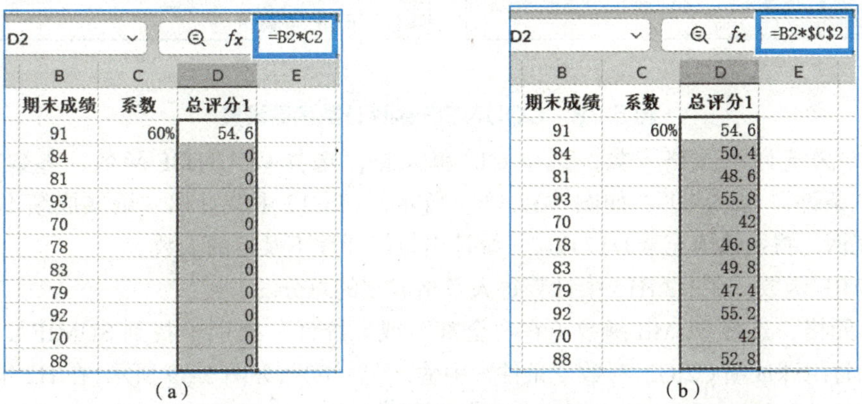


图 5-37　相对引用与绝对引用的效果

（3）混合引用。混合引用是地址中的列标或行号，有一个采用相对引用，另一个采用绝对引用，如 $B2 或 B$2。$B2 表示的列是绝对引用、行是相对引用，当引用了 B2 单元格的公式被移动或复制到新的位置时，所引用的 B 列不变，所引用的第 2 行与新位置有关。

小技巧：相对引用与绝对引用的转换非常简单，将光标放在公式的地址引用处，按【F4】键切换。例如，光标在编辑栏公式中的 B1 处，按【F4】键，每按一次，B1 分别变为 $B$1、B$1、$B1、B1，其中 B$1、$B1 为混合引用，B$1 为相对列、绝对行引用，$B1 为绝对列、相对行引用。

## 任务实施

视 频

函数应用进阶

### 1. 条件统计函数

打开“函数应用进阶－素材.xlsx”，对工作表“成绩表”进行计算：

（1）用 CONUNTIF 函数，在 C16:G16 中统计出每门课优秀（>=85）的人数，在 C17:G17 中统计出每门课不及格（<60）的人数。

选中 C16 单元格，选择 COUNTIF 函数（如果“常用函数”中没有 COUNTIF，单击“选择类别”下拉按钮，在“全部”或“统计”类别中找到 COUNTIF），在参数“区域”选择语文成绩列 C2:C15，参数“条件”中手动输入“>=85”，如图 5-38（a）所示。在 C16 中统计出“语文成绩优秀的人数”，也就是区域 C2:C15 中数值 >=85 的个数。拖动 C16 的填充柄，将函数填充至 D16:G16，统计出每门课程优秀的人数。

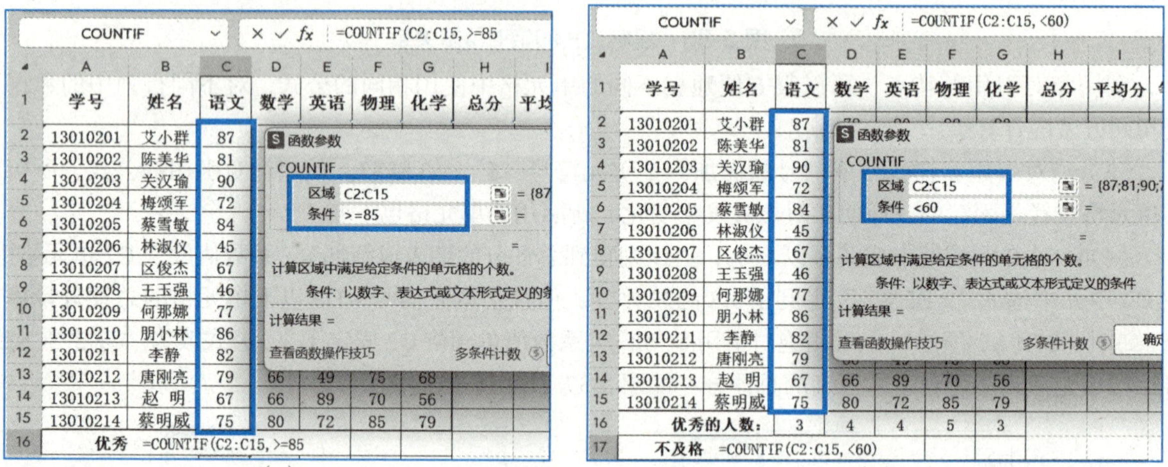


（a） （b）

**图 5-38 COUNTIF 条件计数函数设置**

用同样的方法统计不及格人数，选中 C17 单元格，选择 COUNTIF 函数，参数“区域”选择 C2:C15，参数“条件”为“<60”，如图 5-38（b）所示，在 C17 中统计出“语文成绩不及格的人数”。拖动 C17 的填充柄，将函数填充至 D17:G17，统计出每门课程不及格的人数。

（2）用 SUMIF 函数，在 H2:H15 中计算每人及格成绩的总分。

选中 H2 单元格，选择 SUMIF函数（在“全部”或“统计”类别中找到 SUMIF），参数“区域”选择第一个人的每门课成绩 C2:G2，参数“条件”中输入“>=60”，如图 5-39 所示，在 H2 中统计出了“第一个人及格成绩的总分值”。拖动 H2 的填充柄，将函数填充至 H3:H15，统计出每人的及格成绩的总分值。

（3）用 AVERAGEIF 函数，在 I2:I15 中计算每人及格成绩的平均分。

选中 I2 单元格，选择 AVERAGEIF 函数（在“全部”或“统计”类别中找到 AVERAGEIF），参数“区域”中选择第一个人的每门课成绩 C2:G2，参数“条件”中输入“>=60”，如图 5-40 所示，在 I2 中统计出“第一个人及格成绩的平均分值”。拖动 I2 的填充柄，将函数填充至 I3:I15，统计出每人的及格成绩的平均分。

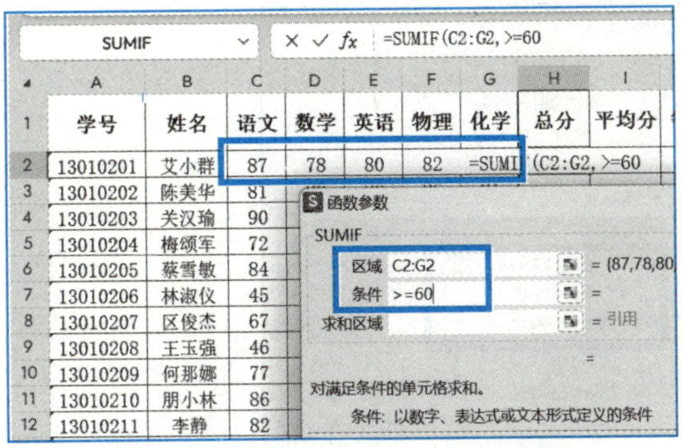


图 5-39　SUMIF 条件求和函数设置

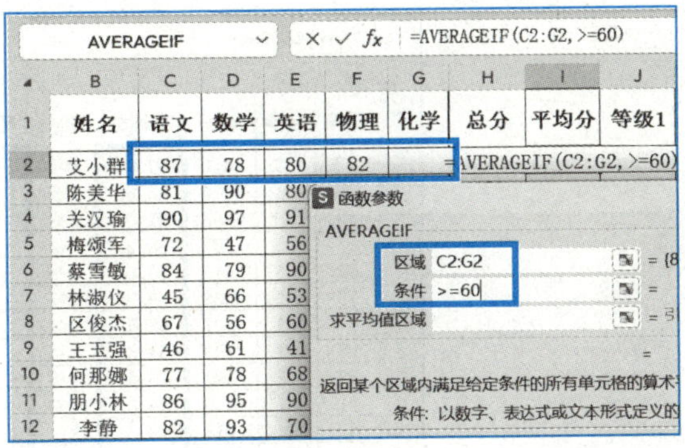


图 5-40　AVERAGEIF 条件平均值函数设置

## 2. IF函数及嵌套

对“成绩表”继续进行计算：

（1）用 IF 函数，在 J2:J15 中得到每人的平均分“等级 1”：平均分 85(含)以上的为“优秀”，85 分以下的为“合格”。

选中 J2 单元格，选择 IF 函数，参数“测试条件”中输入“I2>=85”，“真值”中输入“优秀”（参数中的双引号“”不需要输入），“假值”中输入“合格”，如图 5-41 所示。或直接在编辑栏中输入完整的 IF 函数“=IF(I2>=85,"优秀","合格")”并确认。此时的 J2 根据 I2 的值，判断是“优秀”还是“合格”。拖动 J2 的填充柄，将函数填充至 J3:J15，统计出每个人是“优秀”或“合格”。

（2）用 IF 嵌套函数，在 K2:K15 中得到每人的平均分“等级 2”：平均分 85(含)以上的为“A”，65(含)至 85 分的为“B”，65 分以下的为“C”。

选中 K2 单元格，选择 IF 函数，参数“测试条件”中输入“I2>=85”，“真值”中输入“A”，“假值”中需要嵌套第二层 IF 函数继续判断是 B 还是 C，输入“IF(I2>=60,"B","C")”，如图 5-42 所示。或直接在编辑栏中输入完整的 IF 函数“=IF(I2>=85,"A",=IF(I2>=60,"B","C"))”并确认。此时的 K2 根据 I2 的值，判断等级是 A、B 或 C。拖动 K2 的填充柄，将函数填充至 K3:K15，统计出每个人的等级。

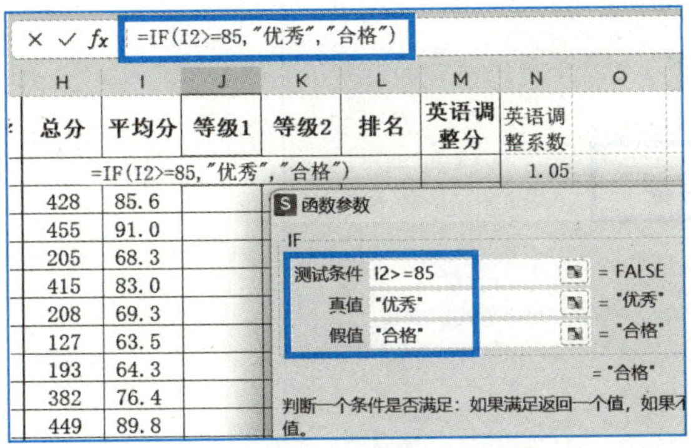


图 5-41　IF 条件函数设置

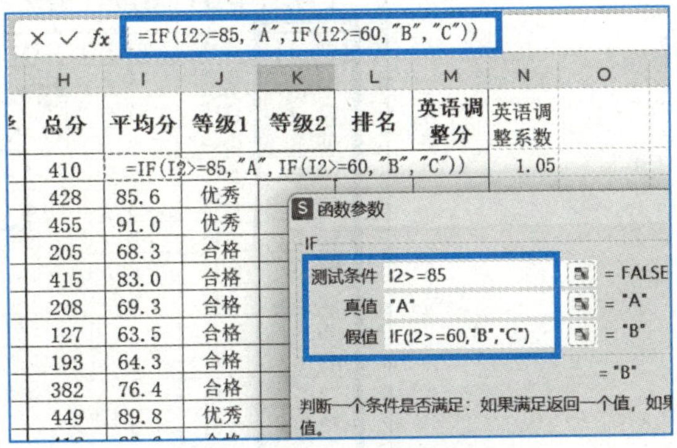


图 5-42　IF 嵌套函数设置

（3）用 AVERAGEIF 函数，在 I18 中统计平均分列（I 列）中，获得 A 等级的同学的平均分。

选中 I18 单元格，选择 AVERAGEIF 函数，参数“区域”中选择“等级 2”列 K2:K15，“条件”中手动输入“=A”，“求平均值区域”中选择平均分列 I2:I15，如图 5-43 所示。此时在 I18 中统计出了“平均分列（I 列）中，获得 A 等级同学的平均分”，也就是 I2:I15 中等级是 A 的人的平均值。

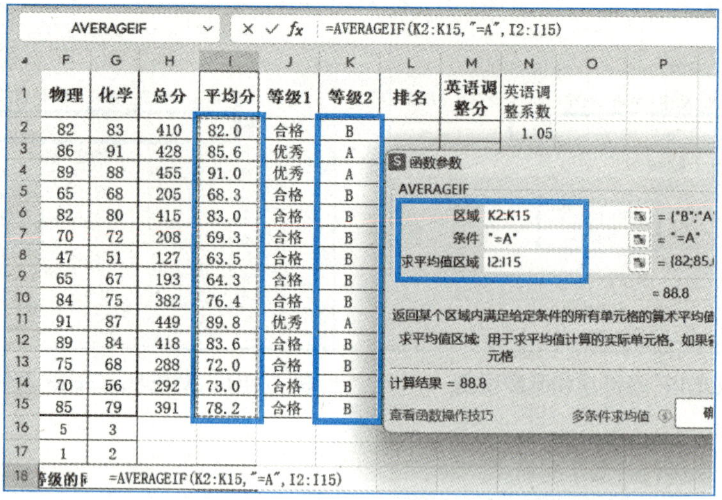

图 5-43　AVERAGEIF 条件平均值函数参数设置

### 3. 排名函数及公式

对“成绩表”继续进行计算：

（1）用 RANK 函数，在 L2:L15 中得到每人平均分的排名。

选中 L2 单元格，选择 RANK 函数（在“全部”或“统计”类别中找到 RANK），参数“数值”选择 I2，“引用”选择区域 I2:I15，并将其改为绝对引用“$I$2:$I$15”，如图 5-44 所示。将 I2:I15 改为绝对引用 $I$2:$I$15，是为了后续使用填充柄时，区域 I2:I15 不会移动。此时在 L2 中统计出了第一个人的平均分排名，即 I2 中的分数值在 I2:I15 全部分数值中的名次。拖动 L2 的填充柄，将函数填充至 L3:L15，根据平均分统计出每个人的排名情况。

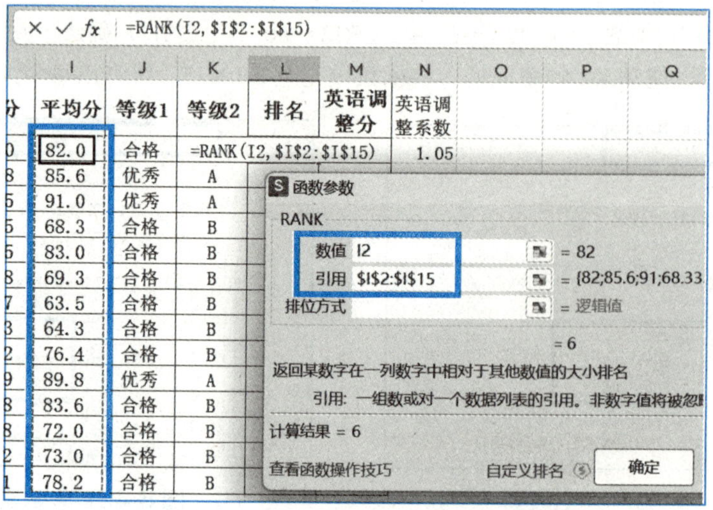

图 5-44　RANK排名函数与绝对引用

（2）按照 N2 单元格中的系数值，用公式“英语分数 * 系数值 = 英语调整分”，在 M2:M15 中得到每人的英语调整分。

选中 M2 单元格，在编辑栏输入公式“=E2*$N$2”，如图 5-45 所示。绝对引用“$N$2”使填充时区域 N2 不会移动，在 M2 中得到第一个人的英语调整分。拖动 M2 填充柄，将公式填充至 M3:M15，得到每个人的英语调整分。

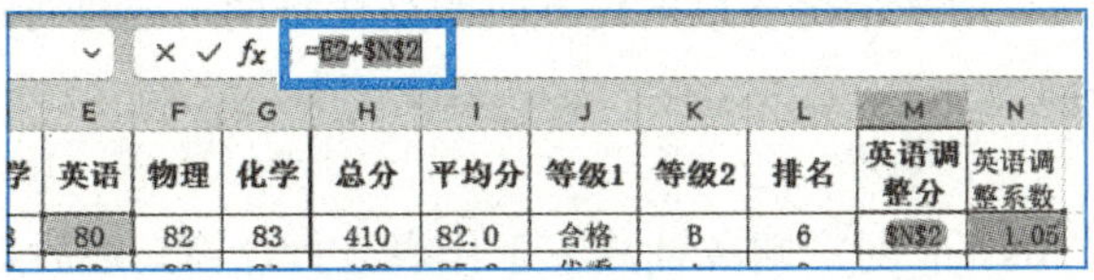


图 5-45　公式中的绝对引用

## 能力拓展

财务函数是财务计算和财务分析的工具，在提高财务工作效率的同时，保障财务数据计算的准确性。常用的财务函数见表 5-2。

表 5-2　常用的财务函数

| 函 数 名 | 说　明 |
|---|---|
| FV | 基于固定利率和等额分期付款方式，返回某项投资的未来值 |
| IPMT | 返回在定期偿还、固定利率条件下给定期次内某项投资回报（或贷款偿还）的利息部分 |
| PMT | 计算在固定利率下，贷款的等额分期偿还额 |
| PV | 返回某项投资的一系列将来偿还额的当前总值（或一次性偿还额的现值） |
| SLN | 返回固定资产的每期线性折旧费 |

常见财务函数的用法：

（1）FV 函数。

用途：FV 函数基于固定利率及等额分期付款方式，计算投资的未来值。

语法：FV( 利率 , 支付总期数 , 定期支付款 , 现值 , 是否初期支付 )

参数：“利率”为各期利率；“支付总期数”为总投资（或贷款）的付款总期数，如 36 个月即“支付总期数”为“36”（注意单位的一致性：如果“利率”指的是年利率，“支付总期数”就是付款年数；如果“利率”指的是月利率，“支付总期数”就是付款月数）。“定期支付款”为每期所应支付的金额。“现值”是从该项投资开始计算时已经入账的款项，可以省略或为 0。“是否初期支付”为 0 或 1，用来指定各期的付款时间是在每期末还是每期初，0 代表每期末付款，1 代表每期初付款，通常省略即为 0。

（2）PV 函数。

用途：PV 函数基于固定利率、等额分期付款或收益，计算贷款或投资的现值。

语法：PV( 利率 , 支付总期数 , 定期支付款 , 终值 , 是否初期支付 )

参数：“利率”为各期利率；“支付总期数”为投资（或贷款）的付款总期数，（注意单位的一致性：如果“利率”指的是年利率，“支付总期数”就是付款年数；如果“利率”指的是月利率，“支付总期数”就是付款月数）。“定期支付款”为每期所应支付的金额。“终值”是未来值，或在最后一次支付后希望得到的现金余额，可以省略或为 0。“是否初期支付”为 0 或 1，用来指定各期的付款时间是在每期末还是每期初，0 代表每期末付款，1 代表每期初付款，通常省略即为 0。

（3）PMT 函数。

用途：PMT 函数基于固定利率及等额分期付款方式，得到贷款的每期付款额。

语法：PMT( 利率 , 支付总期数 , 现值 , 终值 , 是否初期支付 )

参数："利率"为贷款的各期利率；"支付总期数"为该项贷款的付款总期数；"现值"为期初的付款总值，也称本金；"终值"为未来值（余值），或在最后一次付款后希望得到的现金余额，可以省略或为0。"是否初期支付"为0或1，用来指定各期的付款时间是在每期末还是每期初，0代表每期末付款，1代表每期初付款，通常省略即为0。

财务函数的应用：

打开"公式函数 - 素材 .xlsx"，对"财务计算"工作表进行计算，最后效果如图 5-46 所示。

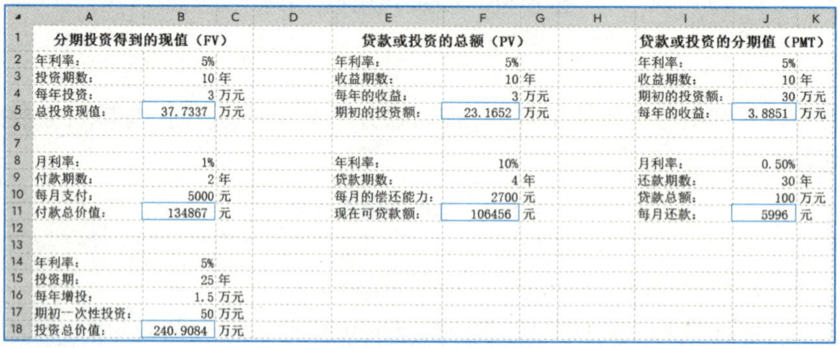

| | A | B | C | D | E | F | G | H | I | J | K |
|---|---|---|---|---|---|---|---|---|---|---|---|
| 1 | 分期投资得到的现值（FV） | | | | 贷款或投资的总额（PV） | | | | 贷款或投资的分期值（PMT） | | |
| 2 | 年利率： | 5% | | | 年利率： | 5% | | | 年利率： | 5% | |
| 3 | 投资期数： | 10 | 年 | | 收益期数： | 10 | 年 | | 收益期数： | 10 | 年 |
| 4 | 每年投资： | 3 | 万元 | | 每年的收益： | 3 | 万元 | | 期初的投资额： | 30 | 万元 |
| 5 | 总投资现值： | 37.7337 | 万元 | | 期初的投资额： | 23.1652 | 万元 | | 每年的收益： | 3.8851 | 万元 |
| 6 | | | | | | | | | | | |
| 7 | | | | | | | | | | | |
| 8 | 月利率： | 1% | | | 年利率： | 10% | | | 月利率： | 0.50% | |
| 9 | 付款期数： | 2 | 年 | | 贷款期数： | 4 | 年 | | 还款期数： | 30 | 年 |
| 10 | 每月支付： | 5000 | 元 | | 每月的偿还能力： | 2700 | 元 | | 贷款总额： | 100 | 万元 |
| 11 | 付款总价值： | 134867 | 元 | | 现在可贷款额： | 106456 | 元 | | 每月还款： | 5996 | 元 |
| 12 | | | | | | | | | | | |
| 13 | | | | | | | | | | | |
| 14 | 年利率： | 5% | | | | | | | | | |
| 15 | 投资期： | 25 | 年 | | | | | | | | |
| 16 | 每年增投： | 1.5 | 万元 | | | | | | | | |
| 17 | 期初一次性投资： | 50 | 万元 | | | | | | | | |
| 18 | 投资总价值： | 240.9084 | 万元 | | | | | | | | |

图 5-46 财务计算结果

（1）用 FV 函数计算：一个分期投资的项目，固定年利率为 5%，付款期为 10 年，每年投资 3 万元，在 B5 单元格得到投资的总现值。

选中 B5 单元格，选择 FV 函数（在"全部"或"财务"类别中找到 FV），参数"利率"选择 B2 单元格，"支付总期数"选择 B3 单元格，"定期支付额"选择 B4 单元格，如图 5-47 所示。如果 B4 前面添加负号"-"，最终显示的结果是正数"+"，否则，结果显示为负数。

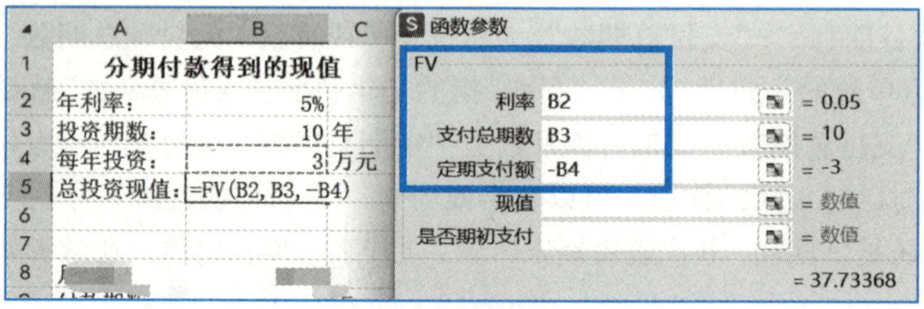


图 5-47 分期投资的总现值

（2）用 FV 函数计算：一个分期付款的项目，月利率为 1%，付款期为 2 年（24 个月），每个月支付 5 千元，在 B11 单元格得到付款的总价值。

选中 B11 单元格，选择 FV 函数，参数"利率"选择 B8 单元格，"支付总期数"选择 B9 单元格，需要注意单位统一，如果统一按照单位"月"，则总期数应该是"2 年 *12"，也就是 B9*12，如图 5-48 所示。参数"定期支付额"选择 B10 单元格，前面添加负号"-"，最终显示的结果就是正数"+"。

（3）用 FV 函数计算：一个分期投资的项目，期初一次性投资 50 万元，后续 25 年每年增投 1.5 万元，固定年利率为 5%，在 B18 单元格得到投资的总价值。

选中 B18 单元格，选择 FV 函数，参数"利率"选择 B14 单元格，"支付总期数"选择 B15 单元格，"定期支付额"选择 B16 单元格，前面添加负号"-"，"现值"选择 B17 单元格，前面添加负号"-"，如图 5-49 所示。

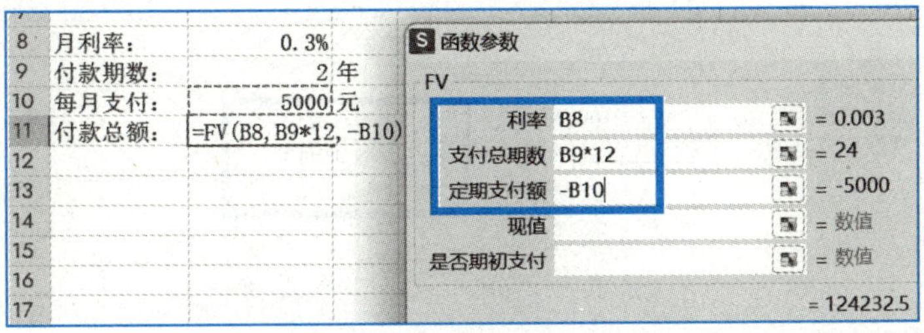


图 5-48 分期付款的总价值

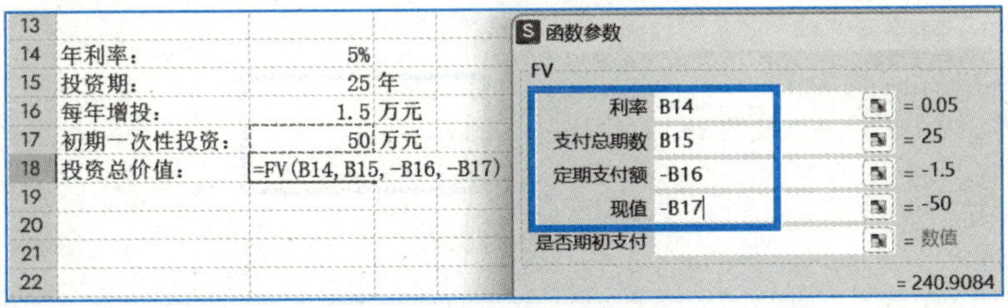


图 5-49 “一次性投资”加“分期增投资”的总价值

在这里，参数“现值”是指期初的一次性投资金额，而参数“定期支付额”是指 25 年间每年再投资的金额。

（4）用 PV 函数计算：一个投资收益的项目，固定年利率为 5%，收益期为 10 年，每年收益 3 万元，在 F5 单元格得到期初一次性投资额。

选中 F5 单元格，选择 PV 函数，参数“利率”选择 F2 单元格，“支付总期数”选择 F3 单元格，“定期支付额”选择 F4 单元格，如图 5-50 所示。如果 F4 前面添加负号“-”，最终显示的结果是正数“+”，否则，结果显示为负数。

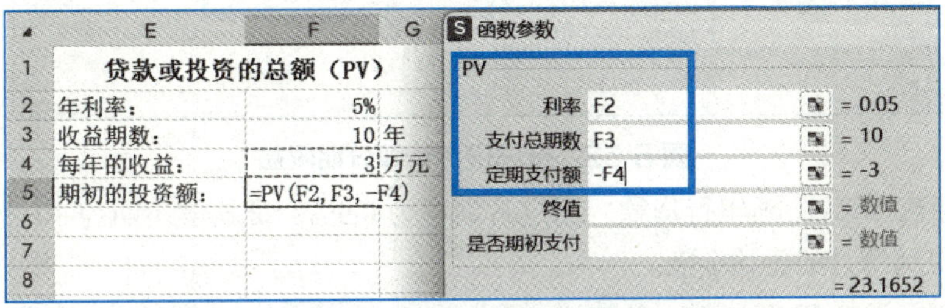


图 5-50 按分期收益计算投资额

（5）用 PV 函数计算：一项银行贷款，年利率为 10%，贷款偿还期为 4 年，每月的偿还能力为 2 700 元，在 F11 单元格得到目前可向银行贷款的额度。

选中 F11 单元格，选择 PV 函数，参数“利率”选择 F8 单元格，如图 5-51（a）所示，需要注意单位统一，如果统一按照单位“月”，则月利率是 10%/12，即 F8/12。“支付总期数”选择 F9 单元格，贷款期数是 4*12 个月，即 F9*12。“定期支付额”选择 F10 单元格，前面再添加负号“-”，使最终显示的结果是正数。

如果统一按照单位“年”，则应该是每年的支付金额“2700*12”，也就是 F10*12，如图 5-51（b）所示，两种写法的计算结果会有细微差别。

（6）用 PMT 函数计算：一个投资收益的项目，固定年利率为 5%，收益期为 10 年，期初投资 30 万元，在 J5 单元格得到每年的收益金额。

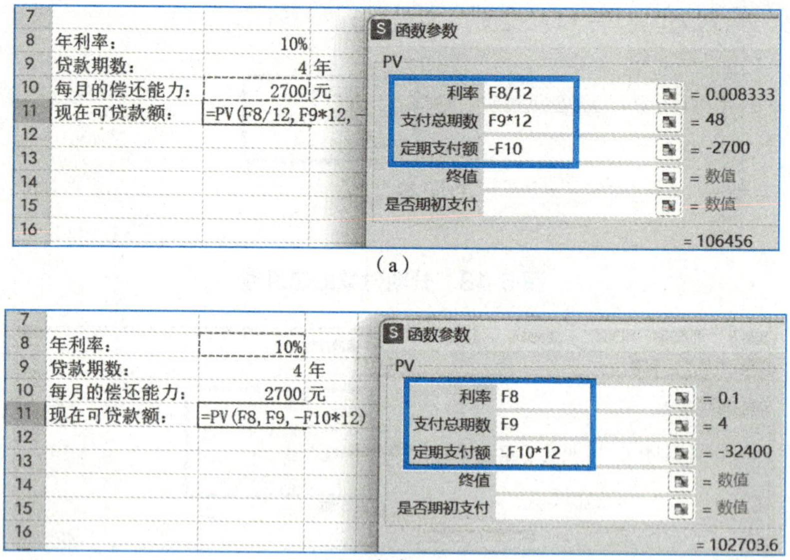

(a)

(b)

图 5-51　按分期付款金额计算贷款额

选中 J5 单元格，选择 PMT 函数，参数“利率”选择 J2 单元格，“支付总期数”选择 J3 单元格，“现值”选择 J4 单元格，如图 5-52 所示。如果 J4 前面添加负号“-”，最终显示的结果是正数“+”，否则，结果显示为负数。

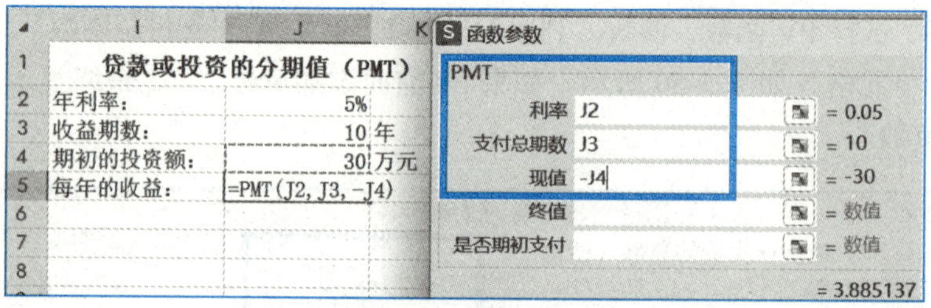


图 5-52　按总投资计算分期收益

（7）用 PMT 函数计算：一项银行贷款，固定月利率为 0.5%，贷款偿还期为 30 年，贷款总额 100 万元，在 J11 单元格得到每月的还款金额。

选中 J11 单元格，选择 PMT 函数，参数“利率”选择 J8 单元格，“支付总期数”选择 J9 单元格，如图 5-53 所示，注意单位统一，如果统一按照单位“月”，则支付期数是 30*12 个月，即 J9*12。参数“现值”选择 J10 单元格，单位统一成“元”，即 J10*10000，前面再添加负号“-”，使最终显示的结果是正数。

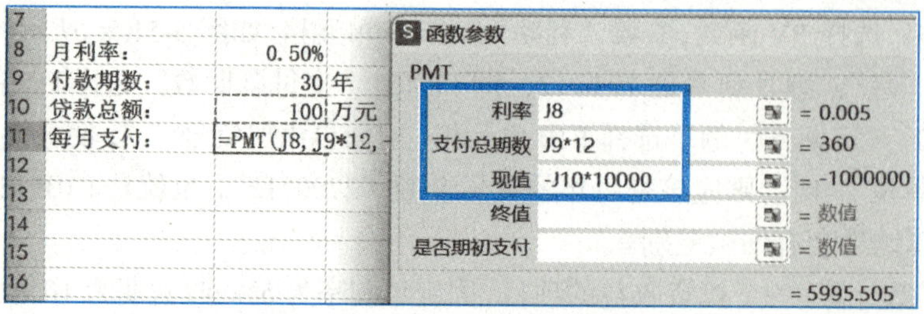


图 5-53　按贷款计算分期还款额

# 5.3 数据管理分析——员工工资表分析

党的二十大报告中指出：“加快发展数字经济，促进数字经济和实体经济深度融合，打造具有国际竞争力的数字产业集群。”新一代信息技术与各产业结合形成数字化生产力和数字经济，是现代化经济体系发展的重要方向。学习 WPS 表格，其强大的数据运算和数据分析功能不仅体现在公式函数上，还体现在对各种数据的分析方法：排序可以将数据区域按照某列（关键字）的升序或降序排列，使表格的数据行调整成新的排列顺序；数据筛选可以将表中满足条件的行保留，其余的行则隐藏起来；分类汇总可以对数据区域按指定的字段（列）的内容进行小计和合计。

## 5.3.1　任务 1：数据排序与筛选

### 任务要求

本任务要求对员工的工资表进行排序、自动筛选、高级筛选。排序分为升序、降序及多字段排序；自动筛选可以按值或范围进行，还可以对多个字段叠加筛选；高级筛选需要注意条件区域的编辑，位置决定了筛选条件的逻辑关系。

### 任务准备

#### 1. 排序

排序是将数据区域按照某列（关键字）的升序或降序排列，使表格的数据行调整成新的排列顺序。

排序可以按一个或多个关键字进行。当数据以列标题作为第一行，且只进行一个关键字的排序时，单击“排序”按钮按“升序”排序，“排序”下拉按钮选择“降序”时按降序排序。进行多个关键字的排序、或列标题不在第一行时（如列标题上面还有表格标题，或没有列标题），需要先选择排序的数据区域，再打开图 5-54 所示的“排序”对话框进行设置。

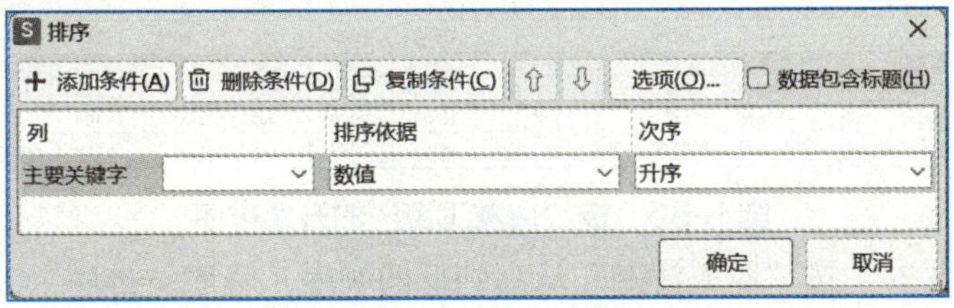


图 5-54　“排序”对话框

#### 2. 自动筛选

数据筛选可以将表中满足条件的行保留，其余的行则隐藏起来。数据筛选可以分为自动筛选和高级筛选两种，通常在一个工作表中只进行一个数据区域的筛选操作。

自动筛选适用于简单条件的筛选，可实现筛选该列中的某值，或按自定义条件进行筛选。当第一行是列标题，且从第二行开始是数据时，单击“筛选”按钮，将在每个列标题旁边出现条件筛选按钮▼，设置筛选条件。

当第一行不是列标题时，先选中进行筛选的数据区域，区域中包含列标题，再单击“筛选”按钮。筛选按钮在“数据”选项卡中也可以找到。

### 3. 高级筛选

高级筛选可以指定复杂的条件，适合筛选条件较多、多个条件之间是“或”关系等情况。在“筛选”下拉列表中选择“高级筛选”，打开高级筛选对话框进行设置，高级筛选按钮在“数据”选项卡中也可以找到。

启用高级筛选功能之前，必须先建立一个条件区域，输入筛选条件。条件区域的第一行输入筛选条件的列名，必须与源数据区域中的列名完全一致，可以采用复制粘贴的方法。列名的下方输入对应的筛选条件，当多个条件写在同一行时，表示条件之间是“与”的关系；当多个条件写在不同的行时，表示条件之间是“或”的关系。

**注意：**“条件”区域和“源数据”区域不能粘连相邻，必须至少空出一行或一列隔开。

## 任务实施

视频

数据排序与筛选

### 1. 排序

打开“数据管理分析 1- 素材 .xlsx”，进行以下操作：

（1）对工作表“排序 1”，按“应发工资”从低到高的顺序（升序）排序。

选择“排序 1”工作表，单击“应发工资”列中的任意一个单元格，单击“开始”（或“数据”）选项卡中的“排序”按钮[排序]，则整个数据区域按照“应发工资”从低到高的顺序（升序）进行了排序，效果如图 5-55 所示。

|  | A | B | C | D | E | F | G | H | I | J | K | L | M | N |
|---|---|---|---|---|---|---|---|---|---|---|---|---|---|---|
| 1 | 员工编号 | 姓名 | 性别 | 部门 | 职务 | 加班天数 | 请假天数 | 基本工资 | 职务津贴 | 加班工资 | 请假扣除 | 应发工资 | 扣税 | 实发工资 |
| 2 | 003 | 孙英 | 女 | 办公室 | 文员 | 0 | 1 | 4250 | 1000 | 0 | 90 | 5160 | 8 | 5152 |
| 3 | 018 | 黄莉莉 | 女 | 开发部 | 文员 | 2 | 3 | 4325 | 1000 | 260 | 270 | 5315 | 15.75 | 5299.25 |
| 4 | 008 | 黄开芳 | 女 | 客服部 | 文员 | 0 | 2 | 4860 | 1000 | 0 | 180 | 5680 | 34 | 5646 |
| 5 | 006 | 郝心怡 | 女 | 办公室 | 文员 | 0 | 0 | 4780 | 1000 | 0 | 0 | 5780 | 39 | 5741 |
| 6 | 005 | 金翔 | 男 | 销售部 | 销售员 | 3 | 1 | 7281 | 1000 | 390 | 90 | 8581 | 179.05 | 8401.95 |
| 7 | 013 | 张雨涵 | 女 | 销售部 | 销售员 | 0 | 0 | 7600 | 1000 | 0 | 0 | 8600 | 180 | 8420 |
| 8 | 007 | 扬帆 | 男 | 销售部 | 销售员 | 0 | 0 | 7830 | 1000 | 0 | 0 | 8830 | 191.5 | 8638.5 |
| 9 | 017 | 张平 | 男 | 销售部 | 销售员 | 0 | 0 | 7850 | 1000 | 0 | 0 | 8850 | 192.5 | 8657.5 |
| 10 | 010 | 王春晓 | 女 | 销售部 | 销售员 | 0 | 0 | 7855 | 1000 | 0 | 0 | 8855 | 192.75 | 8662.25 |
| 11 | 011 | 陈松 | 男 | 开发部 | 工程师 | 2 | 0 | 9200 | 1500 | 260 | 0 | 10960 | 298 | 10662 |
| 12 | 014 | 钱民 | 男 | 开发部 | 工程师 | 0 | 0 | 9825 | 1500 | 0 | 0 | 11325 | 316.25 | 11008.75 |
| 13 | 012 | 姚玲 | 女 | 客服部 | 工程师 | 3 | 1 | 9545 | 1500 | 390 | 90 | 11345 | 317.25 | 11027.75 |
| 14 | 004 | 张在旭 | 男 | 开发部 | 工程师 | 2 | 0 | 9800 | 1500 | 260 | 0 | 11560 | 328 | 11232 |
| 15 | 016 | 高晓东 | 男 | 客服部 | 工程师 | 4 | 1 | 9832 | 1500 | 520 | 90 | 11762 | 338.1 | 11423.9 |
| 16 | 015 | 王力 | 男 | 客服部 | 经理 | 1 | 2 | 10683 | 2000 | 130 | 180 | 12633 | 381.65 | 12251.35 |
| 17 | 002 | 王文辉 | 男 | 销售部 | 经理 | 5 | 0 | 10530 | 2000 | 650 | 0 | 13180 | 409 | 12771 |
| 18 | 009 | 张磊 | 男 | 开发部 | 经理 | 6 | 1 | 10800 | 2000 | 780 | 90 | 13490 | 424.5 | 13065.5 |
| 19 | 001 | 李新 | 男 | 办公室 | 总经理 | 3 | 0 | 14820 | 3000 | 390 | 0 | 18210 | 660.5 | 17549.5 |

图 5-55 按“应发工资”的升序排序

（2）对工作表“排序 2”，按“职务津贴”从高到低的顺序（降序）排序。

选择工作表“排序 2”，表中有表格标题，不能直接单击“排序”按钮。需要先选中区域 A2:N20，再单击[排序]下拉列表中的“自定义排序”，打开“排序”对话框，如图 5-56 所示。在“主要关键字”下拉列表框中选择“职务津贴”，“次序”选择“降序”。最终效果如图 5-57 所示。

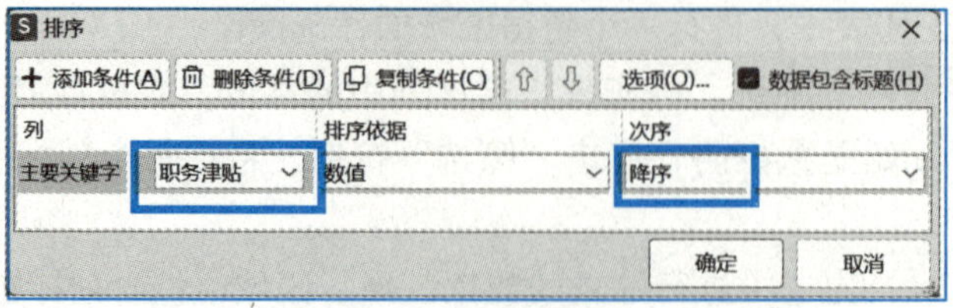


图 5-56 “排序”对话框

| | A | B | C | D | E | F | G | H | I | J | K | L | M | N |
|---|---|---|---|---|---|---|---|---|---|---|---|---|---|---|
| 1 | 公司员工工资表 | | | | | | | | | | | | | |
| 2 | 员工编号 | 姓名 | 性别 | 部门 | 职务 | 加班天数 | 请假天数 | 基本工资 | 职务津贴 | 加班工资 | 请假扣除 | 应发工资 | 扣税 | 实发工资 |
| 3 | 001 | 李新 | 男 | 办公室 | 总经理 | 3 | 0 | 14820 | 3000 | 390 | 0 | 18210 | 660.5 | 17549.5 |
| 4 | 009 | 张磊 | 男 | 开发部 | 经理 | 6 | 1 | 10800 | 2000 | 780 | 90 | 13490 | 424.5 | 13065.5 |
| 5 | 002 | 王文辉 | 男 | 销售部 | 经理 | 5 | 0 | 10530 | 2000 | 650 | 0 | 13180 | 409 | 12771 |
| 6 | 015 | 王力 | 男 | 客服部 | 经理 | 1 | 2 | 10683 | 2000 | 130 | 180 | 12633 | 381.65 | 12251.35 |
| 7 | 016 | 高晓东 | 男 | 客服部 | 工程师 | 4 | 1 | 9832 | 1500 | 520 | 90 | 11762 | 338.1 | 11423.9 |
| 8 | 012 | 姚玲 | 女 | 客服部 | 工程师 | 3 | 1 | 9545 | 1500 | 390 | 90 | 11345 | 317.25 | 11027.75 |
| 9 | 004 | 张在旭 | 男 | 开发部 | 工程师 | 2 | 0 | 9800 | 1500 | 260 | 0 | 11560 | 328 | 11232 |
| 10 | 011 | 陈松 | 男 | 开发部 | 工程师 | 2 | 0 | 9200 | 1500 | 260 | 0 | 10960 | 298 | 10662 |
| 11 | 014 | 钱民 | 男 | 开发部 | 工程师 | 0 | 0 | 9825 | 1500 | 0 | 0 | 11325 | 316.25 | 11008.75 |
| 12 | 005 | 金翔 | 男 | 销售部 | 销售员 | 3 | 1 | 7281 | 1000 | 390 | 90 | 8581 | 179.05 | 8401.95 |
| 13 | 018 | 黄莉莉 | 女 | 开发部 | 文员 | 2 | 3 | 4325 | 1000 | 260 | 270 | 5315 | 15.75 | 5299.25 |
| 14 | 003 | 孙英 | 女 | 办公室 | 文员 | 0 | 1 | 4250 | 1000 | 0 | 90 | 5160 | 8 | 5152 |
| 15 | 006 | 郝心怡 | 女 | 办公室 | 文员 | 0 | 0 | 4780 | 1000 | 0 | 0 | 5780 | 39 | 5741 |
| 16 | 008 | 黄开芳 | 女 | 客服部 | 文员 | 0 | 2 | 4860 | 1000 | 0 | 180 | 5680 | 34 | 5646 |
| 17 | 007 | 扬帆 | 男 | 销售部 | 销售员 | 0 | 0 | 7830 | 1000 | 0 | 0 | 8830 | 191.5 | 8638.5 |
| 18 | 010 | 王春晓 | 女 | 销售部 | 销售员 | 0 | 0 | 7855 | 1000 | 0 | 0 | 8855 | 192.75 | 8662.25 |
| 19 | 013 | 张雨涵 | 女 | 销售部 | 销售员 | 0 | 0 | 7600 | 1000 | 0 | 0 | 8600 | 180 | 8420 |
| 20 | 017 | 张平 | 男 | 销售部 | 销售员 | 0 | 0 | 7850 | 1000 | 0 | 0 | 8850 | 192.5 | 8657.5 |

**图 5-57　按“职务津贴”的降序排序**

（3）对工作表“排序 2”，按“职务津贴”降序和“加班天数”升序进行排序。

在工作表“排序 2”中，选中区域 A2:N20，打开“自定义排序”，如图 5-58 所示。在原来排序的基础上，单击“添加条件”，会在“主要关键字”行的下面出现“次要关键字”行，选择“加班天数”，“次序”是“升序”。此时按照“职务津贴”的降序、“加班天数”的升序进行了排序，如图 5-59 所示。

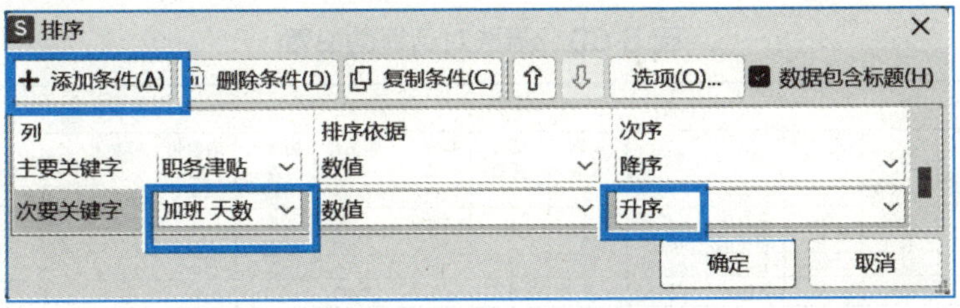


**图 5-58　排序对话框的设置**

| | A | B | C | D | E | F | G | H | I | J | K | L | M | N |
|---|---|---|---|---|---|---|---|---|---|---|---|---|---|---|
| 1 | 公司员工工资表 | | | | | | | | | | | | | |
| 2 | 员工编号 | 姓名 | 性别 | 部门 | 职务 | 加班天数 | 请假天数 | 基本工资 | 职务津贴 | 加班工资 | 请假扣除 | 应发工资 | 扣税 | 实发工资 |
| 3 | 001 | 李新 | 男 | 办公室 | 总经理 | 3 | 0 | 14820 | 3000 | 390 | 0 | 18210 | 660.5 | 17549.5 |
| 4 | 015 | 王力 | 男 | 客服部 | 经理 | 1 | 2 | 10683 | 2000 | 130 | 180 | 12633 | 381.65 | 12251.35 |
| 5 | 002 | 王文辉 | 男 | 销售部 | 经理 | 5 | 0 | 10530 | 2000 | 650 | 0 | 13180 | 409 | 12771 |
| 6 | 009 | 张磊 | 男 | 开发部 | 经理 | 6 | 1 | 10800 | 2000 | 780 | 90 | 13490 | 424.5 | 13065.5 |
| 7 | 014 | 钱民 | 男 | 开发部 | 工程师 | 0 | 0 | 9825 | 1500 | 0 | 0 | 11325 | 316.25 | 11008.75 |
| 8 | 004 | 张在旭 | 男 | 开发部 | 工程师 | 2 | 0 | 9800 | 1500 | 260 | 0 | 11560 | 328 | 11232 |
| 9 | 011 | 陈松 | 男 | 开发部 | 工程师 | 2 | 0 | 9200 | 1500 | 260 | 0 | 10960 | 298 | 10662 |
| 10 | 012 | 姚玲 | 女 | 客服部 | 工程师 | 3 | 1 | 9545 | 1500 | 390 | 90 | 11345 | 317.25 | 11027.75 |
| 11 | 016 | 高晓东 | 男 | 客服部 | 工程师 | 4 | 1 | 9832 | 1500 | 520 | 90 | 11762 | 338.1 | 11423.9 |
| 12 | 003 | 孙英 | 女 | 办公室 | 文员 | 0 | 1 | 4250 | 1000 | 0 | 90 | 5160 | 8 | 5152 |
| 13 | 006 | 郝心怡 | 女 | 办公室 | 文员 | 0 | 0 | 4780 | 1000 | 0 | 0 | 5780 | 39 | 5741 |
| 14 | 008 | 黄开芳 | 女 | 客服部 | 文员 | 0 | 2 | 4860 | 1000 | 0 | 180 | 5680 | 34 | 5646 |
| 15 | 007 | 扬帆 | 男 | 销售部 | 销售员 | 0 | 0 | 7830 | 1000 | 0 | 0 | 8830 | 191.5 | 8638.5 |
| 16 | 010 | 王春晓 | 女 | 销售部 | 销售员 | 0 | 0 | 7855 | 1000 | 0 | 0 | 8855 | 192.75 | 8662.25 |
| 17 | 013 | 张雨涵 | 女 | 销售部 | 销售员 | 0 | 0 | 7600 | 1000 | 0 | 0 | 8600 | 180 | 8420 |
| 18 | 017 | 张平 | 男 | 销售部 | 销售员 | 0 | 0 | 7850 | 1000 | 0 | 0 | 8850 | 192.5 | 8657.5 |
| 19 | 018 | 黄莉莉 | 女 | 开发部 | 文员 | 2 | 3 | 4325 | 1000 | 260 | 270 | 5315 | 15.75 | 5299.25 |
| 20 | 005 | 金翔 | 男 | 销售部 | 销售员 | 3 | 1 | 7281 | 1000 | 390 | 90 | 8581 | 179.05 | 8401.95 |

**图 5-59　按“职务津贴”降序和“加班天数”升序排序**

## 2．自动筛选

（1）对工作表“自动筛选 1”，筛选出“职务”是“工程师”的数据行。

选择“自动筛选 1”工作表，选中区域 A2:N20，单击“开始”（或“数据”）选项卡的“筛选”按钮［筛选］，在每个列标题的右边都出现了下拉按钮，如图 5-60（a）所示。

单击“职务”下拉按钮，如图 5-60（b）所示，在筛选设置中只勾选“工程师”，筛选结果如图 5-61 所示。

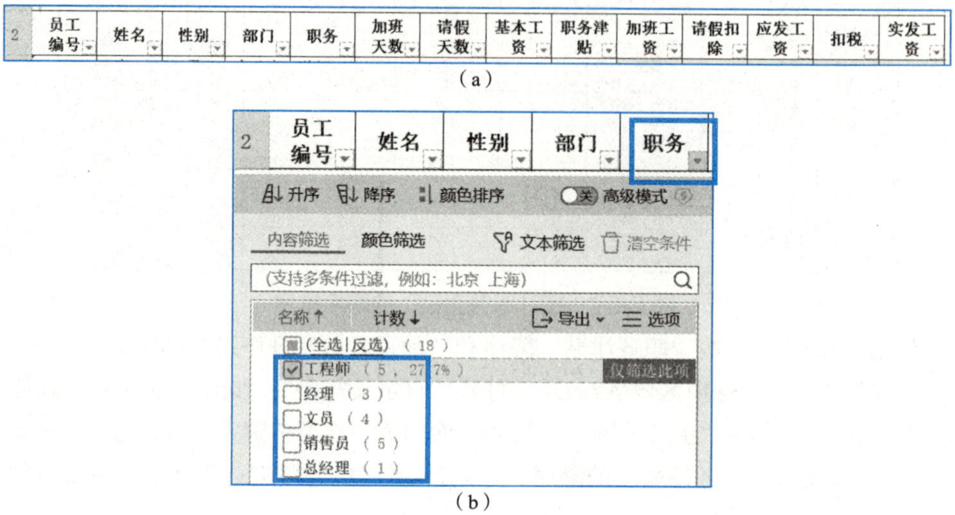


图 5-60　筛选对话框的设置

| 1 | 公司员工工资表 | | | | | | | | | | | | | |
|---|---|---|---|---|---|---|---|---|---|---|---|---|---|---|
| 2 | 员工编号 | 姓名 | 性别 | 部门 | 职务 | 加班天数 | 请假天数 | 基本工资 | 职务津贴 | 加班工资 | 请假扣除 | 应发工资 | 扣税 | 实发工资 |
| 6 | 004 | 张在旭 | 男 | 开发部 | 工程师 | 2 | 0 | 9800 | 1500 | 260 | 0 | 11560 | 328 | 11232 |
| 13 | 011 | 陈松 | 男 | 开发部 | 工程师 | 2 | 0 | 9200 | 1500 | 260 | 0 | 10960 | 298 | 10662 |
| 14 | 012 | 姚玲 | 女 | 客服部 | 工程师 | 3 | 1 | 9545 | 1500 | 390 | 90 | 11345 | 317.25 | 11027.8 |
| 16 | 014 | 钱民 | 男 | 开发部 | 工程师 | 0 | 0 | 9825 | 1500 | 0 | 0 | 11325 | 316.25 | 11008.8 |
| 18 | 016 | 高晓东 | 男 | 客服部 | 工程师 | 4 | 1 | 9832 | 1500 | 520 | 90 | 11762 | 338.1 | 11423.9 |

图 5-61　筛选出工程师的数据行

被筛选后的列标题，右侧的按钮标识变为绿色。

（2）取消原有筛选，重新筛选出“部门”是“开发部”，并且“职务”是“工程师”的数据行。

在“自动筛选 1”工作表中，单击列标题“职务”右侧按钮，在图 5-60 中单击“清空条件”［清空条件］，数据区将恢复显示全部数据。

单击“部门”右侧按钮，在图 5-62（a）中只勾选“开发部”。再单击“职务”右侧按钮，在图 5-62（b）中只勾选“工程师”。筛选结果如图 5-63 所示。

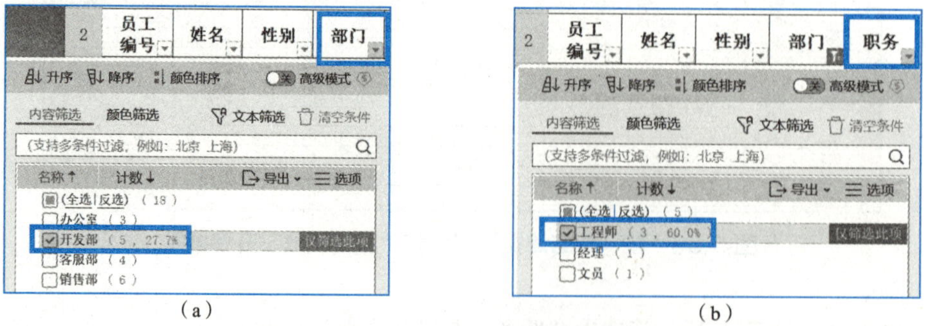


图 5-62　两次筛选的设置

| | A | B | C | D | E | F | G | H | I | J | K | L | M | N |
|---|---|---|---|---|---|---|---|---|---|---|---|---|---|---|
| 1 | 公司员工工资表 | | | | | | | | | | | | | |
| 2 | 员工编号 | 姓名 | 性别 | 部门 | 职务 | 加班天数 | 请假天数 | 基本工资 | 职务津贴 | 加班工资 | 请假扣除 | 应发工资 | 扣税 | 实发工资 |
| 6 | 004 | 张在旭 | 男 | 开发部 | 工程师 | 2 | 0 | 9800 | 1500 | 260 | 0 | 11560 | 328 | 11232 |
| 13 | 011 | 陈松 | 男 | 开发部 | 工程师 | 2 | 0 | 9200 | 1500 | 260 | 0 | 10960 | 298 | 10662 |
| 16 | 014 | 钱民 | 男 | 开发部 | 工程师 | 0 | 0 | 9825 | 1500 | 0 | 0 | 11325 | 316.25 | 11008.8 |

图 5-63　筛选出开发部的工程师数据行

（3）对工作表“自动筛选 2”，筛选出“实发工资”在 10 000 ～ 12 000（含）的数据行。

选择“自动筛选 2”工作表，选中区域 A2:N20，单击“筛选”按钮，再单击“实发工资”下拉按钮，在图 5-64（a）中，单击“数字筛选”按钮。在图 5-64（b）所示菜单中选择“介于”，打开自定义筛选框，如图 5-64（c），在“大于或等于”中输入“10000”，在“小于或等于”中输入“12000”，单击“确定”按钮。筛选结果如图 5-65 所示。

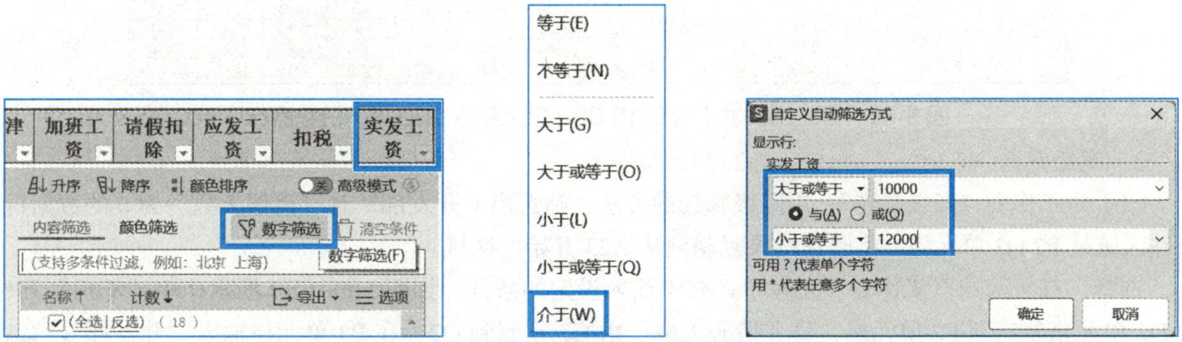


（a）　　（b）　　（c）

图 5-64　数字筛选中的范围设置

| | A | B | C | D | E | F | G | H | I | J | K | L | M | N |
|---|---|---|---|---|---|---|---|---|---|---|---|---|---|---|
| 1 | 公司员工工资表 | | | | | | | | | | | | | |
| 2 | 员工编号 | 姓名 | 性别 | 部门 | 职务 | 加班天数 | 请假天数 | 基本工资 | 职务津贴 | 加班工资 | 请假扣除 | 应发工资 | 扣税 | 实发工资 |
| 6 | 004 | 张在旭 | 男 | 开发部 | 工程师 | 2 | 0 | 9800 | 1500 | 260 | 0 | 11560 | 328 | 11232 |
| 13 | 011 | 陈松 | 男 | 开发部 | 工程师 | 2 | 0 | 9200 | 1500 | 260 | 0 | 10960 | 298 | 10662 |
| 14 | 012 | 姚玲 | 女 | 客服部 | 工程师 | 3 | 1 | 9545 | 1500 | 390 | 90 | 11345 | 317.25 | 11027.8 |
| 16 | 014 | 钱民 | 男 | 开发部 | 工程师 | 0 | 0 | 9825 | 1500 | 0 | 0 | 11325 | 316.25 | 11008.8 |
| 18 | 016 | 高晓东 | 男 | 客服部 | 工程师 | 4 | 1 | 9832 | 1500 | 520 | 90 | 11762 | 338.1 | 11423.9 |

图 5-65　筛选出实发工资在 10 000 ～ 12 000 的数据行

（4）取消原有筛选，重新筛选出“实发工资”大于 15 000 和小于 6 000 的数据行。

在“自动筛选 2”工作表中，单击“实发工资”右侧按钮并选择“清空条件”，数据区恢复显示全部数据。单击“实发工资”下拉按钮并选择“数字筛选”→“自定义筛选”，如图 5-66（a）所示，在自定义筛选框的第一行选择“大于”，输入“15000”，条件关系选“或”，第二行选择“小于”，输入“6000”，如图 5-66（b）所示。筛选结果如图 5-67 所示。

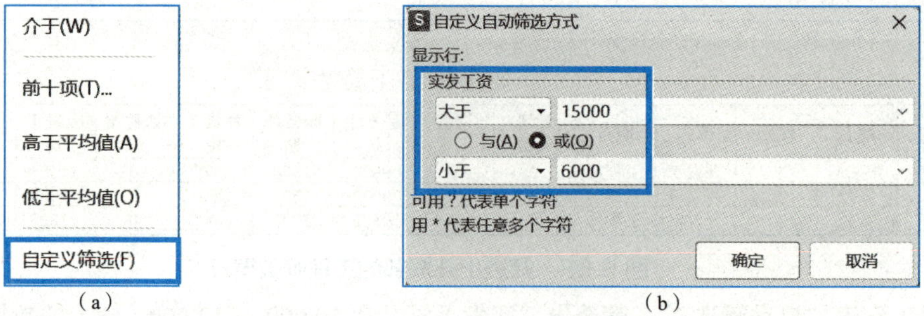


图 5-66　数字筛选中的“或”与范围设置

| | A | B | C | D | E | F | G | H | I | J | K | L | M | N |
|---|---|---|---|---|---|---|---|---|---|---|---|---|---|---|
| 1 | 公司员工工资表 | | | | | | | | | | | | | |
| 2 | 员工编号 | 姓名 | 性别 | 部门 | 职务 | 加班天数 | 请假天数 | 基本工资 | 职务津贴 | 加班工资 | 请假扣除 | 应发工资 | 扣税 | 实发工资 |
| 3 | 001 | 李新 | 男 | 办公室 | 总经理 | 3 | 0 | 14820 | 3000 | 390 | 0 | 18210 | 660.5 | 17549.5 |
| 5 | 003 | 孙英 | 女 | 办公室 | 文员 | 0 | 1 | 4250 | 1000 | 0 | 90 | 5160 | 8 | 5152 |
| 8 | 006 | 郝心怡 | 女 | 办公室 | 文员 | 0 | 0 | 4780 | 1000 | 0 | 0 | 5780 | 39 | 5741 |
| 10 | 008 | 黄开芳 | 女 | 客服部 | 文员 | 0 | 2 | 4860 | 1000 | 0 | 180 | 5680 | 34 | 5646 |
| 20 | 018 | 黄莉莉 | 女 | 开发部 | 文员 | 2 | 3 | 4325 | 1000 | 260 | 270 | 5315 | 15.75 | 5299.25 |

图 5-67　筛选出实发工资在 15 000 以上和 6 000 以下的数据行

### 3. 高级筛选

（1）对工作表“高级筛选”，用高级筛选的方法，筛选出“开发部”且“请假天数”为 0 的数据行，条件区域是 P2:Q3 单元格，将筛选结果复制到从 A23 开始的区域。

选择“高级筛选”工作表，先在单元格中输入设定的条件，如图 5-68（a）所示，将“部门”列标题 D2 单元格复制到 P2 单元格，将“请假天数”由 G2 复制到 Q2。在 P3 单元格输入“开发部”，意思“部门是开发部”的条件，在 Q3 单元格输入“0”，意思是“请假天数是 0”的条件。两个条件并排放置，表示两个条件需同时符合，是“且”的关系。

选中区域 A2:N20，单击“开始”选项卡中的“筛选”下拉按钮，选择“高级筛选”，如图 5-68（b）所示，打开图 5-68（c）所示对话框。“列标区域”中已经是区域 A2:N20，单击“条件区域”右边的选取按钮，用鼠标选择区域 P2:Q3，在“方式”中选择“将筛选结果复制到其他位置”项，使“复制到”变为可编辑状态，并选择 A23 单元格。筛选结果如图 5-69 所示。

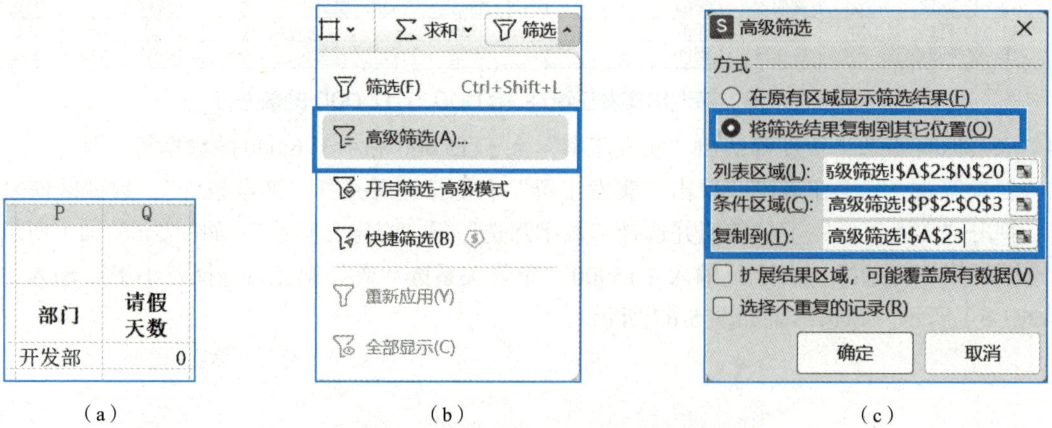


图 5-68　高级筛选中的条件与对话框设置

| 23 | 性别 | 部门 | 职务 | 加班天数 | 请假天数 | 基本工资 | 职务津贴 | 加班工资 | 请假扣除 | 应发工资 | 扣税 | 实发工资 |
|---|---|---|---|---|---|---|---|---|---|---|---|---|
| 24 | 男 | 开发部 | 工程师 | 2 | 0 | 9800 | 1500 | 260 | 0 | 11560 | 328 | 11232 |
| 25 | 男 | 开发部 | 工程师 | 2 | 0 | 9200 | 1500 | 260 | 0 | 10960 | 298 | 10662 |
| 26 | 男 | 开发部 | 工程师 | 0 | 0 | 9825 | 1500 | 0 | 0 | 11325 | 316.25 | 11008.75 |

图 5-69　筛选出开发部请假天数为 0 的数据行

（2）筛选出“实发工资”在 10 000 以上，且“加班天数”在 4(含)天以上的数据行，条件区域是 S2:T3 单元格，将筛选结果复制到从 A28 开始的区域。

先在 S2:T3 单元格中输入设定的条件，如图 5-70（a）所示，将“实发工资”由 N2 单元格复制到 S2 单元格，将“加班天数”F2 复制到 T2。在 S3 单元格输入“>10000”，表示“实发工资 >10000”，在 T3 输入“>=4”，表示“加班天数 >=4”。两个条件并排代表需同时符合，即“且”的关系。

选中区域 A2:N20，单击“高级筛选”按钮，如图 5-70（b）所示，“列标区域”中是区域 A2:N20，单击“条件区域”选取按钮，选择 S2:T3，在“方式”中选择“将筛选结果复制到其他位置”项，在“复制到”中选取 A28。筛选结果如图 5-71 所示。

| S | T |
|---|---|
| | |
| 实发工资 | 加班天数 |
| >10000 | >=4 |

（a）

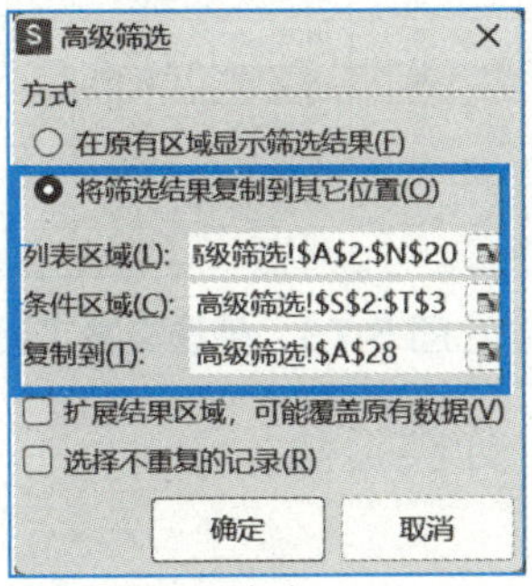


（b）

图 5-70　条件区域与筛选对话框设置

| 28 | 员工编号 | 姓名 | 性别 | 部门 | 职务 | 加班天数 | 请假天数 | 基本工资 | 职务津贴 | 加班工资 | 请假扣除 | 应发工资 | 扣税 | 实发工资 |
|---|---|---|---|---|---|---|---|---|---|---|---|---|---|---|
| 29 | 009 | 张磊 | 男 | 开发部 | 经理 | 6 | 1 | 10800 | 2000 | 780 | 90 | 13490 | 424.5 | 13065.5 |
| 30 | 016 | 高晓东 | 男 | 客服部 | 工程师 | 4 | 1 | 9832 | 1500 | 520 | 90 | 11762 | 338.1 | 11423.9 |
| 31 | 002 | 王文辉 | 男 | 销售部 | 经理 | 5 | 0 | 10530 | 2000 | 650 | 0 | 13180 | 409 | 12771 |

图 5-71　筛选实发工资大于 10 000 且加班天数 >=4 的数据行

（3）修改上面的条件：筛选出“实发工资”在 10 000 以上，或者“加班天数”在 4(含)天以上的数据行，条件区域是 S2:T4 单元格，将筛选结果复制到从 A33 开始的区域。

修改 S2:T3 的条件，如图 5-72（a）所示，将 T3 单元格“>=4”向下移动到 T4，仍表示“加班天数 >=4”，但两个条件呈斜对角放置，代表两个条件任意一个符合就行，即“或”的关系。

选中区域 A2:N20，单击“高级筛选”按钮，如图 5-72（b）所示，“列标区域”中是区域 A2:N20，单击“条件区域”选取按钮，选择 S2:T4，在“方式”中选择“将筛选结果复制到其他位置”项，在“复制到”中选取 A33。筛选结果如图 5-73 所示。

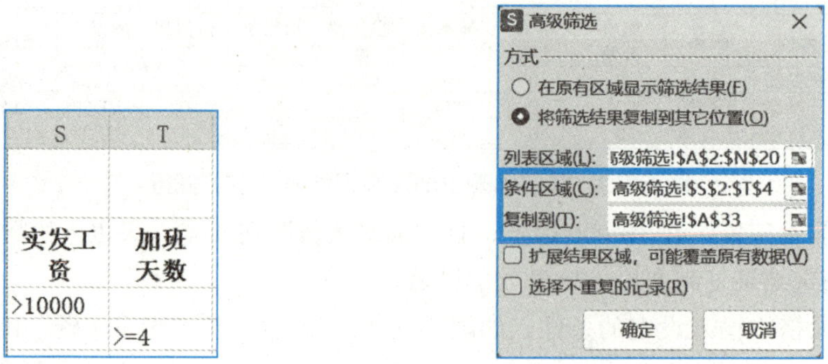


（a）　　（b）

图 5-72　条件区域的修改与筛选对话框设置

| 33 | 员工编号 | 姓名 | 性别 | 部门 | 职务 | 加班天数 | 请假天数 | 基本工资 | 职务津贴 | 加班工资 | 请假扣除 | 应发工资 | 扣税 | 实发工资 |
|---|---|---|---|---|---|---|---|---|---|---|---|---|---|---|
| 34 | 001 | 李新 | 男 | 办公室 | 总经理 | 3 | 0 | 14820 | 3000 | 390 | 0 | 18210 | 660.5 | 17549.5 |
| 35 | 004 | 张在旭 | 男 | 开发部 | 工程师 | 2 | 0 | 9800 | 1500 | 260 | 0 | 11560 | 328 | 11232 |
| 36 | 009 | 张磊 | 男 | 开发部 | 经理 | 6 | 1 | 10800 | 2000 | 780 | 90 | 13490 | 424.5 | 13065.5 |
| 37 | 011 | 陈松 | 男 | 开发部 | 工程师 | 2 | 0 | 9200 | 1500 | 260 | 0 | 10960 | 298 | 10662 |
| 38 | 014 | 钱民 | 男 | 开发部 | 工程师 | 0 | 0 | 9825 | 1500 | 0 | 0 | 11325 | 316.25 | 11008.75 |
| 39 | 012 | 姚玲 | 女 | 客服部 | 工程师 | 3 | 1 | 9545 | 1500 | 390 | 90 | 11345 | 317.25 | 11027.75 |
| 40 | 015 | 王力 | 男 | 客服部 | 经理 | 1 | 2 | 10683 | 2000 | 130 | 180 | 12633 | 381.65 | 12251.35 |
| 41 | 016 | 高晓东 | 男 | 客服部 | 工程师 | 4 | 1 | 9832 | 1500 | 520 | 90 | 11762 | 338.1 | 11423.9 |
| 42 | 002 | 王文辉 | 男 | 销售部 | 经理 | 5 | 0 | 10530 | 2000 | 650 | 0 | 13180 | 409 | 12771 |

图 5-73　筛选实发工资大于 10 000 或者加班天数 >=4 的数据行

## 5.3.2　任务 2：分类汇总

### 任务要求

本任务要求对员工工资表进行分类汇总，分类汇总需要先对数据区域按指定字段（列）排序，再按对应字段（列）小计和合计汇总。进行合并计算的拓展学习，合并汇总多个数据源区域中的数据。

### 任务准备

分类汇总是对数据区域按指定的字段（列）的内容进行小计和合计。分类汇总由字段内容的“分类”和“汇总”两个操作组成，因此需要先按分类的字段进行排序，使分类字段中相同内容的数据排列在一起，再进行分类汇总操作。

当表格的第一行是列标题、从第二行开始是数据时，直接单击“数据”选项卡中的“分类汇总”，打开对话框进行设置。当表格的第一行不是列标题时，要先选中数据区域，区域包含列标题，再单击分类汇总按钮。

视频

分类汇总

分类汇总的结果将分级显示，并添加了汇总项的行，最后再添加总计行。左边的⊟可以单击收拢，隐藏行，变为⊞时可以单击展开行。

### 任务实施

打开“数据管理分析 2- 素材 .xlsx”，进行以下操作：

（1）对工作表“分类汇总 1”，汇总每个“部门”的“加班天数”总和、“请假天数”总和。

选择“分类汇总 1”工作表，分类汇总之前先按照分类列排序，使本列的相同内容行排在相邻位置。选中区域 A2:N20，对“部门”列进行排序，升序或降序都行，使相同的部门行排在一起，如图 5-74 所示。

公司员工工资表

| 员工编号 | 姓名 | 性别 | 部门 | 职务 | 加班天数 | 请假天数 | 基本工资 | 职务津贴 | 加班工资 | 请假扣除 | 应发工资 | 扣税 | 实发工资 |
|---|---|---|---|---|---|---|---|---|---|---|---|---|---|
| 001 | 李新 | 男 | 办公室 | 总经理 | 3 | 0 | 14820 | 3000 | 390 | 0 | 18210 | 660.5 | 17549.5 |
| 003 | 孙英 | 女 | 办公室 | 文员 | 0 | 1 | 4250 | 1000 | 0 | 90 | 5160 | 8 | 5152 |
| 006 | 郝心怡 | 女 | 办公室 | 文员 | 0 | 0 | 4780 | 1000 | 0 | 0 | 5780 | 39 | 5741 |
| 004 | 张在旭 | 男 | 开发部 | 工程师 | 2 | 0 | 9800 | 1500 | 260 | 0 | 11560 | 328 | 11232 |
| 009 | 张磊 | 男 | 开发部 | 经理 | 6 | 1 | 10800 | 2000 | 780 | 90 | 13490 | 424.5 | 13065.5 |
| 011 | 陈松 | 男 | 开发部 | 工程师 | 2 | 0 | 9200 | 1500 | 260 | 0 | 10960 | 298 | 10662 |
| 014 | 钱民 | 男 | 开发部 | 工程师 | 0 | 0 | 9825 | 1500 | 0 | 0 | 11325 | 316.25 | 11008.75 |
| 018 | 黄莉莉 | 女 | 开发部 | 文员 | 2 | 3 | 4325 | 1000 | 260 | 270 | 5315 | 15.75 | 5299.25 |
| 008 | 黄开芳 | 女 | 客服部 | 文员 | 0 | 2 | 4860 | 1000 | 0 | 180 | 5680 | 34 | 5646 |
| 012 | 姚玲 | 女 | 客服部 | 工程师 | 3 | 1 | 9545 | 1500 | 390 | 90 | 11345 | 317.25 | 11027.75 |
| 015 | 王力 | 男 | 客服部 | 经理 | 1 | 2 | 10683 | 2000 | 130 | 180 | 12633 | 381.65 | 12251.35 |
| 016 | 高晓东 | 男 | 客服部 | 工程师 | 4 | 1 | 9832 | 1500 | 520 | 90 | 11762 | 338.1 | 11423.9 |
| 002 | 王文辉 | 男 | 销售部 | 经理 | 5 | 0 | 10530 | 2000 | 650 | 0 | 13180 | 409 | 12771 |
| 005 | 金翔 | 男 | 销售部 | 销售员 | 3 | 1 | 7281 | 1000 | 390 | 90 | 8581 | 179.05 | 8401.95 |
| 007 | 扬帆 | 男 | 销售部 | 销售员 | 0 | 0 | 7830 | 1000 | 0 | 0 | 8830 | 191.5 | 8638.5 |
| 010 | 王春晓 | 女 | 销售部 | 销售员 | 0 | 0 | 7855 | 1000 | 0 | 0 | 8855 | 192.75 | 8662.25 |
| 013 | 张雨涵 | 女 | 销售部 | 销售员 | 0 | 0 | 7600 | 1000 | 0 | 0 | 8600 | 180 | 8420 |
| 017 | 张平 | 男 | 销售部 | 销售员 | 0 | 0 | 7850 | 1000 | 0 | 0 | 8850 | 192.5 | 8657.5 |

图 5-74 按“部门”排序

继续选中区域 A2:N20，单击“数据”选项卡中的“分类汇总”按钮，打开对话框如图 5-75（a）所示，“分类字段”中选择“部门”，“汇总方式”是“求和”，“选定汇总项”中勾选“加班天数”和“请假天数”，下拉去掉最后一项“实发工资”的勾选。分类汇总后的结果如图 5-75（b）所示，在同一个“部门”的数据行下面增加一条汇总行，汇总了“加班天数”“请假天数”的“和”。

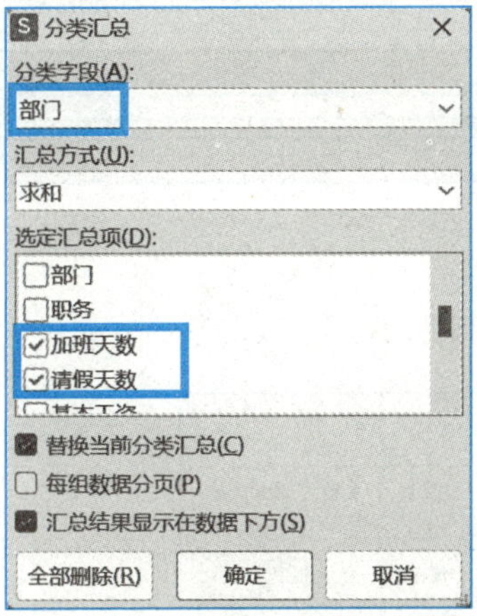


（a）

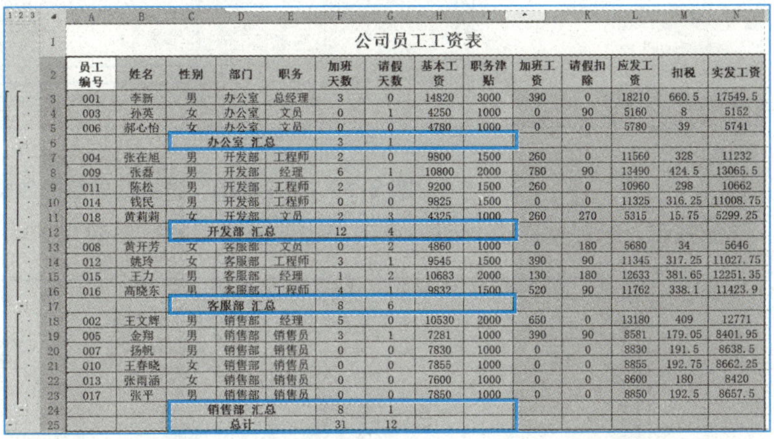

公司员工工资表

| 员工编号 | 姓名 | 性别 | 部门 | 职务 | 加班天数 | 请假天数 | 基本工资 | 职务津贴 | 加班工资 | 请假扣除 | 应发工资 | 扣税 | 实发工资 |
|---|---|---|---|---|---|---|---|---|---|---|---|---|---|
| 001 | 李新 | 男 | 办公室 | 总经理 | 3 | 0 | 14820 | 3000 | 390 | 0 | 18210 | 660.5 | 17549.5 |
| 003 | 孙英 | 女 | 办公室 | 文员 | 0 | 1 | 4250 | 1000 | 0 | 90 | 5160 | 8 | 5152 |
| 006 | 郝心怡 | 女 | 办公室 | 文员 | 0 | 0 | 4780 | 1000 | 0 | 0 | 5780 | 39 | 5741 |
| | | | 办公室 汇总 | | 3 | 1 | | | | | | | |
| 004 | 张在旭 | 男 | 开发部 | 工程师 | 2 | 0 | 9800 | 1500 | 260 | 0 | 11560 | 328 | 11232 |
| 009 | 张磊 | 男 | 开发部 | 经理 | 6 | 1 | 10800 | 2000 | 780 | 90 | 13490 | 424.5 | 13065.5 |
| 011 | 陈松 | 男 | 开发部 | 工程师 | 2 | 0 | 9200 | 1500 | 260 | 0 | 10960 | 298 | 10662 |
| 014 | 钱民 | 男 | 开发部 | 工程师 | 0 | 0 | 9825 | 1500 | 0 | 0 | 11325 | 316.25 | 11008.75 |
| 018 | 黄莉莉 | 女 | 开发部 | 文员 | 2 | 3 | 4325 | 1000 | 260 | 270 | 5315 | 15.75 | 5299.25 |
| | | | 开发部 汇总 | | 12 | 4 | | | | | | | |
| 008 | 黄开芳 | 女 | 客服部 | 文员 | 0 | 2 | 4860 | 1000 | 0 | 180 | 5680 | 34 | 5646 |
| 012 | 姚玲 | 女 | 客服部 | 工程师 | 3 | 1 | 9545 | 1500 | 390 | 90 | 11345 | 317.25 | 11027.75 |
| 015 | 王力 | 男 | 客服部 | 经理 | 1 | 2 | 10683 | 2000 | 130 | 180 | 12633 | 381.65 | 12251.35 |
| 016 | 高晓东 | 男 | 客服部 | 工程师 | 4 | 1 | 9832 | 1500 | 520 | 90 | 11762 | 338.1 | 11423.9 |
| | | | 客服部 汇总 | | 8 | 6 | | | | | | | |
| 002 | 王文辉 | 男 | 销售部 | 经理 | 5 | 0 | 10530 | 2000 | 650 | 0 | 13180 | 409 | 12771 |
| 005 | 金翔 | 男 | 销售部 | 销售员 | 3 | 1 | 7281 | 1000 | 390 | 90 | 8581 | 179.05 | 8401.95 |
| 007 | 扬帆 | 男 | 销售部 | 销售员 | 0 | 0 | 7830 | 1000 | 0 | 0 | 8830 | 191.5 | 8638.5 |
| 010 | 王春晓 | 女 | 销售部 | 销售员 | 0 | 0 | 7855 | 1000 | 0 | 0 | 8855 | 192.75 | 8662.25 |
| 013 | 张雨涵 | 女 | 销售部 | 销售员 | 0 | 0 | 7600 | 1000 | 0 | 0 | 8600 | 180 | 8420 |
| 017 | 张平 | 男 | 销售部 | 销售员 | 0 | 0 | 7850 | 1000 | 0 | 0 | 8850 | 192.5 | 8657.5 |
| | | | 销售部 汇总 | | 8 | 1 | | | | | | | |
| | | | 总计 | | 31 | 12 | | | | | | | |

（b）

图 5-75 “求和”分类汇总后的效果

（2）对工作表“分类汇总 2”，按“职务”汇总每种职务的“基本工资”“应发工资”“实发工资”的平均值，并且隐藏人员的具体数据、只显示汇总行的数据。

选择“分类汇总 2”工作表，先按“职务”进行排序，如图 5-76 所示。

继续选中区域 A2:N20，单击“数据”选项卡中的“分类汇总”，在图 5-77（a）中，“分类字段”选“职务”，“汇总方式”选“平均值”，“选定汇总项”中勾选“基本工资”“应发工资”“实发工资”。分类汇总后的结果如图 5-77（b）所示，汇总了三项工资的“平均值”数据。

| 公司员工工资表 | | | | | | | | | | | | | |
|---|---|---|---|---|---|---|---|---|---|---|---|---|---|
| 员工编号 | 姓名 | 性别 | 部门 | 职务 | 加班天数 | 请假天数 | 基本工资 | 职务津贴 | 加班工资 | 请假扣除 | 应发工资 | 扣税 | 实发工资 |
| 004 | 张在旭 | 男 | 开发部 | 工程师 | 2 | 0 | 9800 | 1500 | 260 | 0 | 11560 | 328 | 11232 |
| 011 | 陈松 | 男 | 开发部 | 工程师 | 2 | 0 | 9200 | 1500 | 260 | 0 | 10960 | 298 | 10662 |
| 012 | 姚玲 | 女 | 客服部 | 工程师 | 3 | 1 | 9545 | 1500 | 390 | 90 | 11345 | 317.25 | 11027.75 |
| 014 | 钱民 | 男 | 开发部 | 工程师 | 0 | 0 | 9825 | 1500 | 0 | 0 | 11325 | 316.25 | 11008.75 |
| 016 | 高晓东 | 男 | 客服部 | 工程师 | 4 | 1 | 9832 | 1500 | 520 | 90 | 11762 | 338.1 | 11423.9 |
| 002 | 王文辉 | 男 | 销售部 | 经理 | 5 | 0 | 10530 | 2000 | 650 | 0 | 13180 | 409 | 12771 |
| 009 | 张磊 | 男 | 开发部 | 经理 | 6 | 1 | 10800 | 2000 | 780 | 90 | 13490 | 424.5 | 13065.5 |
| 015 | 王力 | 男 | 客服部 | 经理 | 1 | 2 | 10683 | 2000 | 130 | 180 | 12633 | 381.65 | 12251.35 |
| 003 | 孙英 | 女 | 办公室 | 文员 | 0 | 1 | 4250 | 1000 | 0 | 90 | 5160 | 8 | 5152 |
| 006 | 郝心怡 | 女 | 办公室 | 文员 | 0 | 0 | 4780 | 1000 | 0 | 0 | 5780 | 39 | 5741 |
| 008 | 黄开芳 | 女 | 客服部 | 文员 | 0 | 2 | 4860 | 1000 | 0 | 180 | 5680 | 34 | 5646 |
| 018 | 黄莉莉 | 女 | 开发部 | 文员 | 2 | 3 | 4325 | 1000 | 260 | 270 | 5315 | 15.75 | 5299.25 |
| 005 | 金翔 | 男 | 销售部 | 销售员 | 3 | 1 | 7281 | 1000 | 390 | 90 | 8581 | 179.05 | 8401.95 |
| 007 | 扬帆 | 男 | 销售部 | 销售员 | 0 | 0 | 7830 | 1000 | 0 | 0 | 8830 | 191.5 | 8638.5 |
| 010 | 王春晓 | 女 | 销售部 | 销售员 | 0 | 0 | 7855 | 1000 | 0 | 0 | 8855 | 192.75 | 8662.25 |
| 013 | 张雨涵 | 女 | 销售部 | 销售员 | 0 | 0 | 7600 | 1000 | 0 | 0 | 8600 | 180 | 8420 |
| 017 | 张平 | 男 | 销售部 | 销售员 | 0 | 0 | 7850 | 1000 | 0 | 0 | 8850 | 192.5 | 8657.5 |
| 001 | 李新 | 男 | 办公室 | 总经理 | 3 | 0 | 14820 | 3000 | 390 | 0 | 18210 | 660.5 | 17549.5 |

图 5-76　按“职务”排序

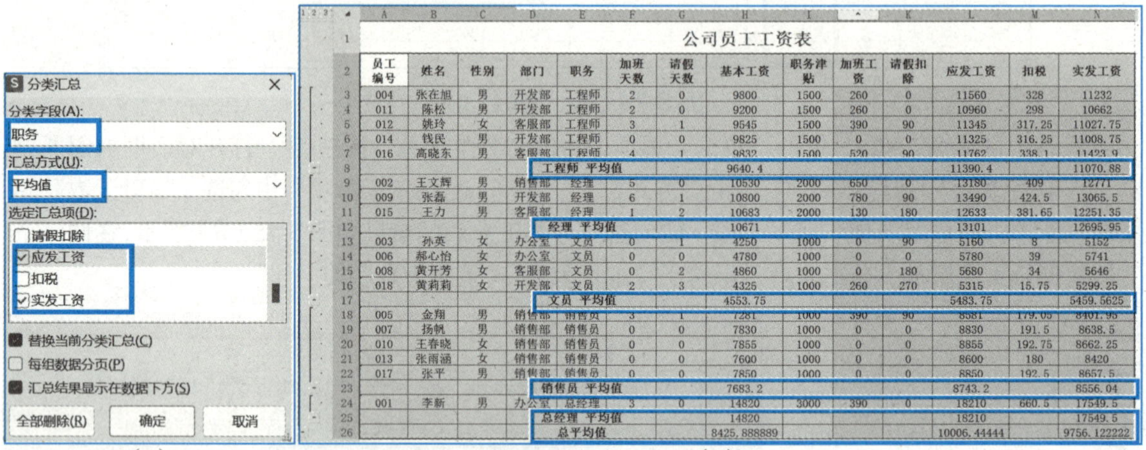


（a）　　　　　　　　　　　　（b）

图 5-77　“平均值”分类汇总后的效果

隐藏数据、只显示汇总行时，单击左边的[-]按钮收拢，效果如图 5-78 所示。

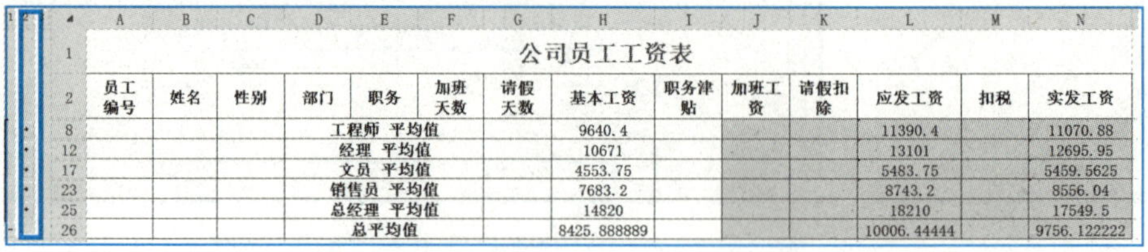


图 5-78　收拢后的分类汇总效果

（3）删除工作表“分类汇总 3”中的汇总，并显示具体数据行。

选择“分类汇总 3”工作表，先选中全部数据区域 A1:G25（表中只显示了汇总行，隐藏了具体数据），单击“分类汇总”按钮，如图 5-79 所示，在对话框单击“全部删除”按钮，数据区将全部显示，并且删除了汇总行。

## 能力拓展

WPS 的“合并计算”功能，可以汇总或者合并多个数据源区域中的数据，具体方法有两种：一是按类别合并计算；二是按位置合并计算。合并计算的数据源区域，可以是同一工作表中的不同区域，也可以是同一工作簿中的不同工作表的区域，还可以是不同工作簿中的区域。

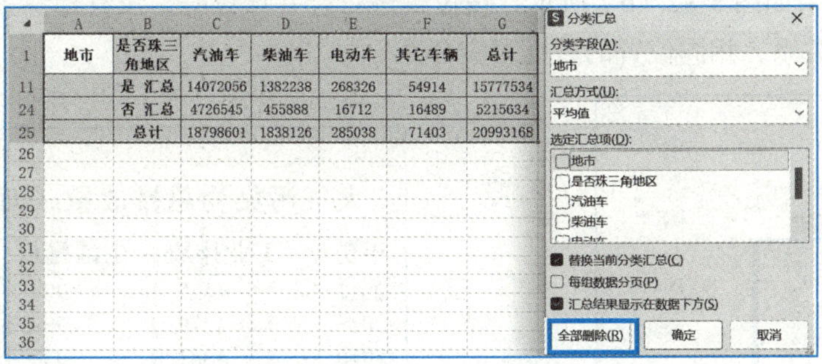


图 5-79　删除分类汇总

### 1. 按类别合并计算

在“合并计算 1”工作表中，根据“二氧化硫”“氮氧化物”“烟粉尘”排放量表，按年份对工业排放量和生活排放量分别做“汇总求和”计算，最终结果如图 5-80 所示。

选择“合并计算 1”工作表，选中 G2 单元格，单击“数据”选项卡中的“合并计算”按钮 合并计算，如图 5-81 所示，在“合并计算”对话框中单击“引用位置”选择按钮，选取区域 A2:D10，再单击回到对话框，单击“添加”按钮，将区域添加到“所有引用位置”中。用同样的方法添加区域 A14:D22 和 A26:D34，再勾选“标签位置”下的“首行”和“最左列”复选框。

根据首行的排放类别、最左列的年份，将三块区域中相同类别和年份的数据合并相加，并显示了结果。

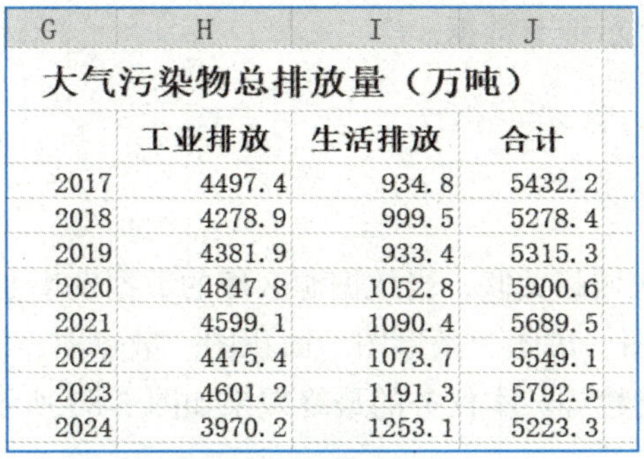

大气污染物总排放量（万吨）

| | 工业排放 | 生活排放 | 合计 |
|---|---|---|---|
| 2017 | 4497.4 | 934.8 | 5432.2 |
| 2018 | 4278.9 | 999.5 | 5278.4 |
| 2019 | 4381.9 | 933.4 | 5315.3 |
| 2020 | 4847.8 | 1052.8 | 5900.6 |
| 2021 | 4599.1 | 1090.4 | 5689.5 |
| 2022 | 4475.4 | 1073.7 | 5549.1 |
| 2023 | 4601.2 | 1191.3 | 5792.5 |
| 2024 | 3970.2 | 1253.1 | 5223.3 |

图 5-80　按列别合并计算的结果

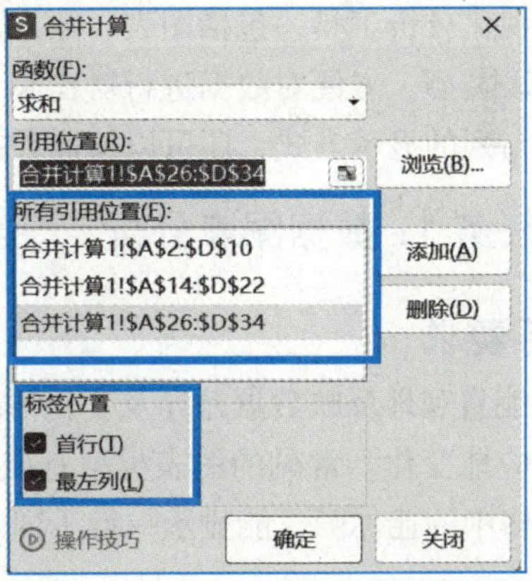


图 5-81　“合并计算”设置对话框

**注意：**

（1）按类别合并时，数据源区域必须包含行或列的标题，并且在“合并计算”对话框的“标签位置”中勾选对应的项。

（2）同时选中“首行”和“最左列”复选框时，所生成的合并结果表会缺失左上角单元格的内容。

（3）合并结果的数据项排列顺序是按第一个数据源区域的数据项顺序排列的。

### 2. 按位置合并计算

在“合并计算 2”工作表中，同上做“汇总求和”计算。

选择“合并计算 1”工作表，选中 H3 单元格，单击“合并计算”按钮，如图 5-82（a）所示，在“引用位置”选择区域 B3:D10，再“添加”到“所有引用位置”中，继续添加区域 B15:D22 和 B27:D34，不要勾选“首行”和“最左列”复选框。

合并计算后的结果如图 5-82（b）所示，按位置进行合并计算时，没有标签去匹配每块区域对应的数据，完全按照位置关系，相同位置的数据对应合并。

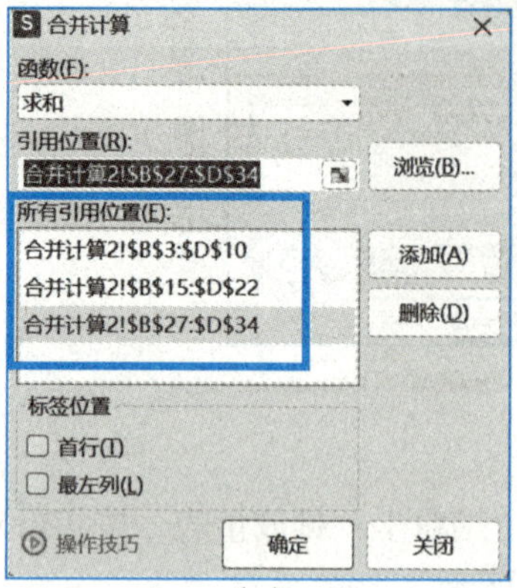


（a）

| G | H | I | J |
|---|---|---|---|
| 大气污染物总排放量（万吨） | | | |
| 年份 | 工业排放 | 生活排放 | 合计 |
| 2017 | 4497.4 | 934.8 | 5432.2 |
| 2018 | 4278.9 | 999.5 | 5278.4 |
| 2019 | 4381.9 | 933.4 | 5315.3 |
| 2020 | 4847.8 | 1052.8 | 5900.6 |
| 2021 | 4599.1 | 1090.4 | 5689.5 |
| 2022 | 4475.4 | 1073.7 | 5549.1 |
| 2023 | 4601.2 | 1191.3 | 5119.6 |
| 2024 | 3970.2 | 1253.1 | 4572.3 |

（b）

图 5-82　按位置进行合并计算

## 5.4 数据可视化——销售业绩图表

数据是数字时代的基础性资源和战略性资源，也是数字经济的关键生产要素。WPS 表格提供了多种数据可视化分析工具，包括图表、数据透视表等。使用图表能直观地反映数据差异及变化情况，选择不同的图表类型，方便对数据进行对比和分析。使用数据透视表可以灵活查看数据的多种汇总结果，可以转换行与列的显示方式，还可以筛选数据，进一步显示细节数据。

### 5.4.1　任务 1：数据图表分析

#### 任务要求

图表能直观地反映数据差异及变化情况，与数据区域相关联，当数据源区域的数据发生变化时，图表也会相应地变化。常见的图表类型有柱形图、折线图、饼图、条形图、面积图、散点图、玫瑰图等，还有单元格中的迷你图，能显示一行（列）数据的变化趋势。本任务的最终效果如图 5-83 所示。

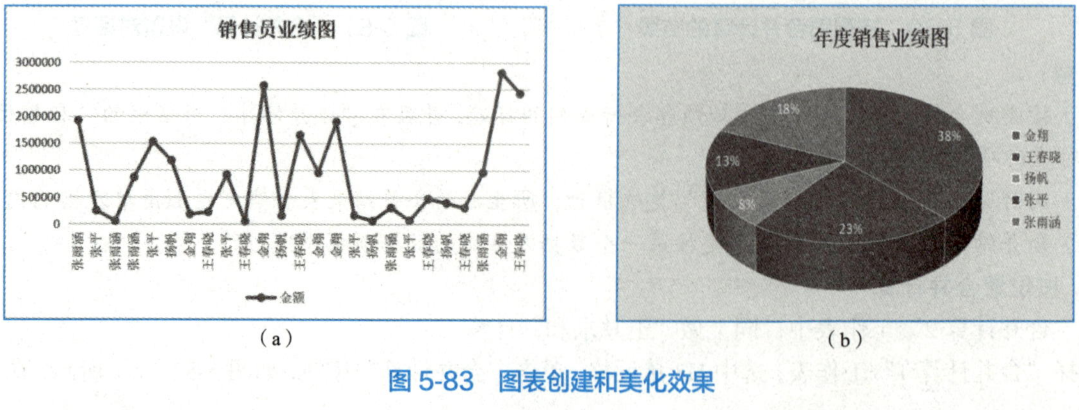


（a）　　（b）

图 5-83　图表创建和美化效果

## 任务准备

制作图表时需要注意：

（1）插入图表之前，先选择数据源区域，当区域不连续时，按住【Ctrl】键进行选择。当选择了某行（列）的数据时，一般需要同时选择本行（列）的标题，图表中才能正确显示坐标轴标识、图例文字。

（2）插入图表时，先选择图表的类型，再选择具体图表样式。

（3）插入图表后，在功能选项卡中依次出现“绘图工具”“文本工具”“图表工具”，对图表中的元素进行各种设置和修改。

（4）图表中的元素包括：

① 图表标题：用于显示图表的名称。

② 图表区：整个图表的背景区域，显示整个图表及其全部元素。

③ 绘图区：用来绘制数据的区域。

④ 数据系列：图表中数值的表现形式，相同颜色的数据标记组成一个数据系列。

⑤ 图例：区分各个数据系列的颜色标识和说明。

⑥ 坐标轴：显示图表的坐标标识，分为垂直轴和水平轴，显示类别或刻度值等。

⑦ 网格线：由值轴的刻度延伸出的刻度线，方便观察每个类别的数值大小。

⑧ 其他图表元素：轴标题、数据标签、数据表、误差线、趋势线等。

视频

数据图表分析

## 任务实施

### 1. 创建图表

打开“数据可视化 - 素材 .xlsx”，进行以下操作：

（1）在“销售业绩 1”工作表中，制作每人销售金额的标记折线图。

选择区域 B2:B27，按住【Ctrl】键选择区域 D2:D27，同时选中两个区域后，单击“插入”选项卡中的“全部图表”，在“图表”框左侧的类型中选择“折线图”，如图 5-84 所示，在上方的子类型中选择“折线图 - 标记”，在样式中选择第 1 个。

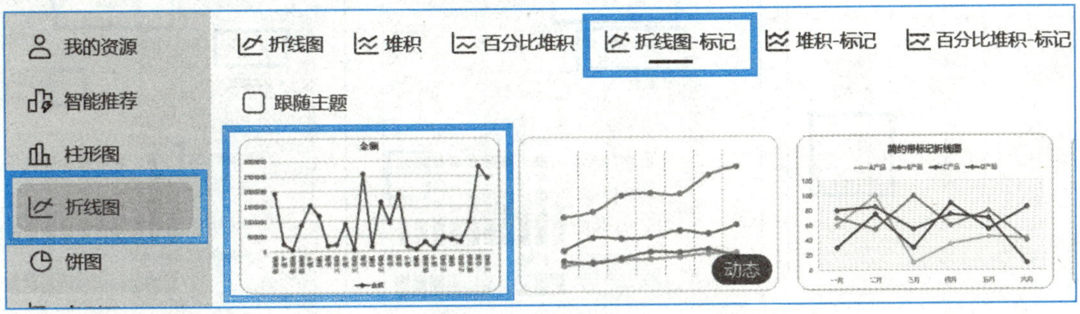


图 5-84　选择标记折线图

（2）在“销售业绩 2”工作表中，按每位销售员业绩的汇总和，制作三维饼图。

在“销售业绩 2”工作表中，先按“销售员”排序，再分类汇总每位销售员的销售金额总和，单击左侧的“–”隐藏具体数据，只显示汇总行，删除销售员姓名后面的“汇总”二字，如图 5-85（a）所示。

同时选中区域 B2:B32、D2:D32（注意不选第 33 行的“总计”金额），单击“插入”选项卡中的“全部图表”，选择左侧“饼图”→上方“三维”→第 1 个样式，如图 5-85（b）所示。

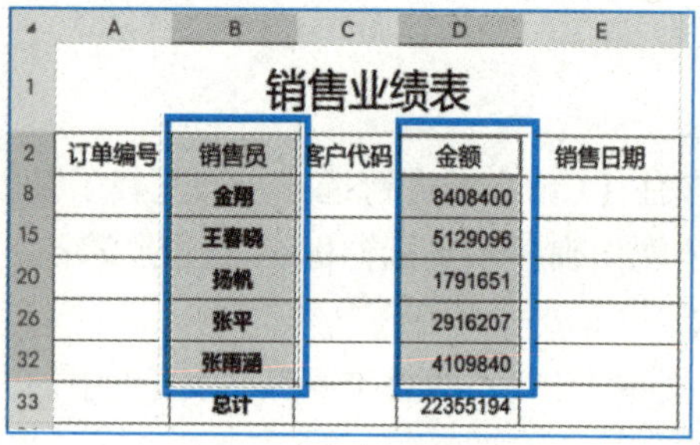


（a）

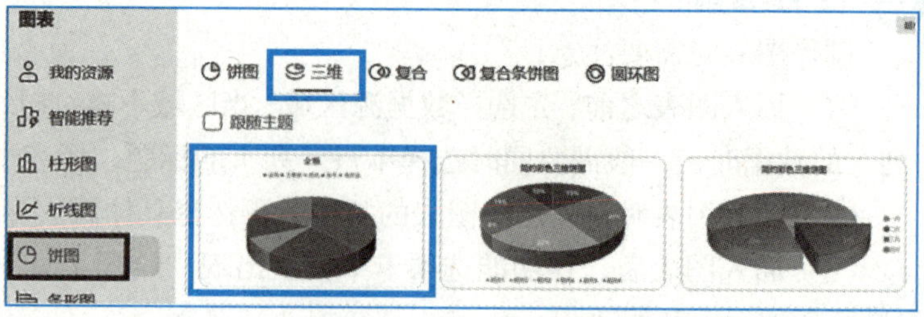


（b）

图 5-85 制作销售业绩饼图

## 2. 美化图表

（1）修改“销售业绩 1”工作表中的图表标题为“销售员业绩图”，效果如图 5-83（a）所示。

先单击图表区，再单击图表标题，将“金额”修改为“销售员业绩图”，单击其他位置确认修改。

（2）修改“销售业绩 2”工作表中的图表标题为“年度销售业绩图”，布局改为“布局 6”，图表区填充浅绿色，标签字体为白色，效果如图 5-83（b）所示。

单击图表标题，将“金额”修改为“年度销售业绩”。单击“图表工具”选项卡中的“快速布局”按钮，选择“布局 6”，如图 5-86（a）所示，图例将置于饼图右侧。修改图表区的填充色，单击“图表区”→右上方“设置格式”按钮→“图表选项”→“填充与线条”，在“填充”的下拉颜色面板中选择浅绿色，如图 5-86（b）所示，图表将变成浅绿色的背景。

将标签字体改为白色，在右边设置窗口单击“文本选项”→“填充与轮廓”，在“文本填充”下拉颜色面板中选择白色，如图 5-86（c）所示，饼图上的标签将变成白色字体。

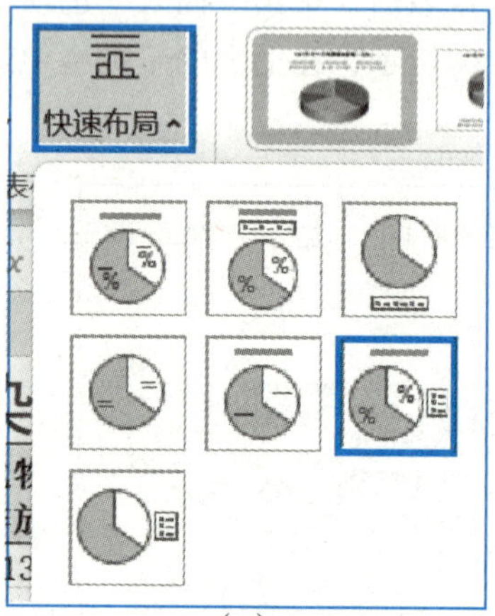


（a）

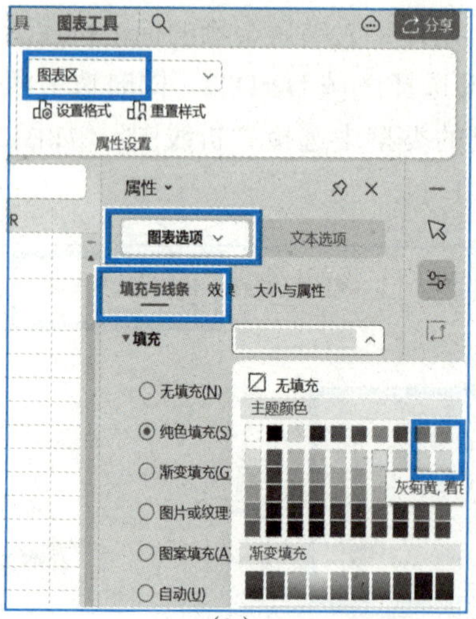


（b）

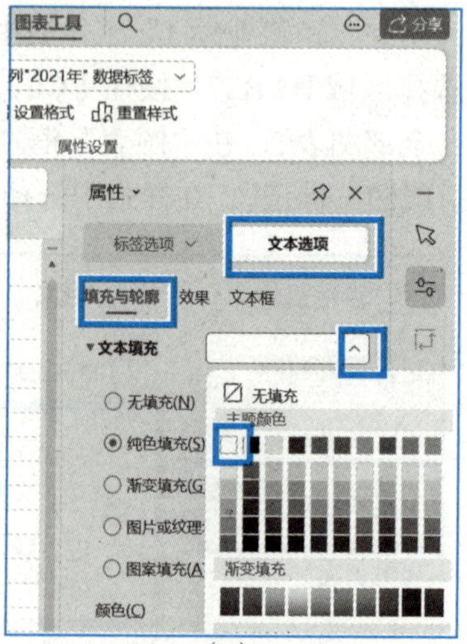


（c）

图 5-86 图表工具设置

# 能力拓展

## 1. 修改图表

（1）在“氮氧化物”工作表中，制作氮氧化物工业排放量的簇状柱形图，放在单元格 E2 开始的区域。最终效果图 5-87（a）所示。

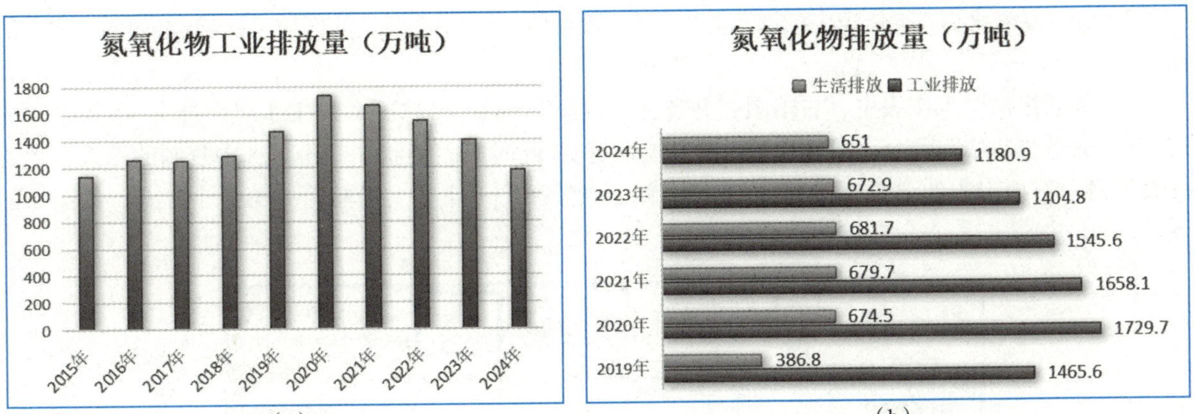


（a）　　（b）

图 5-87　图表修改后的效果

在“氮氧化物”工作表中，选择区域 A2:B12，单击“插入”选项卡中的“全部图表”，选择左侧“柱形图”→上方“簇状”→第一个样式。单击图表区域并拖动，将图表的左上角对齐单元格 E2。光标放在图表周边的控制点上，按下并拖动，可以改变图表大小。

单击图表标题，将“工业排放”改为“氮氧化物工业排放量（万吨）”。选中图表，上方出现“绘图工具”“文本工具”“图表工具”选项卡，单击“图表工具”选项卡中的“图表样式”下拉按钮，选择“预设系列配色”下拉按钮→第 3 行配色方案，如图 5-88（a）所示，在下面的样式示例中选择“样式 4”图案，此时每一条柱形是渐变红色。去掉图例，单击“图表工具”选项卡中的“添加元素”，选择“图例”→“无”，如图 5-88（b）所示。

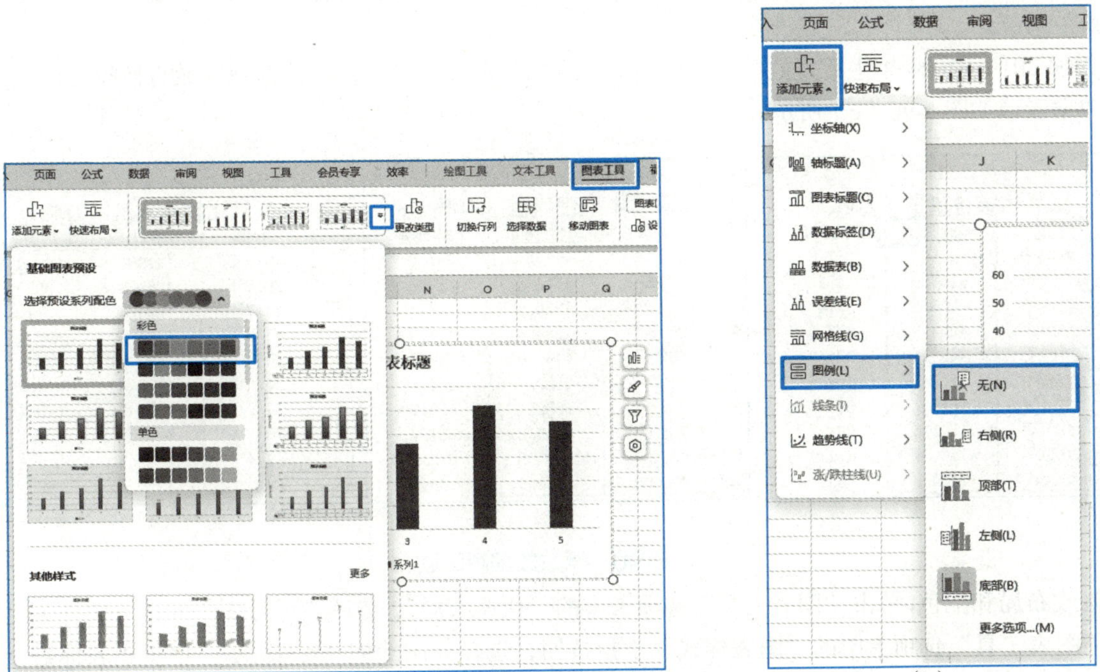


（a）　　（b）

图 5-88　修改图表的配色和图例

（2）将“氮氧化物”工作表中的图表复制一份，放在单元格 A17 开始的区域，最终效果如图 5-87（b）所示。

在“氮氧化物”工作表中，右击图表并选择“复制”命令（或按【Ctrl+C】组合键），在 A17 单元格右击并选择“粘贴”命令（或按【Ctrl+V】组合键），此时图表复制了一份。选中复制的图表，单击“图表工具”选项卡中的“更改类型”，选择左侧“条形图”→上方“簇状”→第一个样式，如图 5-89 所示。

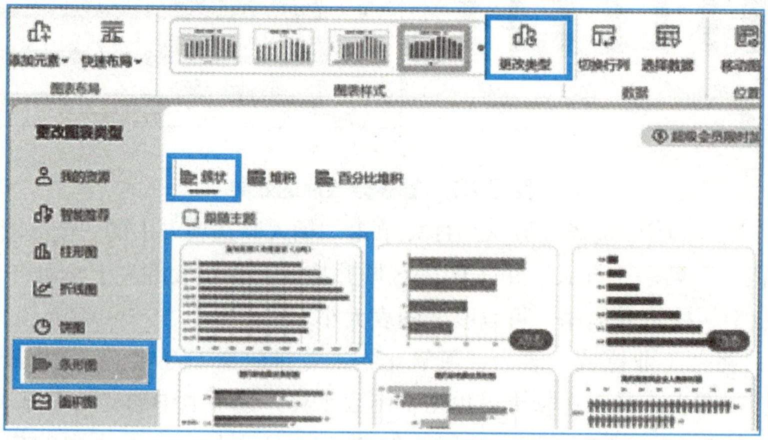


图 5-89 修改图表类型

修改数据区域：单击图表，看到被选中的数据源区域，如图 5-90（a）所示，当光标放在数据区域的边角位置时，可以拉动鼠标改变数据源区域，拉动至图 5-90（b）的位置，图表显示 2019—2024 年的工业排放情况。

添加 2019—2024 年生活排放情况（区域 C7:C12），先选中图表，在数据源区域直接拉动区域范围，新的数据区域如图 5-90（c）所示。

| | A | B | C |
|---|---|---|---|
| 1 | 氮氧化物排放量（万吨） | | |
| 2 | 年份 | 工业排放 | 生活排放 |
| 3 | 2015年 | 1136 | 387.8 |
| 4 | 2016年 | 1261.3 | 382 |
| 5 | 2017年 | 1250.5 | 374 |
| 6 | 2018年 | 1284.8 | 407.9 |
| 7 | 2019年 | 1465.6 | 386.8 |
| 8 | 2020年 | 1729.7 | 674.5 |
| 9 | 2021年 | 1658.1 | 679.7 |
| 10 | 2022年 | 1545.6 | 681.7 |
| 11 | 2023年 | 1404.8 | 672.9 |
| 12 | 2024年 | 1180.9 | 651 |

（a）

| | A | B | C |
|---|---|---|---|
| 1 | 氮氧化物排放量（万吨） | | |
| 2 | 年份 | 工业排放 | 生活排放 |
| 3 | 2015年 | 1136 | 387.8 |
| 4 | 2016年 | 1261.3 | 382 |
| 5 | 2017年 | 1250.5 | 374 |
| 6 | 2018年 | 1284.8 | 407.9 |
| 7 | 2019年 | 1465.6 | 386.8 |
| 8 | 2020年 | 1729.7 | 674.5 |
| 9 | 2021年 | 1658.1 | 679.7 |
| 10 | 2022年 | 1545.6 | 681.7 |
| 11 | 2023年 | 1404.8 | 672.9 |
| 12 | 2024年 | 1180.9 | 651 |

（b）

| | A | B | C |
|---|---|---|---|
| 1 | 氮氧化物排放量（万吨） | | |
| 2 | 年份 | 工业排放 | 生活排放 |
| 3 | 2015年 | 1136 | 387.8 |
| 4 | 2016年 | 1261.3 | 382 |
| 5 | 2017年 | 1250.5 | 374 |
| 6 | 2018年 | 1284.8 | 407.9 |
| 7 | 2019年 | 1465.6 | 386.8 |
| 8 | 2020年 | 1729.7 | 674.5 |
| 9 | 2021年 | 1658.1 | 679.7 |
| 10 | 2022年 | 1545.6 | 681.7 |
| 11 | 2023年 | 1404.8 | 672.9 |
| 12 | 2024年 | 1180.9 | 651 |

（c）

图 5-90 修改数据源区域

修改布局和配色：单击“图表工具”选项卡中的“快速布局”，选择“布局 2”，如图 5-91（a）所示；单击“图表工具”选项卡中的“图表样式”下拉按钮，选择如图 5-91（b）所示。单击图表标题，删除标题中的“工业”二字。

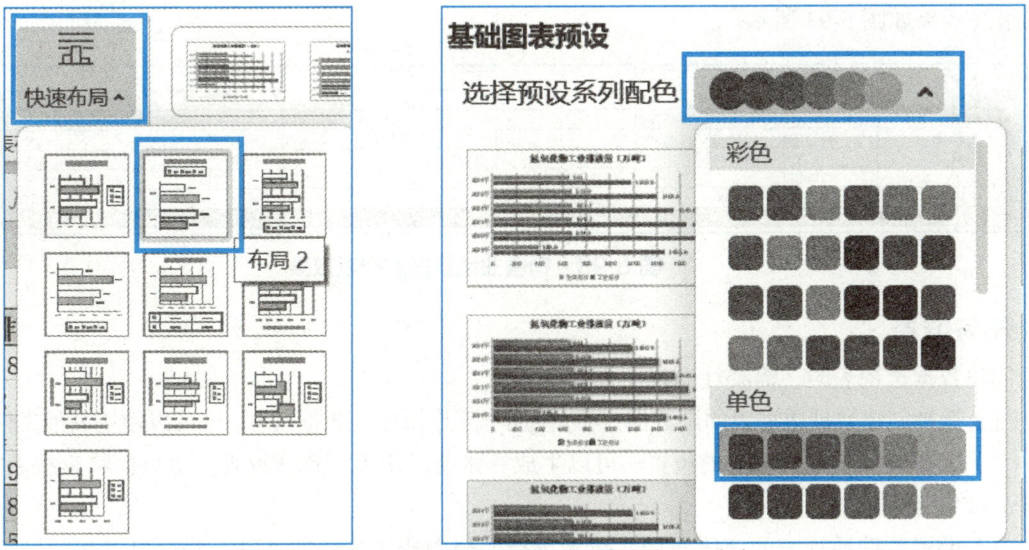


（a）　　　　（b）

图 5-91　修改图表布局和配色

### 2. 迷你折线图

在“大气污染”工作表中，显示各项排放量在 2015—2024 年变化的迷你折线图。

先选择显示迷你图的区域 B13:H13，单击“插入”选项卡中的“迷你图”下拉按钮，选择“折线”，弹出图 5-92（a）所示的对话框，“数据范围”选择区域 B3:H12，单击“确定”按钮。此时 B13:H13 的每个单元格中显示一根迷你折线图，是每种排放数据在每年的变化折线图。

生成的迷你图可以修改类型、显示、样式等，选中迷你图区域，在“迷你图工具”选项卡中修改。例如，修改样式为“褐色，迷你图样式着色 2，深色 25%”。效果如图 5-92（b）所示。

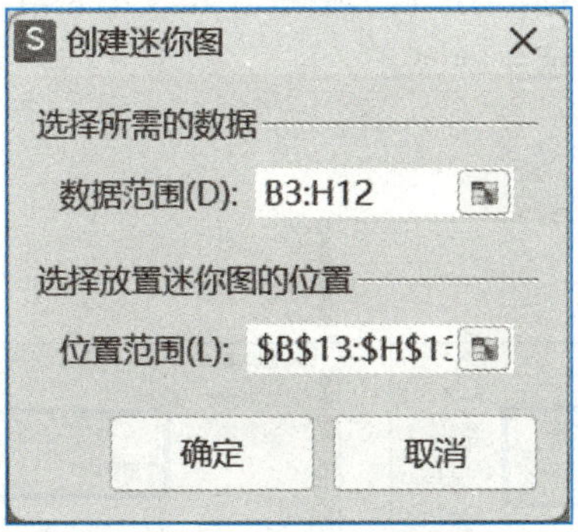


（a）

大气污染情况（万吨）

| 年份 | 二氧化硫工业排放 | 二氧化硫生活排放 | 氮氧化物工业排放 | 氮氧化物生活排放 | 烟（粉）尘工业排 | 烟（粉）尘生活排 | 排放总量 |
|---|---|---|---|---|---|---|---|
| 2015年 | 2234.8 | 354 | 1136 | 387.8 | 1672.9 | 224.3 | 6009.8 |
| 2016年 | 2140 | 328.1 | 1261.3 | 382 | 1469.8 | 215.5 | 5796.7 |
| 2017年 | 1991.3 | 329.9 | 1250.5 | 374 | 1255.6 | 230.9 | 5432.2 |
| 2018年 | 1866.1 | 348.3 | 1284.8 | 407.9 | 1128 | 243.3 | 5278.4 |
| 2019年 | 1864.4 | 320.7 | 1465.6 | 386.8 | 1051.9 | 225.9 | 5315.3 |
| 2020年 | 2017.2 | 200.4 | 1729.7 | 674.5 | 1100.9 | 177.9 | 5900.6 |
| 2021年 | 1911.7 | 205.7 | 1658.1 | 679.7 | 1029.3 | 205 | 5689.5 |
| 2022年 | 1835.2 | 208.5 | 1545.6 | 681.7 | 1094.6 | 183.5 | 5549.1 |
| 2023年 | 1740.3 | 233.9 | 1404.8 | 672.9 | 1456.1 | 284.5 | 5792.5 |
| 2024年 | 1556.7 | 296.9 | 1180.9 | 651 | 1232.6 | 305.2 | 5223.3 |

（b）

图 5-92　迷你折线图

## 5.4.2　任务 2：数据透视表

### 任务要求

数据透视表是一种交互式表格，能够以多种方式汇总数据，建立交叉列表。数据透视表可以灵活查看数据的多种汇总结果，可以转换行与列的显示方式，还可以筛选数据，进一步显示细节数据。本任务的最终效果如图 5-93 所示。

| 29 | 求和项:金额 | 销售时间 | | | | | | | | | | | | |
|---|---|---|---|---|---|---|---|---|---|---|---|---|---|---|
| 30 | 销售员 | 10月 | 11月 | 12月 | 1月 | 2月 | 3月 | 4月 | 5月 | 6月 | 7月 | 8月 | 9月 | 总计 |
| 31 | 金翔 | | | 2808750 | | | | 183400 | 2571800 | | 2844450 | | | 8408400 |
| 32 | 王春晓 | 471135 | 307650 | 2425500 | | | | 221081 | 54950 | 1648780 | | | | 5129096 |
| 33 | 扬帆 | | 392784 | | | | 1175279 | | | 159670 | | | 63918 | 1791651 |
| 34 | 张平 | 70000 | | | 248500 | | 1523130 | | 910077 | | | 164500 | | 2916207 |
| 35 | 张雨涵 | | 962500 | | 1917650 | 920990 | | | | | | | 308700 | 4109840 |
| 36 | 总计 | 541135 | 1662934 | 5234250 | 2166150 | 920990 | 2698409 | 404481 | 3536827 | 1808450 | 2844450 | 164500 | 372618 | 22355194 |

图 5-93　销售业绩数据透视表效果

## 任务准备

创建数据透视表时，需要注意以下操作的含义：

（1）选择创建数据透视表的源数据：可以使用本工作簿中的数据区域，也可以使用其他文件中的数据。

（2）选择放置数据透视表的位置：可以生成一张新工作表放置透视表，也可以将透视表放置在现有工作表的空白位置。

（3）设置数据透视表的字段布局：拖动选择要分类或要统计的字段，并且可以在行标签、列标签、数值列表框中拖动字段修改布局。

（4）修改数值汇总方式：WPS 表格自动默认的数值汇总方式为求和、文本汇总方式为计数，可以修改成平均值、最大值等其他汇总方式。

（5）对数据透视表的结果进行筛选：对已经生成的数据透视表，可以打开筛选器设置显示内容。

## 任务实施

视频

数据透视表

打开“数据可视化 - 素材 .xlsx”，在“销售业绩 3”工作表中，创建“每人每月销售金额”数据透视表，放在 A29 开始的区域，为透视表加上边框线，应用数据透视表“样式 4”。

选择区域 A2:E27，单击“插入”选项卡中的“数据透视表”，弹出“创建数据透视表”对话框，如图 5-94（a）所示，“单元格区域”是 A2:E27，在下方“现有工作表”中单击 A29 单元格。此时 A29 开始的区域有空白的数据透视表，如图 5-94（b）所示。

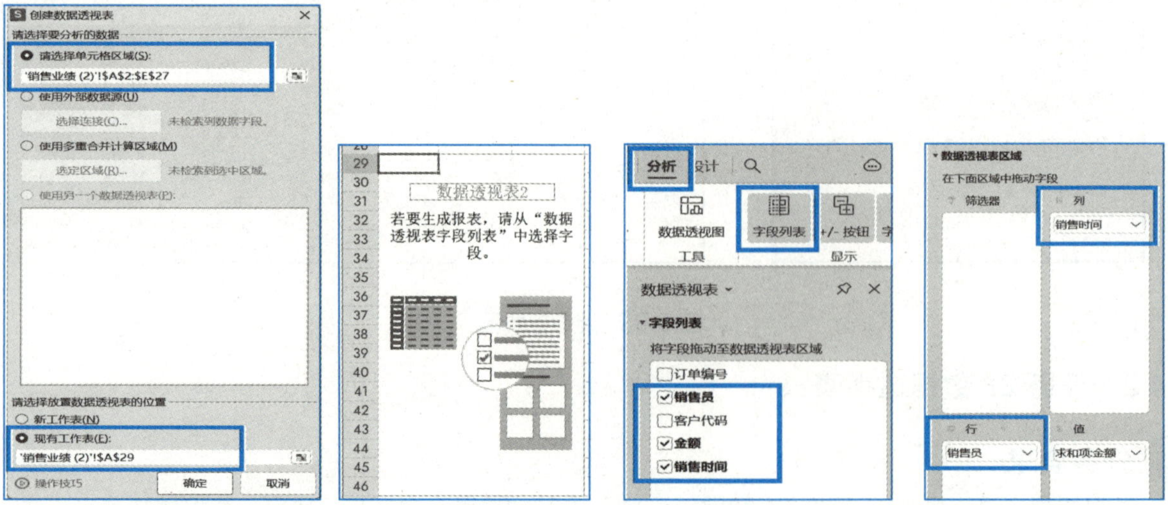


（a）　（b）　（c）　（d）

图 5-94　创建数据透视表

在工作表右边“数据透视表”窗格中，右上方多了“分析”和“设计”选项卡（没有显示“数据透视表”窗格时，单击“分析”选项卡中的“字段列表”）。在“字段列表”中勾选“销售员”“金额”“销售时间”，如图 5-94（c）所示，此时 A29 区域中显示了数据透视表。调整透视表的“行”“列”显示字段，将“行”中的“销售时间”拖动至“列”中，如图 5-94（d）所示。

此时创建的数据透视表如图 5-95 所示，选中区域 A30:N36，单击“开始”中的框线按钮田，为透视表加上边框线。

| 29 | 求和项:金额 | 销售时间 | | | | | | | | | | | |
|---|---|---|---|---|---|---|---|---|---|---|---|---|---|
| 30 | 销售员 | 10月 | 11月 | 12月 | 1月 | 2月 | 3月 | 4月 | 5月 | 6月 | 7月 | 8月 | 9月 | 总计 |
| 31 | 金翔 | | | 2808750 | | | | 183400 | 2571800 | | 2844450 | | | 8408400 |
| 32 | 王春晓 | 471135 | 307650 | 2425500 | | | | 221081 | 54950 | 1648780 | | | | 5129096 |
| 33 | 扬帆 | | 392784 | | | | 1175279 | | | 159670 | | | 63918 | 1791651 |
| 34 | 张平 | 70000 | | | 248500 | | 1523130 | | 910077 | | | 164500 | | 2916207 |
| 35 | 张雨涵 | | 962500 | | 1917650 | 920990 | | | | | | | 308700 | 4109840 |
| 36 | 总计 | 541135 | 1662934 | 5234250 | 2166150 | 920990 | 2698409 | 404481 | 3536827 | 1808450 | 2844450 | 164500 | 372618 | 22355194 |

图 5-95 每人每月销售业绩数据透视表

为透视表套用样式：选中透视表区域中的任意单元格，单击“设计”选项卡中的“样式”下拉按钮，选择“数据透视表样式 4”，如图 5-96 所示。

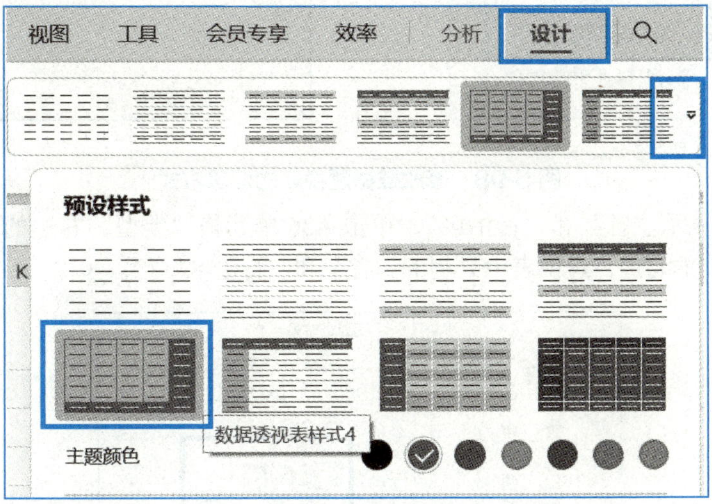


图 5-96 数据透视表套用样式

## 能力拓展

创建及修改数据透视表：在“二氧化硫”工作表中，生成各区域 2024 年的二氧化硫排放最高值的数据透视表，放在 A35 开始的区域，透视表只显示“省”和“自治区”的值，统计结果保留 1 位小数，应用数据透视表“样式 6”。最终效果如图 5-97 所示。

| 35 | 最大值项:2024 | 区域 | | | | | | | |
|---|---|---|---|---|---|---|---|---|---|
| 36 | 类型 | 东北 | 华北 | 华东 | 华南 | 华中 | 西北 | 西南 | 总计 |
| 37 | 省 | 28.2 | 64.7 | 78.9 | 57.0 | 113.5 | 68.6 | 48.1 | 113.5 |
| 38 | 自治区 | | 20.1 | | 27.7 | | 31.8 | 52.6 | 52.6 |
| 39 | 总计 | 28.2 | 64.7 | 78.9 | 57.0 | 113.5 | 68.6 | 52.6 | 113.5 |

图 5-97 各区域 2024 年最高排放数据透视表

操作步骤如下：

选择区域 A2:O33，单击“插入”选项卡中的“数据透视表”按钮，在“现有工作表”选择 A35 单元格。在右边窗格“字段列表”中，勾选“类型”“区域”“2024”，将“行”中的“区域”拖动至“列”中。修改汇总方式为“最大值”，在右边窗格下方的“值”中，单击“求和项：2024”右边的下拉按钮，如图 5-98（a）所示，选择“值字段设置”，“汇总方式”为“最大值”，如图 5-98（b）所示。

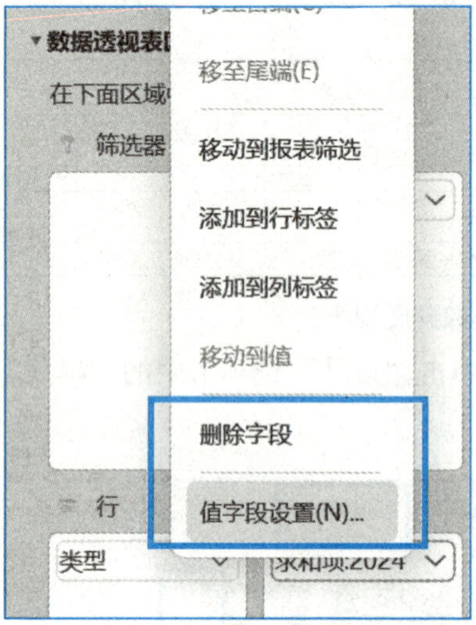


（a）

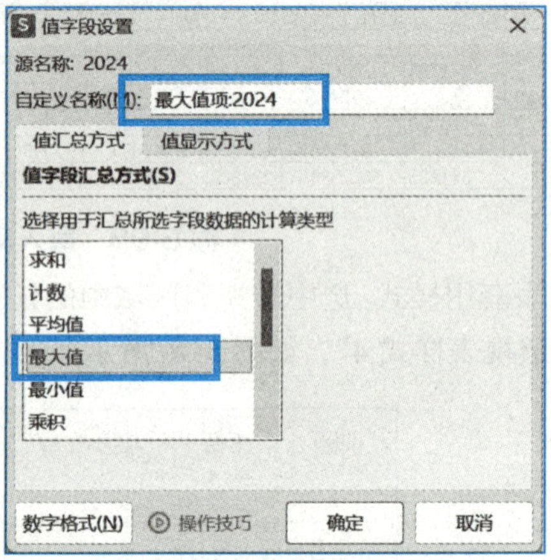


（b）

图 5-98 修改数据透视表的汇总方式

数据透视表中只显示“省”和“自治区”，单击 A36 单元格“类型”右边的下拉按钮，如图 5-99 所示，去掉“直辖市”的勾选，透视表中只剩下“省”和“自治区”行。

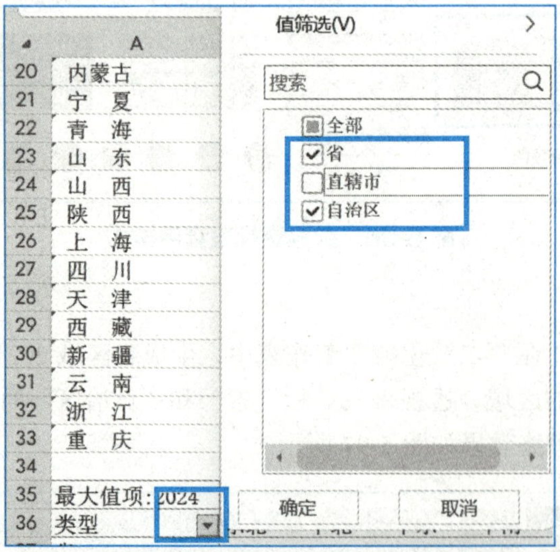


图 5-99 修改数据透视表的显示行

统计结果保留 1 位小数，选中 B37:I39 区域，右击并选择“设置单元格格式”命令，在“数字”选项卡中单击“数值”，设置小数位数为“1”。

套用样式:选中透视表区域中的任意单元格,单击“设计”选项卡中的“样式”下拉按钮,选择“数据透视表样式 6”。

## 单元小结

本单元通过四个典型任务全面展示了 WPS 表格在进行表格设计、数据输入、数据计算、数据统计、数据分析、数据图表等方面的强大功能,能够培养学生的科学思维、计算思维和逻辑思维能力以及创新意识。

## 单元练习

打开“实践训练 9.xlsx”,对“各地区二氧化硫排放”工作表,完成以下训练要求:

(1)公式函数:

① 用函数,在区域 D34:O34 中统计每年的排放总量;

② 在区域 D35:O35 中得出每年各地区的最高排放量,在区域 D36:O36 中得出每年的地区最低排放量;

③ 用函数在区域 P3:P33 中统计出各个地区的年平均排放量;

④ 用公式在区域 Q3:Q33 中计算出 2016 年比 2005 年排放减少量(2005 年 -2016 年排放量);

⑤ 用公式在区域 R3:R33 中计算出排放量减少比例(减少量 /2005 年排放量);

⑥ 用函数在区域 S3:S33 中得出每个地区排放量减少比例的排名(减少比例最高的排第一);

⑦ 区域 P3:Q33 和 D34:O36 设置保留 1 位小数,区域 R3:R33 设置百分比形式,并保留 1 位小数;

⑧ 用函数在单元格 S34 中计算出参与统计的地区个数;

⑨ 在 S35 中统计出年平均排放量超 100 万吨的地区个数;

⑩ 在 S36 中统计出 2005—2016 年各地区的年排放量超过 100 万吨(区域 D3:O33)的排放总量。

(2)美化表格:

① 对区域 D3:O33 设置条件格式,排放量超过 150 万吨的单元格显示为“浅红填充色深红色文本”,排放量低于 10 万吨的单元格显示为“绿填充色深绿色文本”;

② 对区域 Q3:R33 设置条件格式,减少量为负的单元格显示为“黄填充色深黄色文本”;

③ 对区域 P3:S33 和 D34:O36 设置字体加粗,颜色为“橙色,强调文 字颜色 6,深色 50%”;

④ 对区域 P34:S36 添加“粗匣框线”外框线,底纹“茶色,背景 2”,字体加粗,区域 P34:P36 设置文字右对齐;

⑤ 标签与背景:设置工作表标签颜色为“深蓝”色,设置工作表背景为图片“丝绸”;

⑥ 页面设置:纸张大小为 A3,方向为“横向”,页边距为上、下 2.5 厘米,左、右 3 厘米,页眉 / 页脚为页脚显示“第 1 页,共? 页”。

最终效果如图 5-100 所示。

各地区近年二氧化硫排放情况(万吨)

| 地区 | 类型 | 区域 | 2005 | 2006 | 2007 | 2008 | 2009 | 2010 | 2011 | 2012 | 2013 | 2014 | 2015 | 2016 | 平均排放量 | 减少量 | 减少比例 | 排名 |
|---|---|---|---|---|---|---|---|---|---|---|---|---|---|---|---|---|---|---|
| 安徽 | 省 | 华东 | 57.1 | 58.4 | 57.2 | 55.6 | 53.8 | 53.2 | 52.9 | 52.0 | 50.1 | 49.3 | 48.0 | 28.2 | 51.3 | 28.9 | 50.7% | 22 |
| 北京 | 直辖市 | 华北 | 19.1 | 17.6 | 15.2 | 12.3 | 11.9 | 11.5 | 9.8 | 9.4 | 8.7 | 7.9 | 7.1 | 3.3 | 11.2 | 15.8 | 82.6% | 2 |
| 福建 | 省 | 华东 | 46.1 | 46.9 | 44.6 | 42.9 | 42.0 | 40.9 | 38.9 | 37.1 | 36.1 | 35.6 | 33.8 | 18.9 | 38.6 | 27.2 | 58.9% | 13 |
| 甘肃 | 省 | 西北 | 56.3 | 54.6 | 52.3 | 50.2 | 50.0 | 55.2 | 62.4 | 57.2 | 56.2 | 57.6 | 57.1 | 27.2 | 53.0 | 29.1 | 51.7% | 20 |
| 广东 | 省 | 华南 | 129.4 | 126.7 | 120.3 | 113.6 | 107.0 | 105.1 | 84.8 | 79.9 | 76.2 | 73.0 | 67.8 | 35.4 | 93.3 | 94.0 | 72.7% | 6 |
| 广西 | 自治区 | 华南 | 102.3 | 99.4 | 97.4 | 92.5 | 89.0 | 90.4 | 52.1 | 50.4 | 47.2 | 46.7 | 42.1 | 20.1 | 69.1 | 82.2 | 80.3% | 3 |
| 贵州 | 省 | 西南 | 135.8 | 146.5 | 137.5 | 123.6 | 117.5 | 114.9 | 110.4 | 104.1 | 98.6 | 92.6 | 85.3 | 64.7 | 111.0 | 71.1 | 52.4% | 19 |
| 海南 | 省 | 华南 | 2.2 | 2.4 | 2.6 | 2.2 | 2.2 | 2.9 | 3.3 | 3.4 | 3.2 | 3.3 | 3.2 | 1.7 | 2.7 | 0.5 | 22.9% | 27 |
| 河北 | 省 | 华北 | 149.6 | 154.5 | 149.2 | 134.5 | 125.3 | 123.4 | 141.2 | 134.1 | 128.5 | 119.0 | 110.8 | 78.9 | 129.1 | 70.7 | 47.2% | 23 |
| 河南 | 省 | 华中 | 162.5 | 162.4 | 156.4 | 145.2 | 135.5 | 133.9 | 137.1 | 127.6 | 125.4 | 119.8 | 114.4 | 41.4 | 130.1 | 121.1 | 74.5% | 4 |
| 黑龙江 | 省 | 东北 | 50.8 | 51.8 | 51.5 | 50.6 | 49.0 | 49.0 | 52.2 | 51.4 | 48.9 | 47.2 | 45.6 | 33.8 | 48.5 | 17.0 | 33.4% | 25 |
| 湖北 | 省 | 华中 | 71.7 | 76.0 | 70.8 | 67.0 | 64.4 | 63.3 | 66.6 | 62.2 | 59.9 | 58.4 | 55.1 | 28.6 | 62.0 | 43.1 | 60.2% | 12 |
| 湖南 | 省 | 华中 | 91.9 | 93.4 | 90.4 | 84.0 | 81.2 | 80.1 | 68.6 | 64.5 | 64.1 | 62.4 | 59.5 | 34.7 | 72.9 | 57.2 | 62.3% | 11 |
| 吉林 | 省 | 东北 | 38.2 | 40.9 | 39.9 | 37.8 | 36.3 | 35.6 | 41.3 | 40.3 | 38.1 | 37.2 | 36.3 | 18.8 | 36.7 | 19.4 | 50.8% | 21 |
| 江苏 | 省 | 华东 | 137.3 | 130.4 | 121.8 | 113.0 | 107.4 | 105.0 | 105.4 | 99.2 | 94.2 | 90.5 | 83.5 | 57.0 | 103.7 | 80.3 | 58.5% | 14 |
| 江西 | 省 | 华中 | 61.3 | 63.4 | 62.1 | 58.3 | 56.4 | 55.7 | 58.4 | 56.8 | 55.8 | 53.4 | 52.8 | 27.7 | 55.2 | 33.6 | 54.8% | 17 |
| 辽宁 | 省 | 东北 | 119.7 | 125.9 | 123.4 | 113.1 | 105.1 | 102.2 | 112.6 | 105.9 | 102.7 | 99.5 | 96.9 | 50.8 | 104.8 | 68.9 | 57.6% | 15 |
| 内蒙古 | 自治区 | 华北 | 145.6 | 155.7 | 145.6 | 143.1 | 139.9 | 139.4 | 140.9 | 138.5 | 135.9 | 131.2 | 123.1 | 62.6 | 133.5 | 83.0 | 57.0% | 16 |
| 宁夏 | 自治区 | 西北 | 34.3 | 38.3 | 37.0 | 34.8 | 31.4 | 31.1 | 41.0 | 40.7 | 39.0 | 37.7 | 35.8 | 23.7 | 35.4 | 10.6 | 30.9% | 26 |
| 青海 | 省 | 西北 | 12.4 | 13.0 | 13.4 | 13.5 | 13.6 | 14.3 | 15.7 | 15.4 | 15.7 | 15.4 | 15.1 | 11.4 | 14.1 | 1.0 | 8.3% | 28 |
| 山东 | 省 | 华东 | 200.3 | 196.2 | 182.2 | 169.2 | 159.0 | 153.8 | 182.7 | 174.9 | 164.5 | 159.0 | 152.6 | 113.5 | 167.3 | 86.8 | 43.4% | 24 |
| 山西 | 省 | 华北 | 151.6 | 147.8 | 138.7 | 130.8 | 126.8 | 124.9 | 139.9 | 130.2 | 125.5 | 120.8 | 112.1 | 68.6 | 126.5 | 83.0 | 54.7% | 18 |
| 陕西 | 省 | 西北 | 92.2 | 98.1 | 92.7 | 88.9 | 80.4 | 77.9 | 91.7 | 84.4 | 80.6 | 78.1 | 73.5 | 31.8 | 80.9 | 60.4 | 65.5% | 9 |
| 上海 | 直辖市 | 华东 | 51.3 | 50.8 | 49.8 | 44.6 | 37.9 | 35.8 | 24.0 | 22.8 | 21.6 | 18.8 | 17.1 | 7.4 | 31.8 | 43.9 | 85.5% | 1 |
| 四川 | 省 | 西南 | 129.9 | 128.1 | 117.9 | 114.8 | 113.5 | 113.1 | 90.2 | 86.4 | 81.7 | 79.6 | 71.8 | 48.8 | 98.0 | 81.1 | 62.4% | 10 |
| 天津 | 直辖市 | 华北 | 26.5 | 25.5 | 24.5 | 24.0 | 23.7 | 23.5 | 23.1 | 22.5 | 21.7 | 20.9 | 18.6 | 7.1 | 21.8 | 19.4 | 73.4% | 5 |
| 西藏 | 自治区 | 西南 | 0.2 | 0.2 | 0.2 | 0.2 | 0.2 | 0.4 | 0.4 | 0.4 | 0.4 | 0.4 | 0.5 | 0.5 | 0.3 | -0.3 | -170.6% | 31 |
| 新疆 | 自治区 | 西北 | 51.9 | 54.9 | 58.0 | 58.5 | 59.0 | 58.8 | 76.3 | 79.6 | 82.9 | 85.3 | 77.8 | 48.1 | 65.9 | 3.8 | 7.4% | 29 |
| 云南 | 省 | 西南 | 52.2 | 55.1 | 53.4 | 50.2 | 49.9 | 50.1 | 69.1 | 67.2 | 66.3 | 63.7 | 58.4 | 52.6 | 57.3 | -0.4 | -0.8% | 30 |
| 浙江 | 省 | 华东 | 86.0 | 85.9 | 79.7 | 74.1 | 70.1 | 67.8 | 66.2 | 62.6 | 59.3 | 57.4 | 53.8 | 26.8 | 65.8 | 59.2 | 68.8% | 7 |
| 重庆 | 直辖市 | 西南 | 83.7 | 86.0 | 82.6 | 78.2 | 74.6 | 71.9 | 58.7 | 56.5 | 54.8 | 52.7 | 49.6 | 28.8 | 64.8 | 54.9 | 65.6% | 8 |
| 年排放总量 | | | 2549.4 | 2586.8 | 2468.1 | 2321.2 | 2214.4 | 2185.1 | 2217.9 | 2117.7 | 2043.9 | 1974.4 | 1859.1 | 1102.9 | 统计地区数: | | | 31 |
| 最高排放量 | | | 200.3 | 196.2 | 182.2 | 169.2 | 159.0 | 153.8 | 182.7 | 174.9 | 164.5 | 159.0 | 152.6 | 113.5 | 平均排放量超百万吨地区数: | | | 8 |
| 最低排放量 | | | 0.2 | 0.2 | 0.2 | 0.2 | 0.2 | 0.4 | 0.4 | 0.4 | 0.4 | 0.4 | 0.5 | 0.5 | 排放超百万吨的地区排放总量: | | | 12329 |

图 5-100 “各地区二氧化硫排放情况”工作表

# 单元六
# WPS 演示制作

## 单元导读

党的二十大明确了促进群众体育和竞技体育全面发展，加快建设体育强国，国家把保障人民健康放在优先发展战略地位，强调“全民健身”理念。对于教育领域的要求，提出“广泛开展全民健身活动，加强青少年体育工作，促进群众体育和竞技体育全面发展，加快建设体育强国”，明确了体育强国建设的方向和重点，为新时代新征程加快建设体育强国指明了方向。

本单元的WPS演示知识，将紧扣演示文稿操作技术的关键点，展示全民健身成果，在掌握演示文稿基本操作的基础上优化信息的表达和传播，实现WPS演示效果视觉与信息的融合，展示全民健身成果。

## 知识结构图

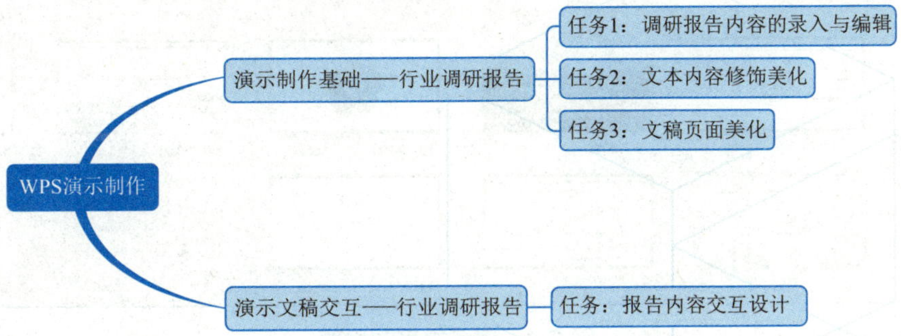


## 学习目标

### 1. 知识目标

（1）掌握演示文稿的基本概念和制作流程及原则；

（2）熟悉对幻灯片及幻灯片中内容进行格式化处理；

（3）掌握演示文稿的插入元素和格式设置；

（4）熟悉演示文稿美化设计和交互设计；

（5）掌握演示文稿的放映方式及打印输出。

### 2. 技能目标

（1）掌握演示文稿的基本操作；

（2）掌握演示文稿交互设计操作。

### 3. 素质目标

（1）养成主动搜索新技术、新知识的习惯；

（2）熟悉国产 WPS 演示，树立科技创新理念。

# 6.1 演示制作基础——行业调研报告

WPS 演示即演示文稿。在 WPS 演示文稿中制作出的页面称为幻灯片，而一张张幻灯片组成一个演示文稿文件，其默认文件扩展名为 .pptx。WPS 演示提供的多媒体技术使得展示效果声形俱佳、图文并茂，它还可以通过多种途径展示创作的内容。

本节要求制作一个跑步运动行业调研报告幻灯片用于研究和分析 2022 年中国跑步运动行业发展情况，完成任务幻灯片内容的设计与制作，并完成幻灯片文本内容的整体美化。

## 6.1.1 任务 1：调研报告内容的录入与编辑

### 任务要求

本任务要求完成跑步运动行业调研报告幻灯片内容的设计排版。帮助学生树立培养运动健身意识，增强意志力，培养学生养成自律的生活和工作态度，提升职业素养。最终实现效果图如图 6-1 所示。

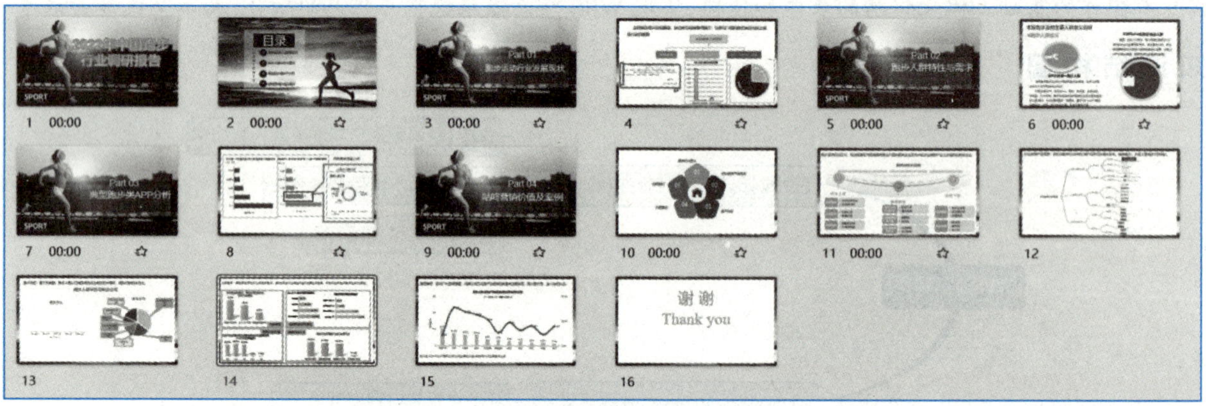


图 6-1 演示文稿效果图

### 任务准备

#### 1. 模板

WPS 演示模板包含预定义的文字格式、颜色、背景图案等，它不仅提供统一的视觉风格，还能让演示者专注于内容的创造与逻辑的搭建，而无须过分担忧设计细节。模板主要由背景设计、版式布局、色彩搭配、字体样式和元素装饰等组成，合理利用这些元素能够帮助演示者快速构建出专业的演示文稿。

#### 2. 视图

WPS 演示视图包括普通视图、幻灯片预览视图、备注页视图和阅读视图四种，如图 6-2 所示。

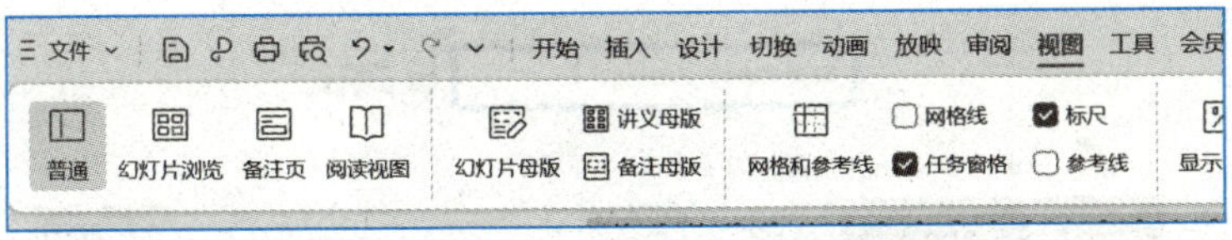


图 6-2　WPS 演示视图方式

（1）普通视图：这是系统默认的视图模式，在该视图下，会显示视图窗格、功能区、文档工作区等功能区域。在普通视图下，既能在文档工作区自由进行编辑与加工，也能在视图窗格通过插入、删除、移动、复制幻灯片等操作增减幻灯片页面及调整幻灯片的先后顺序。

（2）幻灯片浏览视图：在这种视图下，所有幻灯片以缩略图的形式排列，用户可以同时查看多个幻灯片，并进行添加、移动、复制、删除等操作。这种视图非常适合对演示文稿进行整体布局的调整。

（3）备注页视图：在这种视图下，用户可以查看与幻灯片一起打印的备注页。每一页都包括一张 PPT 和演讲者的备注，可以在此视图中进行编辑。这种视图适用于检查演讲时的备注内容。

（4）阅读视图：在这种视图下，用户可以在窗口中播放 PPT，查看动画和切换效果，而无须切换到全屏放映。这种视图适合在编辑过程中预览演示文稿的播放效果。

视　频

调研报告内容的录入与编辑

## 任务实施

### 1. 演示文稿基本操作

启动 WPS 程序创建演示文稿：单击软件界面“新建”按钮，再单击 Office 文档格式中的“演示”图标，如图 6-3 所示，在弹出的新窗口中选择 WPS 演示自带的“大气创意健身跑步宣传 ppt 模板”，如图 6-4 所示，即可演创建示文稿。

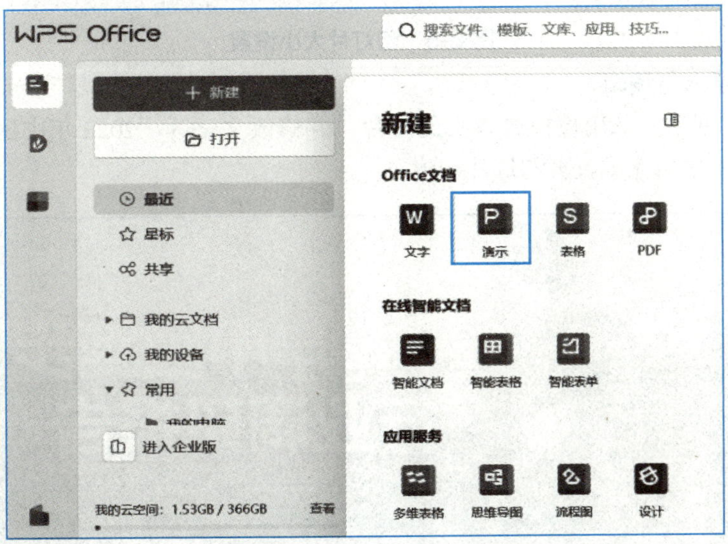


图 6-3　“新建”界面

### 2. 幻灯片基本操作

单击“设计”选项卡中的“幻灯片大小”按钮，选择“宽屏 16 ∶ 9”命令，如图 6-5 所示，完成幻灯片大小设置。

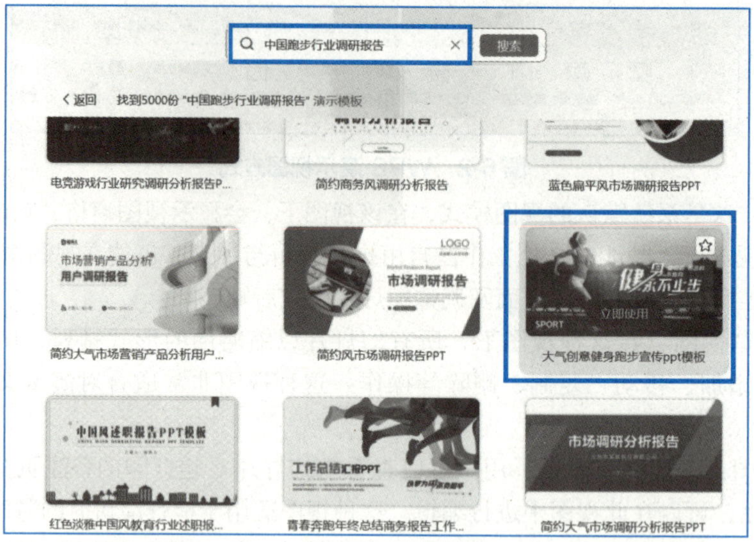


图 6-4　利用模板创建演示文稿

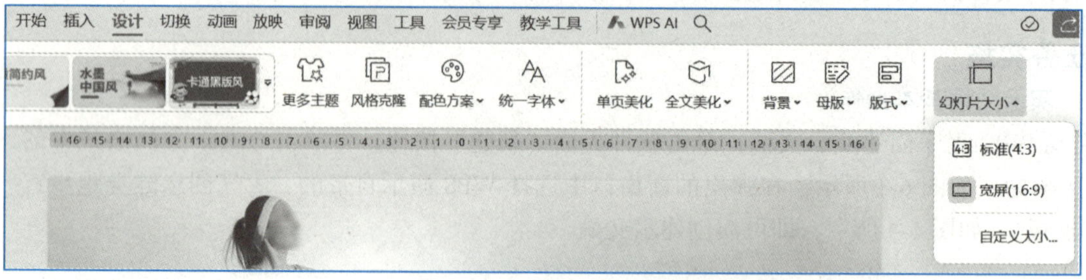


图 6-5　幻灯片大小设置

### 3. 幻灯片内容录入与编辑

（1）首页幻灯片创建。采用模板的首页幻灯片，并修改文字为“2022 年中国跑步行业调研报告”即可，如图 6-6 所示，之后完成首页幻灯片创建。

图 6-6　首页幻灯片效果

（2）目录页幻灯片和第三页幻灯片创建。方法同上，效果图如图 6-7 和图 6-8 所示。

图 6-7 目录页幻灯片效果

图 6-8 第三页幻灯片效果

（3）第四页幻灯片创建。在模板的第四页幻灯片中录入文本内容，字号 18，第四页幻灯片模板的图形区域删除，单击“插入”选项卡中的“在线思维导图”按钮，选择“在线思维导图”命令，在弹出的对话框中设置在线思维导图属性：选择“基础图形”选项卡，选择“组织结构图－工笔风”选项，如图 6-9 所示。在思维导图的第一个节点“政策基础”下面插入“书卷扁平风线框文本框”并输入相应文字；在思维导图的第二个节点“市场规模（线上）”下面插入“簇状柱形图”并调整文字与数字内容；在思维导图的第三个节点“跑步人群线上流量”下面插入“动态饼图”并编辑饼图数据，如图 6-10 所示，之后插入在线思维导图。效果图如图 6-11 所示。

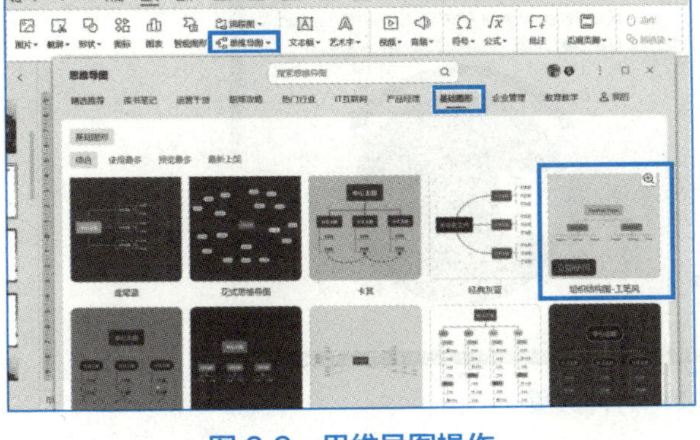

图 6-9 思维导图操作

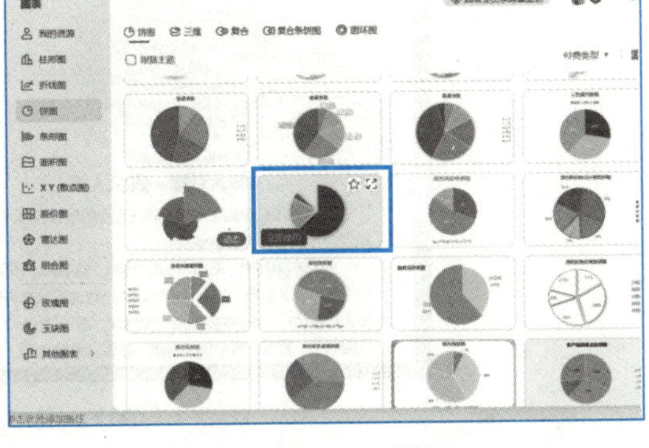

图 6-10 插入饼图

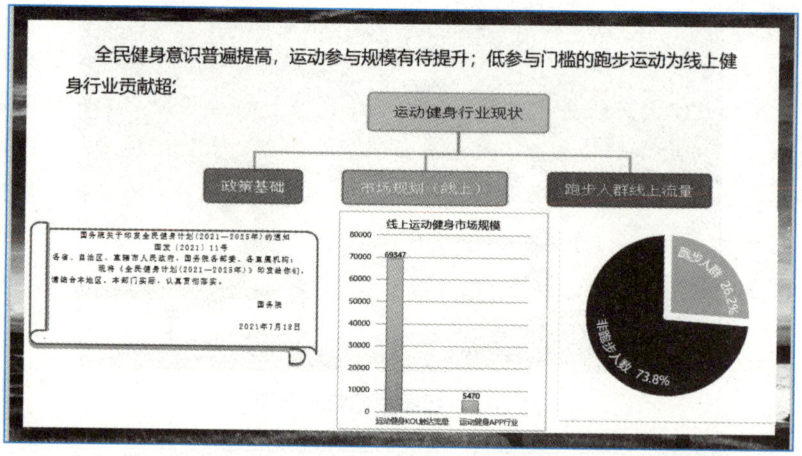


图 6-11　第四页幻灯片效果

（4）第五至十六页幻灯片创建：创建方法同上。效果如图 6-12 ～图 6-23 所示。

图 6-12　第五页幻灯片效果

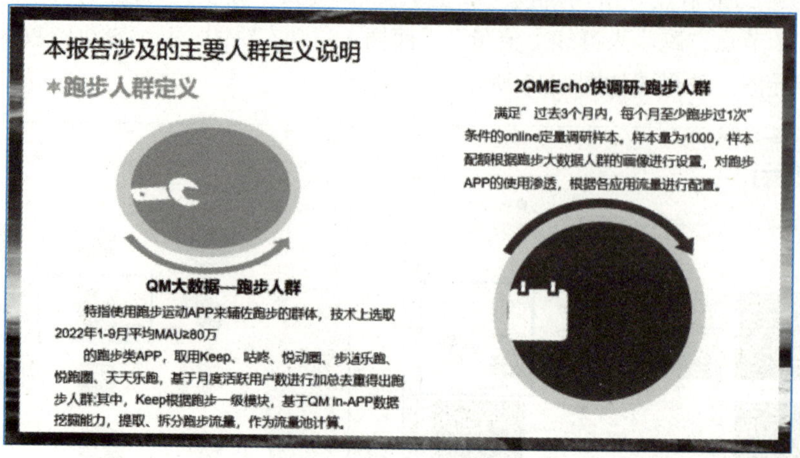


图 6-13　第六页幻灯片效果

图 6-14　第七页幻灯片效果

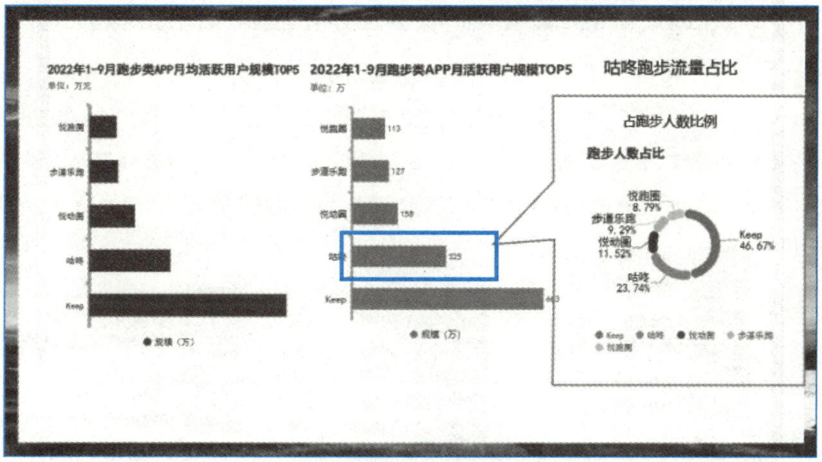


图 6-15　第八页幻灯片效果

图 6-16　第九页幻灯片效果

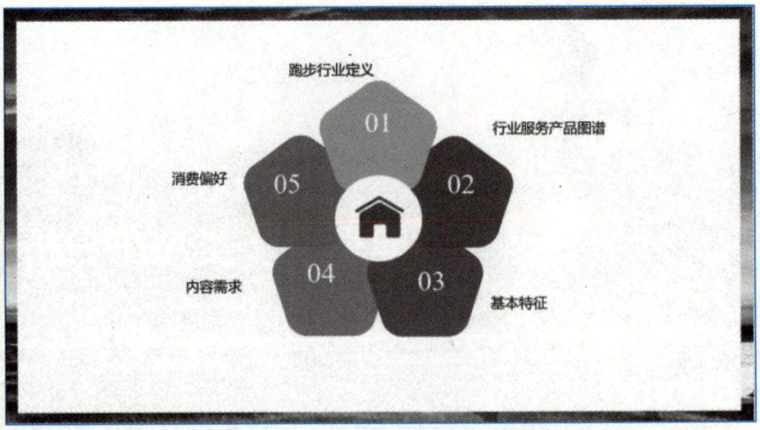


图 6-17　第十页幻灯片效果

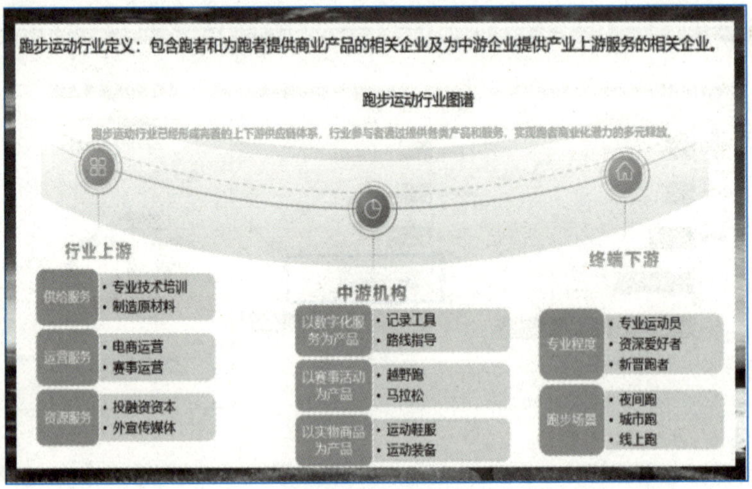


图 6-18　第十一页幻灯片效果

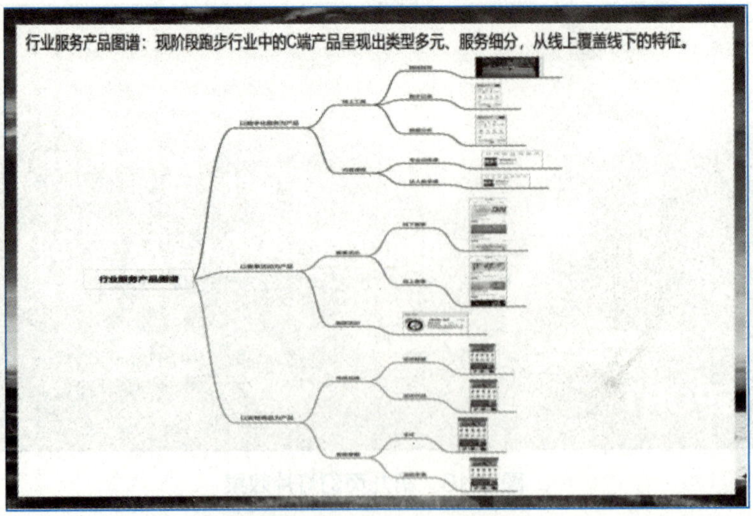


图 6-19　第十二页幻灯片效果

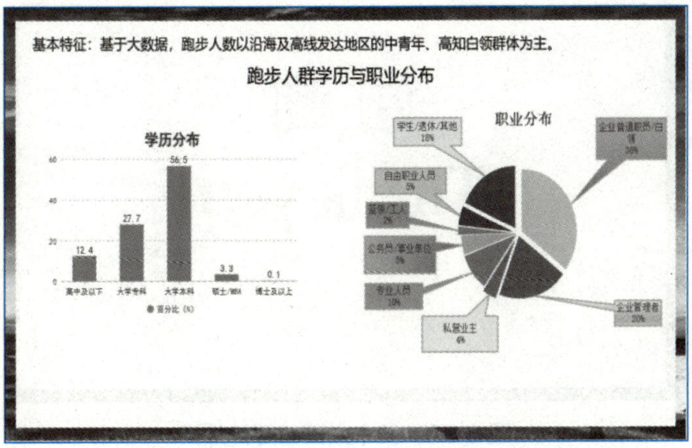


图 6-20 第十三页幻灯片效果

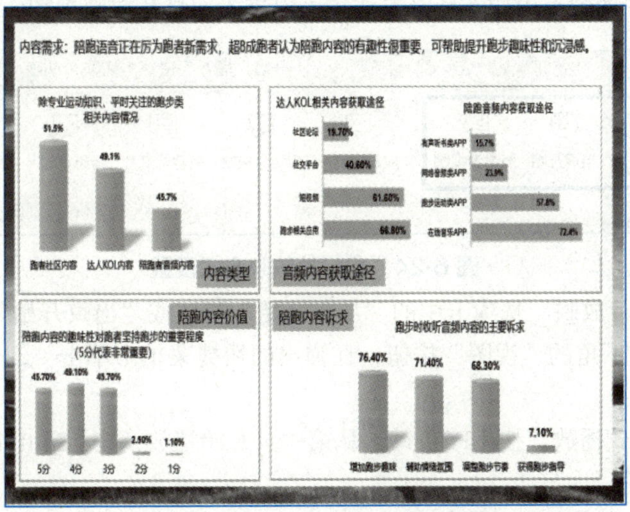


图 6-21 第十四页幻灯片效果

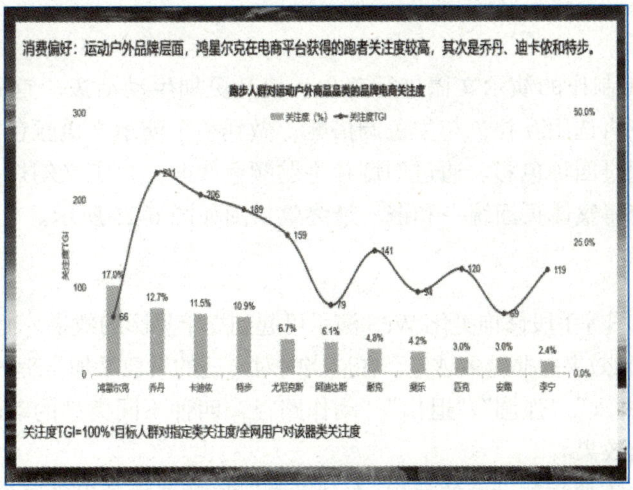


图 6-22 第十五页幻灯片效果

图 6-23　第十六页幻灯片效果

4．演示文稿放映设置

首先进入幻灯片放映视图，用如下任一方法均可以进入幻灯片放映视图，如图 6-24 所示。

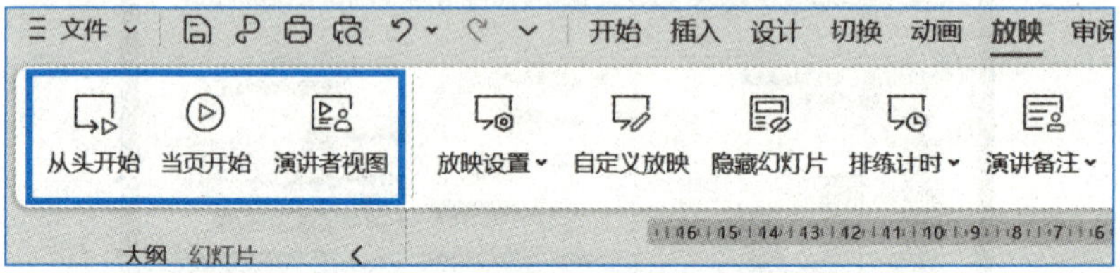


图 6-24　幻灯片放映方式设置

方法 1：单击“幻灯片放映”选项卡中的“从头开始”按钮或“当页开始”按钮。

方法 2：单击窗口右下角的“视图”按钮，在弹出的快捷菜单中单击“幻灯片放映”命令，完成当前幻灯片开始放映设置。

方法 3：使用快捷方式播放，按【F5】键，从第一页开始播放；按【Shift+F5】组合键，则从当前页开始播放。

## 6.1.2　任务 2：文本内容修饰美化

### 任务要求

本任务要求将任务 1 制作的演示文稿进行美化，使其更加生动活泼。首先要注重幻灯片整体颜色的搭配，先确定主色调，再选用互补色与主色调搭配，做到整个演示文稿颜色协调统一。每张幻灯片中颜色不能太杂，一般不超过四种色彩。通过幻灯片主题颜色修改，自定义幻灯片配置，在每张幻灯片中设置具体元素的样式，使得整体页面统一和谐。最终效果图如图 6-25 所示。

### 任务准备

通过排版、配色、插图等手段修饰美化 WPS 演示可起到立竿见影的效果。而搭配适当的动画效果可起到画龙点睛的作用。但动画效果并非越多越好，在恰当时对合适的对象添加合理的动画效果才能恰到好处。

WPS 演示提供了“进入”“强调”“退出”“动作路径”四种不同类型的动画效果。可根据幻灯片中内容对象选择合适的动画效果。

（1）添加动画。选中需要添加动画的对象，在“动画”选项卡的预设动画栏中选择合适的动画效果，或单击右侧下拉列表选择适合的动画效果，如图 6-26 所示。

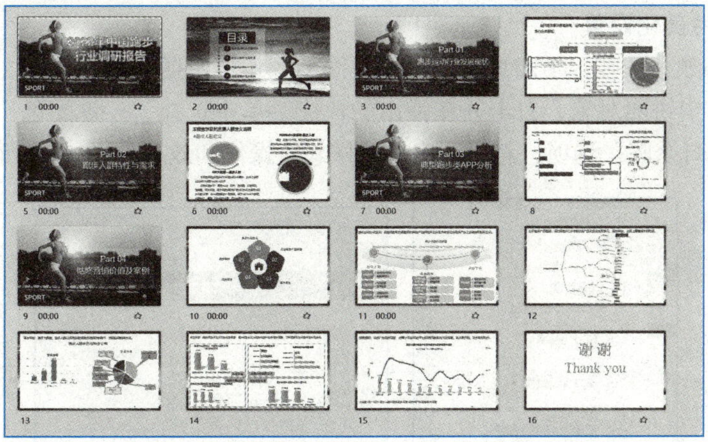


图 6-25　低碳环保宣传活动演示文稿最终效果

图 6-26　添加动画

（2）设置动画效果。添加预设动画效果后，通过“动画”选项卡的动画效果功能命令设置动画效果，或单击“动画”选项卡中的“动画窗格”按钮，在右侧“动画窗格”中设置动画开始方式、方向、延迟时间、速度等。如图 6-27 所示。动画窗格下方以序号 1、2……表示动画出现的前后次序，当有多个动画时，可以选中某一动画效果按住鼠标左键上下移动调整先后次序。

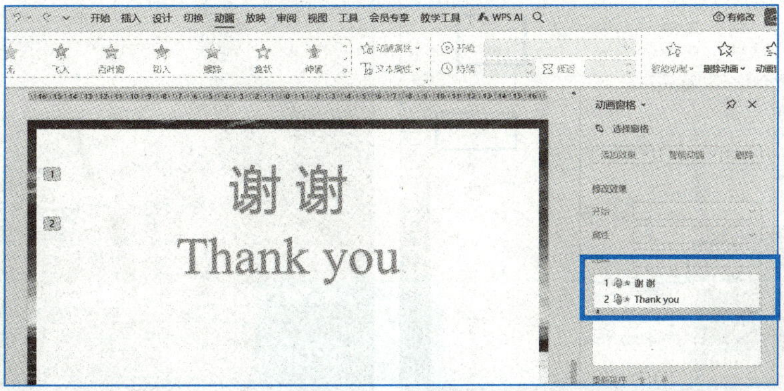


图 6-27　设置动画效果

WPS 演示还提供了“智能动画”，能让设计者在设置内容对象动画时有更多的选择，如图 6-28 所示。

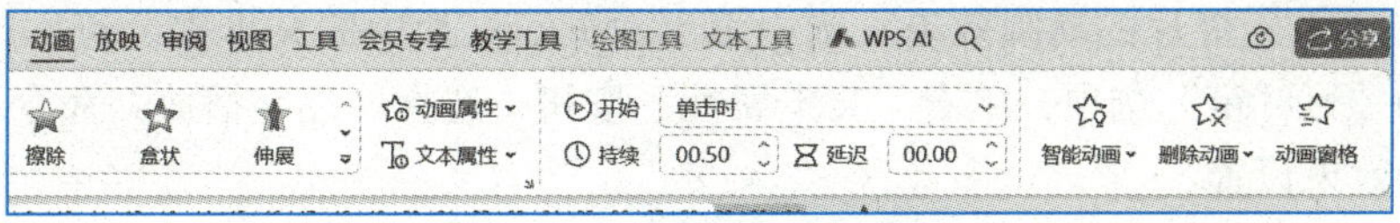


图 6-28　WPS 演示智能动画

视 频

文本内容修饰与美化

## 任务实施

### 1. 幻灯片美化设置

（1）局部颜色调整。第四页幻灯片中饼图的颜色与主题颜色不和谐，为此要调整流程图对象的颜色。选中饼图对象，右击并在弹出的快捷菜单中选择“一键配色”命令，在右侧任务窗格中选择“落日余晖”选项，对饼图应用此样式，操作和效果如图 6-29 所示。

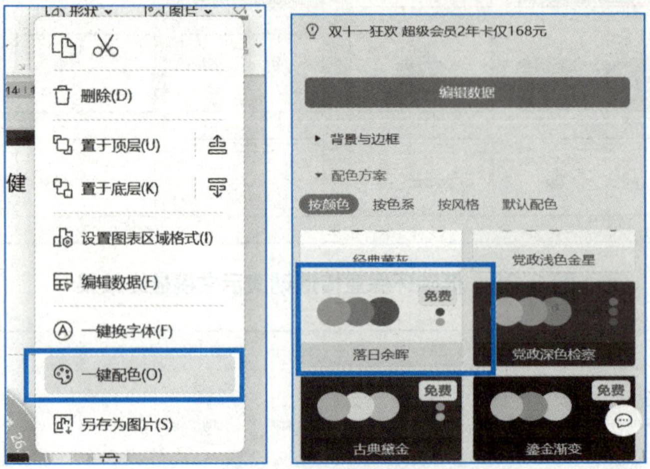


图 6-29　配色方案操作

（2）插入页眉页脚。单击“插入”选项卡中的“页眉页脚”按钮，选择“幻灯片编号”命令，在弹出的“页眉和页脚”对话框中设置幻灯片编号设置：选择右下角，右击并在弹出的快捷菜单中选择“置于底层”命令，设置编号占位符为白色加粗，并调整其位置，如图 6-30 所示，之后单击“全部应用”按钮完成幻灯片页眉页脚设置。

图 6-30　页眉和页脚显示设置及版式效果

### 2. 内容对象动画设计

（1）设置第十六页幻灯片的动画效果。选中第十六页幻灯片中的文本占位符，单击“动画”选项卡“动画栏”中的“百叶窗”选项，单击“文本属性”按钮，选择“逐字播放”命令，如图 6-31 所示，之后完成文本动画效果设置。

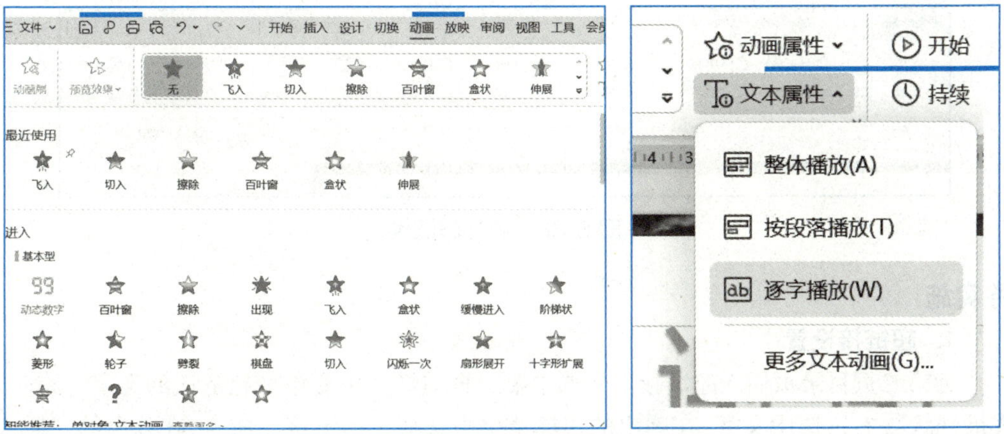


图 6-31 文本动画设置效果

## 6.1.3 任务 3：文稿页面美化

### 任务要求

本任务要求进一步美化任务 2 的演示文稿，使幻灯片更活泼，更具逻辑性。演讲者利用幻灯片动画可以控制幻灯片播放，达到控制演讲节奏的目的。通过设置幻灯片动画效果和自定义具体元素的动画方式时，需要根据观看者的视觉习惯和视觉逻辑设置。

### 任务准备

#### 1. 幻灯片页面切换效果设置

切换效果不同于动画，动画效果针对幻灯片中的图文对象，而切换效果针对每页幻灯片翻页效果设计。在 WPS 演示中添加切换效果，可以让各幻灯片页面间更好地衔接，页面切换显得更加自然、生动有趣，提升观众的视觉体验并吸引观众注意力，从而获得更好的演示效果。WPS 演示提供了“擦除”“百叶窗”“棋盘”“线条”等多种幻灯片切换效果，如图 6-32 所示。

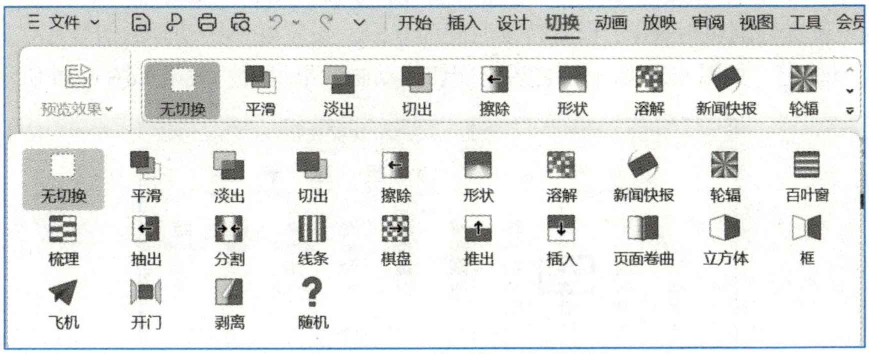


图 6-32 页面切换效果

#### 2. 超链接

幻灯片播放时默认按从前到后的顺序进行，使用超链接能打破播放顺序的限制，直接进入所要播放的页面。为幻灯片中的内容对象添加超链接，可以链接到文件、网页或指定幻灯片，如图 6-33 所示。

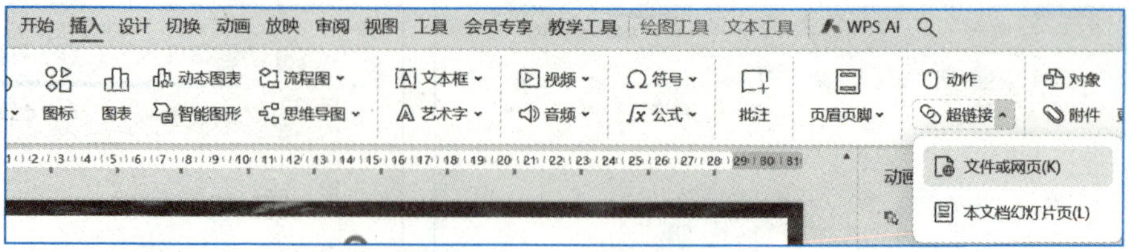


图 6-33　添加超链接

## 任务实施

视 频

文稿页面美化

### 1. 超链接设置

为第二页目录页插入超链接。先选中第二页幻灯片中要添加超链接的文字“跑步运动行业发展现状”，右击选中文字，在弹出的快捷菜单中选择“超链接”命令，在弹出的“插入超链接”对话框中设置插入超链接属性：在左侧功能选项中选择“本文档中的位置”，根据本文档每页幻灯片标题选择即可，如图 6-34 所示，之后单击“确定”按钮完成插入超链接设置。

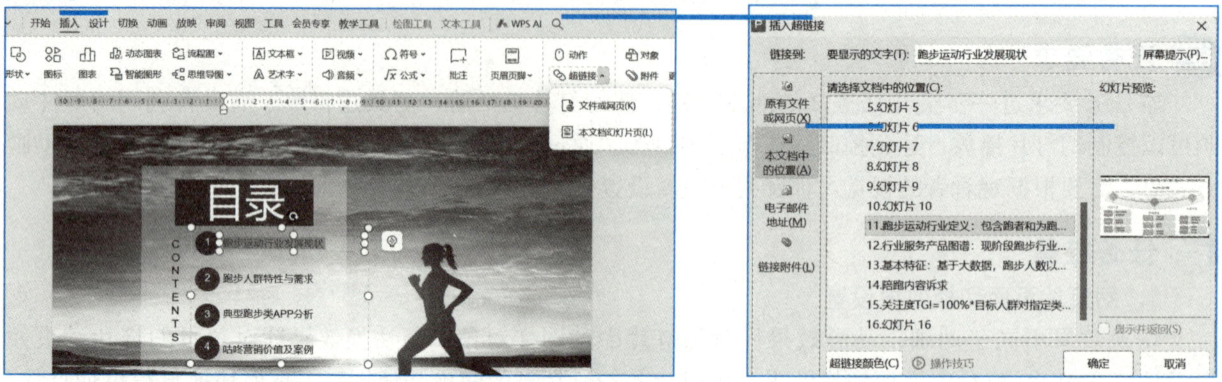


图 6-34　插入超链接设置

### 2. 切换动画效果设置

第一张幻灯片切换效果设置。先选中第一张幻灯片，单击“切换”选项卡中的“预设切换效果”中的“分割”命令，设置分割切割效果：设置持续时间为 0.5 s，设置好切换动画的幻灯片在普通视图中幻灯片左上角会出现标记，如图 6-35 所示，之后完成切换动画效果设置。效果如图 6-36 所示。

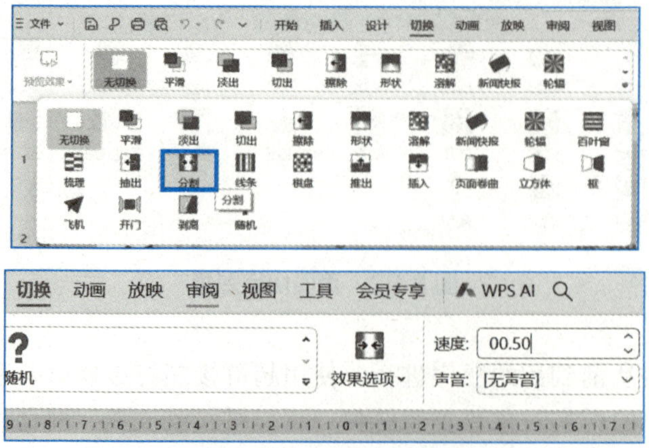


图 6-35　幻灯片切换效果设置及效果

图 6-36　切换效果

## 能力拓展

应用 WPS 创建以“介绍我的家乡”为主题的幻灯片。

以自己的家乡为主题，制作介绍自己家乡的幻灯片。建议内容包括：家乡基本介绍、家乡特色、存在的问题及未来工作计划等。选用合适的主题色彩及版式，将收集的文字内容、图片、视频等素材有序呈现出来。演示文稿最终效果如图 6-37 所示。

操作步骤：

（1）新建一个演示文稿。

（2）创建幻灯片。

（3）每张幻灯片图文并茂呈现内容。

（4）设置每张幻灯片上对象的格式及动画效果。

（5）放映设置。

图 6-37　演示文稿最终效果

# 6.2 任务：演示文稿交互——行业调研报告交互设计

## 任务要求

交互设计是 WPS 演示制作中的一个重要内容，被越来越多设计者所重视。有效的交互设计可以提升 WPS 演示作品水平，吸引观众注意力，达到好的表达效果。本任务要求在 6.1 节任务的基础上要求完成调研报告内容的交互设计及放映输出等操作，帮助学生树立培养运动健身意识，增强意志力，培养学生养成自律的生活和工作态度，提升职业素养。

## 任务准备

WPS 演示的触发器是指在特定条件下触发某个动作或效果的功能。WPS 演示触发器是 WPS 演示中的一项功能，它可以是一个图片、文字、段落、文本框等，相当于一个按钮。在 WPS 演示中设置好触发器功能后，单击触发器会触发一个操作，该操作可以是多媒体音乐、影片、动画等。简单来说，触发器允许用户通过按钮单击控制 WPS 演示页面中已设定动画的执行。

## 任务实施

视 频

演示文稿交互——行业调研报告交互设计

### 1. 动作按钮设计

定位在第四页幻灯片,单击“插入”选项卡中的“形状”按钮,选择“动作按钮”→命令，单击鼠标左键在幻灯片编辑区域“绘制动作按钮”，并在弹出“动作设置”对话框中完成动作按钮属性设置：默认选中“鼠标单击”选项卡，“链接到”选项中选择“自定义幻灯片”选择幻灯片 2，单击“确定”按钮，如图 6-38 所示，之后完成动作按钮设置。最终效果如图 6-39 所示。

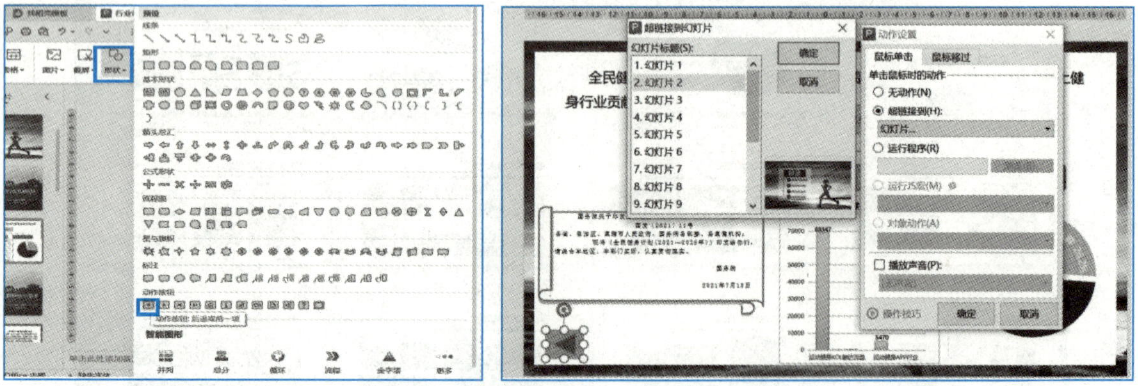

图 6-38 绘制动作按钮和动作按钮的超链接设置

### 2. 触发器设计

打开第十四页幻灯片，选中该页图表（该图表已设置动画），单击“动画”选项卡中的“动画窗格”按钮，在右侧任务窗格右击“动画”，选择“动画效果”中的“计时”，如图 6-40 所示，在“触发器”中，选择“单击下列对象时启动效果”的“文本框 4（内容类型文本所对应的名称）”，设置完成后，单击“内容类型”文本框即可触发图表动画，如图 6-41 所示，之后完成触发器设置。最终效果如图 6-42 所示。

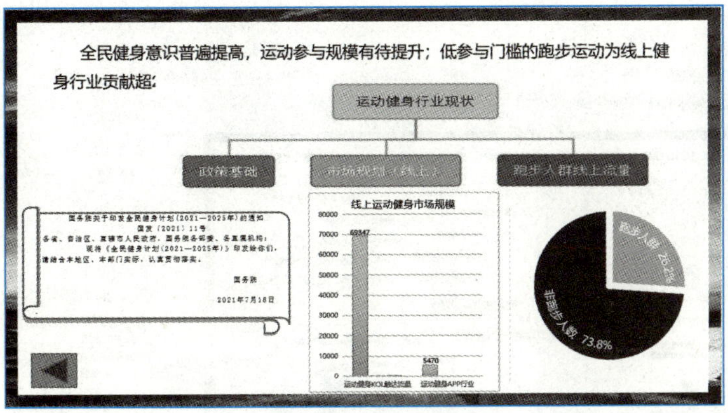


图 6-39　第四页返回动作按钮最终效果

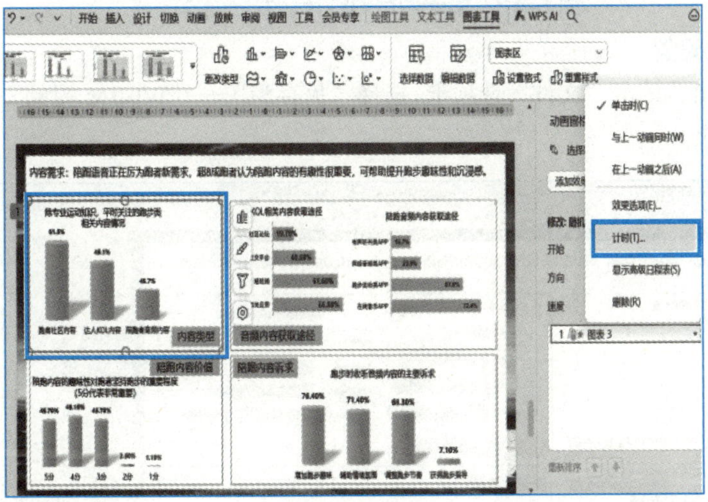


图 6-40　计时设置

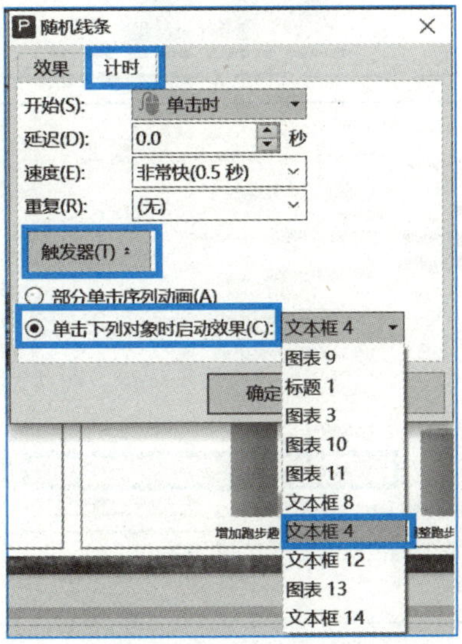


图 6-41　触发器设置

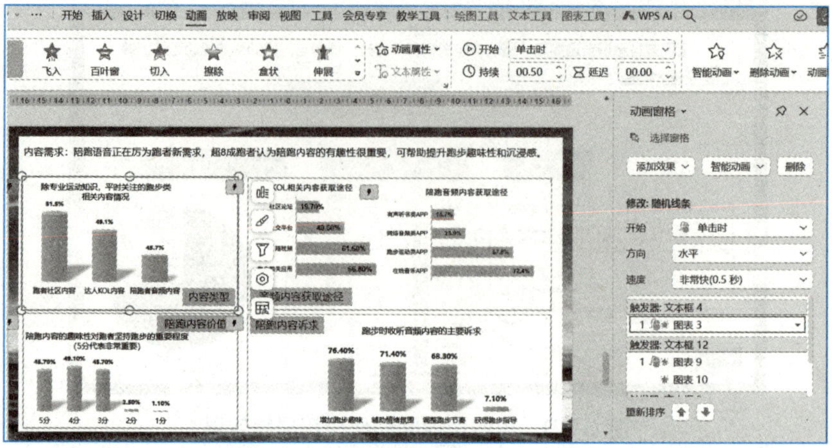


图 6-42　第十四页幻灯片触发器设置效果

### 3．演示文稿输出设置

（1）视频格式输出。单击“文件”选项卡，选择“另存为”→“WEBM 视频”命令，如图 6-43 所示，之后完成视频格式输出。

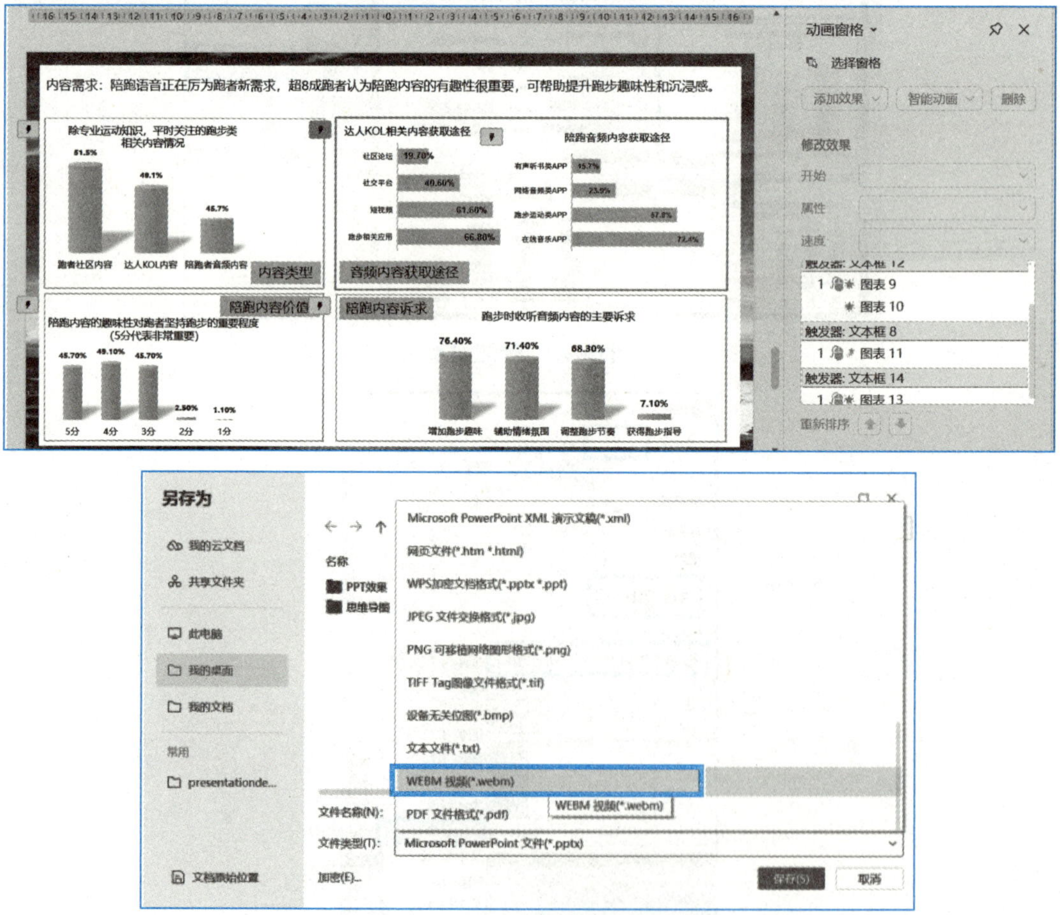


图 6-43　WPS 演示输出为视频设置

（2）PDF/XPS 文档输出。将演示文稿保存为 PDF 或 XPS 文档的目的在于：这些文档在大多数计算机上的字体、格式和图像是一致的，不会受到操作系统版本的影响，而且文档内容不容易被修改。操作步骤如下：

① 方法同（1），选择“输出为 PDF 格式”命令即可，如图 6-44 所示，之后完成 PDF 文档输出格式设置。

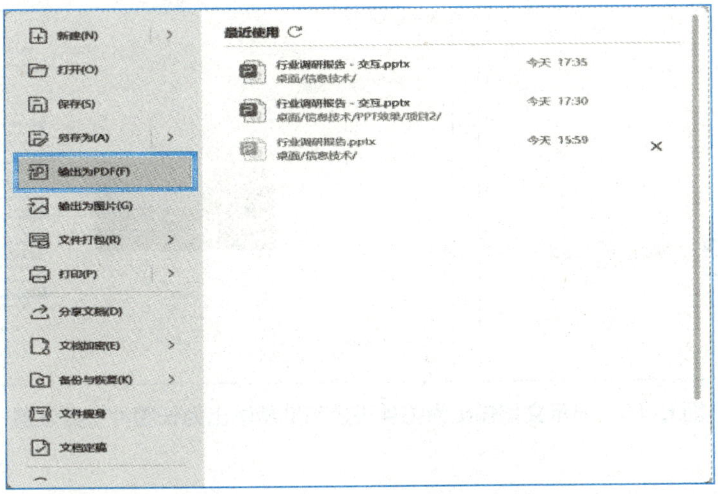


图 6-44 演示文稿输出为 PDF 格式设置

② 选择左下角的“输出”选项，在输出的页数中设置输出页数，单击右下角的“开始输出”按钮，如图 6-45 所示，之后完成 PDF 文档输出。

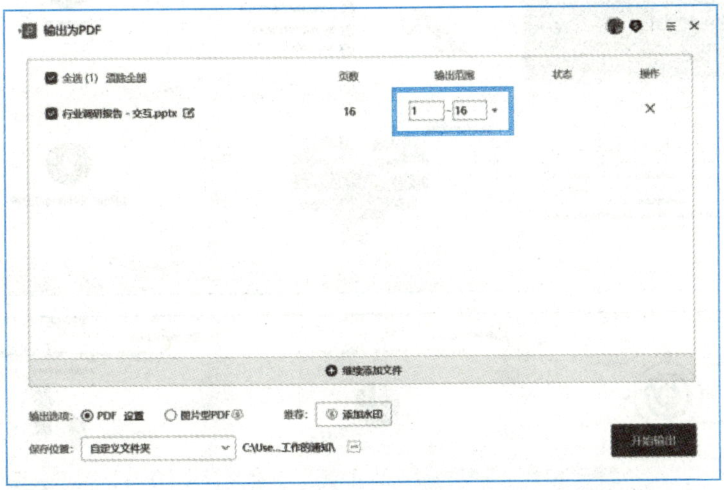


图 6-45 演示文稿输出为 PDF 参数设置

（3）输出演示文稿为长图。单击“文件”选项卡，在弹出的下拉选项菜单中选择“输出为图片”命令，在弹出的“批量输出为图片”对话框设置相应参数：在该对话框中将右侧勾选“合成长图”，根据自己的需要选择输出的范围、格式、颜色以及输出目录等（输出长图需要会员才能操作）设置好选项之后，单击“开始输出”按钮保存长图，如图 6-46 所示，之后完成输出长图设置。

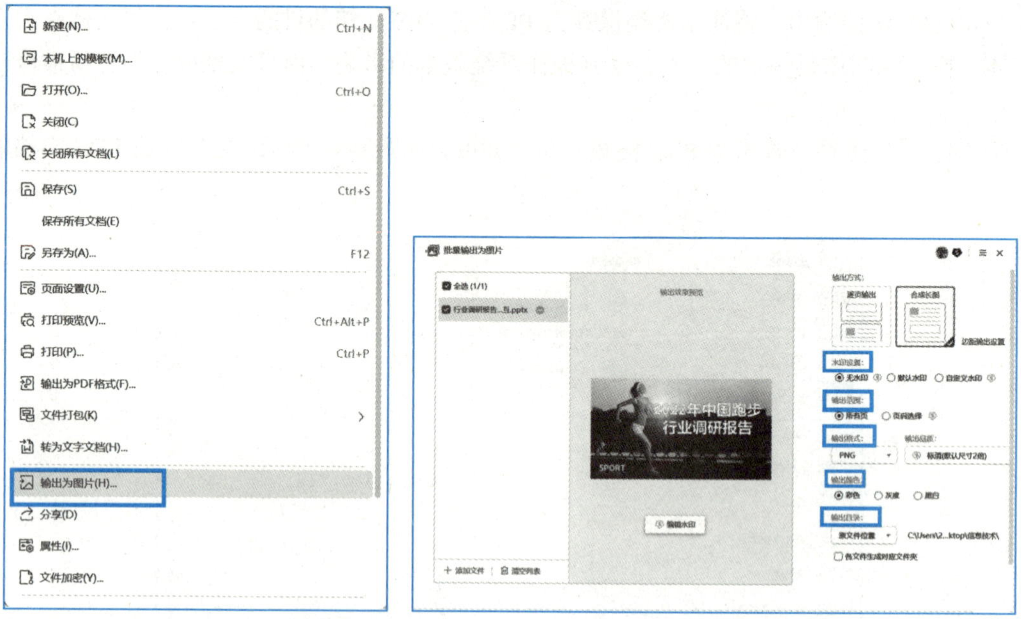


图 6-46　演示文稿输出为图片设置和批量输出为长图片参数设置

## 能力拓展

应用 WPS 制作图 6-47 所示效果的调研报告演示文稿。

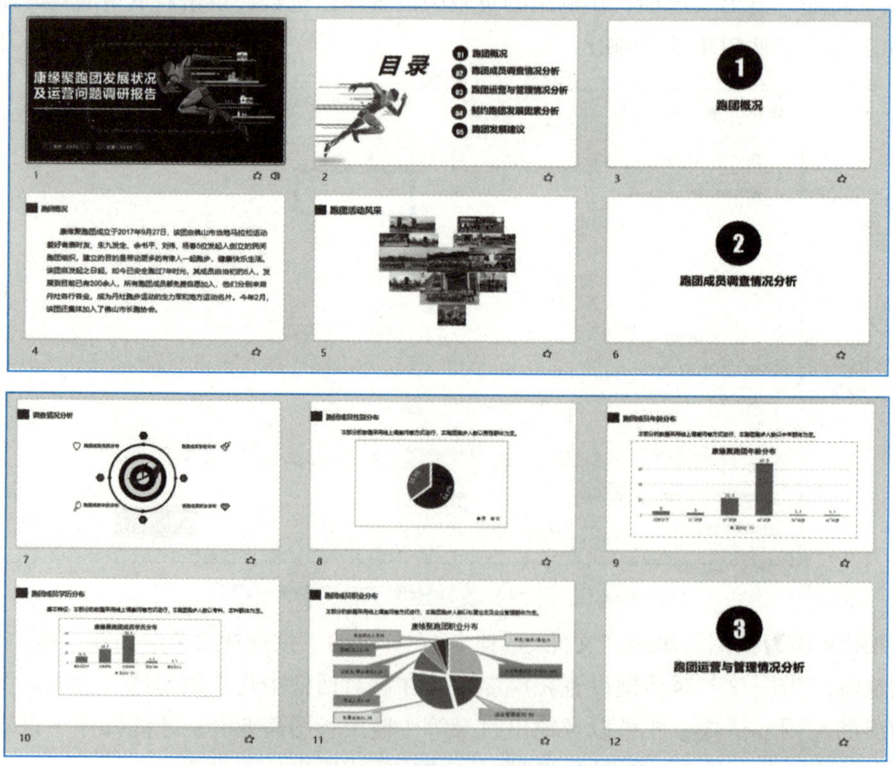


图 6-47　调研报告演示文稿效果

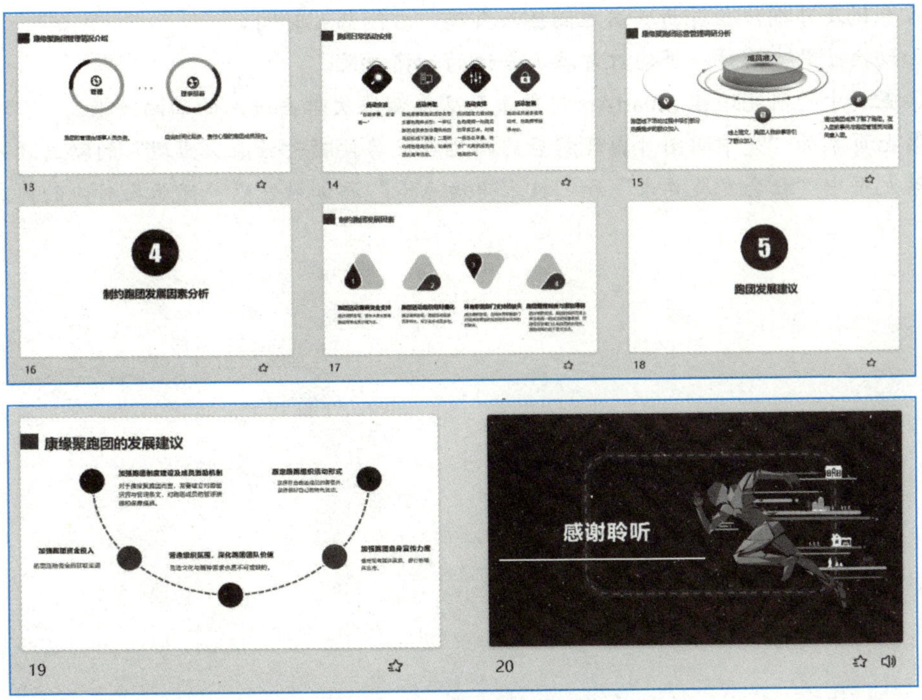


图 6-47 调研报告演示文稿效果（续）

## 单元小结

本单元通过两个典型任务全面展示了 WPS 演示帮助用户以可视化、动态化的方式呈现工作成果，可以制作出图文并茂、色彩丰富、生动形象且具有表现力和感染力的演示文稿，能够提高学生对美学的认识，培养学生良好的艺术情怀。

## 单元练习

打开“环保型绿色植被混凝土技术简介 .pptx”演示文稿，进行以下操作：

（1）修改颜色配置，将幻灯片颜色配置方案设置为“奥斯汀”，该方案的基础上对颜色进行调整，确定整个幻灯片的色调为浅绿色，默认标题字体颜色是浅绿色，内容文字颜色是黑色。

（2）修改具体元素颜色搭配，对第 5 页“主要研究过程”幻灯片，设置 SmartArt 流程图颜色搭配。通过设计菜单面板中更改颜色，选择彩色样式中“色彩范围，强调文字颜色 3 至 4”，对流程图应用“白色轮廓的”SmartArt 样式。

（3）设置幻灯片母版，在第一张母版中插入艺术字，并输入标语“主导 21 世纪的环保产品”，设置艺术字格式为“填充 - 绿色，强调文字颜色 1，塑料棱台，映像”，并为艺术字设置 18 号华文细黑字体，添加倾斜、下划线修饰效果，将 21 的字体颜色改为红色，并将字号改为 24 号，放到第一页母版的左上角适当位置。

（4）插入页码及日期，在页面底端左侧插入页码，右侧插入时间。

（5）添加切换效果，为每一页幻灯片添加合适的切换效果。

（6）为第五页中的研究过程 SmartArt 对象添加从左侧依次单击进入的动画效果。

（7）为第七页添加“先中间图片出现然后周围几点优势按顺时针依次出现”的动画效果。

（8）为第九页中“社会发展要求”和“技术角度来看”添加触发器，显示出对应的内容。

# 单元七
# WPS 特色功能

## 单元导读

在当今数字化日渐成熟的时代，有效的信息管理和高效的工作流程是每个职场人士和学生追求的目标。WPS Office 是一款功能强大的办公软件，不仅提供了基础的文字处理、表格计算和演示制作功能，还推出了一系列特色功能，以满足用户在不同场景下的需求。

本单元主要介绍 WPS 的三个特色功能:WPS 云文档、WPS 思维导图工具和 WPS 的 PDF 文档应用。这些功能不仅提升了文档的可访问性和协作效率，还增强了信息的组织和呈现能力，为用户提供了更加智能化和个性化的办公体验。通过学习本单元，可以了解到这些特色功能如何帮助用户在学习和工作中更加得心应手,以及如何利用它们来提高生产力和创造力。让我们一起探索 WPS Office 的这些创新功能，开启高效办公的新篇章。

## 知识结构图

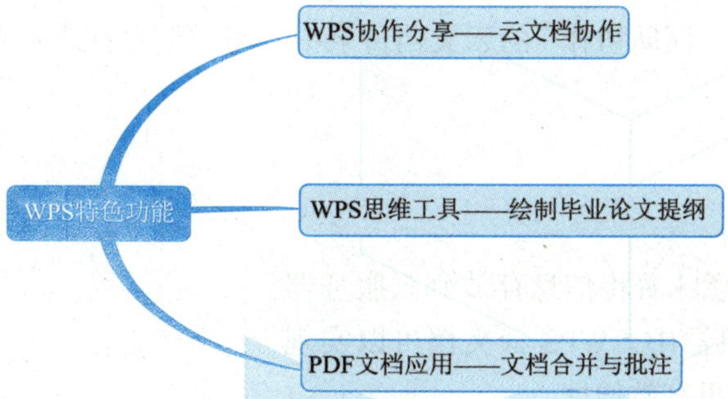


## 学习目标

### 1. 知识目标

（1）理解云文档的概念；

（2）理解协同编辑的特点与适用场景；

（3）理解思维导图的定义；

（4）了解思维导图的主要类型结构；

（5）了解 PDF 文档的概念。

### 2. 技能目标

（1）掌握 WPS 云文档创建的方法；

（2）能通过设置云文档分享和权限，让多用户协同工作；

（3）掌握 WPS 提供的 PDF 文档常见操作功能。

### 3. 素质目标

（1）培养有效组织信息的能力，提高个人和团队的文档管理效率；

（2）通过 WPS 云文档的协作功能，加强团队合作精神，提升团队成员间的沟通和协作效率；

（3）通过使用 WPS 思维导图工具，培养创新和创造性思维，促进问题的解决和决策的制定；

（4）通过保护文档安全的方法，增强数据保护和隐私保护的意识；

（5）利用 WPS 的特色功能更高效地完成任务，从而更好地管理时间。

## 7.1 任务：WPS 协作分享——云文档协作

随着全球化和数字化的不断深入，团队协作不再局限于同一地点或同一时间。企业和组织需要更高效、更灵活的工作方式来应对快速变化的市场环境。团队协作和信息共享成为推动创新和效率的关键因素。WPS 云文档是一套集成了文档创建、编辑、存储和协作的云端办公解决方案，它允许用户随时随地访问、共享和实时协作处理文档。通过云文档的协作功能允许团队成员同时在线编辑文档，实时看到其他成员的更改，从而克服地理和时间的限制，多人协同完成同一份文档的编辑。WPS 协作还可以设定不同的权限，按用户分配不同的权限，指定相应的可编辑范围。

本任务将要求用户完成一个文档的协作共享与相关的权限设置，以实现多人协作完成文档编辑。

### 任务要求

本任务要求在 WPS 云文档中，创建一个目录“团队协作”，并在本地新建一个文字文稿，命名为“信息技术竞赛报名表”，上传到“团队协作”的云文档目录中。将“信息技术竞赛报名表”设置为共享编辑，分享文档链接给用户填写。

### 任务准备

#### 1. WPS云文档的概念

“云”指的是云存储，意味着将信息存放到云服务器端，不再只保存在本地的机器中。WPS 云文档可以实现办公文件云端保存，让工作更高效便捷。

云文档需要登录 WPS 账号才能使用，图 7-1 是登录 WPS 账号界面。因为云端的存储和权限分配等功能都是以用户为基础进行分配。

图 7-1 登录 WPS 账号界面

文档内容保存在云端以后，只要 WPS 软件使用同一个用户账号登录之后，可以在不同的机器当中进行访问和编辑。例如，用户在计算机中建立了云文档的文件，则他可以通过移动设备中的 WPS，打开该文件进行编辑。

（1）云文档的其他功能。

① 自动备份。可以实现文件自动备份，只要开启“云文档同步”，WPS 就会定期自动保存文件，并上传到云服务器中。这样可以有效避免用户在编辑文档时突发的断电、计算机死机而导致输入的内容丢失的情况。

② 历史版本记录。在工作中常常需要不断修改文件 . 如果只在同一个文件上修改，保存过的文件被一遍遍改动覆盖。如果每修改一次独立另存一份，则建立了多个不同编号的文件，不仅占用空间整理麻烦，查找复盘也很不方便。图 7-2 展示的是使用云文档编辑的历史记录。

图 7-2　使用云文档编辑的历史记录

云文档可以查看“历史版本”，按照时间排列将的文档修改版本全部列出。还支持用户自由选择时间预览或直接恢复所需的版本。

（2）协同编辑。文档的协同编辑是指多个用户可以同时在同一个文档上进行编辑和修改的过程。这种编辑方式使得团队成员能够实时地查看和修改文档内容，提高工作效率和沟通的便捷性。在线协同编辑需要实现以下的功能。

① 实时更新：所有参与者的编辑都会实时显示在文档中，每个人都可以看到其他人的更改。

② 版本控制：系统通常会保存文档的多个版本，用户可以查看历史更改或恢复到之前的版本。

③ 权限管理：可以设置不同的访问权限，如只读、编辑或管理员权限，以控制谁可以查看或修改文档。

④ 移动设备支持：许多协同编辑工具支持移动设备，使用户可以在移动设备上进行编辑和查看。

⑤ 安全性：通过加密和安全协议保护文档内容，防止未授权访问。

（3）权限分配。文档的协同编辑中，权限分配机制是关键的一环，确保了文档的安全性和有效管理。文档协同编辑权限分配包括以下功能。

① 用户身份识别：每个参与编辑的用户都需要有一个唯一的用户标识，如用户名或电子邮件地址。

② 权限级别分类：文档拥有者（管理员），具有最高权限，可以编辑、删除、添加其他用户、管理权限等；编辑权限，允许用户对文档内容进行编辑；只读权限，用户只能查看文档，但不能进行任何编辑。

## 任务实施

（1）在首页选择“我的云文档”，然后单击右上角新建按钮，如图 7-3 和图 7-4 所示。

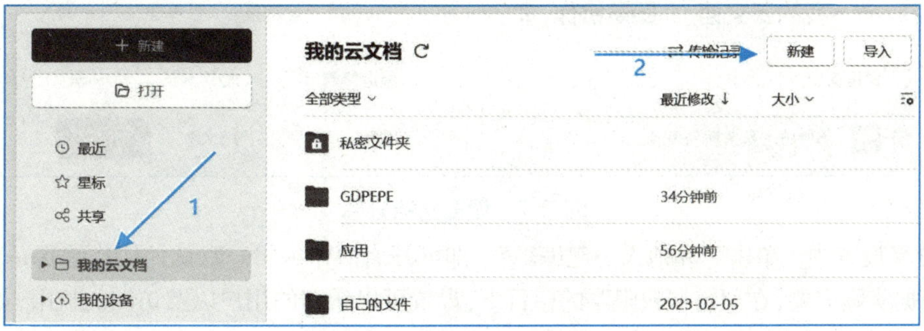

图 7-3　在云文档创建内容

利用 WPS 文字新建一个文档“信息技术竞赛报名表 .docx”，内容如图 7-5 所示。

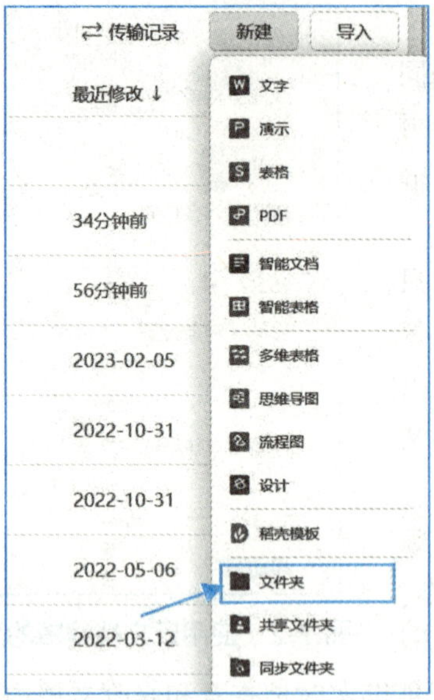


图 7-4　选择文件夹创建目录

**信息技术竞赛报名表**

| 班级 | 学号 | 姓名 | 年龄 |
|---|---|---|---|
| | | | |
| | | | |
| | | | |
| | | | |
| | | | |
| | | | |

图 7-5　报名表内容参考

（2）在“我的云文档”，双击前面步骤已经建立的“团队协作”目录。进入后在右侧单击导入，在下列列表中选择本地文件“信息技术竞赛报名表 .docx”，如图 7-6 所示。

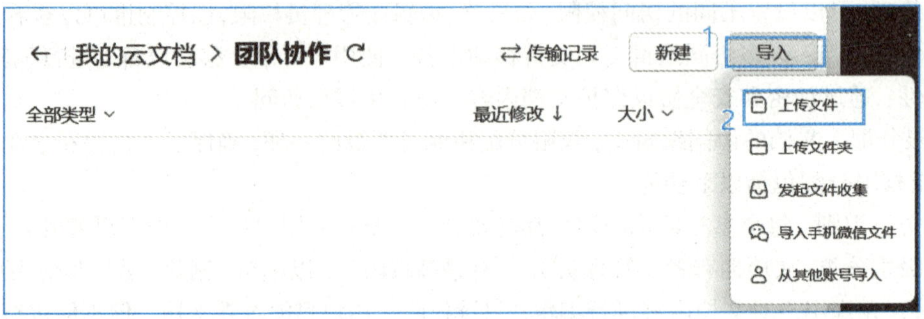


图 7-6　上传本地文件到云文档

（3）上传完成后，在云文档管理界面，移动到该文件的栏目上，会出现“分享”按钮，如图 7-7 所示。

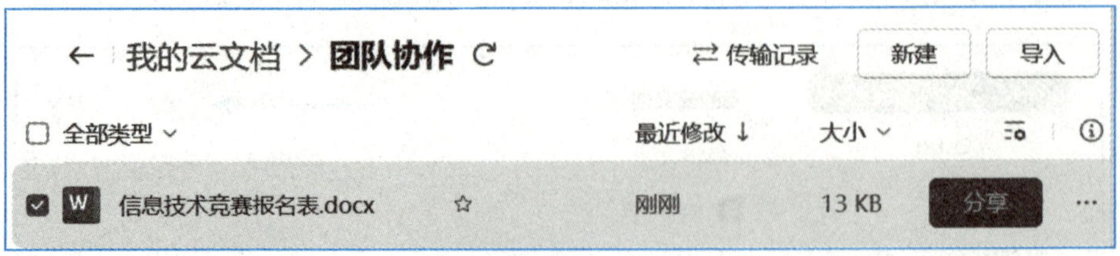


图 7-7　设置文档分享

（4）在分享设置中，单击“和他人一起编辑”，即可开启协作编辑。默认的协作编辑是所有人都可以修改。可以根据实际需要，在“链接权限”的栏目下，设置可以访问的用户以及访问的权限，如图 7-8 所示。

（5）设定完成后，可以通过复制链接的方式，如图 7-9 所示，将文档的链接共享给其他用户。其他用户可以通过浏览器或者移动设备对共享文档进行编辑。

图 7-8　设置分享权限

图 7-9　复制分享链接

## 7.2　任务：WPS 思维工具——绘制毕业论文提纲

思维导图作为一种有效的思维整理和知识管理工具，广泛应用于教育、工作和日常生活中。WPS 内置的思维导图工具不仅功能强大，操作简便，还能帮助用户高效地进行信息整理和创意表达。

本任务要求用户完成一个论文大纲结构的思维导图。通过绘制思维导图可以帮助学生规划论文结构，从引言到结论，每一部分的要点和逻辑关系都可以清晰地展现出来。

### 任务要求

利用思维导图为毕业论文的设计一个整体的大纲。在 WPS 云文档中，创建思维导图。编辑中心主题内容为“基于任务控制的软件项目实训管理系统设计与实现”。按照图 7-10 所示效果，编辑设计导图内容。

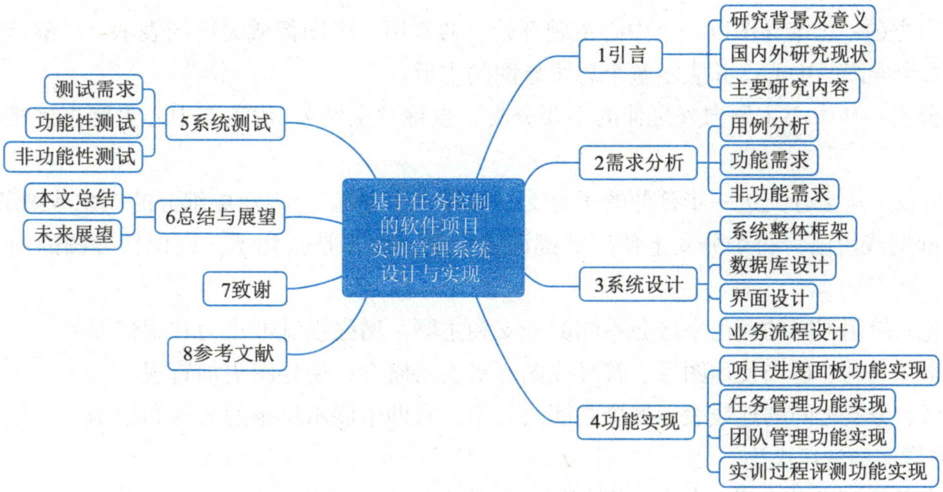


图 7-10　思维导图任务效果

## 任务准备

### 1. 思维导图简介

思维导图是一种视觉化思考工具，它通过图形化的方式组织和呈现信息，帮助人们更有效地思考、学习和记忆。思维导图的结构是基于大脑的自然思考链接的方式，利用图像、颜色和空间关系来展示信息，从而促进创造性思维和记忆。

思维导图除了基本结构外，还可以使用各种视觉元素，如线条、颜色、图标和图像，来增强信息的可读性和吸引力。颜色和图像的使用可以帮助区分不同的主题和层次，也有助于记忆。

思维导图被广泛应用于教育、商业、个人发展等多个领域。它可以帮助学生整理学习笔记，帮助专业人士规划项目，也可以帮助个人进行目标设定。思维导图通过非线性的思考方式，激发大脑的联想和创意，有助于发现问题的新视角和解决方案。研究表明，图像和空间关系比文字更易于记忆，因此思维导图可以帮助人们更好地记忆和回忆信息。

### 2. 思维导图的发展历史

思维导图的发展历史可以追溯到 20 世纪 70 年代，由英国心理学家托尼•博赞（Tony Buzan）所创。博赞认为放射性思考是人类大脑的自然思考方式，并将这一理念应用于思维导图的创作，使之成为表达发散性思维的有效图形思维工具。思维导图的应用范围不断扩大，从最初的帮助学习困难学生克服障碍，到后来被工商界用于提升个人及组织的学习效能和创新思维能力。

### 3. 思维导图的基本结构

思维导图的基本结构十分简单，它包括中心主题、主分支、子分支、关键词组成基本的元素，辅助以颜色、图案和连线构成，如图 7-11 所示。

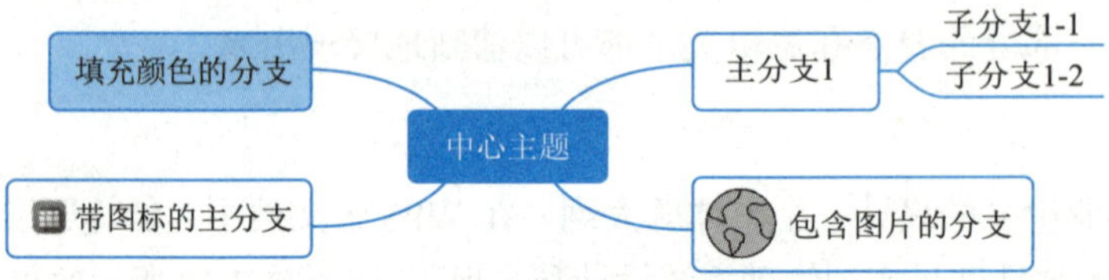


图 7-11 思维导图的基本组成结构

（1）中心主题：思维导图以一个中心主题开始，通常用一个图像或关键词表示。一般这个图像或关键词都位于整个导图的中心，并表示整个思维导图的主旨。

（2）主分支：从中心主题向外延伸的主要分支，也称“主题”，代表与中心主题直接相关的主要概念或子主题。

（3）子分支：从主分支进一步延伸的子分支，也称“子主题”，表示更细分的概念或细节。

（4）关键词或短语：每个分支上使用关键词或短语，而不是长句子，以保持导图的简洁性和易于扫描。

（5）颜色：使用不同的颜色来区分不同的分支和主题，增强视觉冲击力和记忆效果。

（6）图案或符号：适当使用图像、符号或图标来表示概念，使导图更加直观。

（7）连线：分支之间的连线表示概念之间的关系，有助于展示思维的流程和结构。

### 4. 思维导图的常见类型

思维导图的类型多种多样，每种类型都适用于特定的应用场景和目的。

（1）蜘蛛图。蜘蛛图是最经典、最常用的思维导图形式，它从中心主题出发，向外辐射形成结构，适合发散思维和头脑风暴搭建知识框架。

（2）气泡图。气泡图用来描述或概括事物的特征，如图 7-12 所示。中间的泡泡是主题词汇，周围的泡泡写着事物的属性，适合孩子多维度思考问题。

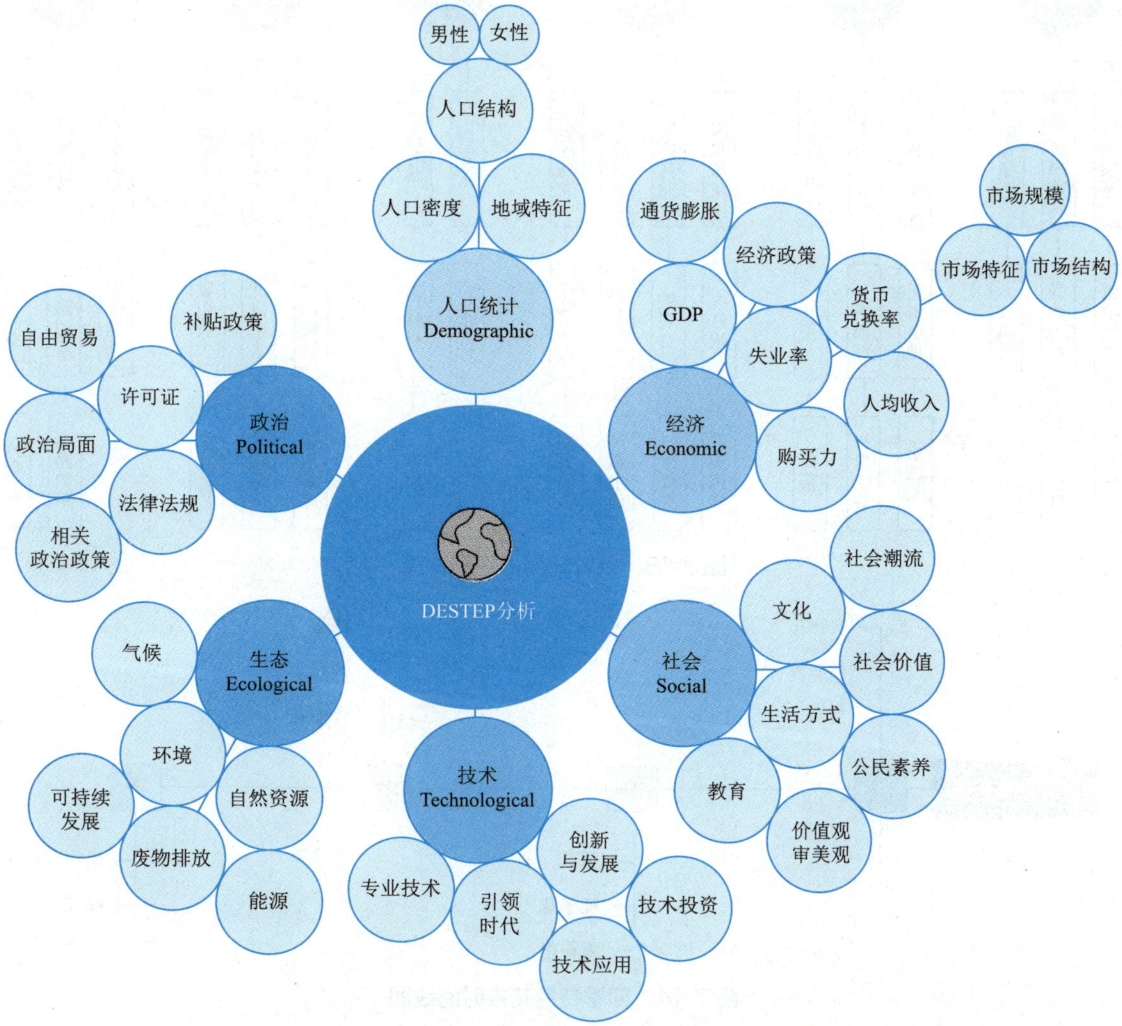


图 7-12　气泡图展示的 DESTEP 分析

（3）流程图。流程图用于展示步骤顺序，表示流程、信息、算法或其他工作流，适用于计划、可视化、记录或流程改进。

（4）组织结构图。组织结构图用来表示组织中人员、职级、职位、职责等的关系，也可以用于表示主题的层级（上下）和同级（左右）的逻辑关系，如图 7-13 所示。

（5）框架图：也称架构图，是对信息功能与形式元素之间的对应情况作出相互关系和约束边界的表现，反映出系统架构的最终需求和交互设计。

（6）时间线图：时间线图用于表达一个序列化时间过程，以时间为主线，标记不同的事件或阶段，如图 7-14 所示，常用于历史研究或展示进程事件顺序。

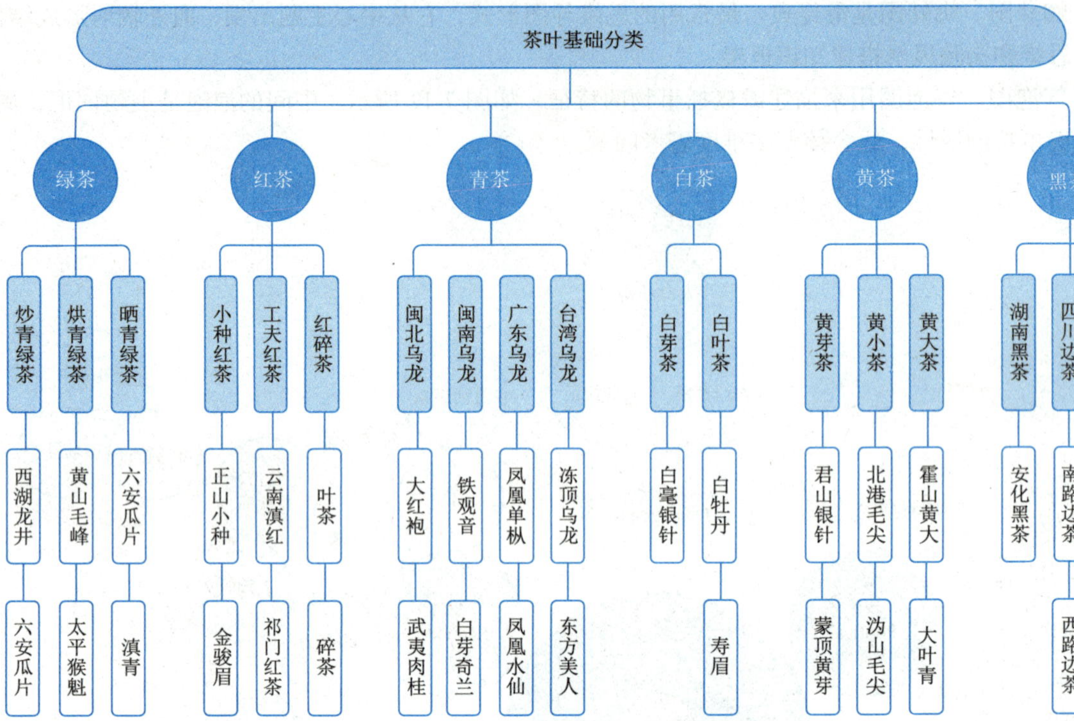


图 7-13　茶叶分类组织架构图

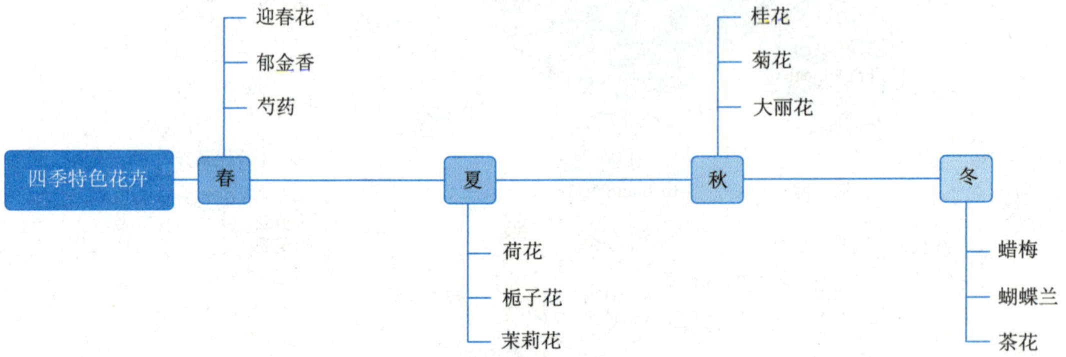


图 7-14　四季特色花卉时间线图

## 任务实施

### 1. 创建思维导图

在“新建”对话框中选择思维导图，如图 7-15 所示。目前 WPS 的思维导图只支持存储在云文档中。使用思维导图时需要保持联网，会应用云文档的功能进行自动保存。关闭编辑界面后，可以在自己的云文档空间找到思维导图，继续编辑。

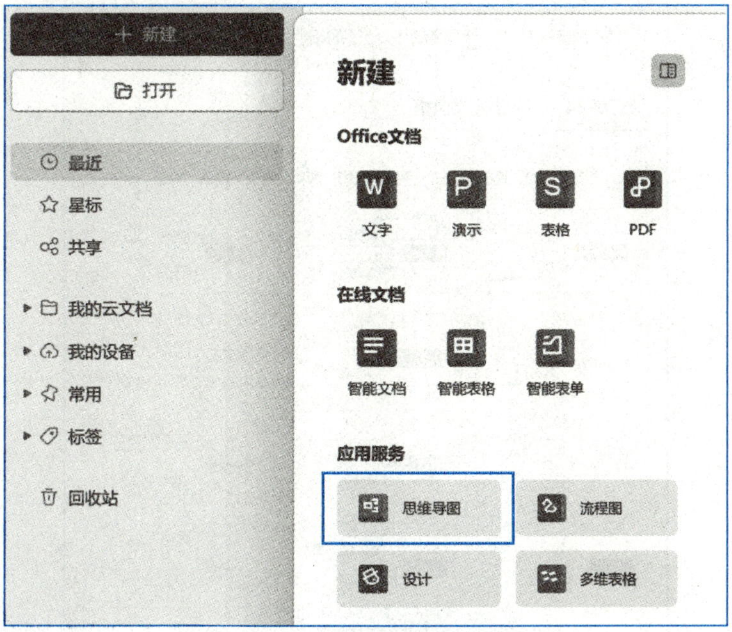


图 7-15　创建思维导图菜单

### 2. 编辑的快捷操作

（1）【Tab】键：为当前的主题添加子主题。

（2）【Enter】键：为当前的主题添加同级分支，即添加兄弟主题。

（3）【Backspace】键：删除当前主题，并回到父主题。

（4）【Shift+Tab】组合键：将当前主题下降一层，并添加一个父主题。

（5）【Delete】键：删除当前主题，与【Backspace】键功能一致。

（6）方向键：方向键的上下左右可以快速切换选定的主题。【↑】键切换到前一个兄弟主题，【↓】键切换到后一个兄弟主题，【←】键切换到父主题，【→】键切换到子主题。

### 3. 样式编辑

为了丰富主题的外观效果，WPS 支持对各个主题进行修饰。在“样式”工作区下，包括主题样式、背景、连线、边框等一系列的元素，都可以进行编辑，如图 7-16 所示。

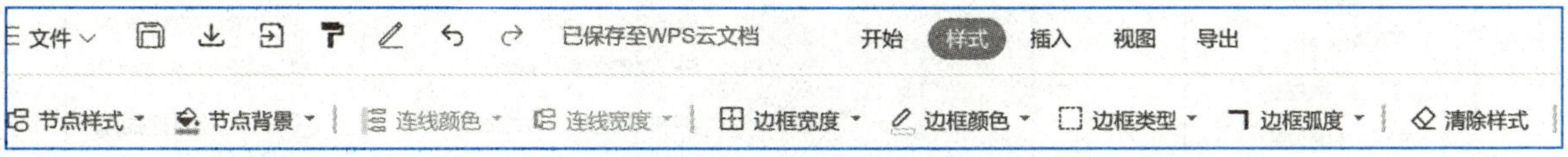


图 7-16　样式工具区

为了更保持思维导图的整体样式一致，WPS 支持通过“风格”来设定一系列思维导图主题颜色、字体字号、边框样式、底纹颜色等作为一个方案，通过整体方案的应用设置效果。WPS 也支持用户自定义自己喜欢的主题风格，如图 7-17 所示。

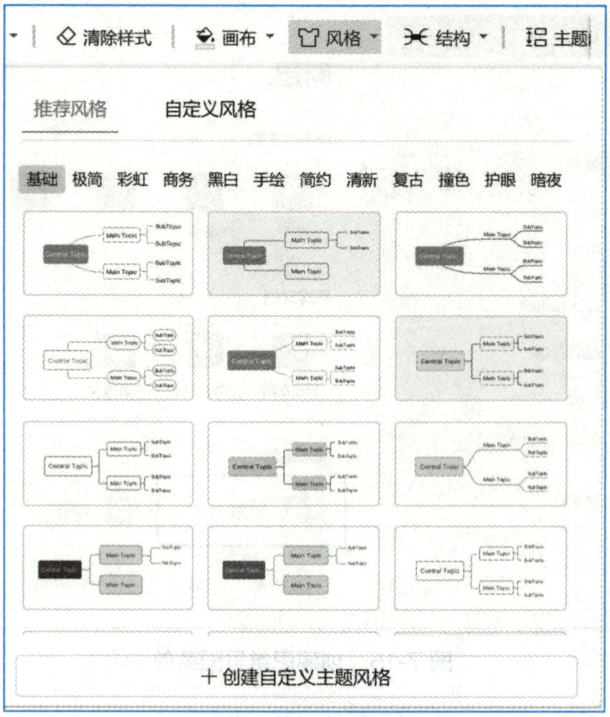


图 7-17　风格选择菜单

思维导图有不同的表现形式，如树状图，组织结构图、时间线图等。WPS 内置有若干不同形式的思维导图模板。可以通过“结构”菜单选择需要的思维导图形式进行编辑，如图 7-18 所示。

### 4．导出/导入

WPS 的思维导图目前只支持在云文档中保存，但编辑完成的思维导图可以导出为图片或 PDF 文件。另外，部分导出格式需要成为 WPS 会员才能生成，如图 7-19 所示。

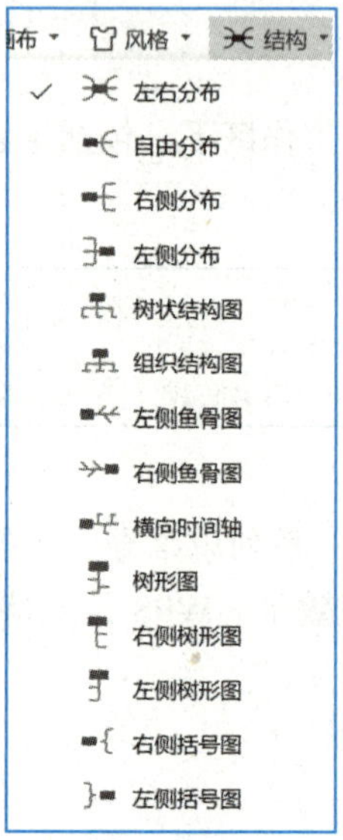


图 7-18　思维导图结构选择菜单

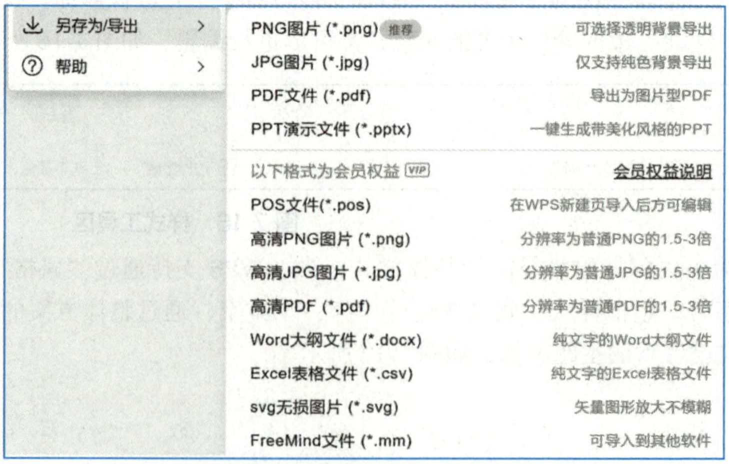


图 7-19　导出文件选择菜单

WPS 可以借助 WPS AI 将思维导图生成 PPT 演示文件，如图 7-20 所示。用户可以尝试将所设计的思维导图生成为一个 PPT 演示文件。

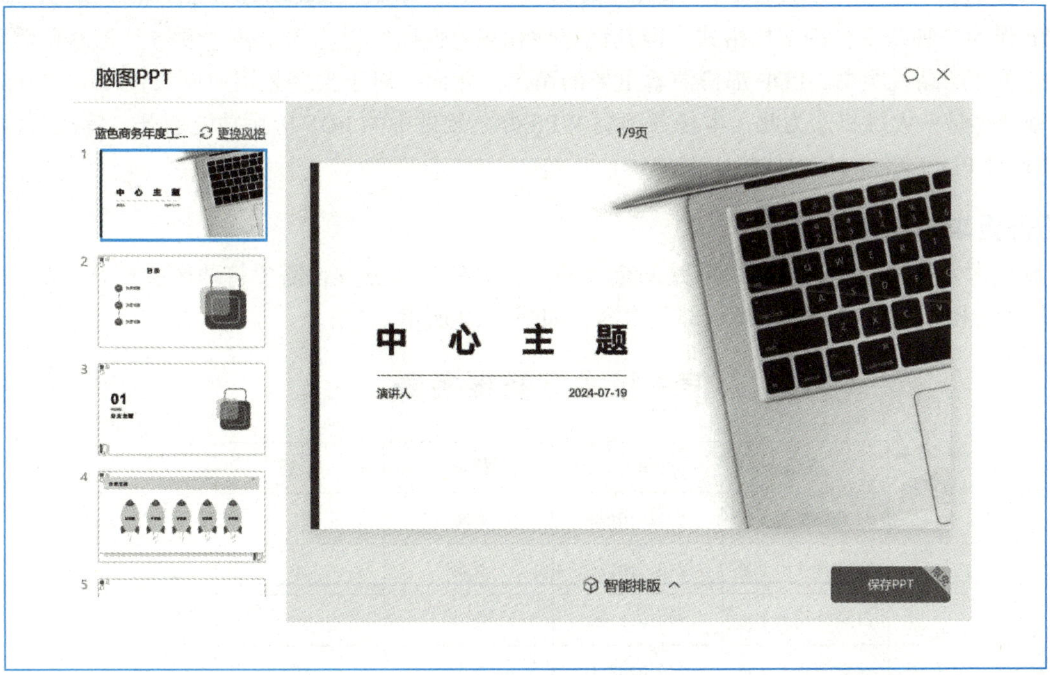


图 7-20　通过思维导图生成的演示文稿

WPS 的思维导图支持从其他思维导图软件的格式文件导入，如图 7-21 所示，目前支持的格式包括 XMind、MMap、MM、KM、TXT、Exls 和 POS。

图 7-21　导入文件支持的格式

# 7.3 任务：PDF 文档应用——文档合并与批注

PDF 作为一种跨平台的文档格式，因其稳定性和兼容性而广泛应用于各个领域。无论是学术论文、合同文件还是产品说明书，PDF 都扮演着重要的角色。然而，对于大多数用户而言，PDF 文件的编辑、转换和管理仍是一大挑战。为此，本任务围绕 WPS 办公软件中的 PDF 应用功能展开，旨在帮助用户了解 WPS 处理 PDF 文件的各项技能。

## 任务要求

信息技术大赛通知和报名表目前是两个文档。为方便打印分发，需要将两个文档合并为一个 PDF 文档，并为文档添加批注，突出显示部分内容，如图 7-22 所示。

**信息技术竞赛报名表**

| 班级 | 学号 | 姓名 | 年龄 |
|---|---|---|---|
| 24 软件技术 1 班 | 2401010123 | 刘备 | 21 |
| 24 软件技术 1 班 | 2401010124 | 关羽 | 19 |
| 24 软件技术 1 班 | 2401010126 | 张飞 | 18 |
| 24 软件技术 2 班 | 2401010211 | 赵云 | 19 |
| 24 软件技术 2 班 | 2401010212 | 马超 | 20 |
| 24 软件技术 2 班 | 2401010215 | 黄忠 | 23 |

往届选手

图 7-22 添加批注效果参考

## 任务准备

### 1. PDF文档简介

PDF（portable document format）文档是一种专为在不同软件和硬件平台上保持文件内容一致性和可阅读性而设计的文件格式。它由 Adobe Systems 在 1993 年开发并推出，现已成为国际标准化组织的开放标准（ISO 32000）。

PDF 文档的主要特点是其跨平台性和稳定性。无论用户在什么操作系统（如 Windows、Mac OS 或 Linux）上，使用什么软件（如浏览器、阅读器或专业的 PDF 编辑软件），PDF 文件都能保持其原始的格式、布局和图像质量，不会出现排版错乱或字体缺失等问题。

PDF 文件通常用于发布和共享文档，如电子书、产品说明书、学术论文、合同和报告等。由于其不可编辑性（除非使用专门的 PDF 编辑软件），PDF 也被广泛用于保护文档内容不被轻易修改，确保信息的准确性和安全性。

### 2. PDF的常用功能

（1）创建。WPS 支持从其他文档类型（如 DOCX、XLSX、PPTX）转换为 PDF。也可以从图片或者扫描内容生成 PDF。WPS 也支持从空白文档开始建立 PDF 文档，但直接编辑功能属于付费会员的专享功能。此外，也可以通过打印功能，选择打印机为“输出 WPS PDF”将普通的文档转换为 PDF 文档，如图 7-23 所示。

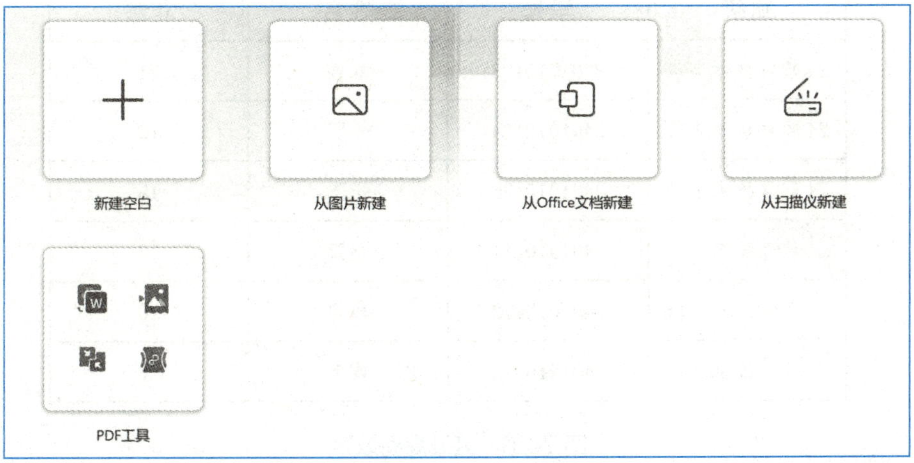


图 7-23　创建 PDF 的方法

（2）转换。WPS 提供了强大的 PDF 转换功能，用户可以将 PDF 文件转换为 Word、Excel、PPT 等多种格式，便于后续编辑和处理。在 PDF 工具中可以选择转换为何种文档格式，如图 7-24 所示。

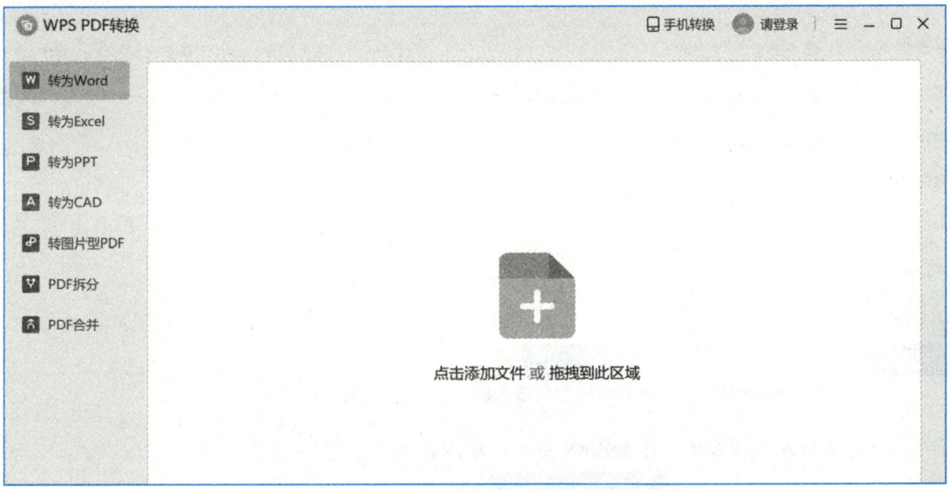


图 7-24　PDF 文档转换其他格式文件

（3）批注与注释。打开 PDF 文档后，可以对文档进行批注或注释。通过在 PDF 文件中添加文字注解、高亮、下划线等，以便对文档内容进行标记和说明，如图 7-25 所示。注解框的颜色可以自定义设置，便于区分不同的注解内容。对于已有的注解，用户还可以进行回复和编辑操作，增强文档的交流性和互动性。

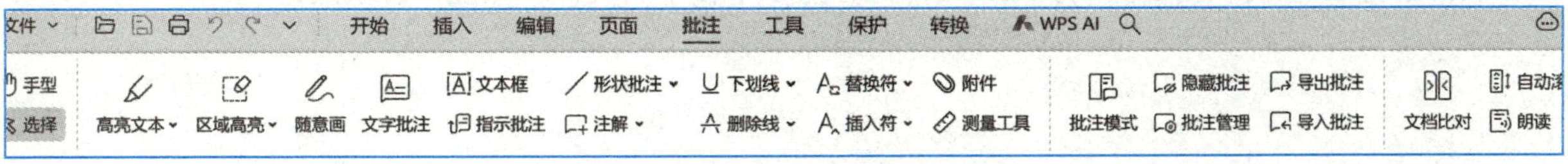


图 7-25　批注工具区内容

例如，通过设置区域高亮，可以突出需要读者重视的内容，如图 7-26 所示。

| 班级 | 学号 | 姓名 | 年龄 |
|---|---|---|---|
| 24 软件技术 1 班 | 2401010123 | 刘备 | 21 |
| 24 软件技术 1 班 | 2401010124 | 关羽 | 19 |
| 24 软件技术 1 班 | 2401010126 | 张飞 | 18 |
| 24 软件技术 2 班 | 2401010211 | 赵云 | 19 |
| 24 软件技术 2 班 | 2401010212 | 马超 | 20 |
| 24 软件技术 2 班 | 2401010215 | 黄忠 | 23 |

图 7-26　区域高亮效果

（4）合并与拆分。用户可以在 PDF 工具对话框，选中多个 PDF 文件后，将它们合并为一个文件。在合并过程中，用户可以调整文件的顺序和输出目录等设置，如图 7-27 所示。

图 7-27　合并多个文件为一个 PDF 文档

对于较大的 PDF 文件或需要提取其中部分内容的场景，WPS 提供了拆分功能。用户可以根据固定页数或自选范围进行拆分操作，将 PDF 文件拆分为多个较小的文件，如图 7-28 所示。

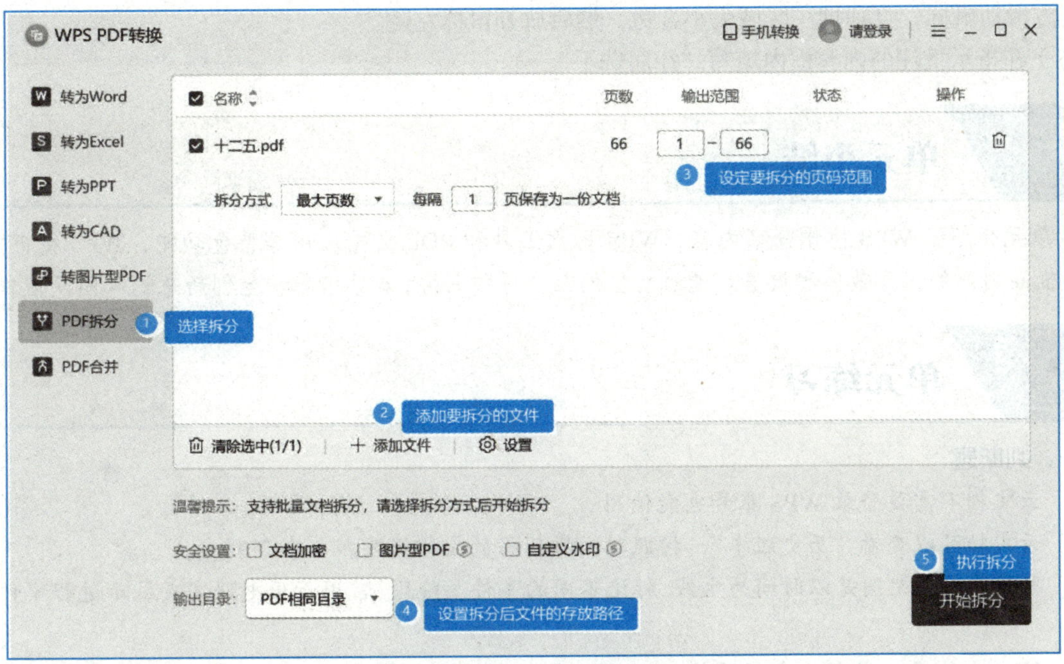


图 7-28　将一个 PDF 文档拆分多个文件

（5）安全与加密。为了保护 PDF 文件的安全性，WPS 提供了文档加密功能。用户可以为 PDF 文件设置打开密码和编辑密码等安全措施，防止未经授权的访问和修改。如果用户有数字证书，也可以添加数字证书进行证书加密或者做数字签名，如图 7-29 所示。

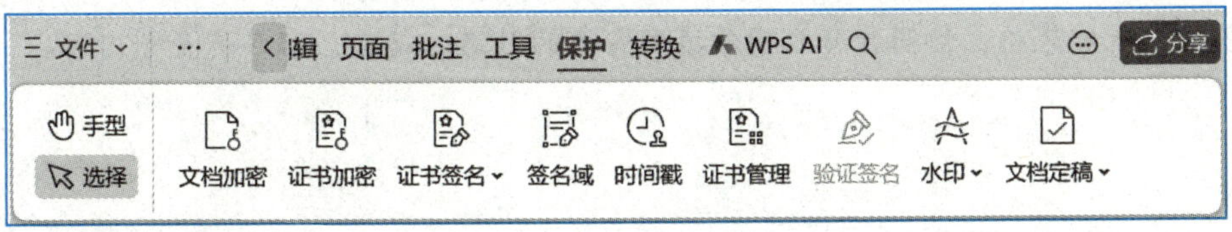


图 7-29　保护工具区

水印也是一种防伪和防盗版的功能。WPS 的 PDF 文档添加水印需要会员才能进行相关的操作。

## 任务实施

“信息技术竞赛报名表 - 已填报”中，学生“关羽”一栏添加下划线批注。为学生“马超”添加指示批注，内容填写“往届选手”。

### 1. 划线批注

（1）双击“信息技术竞赛报名表 - 已填报”文件。或者从 WPS 打开中，选择该文件。

（2）切换工具区到批注。选择“形状批注”箭头，在下拉列表框中选中直线。

（3）当看到鼠标指针转换为“十”形状时，在学生“关羽”一栏下方左侧，按下鼠标左键不放，同时滑动鼠标到栏目右侧，然后放开鼠标左键。此时将添加一道横线在“关羽”一栏之下。

### 2. 指示批注

（1）在批注工具区，单击“指示批注”按钮。

（2）当看到鼠标指针转换为“十”形状时，在学生“马超”名字右侧，按下鼠标左键不放，同时向右下方滑动鼠标，直到批注区域大小合适，然后放开鼠标左键。

（3）在指示批注的内容框内填写“往届选手”。

## 单元小结

本单元介绍了WPS协作分享内容、WPS思维工具和PDF文档应用等特色功能，WPS特色功能可以大大提高用户的工作效率和质量。通过对应的三个操作任务，能够培养学生创新意识和团队协作意识。

## 单元练习

### 一、判断题

1. 云文档不需要登录WPS账号也能使用。（　　）

2. 云文档可以查看“历史版本”，按照时间排列将的文档修改版本全部列出。（　　）

3. 思维导图框架图是以时间为主线，标记不同的事件或阶段，常用于历史研究或展示进程事件顺序。（　　）

4. PDF文档是一种专为在不同软件和硬件平台上保持文件内容一致性和可阅读性而设计的文件格式。（　　）

5. PDF的水印也是一种防伪和防盗版的功能。WPS的PDF文档添加水印不需要会员才能进行相关的操作。（　　）

### 二、操作题

新建一份在线智能表格，协同宿舍的同学填写各自的姓名、籍贯、家乡美食等内容。

# 单元八
# 新一代信息技术

## 单元导读

发展战略性新兴产业已成为世界主要国家抢占新一轮经济和科技发展制高点的重大战略，也是引导未来经济社会发展的重要力量。党的二十大报告强调："推动战略性新兴产业融合集群发展，构建新一代信息技术、人工智能、生物技术、新能源、新材料、高端装备、绿色环保等一批新的增长引擎。"新一代信息技术正以势不可挡之势重塑着人们的生活、工作和学习方式。它们不仅推动了各行各业的数字化转型，还催生了诸多新兴产业和商业模式，为社会经济发展注入了强劲动力。掌握这些前沿技术，已成为新时代人才必备的素养之一。

本单元将带领大家一起探索人工智能、大数据、云计算、物联网和新媒体技术等具有代表性的新一代信息技术的概念、技术特点以及应用领域。其中重点介绍新一代信息技术的核心——人工智能，帮助大家构建对新一代信息技术的系统认知，为未来学习与职业发展奠定坚实的基础。

## 知识结构图

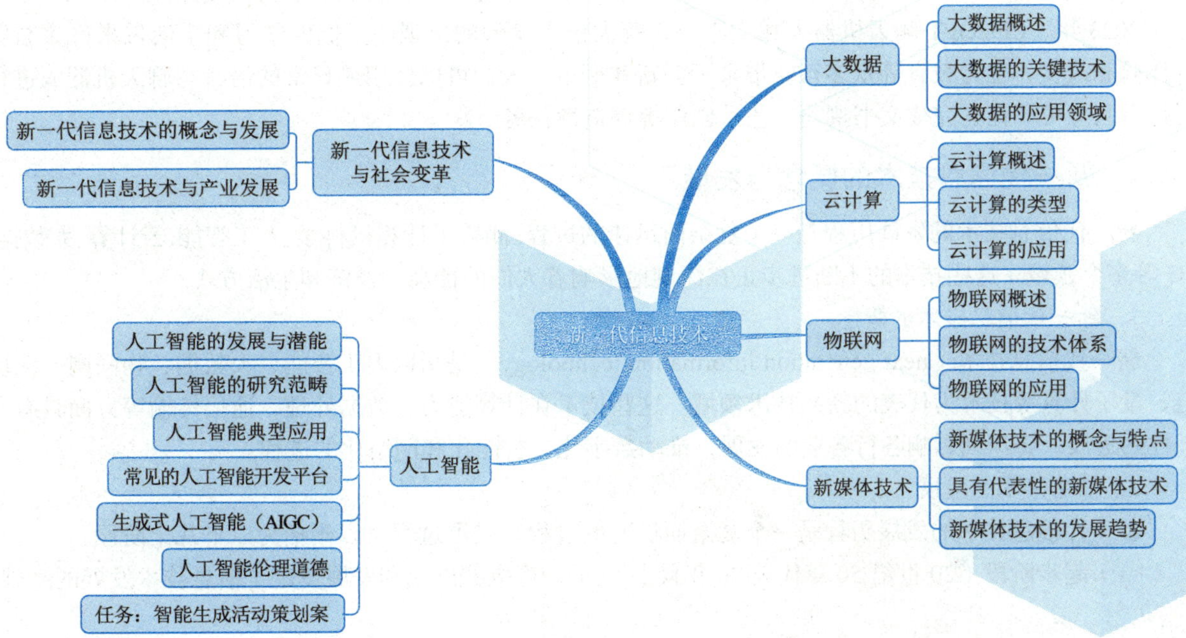

## 学习目标

### 1. 知识目标

（1）理解新一代信息技术的内涵、行业趋势，及其对社会和经济发展的促进作用；

（2）了解人工智能、大数据、云计算、物联网等新一代信息技术的基本概念、技术特点与行业趋势；

（3）了解生成式人工智能的定义、特点、应用场景，能辨析人工智能在应用中可能引发的伦理问题；

（4）理解新一代信息技术之间的融合发展趋势，以及催生新应用场景的模式。

### 2. 技能目标

（1）能够根据专业需求运用新一代信息技术的知识和技能，解决学习和现实生活的实际问题；

（2）熟练掌握与运用信息技术及工具，能有效地对信息进行获取、评价与分析；

（3）掌握人工智能等新兴技术应用，能使用常见的人工智能开源平台体验人工智能技术，感受人工智能的重要作用与应用潜力。

### 3. 素质目标

（1）树立持续学习新一代信息技术的意识，提升自身的专业能力和综合素质；

（2）对于信息技术创新所产生的新观念和新事物，具有积极学习的态度、理性判断和负责行动的能力；

（3）培养人工智能素养，以及应用新一代信息技术与学科知识结合的复合思维。

# 8.1 新一代信息技术与社会变革

在新一代信息技术的驱动下，新一轮世界科技革命和产业变革正在加速演进，深刻地改变着世界发展面貌和格局。科技革命和产业变革的根本动力是提高产业创新与升级的能力。建设现代化产业体系是推动高质量发展的必然要求。习近平总书记强调：“现代化产业体系是现代化国家的物质技术基础，必须把发展经济的着力点放在实体经济上，为实现第二个百年奋斗目标提供坚强物质支撑。”

2023 年，ChatGPT 聊天机器人和文心一言等大语言模型的出现给人们的学习和生活带来许多新颖的体验和改变，也为教育等众多行业带来了创新和变革。人们可以使用最日常的语言与聊天机器人进行对话，甚至可以让它完成文书撰写、艺术创作等创造性任务。

## 8.1.1 新一代信息技术的概念与发展

新一代信息技术的发展历程是一个复杂而迅速的过程，涵盖了计算机科学、人工智能、云计算、大数据、5G 等多个领域。这些技术的不断进步正在深刻地影响着人们的社会、经济和生活方式。

### 1. 新一代信息技术的概念

新一代信息技术（next generation information technology）是指以人工智能、大数据、物联网、区块链、量子计算等技术为代表的新兴技术领域。这些技术在计算能力、数据处理、通信传输等方面具有突破性的进展，将深刻影响各行各业的发展，推动数字化、智能化和网络化的进程。

### 2. 信息技术的发展

新一代信息技术的发展历程是一个复杂而迅速的过程，发展过程可以概括为以下几个阶段：

（1）起步阶段（20 世纪 50 年代至 70 年代）：电子计算机的出现和发展奠定了信息技术发展的基础，

主要应用于科学计算和军事领域。主要技术包括电子管、晶体管等，计算机系统体积庞大、成本高昂、性能有限。

（2）个人计算机时代（20 世纪 70 年代至 90 年代）：个人计算机的出现使得计算机技术走向普及，推动了信息技术的快速发展。操作系统、编程语言等基础软件的发展，以及硬件成本的降低，使得计算机应用进入了家庭、学校和企业。

（3）互联网时代（20 世纪 90 年代至今）：互联网的商业化和普及成为信息技术发展的新引擎，全球范围内的信息交流和互动得以实现。电子邮件、网页浏览器、搜索引擎等应用的发展，改变了人们获取信息、交流和娱乐的方式。

（4）移动互联网时代（进入 21 世纪至今）：移动通信技术的快速发展，特别是智能手机的普及，推动了信息技术向移动化和个性化方向发展。移动应用的兴起，如社交媒体、移动支付、即时通信等，改变了人们的生活方式和消费习惯。

（5）智能化时代（2010 年至今）：人工智能、大数据、云计算等新一代信息技术的兴起，推动了信息技术向智能化和自动化方向发展。人工智能技术的广泛应用，如自然语言处理、计算机视觉等，改变了人们的生产和生活方式。

总的来说，新一代信息技术的发展是一个持续不断的过程，各种技术相互交织、相互渗透，共同推动着数字化转型和智能化发展的进程。

### 8.1.2　新一代信息技术与产业发展

产业是经济之本。新一代信息技术的快速发展推动数字经济的崛起，促进了教育模式的变革和创新，提升了城市管理效率和服务水平。人工智能被认为是新一轮产业变革的重要驱动力量，也是形成新质生产力的重要引擎。

中国科学院院士黄维表示，新质生产力建立在颠覆性技术创新基础之上，加快发展具有高产业附加值的未来产业，是建设以实体经济为支撑的现代化产业体系的战略支持和根本保障。要立足技术自主创新，在新赛道上实现超车。

#### 1．制作迈向智造

联想天津创新产业园刚投产的笔记本计算机生产线代表联想智能制造最高水平，应用了 5G 网络、边缘计算、数字孪生、人工智能算法等先进技术，自动化率超 60%，每 9 s 便下线一台笔记本计算机，预计年产量超过 300 万台。机械臂配合工人完成贴片、回流焊、锡膏检测等一系列复杂而精细的主板组装流程。联想天津零碳智造工厂如图 8-1 所示。

图 8-1　联想天津零碳智造工厂

### 2. 5G赋能：小刺梨的大产业

山王果集团是一家集刺梨生态种植、刺梨系列产品研发深加工、品牌营销为一体的新型农业科技集团，随着数字化技术的发展，山王果集团面临着各个车间设备、数据信息平台“孤岛”等问题。贵州联通针对山王果集团数字化转型的痛点打造5G智慧工厂，通过5G网络技术从七方面将刺梨种植与管护、刺梨产品生产流程、市场销售等环节建设成为全程可视化、结果可溯源的刺梨产业新生态，为刺梨产业高质量发展探索新路径。山王果5G智慧工厂如图8-2所示。

图8-2 山王果5G智慧工厂

# 8.2 人工智能

近年来，全球新一代信息技术创新浪潮迭起，成为公认的尖端领域和创新前沿。人工智能降低了生产成本，提高了生产效率，推动了多领域的变革和跨越式发展，对传统行业可能产生颠覆性影响，正日益成为全球信息领域产业竞争的新一轮焦点。2024年的全国两会上，“人工智能+”首度出现在政府工作报告中，人工智能已成为我国加快发展新质生产力的核心驱动力。人工智能的飞速发展在为人类社会带来巨大变革和机遇的同时，也带来了难以预测的风险和挑战，因此，需要辩证性看待人工智能带来的新机遇与挑战，建立并完善人工智能伦理准则、规范及问责机制。

本节介绍人工智能的起源、人工智能的分类和研究范畴、人工智能的发展、人工智能的典型应用、生成式人工智能等知识内容。

## 8.2.1 人工智能的发展与潜能

### 1. 人工智能的起源

早在古希腊时期，人们就开始探索如何让机器执行一些简单的任务，这可以被视为人工智能的初步萌芽。人工智能（artificial intelligence，AI）这个词最早由约翰·麦卡锡等在1956年举办的达特茅斯会议上提出。会议旨在探讨如何使机器模拟人类智能的方法和技术，标志着人工智能作为一个独立的学科领域的诞生。

人工智能通常指的是由人类设计的计算机程序或系统，这些程序或系统具备模拟人类智能行为的能力，包括学习、推理、解决问题、感知、理解语言和作出决策等。

### 2. 人工智能的分类

（1）弱人工智能（窄 AI）。弱人工智能专为处理特定任务而设计，如语音识别、面部识别、互联网搜索或自动驾驶。这些系统在其特定任务上可能表现出色，但它们无法超出其编程范围。目前大部分人工智能系统都属于弱人工智能。

（2）强人工智能（通用 AI）。强人工智能是一个理论上的概念，指的是可以执行任何智能活动的人工智能系统。与人类智能类似，这种人工智能将能够理解和学习任何知识领域，解决复杂问题，并具有自我意识和情感。

### 3. 人工智能的三大要素

人工智能的三大要素是数据、算力及算法，数据即是知识原料，算力及算法提供“计算智能”以学习知识并实现特定目标。人工智能的核心要素如图 8-3 所示。

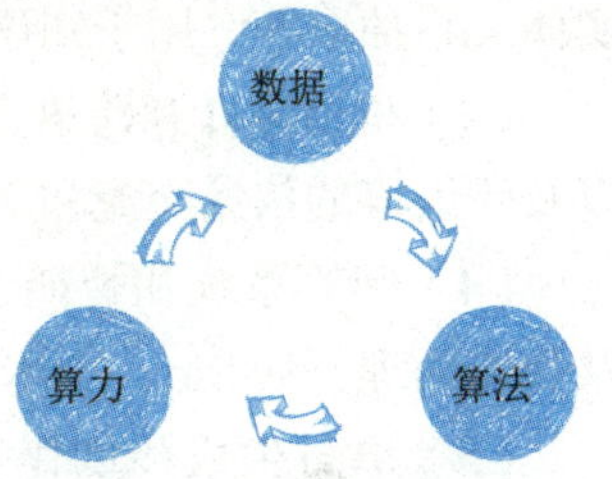


图 8-3 人工智能的核心要素

### 4. 人工智能的发展

1956 年在达特茅斯会议上，人工智能作为一个研究领域被正式命名，研究人员对 AI 的未来充满乐观预期，但当时的计算能力和数据存储极为有限，无法满足 AI 研究的需求。20 世纪 80 年代初，专家系统在商业上取得了显著成功，如医疗诊断和石油勘探领域的应用，这激发了对 AI 的新一轮兴趣。但专家系统未能广泛扩展到更复杂或通用的应用。2000 年至今，互联网的爆炸性增长和更强大的计算能力使得处理大规模数据集成为可能，这也是深度学习技术成功的关键。人工智能的简要发展历程如图 8-4 所示。

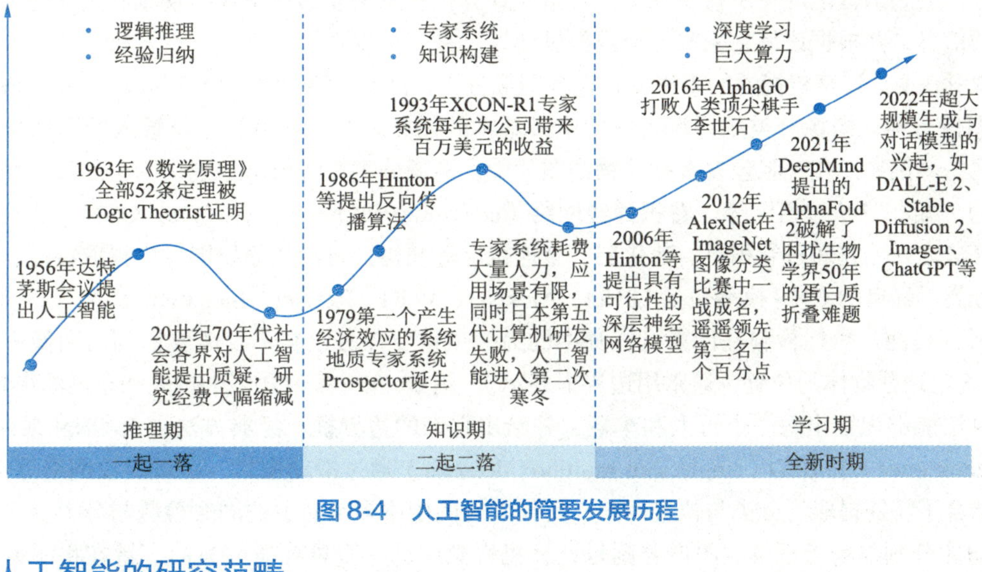


图 8-4 人工智能的简要发展历程

## 8.2.2 人工智能的研究范畴

人工智能的研究范畴非常广泛，包括自然语言处理、计算机视觉、机器学习、深度学习、强化学习、神经计算、智能推荐等。下面简单介绍人工智能的几个研究范畴。

### 1. 自然语言处理（natural language processing，NLP）

自然语言处理是计算机科学、人工智能和语言学领域的一个交叉学科，主要研究如何使计算机能够理解、处理和生成模拟人类语言的能力，从而实现与人类进行自然对话的能力。NLP 可以分成“自然语言”和“处理”两部分。自然语言区别于计算机语言，是人类发展过程中形成的一种表达交流和思想的重要方式，如汉语、英语、德语等都属于自然语言。“处理”即使用计算机代替人工来接收和处理用户以自然语言的形式输入的大量信息，并按照人类定义的算法对信息进行处理、加工、计算等系列操作。

（1）文本分类和情感分析。NLP 技术可以对文本进行分类，如垃圾邮件识别、新闻分类等，并进行情感分析，了解用户对产品或服务的情感态度，如社交媒体舆情分析、情感化推荐系统等。

（2）信息提取和文本挖掘。NLP 技术可以从文本中提取结构化信息，如命名实体识别、关键词提取、实体关系抽取等，用于知识图谱构建、搜索引擎优化、金融信息披露等。

（3）机器翻译和跨语言交互。NLP 技术可以实现不同语言之间的翻译（如谷歌翻译、百度翻译等），以及跨语言的信息交流和交互（如多语言客服系统、国际会议翻译等）。

（4）问答系统和智能助理。NLP 技术可以构建智能问答系统，如智能客服、在线教育辅导等，以及智能助理，如 Siri、小冰等，为用户提供智能化的服务和支持。

（5）语言生成和创作。NLP 技术可以生成自然语言文本，如自动摘要、文本生成、诗歌创作等，以及帮助创作、写作和编辑，如语法检查、写作建议等。

（6）语音识别和语音生成。NLP 技术可以进行语音识别，将语音转换为文本（如语音搜索、语音输入等），以及进行语音生成，将文本转换为语音（如智能语音助手、语音播报等）。

### 2. 计算机视觉（computer vision）

视觉在人的认识活动中起着重要作用，人类通过感觉器官从外界获得的信息中，约 90% 由眼睛来完成。视觉之所以如此重要，是因为它能够提供丰富的视觉信息，帮助人们更好地理解和感知周围环境。计算机视觉作为人工智能的一个重要分支，是指让计算机和系统能够从图像、视频和其他视觉输入中获取有意义的信息，并根据该信息采取行动或提供建议。计算机视觉的目标是让计算机能够像人类一样理解和解释视觉信息，计算机视觉的工作流程包含图像分类、目标检测、图像分割与场景理解等核心任务。

（1）图像分类。图像分类是计算机视觉中最基本的任务之一，其目标是将输入的图像分配给预定义的类别之一。例如，在一张包含多种动物的图片中，图像分类算法能够识别出图中的每一种动物，并将其归类为“猫”“狗”“鸟”等。卷积神经网络（convolutional neural networks，CNN）是图像分类中最常用的算法之一。它通过卷积层、池化层、全连接层等结构，自动从原始图像中提取特征，并将这些特征用于分类。经典的 CNN 模型包括 LeNet、AlexNet、VGG、ResNet、Inception 等。

（2）目标检测。目标检测是计算机视觉中的另一项重要任务，它不仅需要识别出图像中的目标物体，还需要确定这些物体的位置（通常用边界框表示）。例如，在一张包含多个行人和车辆的街景图片中，目标检测算法能够识别出每一个行人和车辆，并给出它们的边界框。经典方法如 R-CNN 系列、YOLO（you only look once）和 SSD（single shot multibox detector）通过滑动窗口、区域提议网络等策略实现。这些算法结合了特征提取、分类与位置回归，实现了对图像中多个对象的同时检测与分类。

（3）图像分割与场景理解。图像分割是计算机视觉中的一个重要研究方向，旨在将图像分割成多个区域或对象。根据分割的精细程度和应用场景的不同，图像分割可以分为语义分割、实例分割等多种类型。语义分割的目标是将图像中的每个像素分配给特定的语义类别，实现像素级别的理解和分割。常用的算法包括 FCN（fully convolutional networks）、U-Net、DeepLab 等。实例分割不仅要进行像素级别的语义分割，还需要对不同的实例进行区分。Mask R-CNN 是一种常用的实例分割算法，它结合了目标检测和语义分割的思想。

### 3. 机器学习（machine learning）

机器学习是人工智能研究的一个核心领域。机器学习是基于大数据和一定的算法准则，让计算机可以主动模拟人类学习过程，并分析数据“学习”提高性能，以做出模拟人类决策的行为，可以简单地理解为寻找一个功能函数，基于该函数在输入一个或多个参数后，能够计算返回一结果的过程。机器学习的工作流程如图 8-5 所示。机器学习通常经历输入、学习（又称训练）和输出三个步骤。

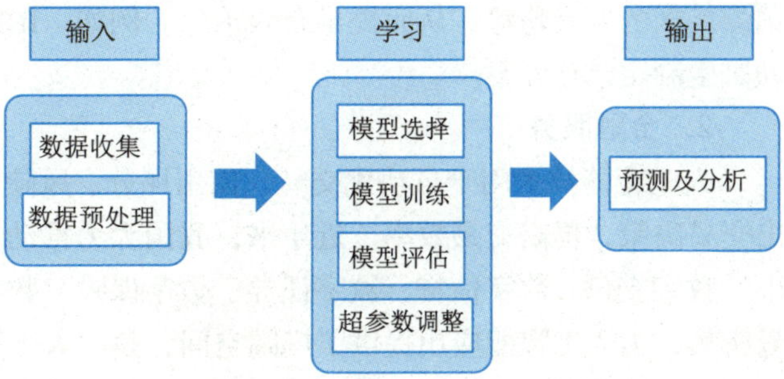


图 8-5　机器学习的工作流程

### 4. 深度学习（deep learning）

随着机器学习研究的不断深入，深度学习作为机器学习领域一个新兴研究方向，逐渐成为研究者关注的焦点。深度学习通过建立类似于人脑的分层模型结构，对输入数据逐级提取从底层到高层的特征，从而能很好地建立从底层信号到高层语义的映射。深度学习是一种高效的特征提取方法，通过提取数据中更加抽象的特征，从而实现对数据更本质的刻画。深度学习研究的进展，对语音识别、图像识别、自然语言处理等领域均有重要的影响。

例如，微软研究院的专家通过与深度学习专家的合作，在语音识别技术框架上取得了彻底的突破；百度公司基于深度学习技术在语音搜索系统、自然图像识别和人脸识别上均取得了重要的进展；谷歌的迪恩和斯坦福大学计算机系的吴恩达联合开发的“谷歌大脑”，就是通过深度学习的方式分析了数万张猫的图片后形成了对猫的“记忆”。

### 5. 人工智能、机器学习、深度学习的关系

人工智能包含了机器学习，机器学习包含了深度学习，其中人工智能出现得最早。例如，如果想让机器区分一张图片中是猫还是狗，若要使用人工智能来解决，可以使用机器学习的方法，通过对大量猫和狗的图片数据进行学习，经过算法处理生成模型，来预测一张新的图片中的动物究竟是猫还是狗。

机器学习和深度学习的区别是：机器学习大部分算法需要人类自己寻找特征，在上述例子中，需要告诉机器具体从哪方面去学习图片中的动物是猫还是狗，如告诉机器可以从毛发颜色（即特征）的角度去学习，机器通过这些人类告诉它的特征信息进行学习，并对新的图片中的猫和狗进行区分；而深度学习可以自动生成特征，即不需要告诉机器从哪些角度去学习，机器能够自己寻找角度来学习图片的信息，并对图片进行区分。但是深度学习也需要更多的数据，才能得到准确的结果。

人工智能、机器学习、深度学习的关系如图 8-6 所示。

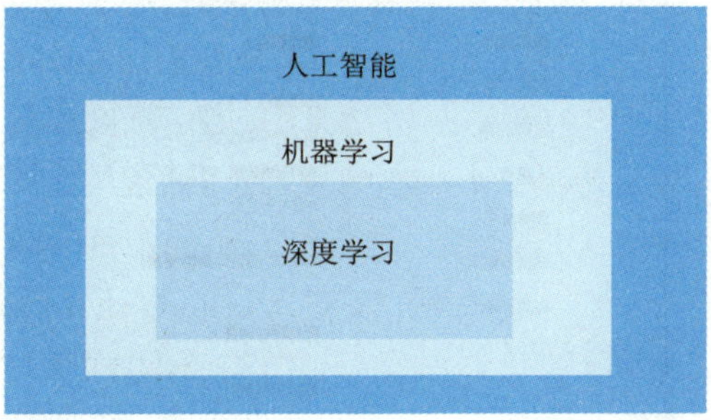


图 8-6　人工智能、机器学习、深度学习的关系

## 8.2.3　人工智能典型应用

### 1. 医疗健康

人工智能在医疗领域的应用包括疾病诊断、治疗推荐、药物研发和患者管理。例如，使用深度学

习技术的图像识别系统能够帮助放射科医师更精确地诊断癌症和其他疾病。通过分析大量的健康数据来预测疾病的发展趋势，从而提早介入治疗。例如，IBM Watson for Oncology 通过分析大量医学文献，辅助医生制定治疗方案。

### 2. 金融服务

人工智能技术用于自动化交易、信用评分、风险管理和欺诈检测。智能算法能够分析市场数据，做出交易决策，提高交易效率。近年来，我国大力推动金融业数字化转型，取得明显成效，发展出数字货币、数字支付、数字信贷、数字证券、数字保险、数字理财等新业态。金融业的数字化基础好、应用场景密集，为人工智能应用提供了广阔空间，是“人工智能 +”落地的重点行业之一。

### 3. 自动驾驶

自动驾驶技术是使汽车能够感知周围环境、做出决策并执行行动，而无须人类驾驶员的干预，从而提升行车效率，打造更加安全高效的交通环境。其中包括人工智能、计算机视觉、激光雷达、毫米波雷达、高精度地图和定位技术等。

### 4. 零售和电子商务

人工智能在零售行业中用于客户行为分析、个性化推荐和库存管理。通过分析顾客的购买历史和浏览习惯，AI 可以推荐商品，增加销售额。此外，AI 也用于优化库存水平和物流，减少运营成本。

### 5. 教育

人工智能技术在教育领域可以提供个性化学习体验，通过分析学生的学习行为和成绩来定制教学内容和节奏。此外，AI 辅助的教学工具可以帮助教师更好地管理课堂和评估学生表现。

## 8.2.4 常见的人工智能开发平台

### 1. 百度AI开放平台

百度 AI 开放平台是百度公司推出的一个面向开发者的平台，提供了多种人工智能技术，如语音、图像、NLP 等。该平台开放了对话式人工智能系统、智能驾驶系统两大行业生态，并共享 AI 领域最新的应用场景和解决方案。百度 AI 开放平台图 8-7 所示。

图 8-7 百度 AI 开放平台

### 2. DeepSeek

DeepSeek 是杭州深度求索人工智能基础技术研究有限公司推出的人工智能工具，同时也可被视作人工智能开发平台。自 2023 年发布首个代码大模型 DeepSeek Coder 后，便在人工智能领域崭露头角。2025 年 1 月 28 日，DeepSeek 发布文生图模型 Janus-Pro，而更受瞩目的是此前发布的 V3 与 R1 模型。这两个模型的发布，动摇了过去基座大模型依赖大量算力的模式，引发行业对技术创新和高效训练的重新思考。自 2025 年 1 月 29 日起，微软、亚马逊、英特尔、英伟达等公司纷纷宣布接入 DeepSeek。截至 2 月 6 日，国内的百度智能云、华为云、阿里云、腾讯云、360 数字安全、云轴科技等多个平台宣布上线 DeepSeek 大模型。这一系列动作，彰显了 DeepSeek 在行业内的影响力和被认可程度。DeepSeek 平台如图 8-8 所示。

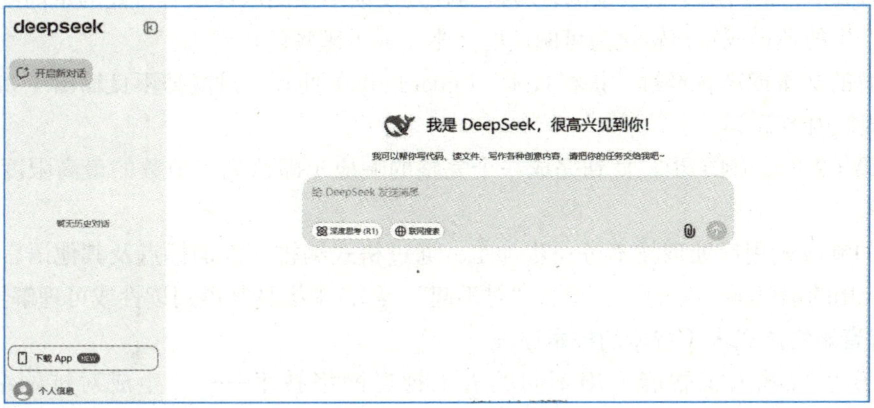


图 8-8　DeepSeek 平台

### 3. 腾讯AI开放平台

腾讯 AI 开放平台是腾讯公司推出的一个面向开发者和企业的平台，提供了多种人工智能技术和服务，包括语音识别、图像识别、自然语言处理、机器学习等。该平台致力于帮助开发者和企业更快速、更便捷地应用人工智能技术，提升产品和服务的智能化水平。

### 4. 讯飞开放平台

讯飞开放平台是科大讯飞推出的以语音交互技术为核心的人工智能开放平台，为开发者免费提供语音识别、语音合成等语音技术 SDK；人脸识别、声纹识别等统一生物认证系统；智能硬件解决方案及 AIUI 人工智能交互界面。

## 8.2.5　生成式人工智能（AIGC）

AIGC（AI-generated content）是指利用人工智能技术来生成内容的新型内容生产方式。AIGC 技术作为新型内容生产方式，以内容生产模式变革催动生产力的革新，引领数实融合浪潮下的产业变革。而大模型的快速迭代发展是推动 AIGC 技术变革的原生驱力。

### 1. 生成式人工智能的定义

联合国教科文组织于 2023 年 9 月发布《生成式人工智能教育与研究应用指南》，从人工智能对人类思维表征符号系统的模拟角度，对“生成式人工智能”进行了定义：生成式人工智能是根据人类借助思维符号表征系统表达的提示（prompts）自动生成内容的人工智能技术。不同于仅能对已有网页进行搜索排序或单纯地对现有内容进行提取和重新编排的数字技术，生成式人工智能可以生产先前并不存在的新内容。

### 2. 文本生成式人工智能的技术原理

文本生成式人工智能使用人工神经网络技术中的通用文本转换器，通常又称“大语言模型”（large language model），但大语言模型不能被用来概括图像生成式人工智能，也不能用来统称生成式人工智能的所有门类。经过训练的生成式预训练转换器可通过以下步骤，根据人类用户的提示指令生成文本或输出其支持的其他格式：

（1）提示指令被分解为文本的最小单位或基本元素字节（token），然后输入生成式预训练转换器中。

（2）转换器通过统计模型预测组合为连贯反应的最可能的词语或句子，具体流程是转换器先从训练用大数据模型中确认单词或短语的语言模式，之后转换器借助这些语言模式预测特定单词或短语在特定语境中出现的概率，最后基于概率预测，转换器在其反馈中预测后续最有可能的单词或短语。

（3）预测产生的单词或短语转化为可阅读的文本（或可理解的声音）。

（4）可理解的文本或声音经过“护栏技术”（guardrails）处理，过滤掉不良输出（如明显违法或违反已知伦理法规的内容等）。

（5）重复第（2）～（4）步，直到完成一个完整的响应（即达到字节数的最高限度或预先设定的响应停止基准）。

（6）产生的响应采用后处理技术进一步加工，通过格式编排、添加标点及其他语言增强方法（如模拟人类可能应用的语气词“是的”“当然”“对不起”等），来提高其可阅读性或可理解性。

### 3. 图像及音乐生成式人工智能的技术原理

图像及音乐生成式人工智能采用不同的人工神经网络技术——“生成对抗网络”（generative adversarial networks，GANs），可与变分自动编码器合并使用。GANs 由两个对抗器组成，即生成器（generator）和判别器（discriminator）。以图像生成对抗网络为例，生成器会根据提示对图像要素组合模式进行识别并生成一个随机图像，判别器会对比生成图像与真实图像的拟合度。随后，生成器会根据判别器的对比结果调整其使用的复杂参数，以生成更优化的图像。在预训练中，该过程会被重复千百次，以保证生成器创作出判别器难以判断与提示预期存在差异的图像。例如，如果用数千张关于某地的风景照片训练一个生成对抗器，其创作的关于该地的非真实图像将几乎无法被识别为假图片。与此类似，如果用某种风格、某个音乐家或某一歌名的不同音乐数据集训练生成对抗器，其创作的新音乐将能复制原始音乐的复杂音乐特征。

### 4. 生成式人工智能的应用

生成式人工智能不仅在各自的领域内取得了显著进展，更在跨界融合中展现出巨大的潜力。这种跨界融合不仅涉及不同技术领域的结合，还涉及与各个行业的深度融合，为传统行业带来创新和变革。图 8-9 是 2023 年中国 AIGC 产业图谱，展示了人工智能不同的应用领域。以下是几个常见的应用领域：

（1）内容创作：生成式人工智能可以用于创建各种形式的内容，如文本、图像、音乐和视频。例如，ChatGPT 和文心一言用于生成自然语言文本，DALL·E 用于生成图像，Sora 用于生成视频。

（2）艺术与设计：在艺术和设计领域，生成式人工智能可以用于创建独特的视觉艺术、音乐、电影和其他创意内容。

（3）游戏开发：游戏开发者可以使用生成式人工智能来创建游戏世界、角色、情节和对话，以增加游戏的多样性和复杂性。

（4）广告和营销：生成式人工智能可以帮助创建广告文案、营销材料和品牌宣传，以更好地吸引客户和推动产品销售。

（5）教育与培训：在教育和培训领域，生成式人工智能可以用于创建定制化的教学内容、模拟场景和互动学习材料。

图 8-9　2023 年中国 AIGC 产业图谱

## 8.2.6　人工智能伦理道德

人工智能研究公司 OpenAI 推出的生成式人工智能模型 Sora 能将文字、图像、音频等信息转化为逼真的视频，在人们惊叹于人工智能突破性进展的同时，也伴随着质疑和担忧，特别是背后的伦理挑战。Sora 生成的视频可以以假乱真，一方面可以用于艺术创作，另一方面也可能被滥用于造假、欺骗，甚至颠覆人们对现实的认知。

### 1. 全球首部AI法案：欧盟《人工智能法案》

随着 AI 与社会产业的融合应用，其带来安全、法律和伦理方面的风险不容忽视。2021 年 4 月，欧盟委员会首次提出《人工智能法案》，该法案根据人工智能系统的风险状况进行分类，为整个欧盟的通用人工智能系统和基础人工智能模型制定了临时规则。

在 2023 年人工智能大模型引发广泛关注后，欧盟加快了推进《人工智能法案》的步伐。在历经马拉松式谈判后，欧洲议会、欧盟成员国和欧盟委员会三方于 2023 年 12 月 8 日晚就《人工智能法案》达成协议，该法案成为全球首部人工智能领域的全面监管法规，它将为全球其他国家和地区提供了一个参考和借鉴的范例，推动全球 AI 监管体系的建立和完善。

### 2. 加强人工智能伦理风险防范机制

2017 年 7 月—2021 年 1 月，我国陆续出台了《新一代人工智能发展规划》《网络安全标准实践指南——人工智能伦理安全风险防范指引》等一系列文件，对人工智能伦理问题的发展旨向、讨论方式、治理原则等作出规定。

2023 年 10 月 18 日，中央网信办正式发布《全球人工智能治理倡议》。这是习近平主席提出并倡导的人类命运共同体理念在人工智能治理领域的具体体现，是中国落实此前相继提出的全球发展倡议、全球安全倡议、全球文明倡议的具体行动。此外，在人工智能治理领域，中国外交部面向国际社会发布了《中国关于加强人工智能伦理治理的立场文件》，不仅秉持了中国在人工智能治理领域的一贯立场，也向世界提出了人工智能治理的基本思路和建设性方案。

## 8.2.7 任务：智能生成活动策划案

随着 ChatGPT 等大模型的爆火出圈，“大语言模型”频频出现在人们的视野。大语言模型是一种基于神经网络的自然语言处理技术，是一个能够理解和生成自然语言的 AI 程序。从 2023 年开始至今，国内的科技公司相继发布语言大模型，如百度的文心一言、科大讯飞的讯飞星火、阿里巴巴的通义千问等。

### 任务要求

全球气候变化是当前全球面临的重要环境问题之一，这些变化对人类和生态系统都带来了严重的影响，如气温上升、极端天气事件、海洋酸化等。作为当代大学生，可以通过组织环保宣传活动、校园环保倡议、社会媒体分享等形式提高人们对环保问题的关注和重视。请使用文心一言语言大模型策划一场应对气候变化的校园宣传活动。

### 任务准备

任务开始前，请先思考一下你会如何向语言大模型提问，让它能智能生成想要的活动策划案。

（1）明确任务需求和实现目标：依据希望实现的目标效果，将任务主题细化为具体的问题或需求，确保问题清晰明了。如一份完整的策划案应包含活动主题、时间、地点，各个活动的环节的内容及物资等。

（2）提问关键词：思考使用哪些关键词来描述问题，便于 AI 能更准确地理解并生成所需的内容。

### 任务实施

下面以百度的文心一言语言大模型为例，介绍操作方法。

#### 1. 打开网址，输入任务指令

使用百度等任意浏览器输入文心一言的官方网址，依次输入以下的任务指令：

（1）请策划一场为应对气候变化的校园宣传活动。

（2）请策划一场面向大学生，主题为应对气候变化的校园宣传活动，活动时间为一天。

（3）请策划一场面向大学生的校园宣传活动，方案内容包含：活动主题、活动时长、活动环节及所需物资、安全注意事项等。

文心一言智能生成的活动策划案如图 8-10 所示。

#### 2. 分析生成结果

对比分析使用不同任务指令输入生成的宣传活动策划案，获取符合需求的策划案内容。

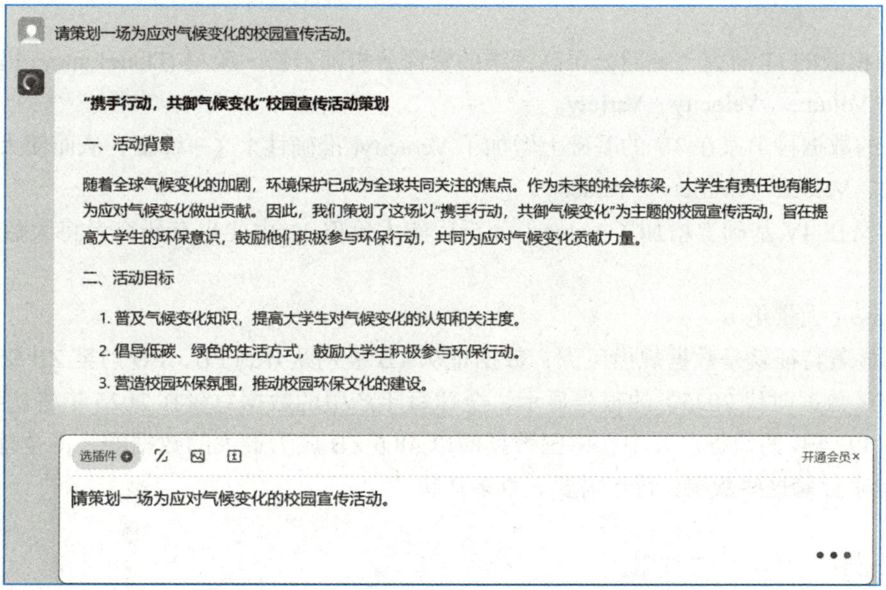


图 8-10　文心一言智能生成的活动策划案

**能力拓展**

尝试使用不同的语言大模型，向其发出相同的任务指令，对比分析不同大模型的生成结果之间的异同点。

# 8.3 大数据

“大数据时代”概念的提出者，世界知名咨询公司麦肯锡在 2011 年 5 月发布的研究报告“Big Data:The next Frontier for Innovation,Competition,and Productivity”中称“数据已经涌入每个产业和商业职能中，如今数据是最重要的生产要素”。大数据是数据的集合，以容量大、类型多、速度快、精度准、价值高为主要特征，是推动经济转型发展的新动力。本节介绍大数据的特征、大数据的关键技术以及应用领域。

## 8.3.1 大数据概述

### 1. 数据与大数据

数据 (data)，就是对客观事实的描述或是人们通过观察、实验或计算得出的结果。数据有很多种，最简单的就是数字，也可以是文字、图像、声音等。大数据（big data）是信息技术发展的最新表现形式之一。中国计算机学会大数据专家委员会荣誉主任李国杰院士认为：“大数据是指无法在可容忍的时间内用传统 IT 技术和软硬工具对其进行感知、获取、管理、处理和服务的数据集合”。简言之，大数据是对海量信息的一种描述，是大量数据的集合，是不能以常规软件工具进行捕捉、管理和处理的数据集合。

### 2. 大数据的特征

对于大数据特征的阐述版本众多，基本遵循递增的原则，即后人不断在先前版本的基础上增补部分特征。下面仅就具有代表性的几种特征进行梳理，由于这些特征的英文都以字母“V”开头，因此通常被总结为“几 V”模式。

3V：全球权威的 IT 研究与顾问公司高德纳的资深分析师道格·莱尼 (DougLaney) 提出了大数据的三个基本特征：Volume、Velocity、Variety。

4V：IBM 的数据科学家在 3V 的基础上增加了 Veracity(准确性)这一维度，从而使大数据的特征变为 4V：Volume、Velocity、Variety、Veracity。

IBM 后续又在 4V 基础上增加了 Value（分析后的大价值），由此也有研究者将大数据的特征概括为 5V。

（1）Volume（大量化）。

大数据的显著特征就是数据规模巨大，数据量从 TB 级别跃升到 PB、EB 乃至 ZB 级别。国际数据公司 IDC 发布《数据时代 2025》的报告显示，全球每年产生的数据总量在 2025 年将达到 175 ZB，平均每天约产生 491 EB 的数据。其中，中国数据圈以 48.6 ZB 成为最大的数据圈，占全球 27.8%，如果以 1 TB 的硬盘来存储这些数据，每年需要五百多亿块。

1 B=8 bit

1 KB=1 024 B

1 MB=1 024 KB

1 GB=1 024 MB （普通用户数据级别）

1 TB=1 024 GB

1 PB= 1 024 TB （企业级数据级别）

1 EB=1 024 PB

1 ZB=1 024 EB （全球数据总量）

（2）Variety（多样化）。

大数据的类型繁多，包括结构化数据（如关系数据库中的表格）、半结构化数据（如 XML、JSON 等格式的数据）和非结构化数据（如文本、图像、音频、视频等）。

① 结构化数据：指可以使用关系型数据库表示和存储，表现为二维形式的数据。一般特点是：数据以行为单位，一行数据表示一个实体的信息，每一行数据的属性是相同的，它们的存储和排列是很有规律的。

② 半结构化数据：是结构化数据的一种形式，它并不符合关系型数据库或其他数据表的形式关联起来的数据模型结构，但包含相关标记，用来分隔语义元素以及对记录和字段进行分层。

③ 非结构化数据：没有固定的数据结构，数据结构不规则或不完整，没有预定义的数据模型，不方便用数据库二维逻辑表来表现。包括所有格式的办公文档、文本、图片、各类报表、图像和音频 / 视频信息等。

（3）Velocity（高速）。

大数据的交换和传播是通过互联网、云计算等方式实现的，远比传统媒介的信息交换和传播速度快捷。大数据的生成和处理速度都非常快，要求数据处理系统能够迅速响应并处理数据流。其中包括数据的实时生成、实时采集、实时分析和实时决策。在物联网（IoT）应用中，智能设备和传感器不断生成和传输大量数据，如智能城市中的交通监控系统，通过实时收集和分析交通数据，可以动态调整交通信号灯，优化交通流量。

（4）Veracity（准确性）。

Veracity（准确性）指数据的可信度和质量。这一特征在大数据应用中至关重要，因为大数据的来源通常是多样化和异质的，可能包括不完整、噪声、不一致的数据。如果数据的准确性得不到保证，即使有大量数据和强大的分析工具，也可能得出错误的结论。

（5）Value（价值）。

大数据的价值密度相对较低，即有价值的信息在海量数据中占比较小，但是整个数据集综合价值大、隐含价值大，所以需要对大数据进行分析和挖掘。例如，大型电商平台通过收集和分析用户的浏览历史、购买记录、评价内容等数据，能够为用户提供个性化的商品推荐。通过这种方式，平台可以提升用户的购买意愿，增加销售额。

## 8.3.2 大数据的关键技术

大数据技术具有处理海量数据、高效分析和预测未来趋势的能力。大数据的关键技术涵盖多个领域，包括数据采集、存储、处理、分析、安全等方面。大数据处理关键技术一般包括大数据采集、大数据预处理、大数据存储及管理、大数据分析及挖掘、大数据展现和应用（大数据检索、大数据可视化、大数据应用、大数据安全等）。

### 1. 数据采集与预处理技术

数据采集是指通过 RFID 射频数据、传感器数据、社交网络交互数据及移动互联网数据等方式获得的各种类型的结构化、半结构化（或称弱结构化）及非结构化的海量数据，是大数据知识服务模型的根本。

大数据采集一般分为：

（1）大数据智能感知层：主要包括数据传感体系、网络通信体系、传感适配体系、智能识别体系及软硬件资源接入系统，实现对结构化、半结构化、非结构化的海量数据的智能化识别、定位、跟踪、接入、传输、信号转换、监控、初步处理和管理等。

（2）基础支撑层：提供大数据服务平台所需的虚拟服务器，结构化、半结构化及非结构化数据的数据库及物联网络资源等基础支撑环境。数据预处理是数据分析和挖掘的基础，包括数据的抽取、清洗、转换、归约等步骤，并最终加载到数据存储系统中。

### 2. 数据存储技术

大数据需要高效、可扩展的存储解决方案。传统的数据库系统往往无法满足大数据的存储需求，因此出现了分布式文件系统（如 Hadoop 的 HDFS）、NoSQL 数据库等存储技术。这些技术能够支持海量数据的存储，并提供高效的数据访问能力。

### 3. 数据分析与挖掘技术

数据分析与挖掘是基于商业目的，有目的地收集、整理、加工和分析数据，提炼有价值信息的过程。大数据分析技术能够揭示数据之间的复杂关系，发现隐藏在数据背后的规律和趋势，为企业决策提供有力支持。

## 8.3.3 大数据的应用领域

大数据产业是以数据生产、采集、存储、加工、分析、服务为主的战略性新兴产业，是激活数据要素潜能的关键支撑，是加快经济社会发展质量变革、效率变革、动力变革的重要引擎。当前，我国大数据产业发展经历了“2000 年前后起步”“2000—2005 年探索”“2010 年前后发展”“2015 年至今创新驱动”四个阶段。表 8-1 展示了中国大数据产业发展历程。

表 8-1　中国大数据产业发展历程

| 时　间 | 发展现状 |
|---|---|
| 2000 年前后 | 中国大数据产业处于起步阶段，一些大型企业和科研机构开始进行大规模数据处理和分析实践，但整个行业还没有形成规模化和系统化 |
| 2000—2005 年 | 大数据产业处于探索阶段，北京、上海、深圳等城市建立了大数据研究机构和创新园区，开始加大对大数据技术研究和应用的投入，政府也开始出台相关政策，推动大数据产业发展 |
| 2010 年前后 | 我国大数据产业取得了快速发展，政府制定了包括产业扶持资金、税收优惠和土地资源支持等各方面政策，杭州、成都等城市逐渐形成了自己的特色大数据产业集群。同时，互联网企业积极进入大数据领域，加速了产业的发展 |
| 2015 年至今 | 中国大数据产业进入创新驱动为主导的发展阶段，政府提出了“互联网 +”行动计划和“大数据战略”，鼓励大数据与人工智能、物联网、云计算等技术融合创新。除一线城市外，二三线城市也开始积极争取大数据产业发展机遇 |

#### 1. 金融大数据

资本经营与运作的表现形式可以体现为资金数字的增减，即通过数字符号的变化就能够明确盈亏情况，这与数据是对事物的表征的思路相吻合。通过对金融数据的采集、管理、分析，可以对资本运营作出预测和决策，大数据技术的进步使得这一应用更加流行与高效。目前我国金融大数据应用的知名企业包括百度金融、腾讯集团、中科金财、高伟达等。

#### 2. 政务大数据

大数据在政务领域的应用主要表现在政府利用数据来提高行政管理能力、增强国家治理能力等方面。政府所关涉的财政数据、统计数据、医疗社保数据等都有依托大数据技术进行采集、分析、管理的需要。以数据的形式辅助政务工作有利于形成统一的量化管理，方便共享与共用，提升行政效率。我国服务于政务大数据的知名企业包括太极计算机、人大金仓、华胜天成、久其软件等。

#### 3. 安保大数据

安全是人类生存活动的基础前提，维稳是国家的第一要务。通过对数据的监控能够反映出被监控区域、人员的安全状况，基于此大数据在安保防护领域的应用不断发展。在社会安保领域，大数据的应用可以有效降低犯罪率。大数据工具可以帮助警察分析历史案件，发现犯罪趋势和犯罪模式，甚至能够通过分析闭路电视、电子邮件、电话记录、金融交易记录、犯罪统计数据、社交网络数据等来预测犯罪。

#### 4. 文创产业大数据

数据驱动的文化创意产业近年来不断增多。从内容生产层面来看，通过大数据反映出来的创作热点能够指导内容生产者有针对性地进行内容创作，助力实现“内容为王的行业理想：从内容传播层面来看，基于大数据的用户偏好分析，可以使内容推送更加精准，更符合用户的口味，提高用户黏性；从内容反馈层面看，当前对文创内容的评分打榜、投诉建议等调查行为多数是建立在数字形式上，反馈方式更加方便快捷，反馈结果更加高效，这有助于文化机构及时作出调整，适应受众及市场的变化与需求。

除上述领域外，大数据在教育、体育、医疗卫生、交通物流等领域都有着广泛的应用，并且作用范围不断扩大，影响程度不断加深。

## 8.4 云计算

随着信息技术的飞速发展，云计算作为一种新型的计算范式，正在深刻地改变着人们生活和工作的方方面面。云计算通过将计算资源、存储空间和服务等资源集中在数据中心，为用户提供按需获取和使用的便捷途径，成为数字时代的核心技术之一。本节介绍云计算的特征、云计算的类型以及应用。

## 8.4.1　云计算概述

云计算技术是一种先进的计算方法，其通过将网络连接的计算资源和服务集中在一起，使用户能够方便地进行访问和管理。云计算的核心思想是将计算资源、存储资源和信息资源封装成一个独立的虚拟环境，专为用户提供服务。用户可以通过互联网按需获取这些资源，就像使用水电一样方便，而无须自己拥有或管理这些资源。

与传统计算机概念相比，云计算的运算能力更加强大，因此，其对经济社会的发展起到了重要的推动作用。同时，云计算不仅仅是一个普通的技术模型，其还具备了动态伸缩的灵活性。这意味着人们在使用云计算过程中，可以根据实际的应用需求、用户数量等灵活地分配计算资源，以确保资源利用效率的最大化。对用户而言，在接入阶段使用各类终端设备来随时获取云服务，其所获取的所有资源均来自云平台。云计算具有如下四个主要特征。

### 1. 虚拟化

云计算可以通过虚拟化、容错和并行处理等软件技术将传统的计算、网络和存储资源转化成为具有弹性伸缩特征的服务。云计算支持用户在任意位置、使用各种终端获取应用服务。

### 2. 高可扩展性

云计算网络在应用过程中通过整合大量的计算机资源，形成了一个完整的技术存储模式，可涵盖并行计算、网格计算、分布式计算、分布式存储等多种功能，而这些功能则可以根据用户的需求重新配置资源，以满足不同用户和不同时期的服务需要。

### 3. 超大规模

与原有的单一工作站单一计算机模式相比，云计算体系下计算能力的大规模提升，意味着同样的工作内容只需在较短的时间内便可完成，极大地提升了效率。

### 4. 经济性

在追求同样计算性能的情况下，传统的超级计算机模式需要花费大量的资金和资源，而云计算方式却通过将大量商业机组组成一个集群，从而大幅度降低在应用过程中的成本。

## 8.4.2　云计算的类型

云计算的表现形式多种多样，简单的云计算在人们日常网络应用中随处可见，如搜索引擎、在线存储（网盘）等服务。目前，云计算的类型和服务层次可以按提供的服务类型和对象进行分类。

### 1. 按提供的服务类型分类

按提供的服务类型，云计算可以分为 IaaS、PaaS、SaaS 三种。

IaaS（infrastructure as a service，基础设施即服务）：IaaS 提供基本的计算资源、存储资源和网络资源，用户可以在此基础上部署和运行自己的操作系统、应用程序、中间件等。用户对计算资源（如虚拟机、存储卷）有很高的控制权，但需要自己管理操作系统、中间件和应用程序。常见的 IaaS 提供商包括 Amazon Web Services (AWS) 的 EC2、Microsoft Azure 的虚拟机服务等。

PaaS（platform as a service，平台即服务）：PaaS 提供了一个完整的开发、测试和部署应用程序的平台，用户可以在这个平台上构建、运行和管理自己的应用程序，而无须管理底层的计算资源和操作系统。PaaS 提供商通常提供开发工具、数据库、中间件等服务，帮助用户快速开发和部署应用程序。用户对应用程序和中间件的配置有较高的控制权，但不需要关心底层的基础设施。常见的 PaaS 提供商包括 Heroku、Google App Engine、Microsoft Azure App Service 等。

SaaS（software as a service，软件即服务）：SaaS 提供了一种通过互联网直接使用应用程序的方式，用户无须在自己的计算机上安装和运行这些应用程序。SaaS 提供商负责运行和维护应用程序，用户只需通过浏览器或移动应用程序访问即可。用户对应用程序的配置和数据有一定的控制权，但不需要关心应用程序的部署和维护。常见的 SaaS 应用程序包括 Salesforce、Google Workspace（如 Gmail、Docs、Sheets）、Microsoft Office 365 等。

#### 2. 按云服务的对象分类

按云服务的对象，云计算可以分为公有云、私有云和混合云。这三种模式构成了云基础设施构建和消费的基础。

（1）公共云：公共云是指由第三方服务商提供的云服务，面向所有公众提供计算资源和服务。公共云具有较高的安全性和可靠性，但也可能涉及数据隐私和敏感信息的问题。

（2）私有云：私有云是指企业自行搭建的云服务平台，仅供企业内部使用。私有云可以更好地保障数据安全和隐私，但需要企业投入大量资源进行建设和维护。

（3）混合云：混合云是指将公共云和私有云进行结合，形成一个统一的云服务平台。混合云既可以提供公共云的服务，也可以满足私有云的需求，具有灵活性和可扩展性。

### 8.4.3 云计算的应用

较为简单的云计算技术已经普遍服务于现如今的互联网服务中，最为常见的就是网络搜索引擎和网络邮箱。在任何时刻，都可以通过移动终端在搜索引擎上搜索任何自己想要的资源，通过云端共享了数据资源。而网络邮箱也是如此，在云计算技术和网络技术的推动下，电子邮箱成为社会生活中的一部分，只要在网络环境下，就可以实现实时的邮件的寄发。其实，云计算技术已经融入现今的社会生活。

#### 1. 存储云

存储云，又称云存储，是在云计算技术上发展起来的一个新的存储技术。云存储是一个以数据存储和管理为核心的云计算系统。用户可以将本地的资源上传至云端上，可以在任何地方连入互联网来获取云上的资源。大家所熟知的谷歌、微软等大型网络公司均有云存储的服务，在国内，百度云和微云则是市场占有量最大的存储云。存储云向用户提供了存储容器服务、备份服务、归档服务和记录管理服务等，大大方便了使用者对资源的管理。

#### 2. 政务云

政务云上可以部署公共安全管理、容灾备份、城市管理、应急管理、智能交通、社会保障等应用，通过集约化建设、管理和运行，可以实现信息资源整合和政务资源共享，推动政务管理创新，加快向服务型政府转型。

#### 3. 医疗云

医疗云，是指在云计算、移动技术、多媒体、5G 通信、大数据，以及物联网等新技术基础上，结合医疗技术，使用“云计算”来创建医疗健康服务云平台，实现了医疗资源的共享和医疗范围的扩大。医疗云可以提高医疗机构的效率，方便居民就医。像现在医院的预约挂号、电子病历、医保等都是云计算与医疗领域结合的产物，医疗云还具有数据安全、信息共享、动态扩展、布局全国的优势。

#### 4．金融云

金融云,是指利用云计算的模型,将信息、金融和服务等功能分散到庞大分支机构构成的互联网“云”中，旨在为银行、保险和基金等金融机构提供互联网处理和运行服务，同时共享互联网资源，从而解决现有问题并且达到高效、低成本的目标。在 2013 年 11 月 27 日，阿里云整合阿里巴巴旗下资源并推出阿里金融云服务。其实，这就是现在基本普及了的快捷支付，因为金融与云计算的结合，现在只需要在手机上简单操作，就可以完成银行存款、购买保险和基金买卖。现在，苏宁金融、腾讯等企业均推出了自己的金融云服务。

#### 5．教育云

教育云，实质上是指教育信息化的一中发展。教育云可以将所需要的任何教育硬件资源虚拟化，然后将其传入互联网中，以向教育机构和学生老师提供一个方便快捷的平台。

云计算作为一种新兴的资源使用和交付模式逐渐为学界和产业界所认知。我国云发展创新产业联盟评价云计算为“信息时代商业模式上的创新”。继个人计算机终端变革、互联网技术变革之后，云计算被看作第三次信息技术浪潮，是我国战略性新兴产业的重要组成部分。它将带来生活、生产方式和商业模式的根本性改变，已成为当前全社会关注的热点。

## 8.5 物联网

人类自诞生以来，从未停止过对自然界的探索，人们一直在观察自然现象，记录自然规律，利用自然界传达的各种信息为人类的生活服务。随着互联网的发展和传感器技术的进步，如果将自然界的万物都接入互联网，让传感器帮助人类采集信息，让计算机代替人类处理信息，生活将会多么便捷！这就是物联网 (IoT) 概念的来源。

物联网是我国战略性新兴产业的重要组成部分，引领了继计算机、互联网和移动通信之后的新一轮信息技术革命，是未来科技竞争的制高点和产业升级的重要驱动力，是加速推进工业化、信息化融合的催化剂。

本节介绍了物联网的概念与定义、物联网的基本特征和发展历程、物联网的关键技术，最后说明了物联网的典型应用。

### 8.5.1　物联网概述

#### 1．物联网概念的起源

1991 年，英国剑桥大学特洛伊计算机实验室的科学家们在工作时，需要步行两层楼梯到地面看咖啡煮好了没有，但常常空手而归。为了解决这一麻烦，科学家们编写了一套程序，并在咖啡壶旁边安装了一个便携式摄像机，镜头对准咖啡壶，利用计算机的图像捕捉技术，以 180 f/s 的速率传递到实验室的计算机上，以方便科学家随时查看咖啡是否煮好。

1995 年，比尔•盖茨撰写了《未来之路》。在这本书中，比尔•盖茨首次提到了“物物相连”的构想。《未来之路》中写道：“如果你想欣赏博物馆或美术馆的艺术作品，那么你可以‘走’进一种视觉显示画面，在作品之中自由切换，就像你亲自在现场般。你可以用超级链路来了解一幅画或一尊雕像的详细信息……。”但迫于当时无线网络、传感设备的局限，书中的许多构想无法真正实现。

1999 年，“物联网（internet of things）”的概念由麻省理工学院的凯文 • 阿什顿（Kevin Ashton）

首次提出，将书籍、鞋、汽车部件等物体装上微小的识别装置就可以时刻知道物体的位置、状态等信息实现智能管理。

2005 年国际电信联盟（ITU）在突尼斯举行的信息社会世界峰会（WSIS）上正式确定了“物联网”的概念，并随后发布了 *ITU Internet Reports 2005——the Internet of Things*，介绍了物联网的特征、相关的技术、面临的挑战和未来的市场机遇。

### 2. 物联网的定义

按照国际电信联盟（ITU）的定义，物联网主要解决物品到物品（thing to thing，T2T）、人到物品（human to thing，H2T）、人到人（human to human，H2H）之间的互连。物联网使我们在信息与通信技术的世界里获得一个新的沟通维度（见图 8-11），将任何时间、任何地点、连接任何人，扩展到连接任何物品，万物的连接就形成了物联网。

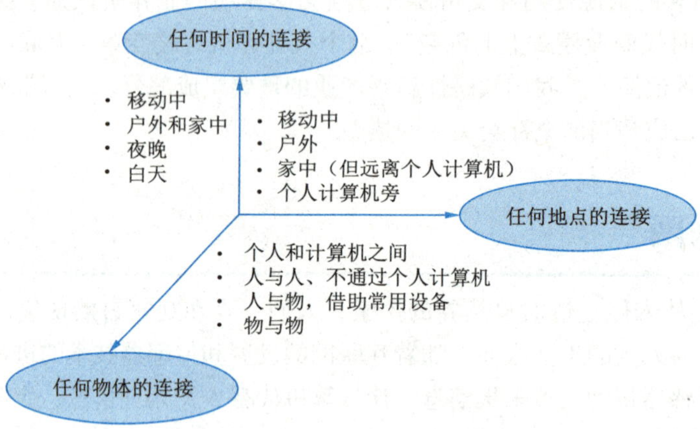


图 8-11　物联网中的连接维度

随着信息领域及相关学科的发展，相关领域的科研工作者分别从不同的方面对物联网进行了较为深入的研究，因此，对物联网的定义与描述也各有侧重。下面是几个具有代表性的物联网定义：

（1）物联网是未来网络的整合部分，它是以标准、互通的通信协议为基础，具有自我配置能力的全球性动态网络设施。在这个网络中，所有实质和虚拟的物品都有特定的编码和物理特性，通过智能界面无缝链接，实现信息共享。

（2）物联网是由具有标识、虚拟个性的物体 / 对象所组成的网络，这些标识和个性运行在智能空间，使用智慧的接口与用户、社会和环境的上下文进行连接和通信。

（3）物联网指通过信息传感设备，按照约定的协议，把任何物品与互联网连接起来，进行信息交换和通信，以实现智能化识别、定位、跟踪、监控和管理的一种网络。它是在互联网基础上延伸和扩展的网络。

若用一句话理解物联网可概述为：把所有物品通过信息传感设备与互联网连接起来，进行信息交换，即物物相息，以实现智能化识别和管理。

### 3. 物联网的基本特征

物联网是互联网向物理世界的延伸和拓展，互联网可以作为传输物联网信息的重要途径之一。从通信对象和过程来看，物联网的核心是物与物以及人与物之间的信息交互。物联网的基本特征可概括为全面感知、可靠传送和智能处理。

（1）全面感知：利用射频识别、二维码、传感器等感知、捕获、测量技术随时随地对物体进行信息采集和获取。

（2）可靠传送：通过将物体接入信息网络，依托各种通信网络，随时随地进行可靠的信息交互和共享。

（3）智能处理：利用各种智能计算技术，对海量的感知数据和信息进行分析并处理，实现智能化的决策和控制。

### 4. 物联网的发展历程

2009 年 8 月，中国首次提出“感知中国”的概念，标志着我国进入物联网行业化发展元年，在此之后，物联网被列入国家战略性新兴产业，国家层面先后发布多个专项基金、规划、标准，推进物联网产业发展（见图 8-12）。

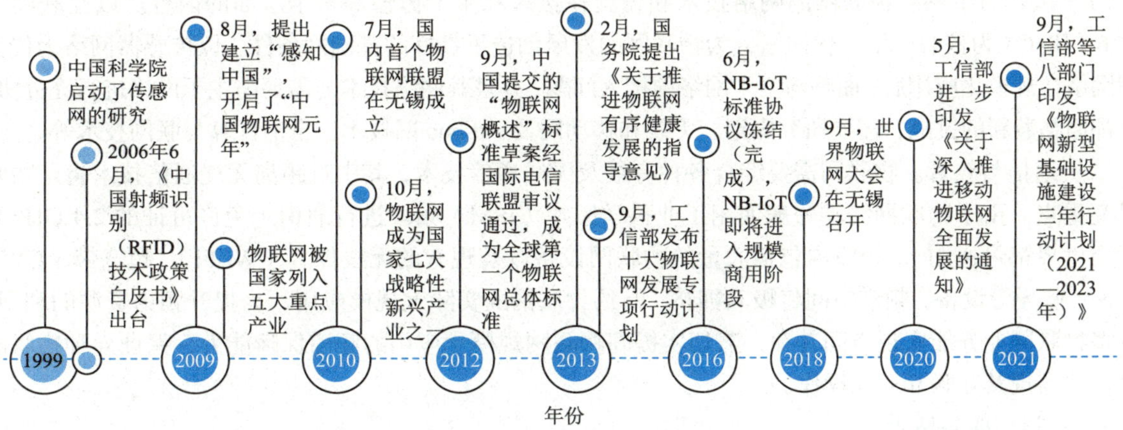


图 8-12　中国物联网产业发展历程

## 8.5.2　物联网的技术体系

物联网网络架构由感知层、网络层、平台层和应用层组成。感知层实现对物理世界的智能感知识别、信息采集处理和自动控制，并通过通信模块将物理实体连接到网络层和应用层。网络层主要实现信息的传递、路由和控制，包括延伸网、接入网和核心网，网络层依托公众电信网和互联网，也可以依托行业专用通信网络。平台层包括软件、全栈性能管理、开发者工具、分析工具、传感器分布网络、网络连接、信息安全、开源平台。应用层包括应用基础设施 / 中间件和各种物联网应用。应用基础设施 / 中间件为物联网应用提供信息处理、计算等通用基础服务设施、能力及资源调用接口，以此为基础实现物联网在众多领域的各种应用。

物联网技术涉及多个领域，这些技术在不同的行业往往具有不同的应用需求和技术形态。物联网的技术构成主要包括感知与标识技术、网络与通信技术、计算与服务技术及管理与支撑技术四大体系。

### 1. 感知与标识技术

感知和标识技术是物联网的基础，负责采集物理世界中发生的物理事件和数据，实现外部世界信息的感知和识别，包括多种发展成熟度差异性很大的技术，如传感技术、识别技术等。

（1）传感技术。传感技术利用传感器和多跳自组织传感器网络，协作感知、采集网络覆盖区域中被感知对象的信息。传感器技术依附于敏感机理、敏感材料、工艺设备和计测技术，对基础技术和综合技术要求非常高。目前，传感器在被检测量类型和精度、稳定性可靠性、低成本、低功耗方面还没有达到规模应用水平，是物联网产业化发展的瓶颈之一。

（2）识别技术。识别技术涵盖物体识别、位置识别和地理识别，对物理世界的识别是实现全面感知的基础．物联网标识技术是以二维码、RFID 标识为基础的，对象标识体系是物联网的一个重要技术点。从应用需求的角度，识别技术首先要解决的是对象的全局标识问题，需要研究物联网的标准化物体标识体系，进一步融合及适当兼容现有各种传感器和标识方法，并支持现有的和未来的识别方案。

### 2. 网络与通信技术

网络是物联网信息传递和服务支撑的基础设施，通过泛在的互联功能，实现感知信息高可靠性、高安全性传送。

（1）接入与组网。物联网的网络技术涵盖泛在接入和主干传输等多个层面的内容。以互联网协议版本 6（IPv6）为核心的下一代网络，为物联网的发展创造了良好的基础网条件。以传感器网络为代表的末梢网络在规模化应用后，面临与主干网络的接入问题，并且其网络技术与需要与主干网络进行充分协同，这些都面临着新的挑战，需要研究固定、无线和移动网及 Ad-hoc 网技术、自治计算与联网技术等。

（2）通信与频管。物联网需要综合各种有线及无线通信技术，其中近距离无线通信技术将是物联网的研究重点。由于物联网终端一般使用工业科学医疗（ISM）频段进行通信（免许可证的 2.4 GHz ISM 频段全世界都可通用），频段内包括大量的物联网设备以及现有的无线保真（Wi-Fi）、超宽带（UWB）、ZigBee、蓝牙等设备，频谱空间将极其拥挤，制约物联网的实际大规模应用。为提升频谱资源的利用率，让更多物联网业务能实现空间并存，需切实提高物联网规模化应用的频谱保障能力，保证异种物联网的共存，并实现其互联互通互操作。

### 3. 计算与服务技术

海量感知信息的计算与处理是物联网的核心支撑。服务和应用则是物联网的最终价值体现。

（1）信息计算。海量感知信息计算与处理技术是物联网应用大规模发展后，面临的重大挑战之一。需要研究海量感知信息的数据融合、高效存储、语义集成、并行处理、知识发现和数据挖掘等关键技术，攻克物联网“云计算”中的虚拟化、网格计算、服务化和智能化技术。核心是采用云计算技术实现信息存储资源和计算能力的分布式共享，为海量信息的高效利用提供支撑。

（2）服务计算。物联网的发展应以应用为导向，在“物联网”的语境下，服务的内涵将得到革命性扩展，不断涌现的新型应用将使物联网的服务模式与应用开发受到巨大挑战，如果继续沿用传统的技术路线必定束缚物联网应用的创新。从适应未来应用环境变化和服务模式变化的角度出发，需要面向物联网在典型行业中的应用需求，提炼行业普遍存在或要求的核心共性支撑技术，研究针对不同应用需求的规范化、通用化服务体系结构以及应用支撑环境、面向服务的计算技术等。

### 4. 管理与支撑技术

随着物联网网络规模的扩大、承载业务的多元化和服务质量要求的提高以及影响网络正常运行因素的增多，管理与支撑技术是保证物联网实现“可运行 - 可管理 - 可控制”的关键，包括测量分析、网络管理和安全保障等方面。

（1）测量分析。测量是解决网络可知性问题的基本方法，可测性是网络研究中的基本问题。随着网络复杂性的提高与新型业务的不断涌现，需研究高效的物联网测量分析关键技术，建立面向服务感知的物联网测量机制与方法。

（2）网络管理。物联网具有“自治、开放、多样”的自然特性，这些自然特性与网络运行管理的基本需求存在着突出矛盾，需研究新的物联网管理模型与关键技术，保证网络系统正常高效地运行。

（3）安全保障。安全是基于网络的各种系统运行的重要基础之一，物联网的开放性、包容性和匿名性也决定了不可避免地存在信息安全隐患。需要研究物联网安全关键技术，满足机密性、真实性、完整性、抗抵赖性的四大要求，还需解决好物联网中的用户隐私保护与信任管理问题。

物联网的技术框架如图 8-13 所示。

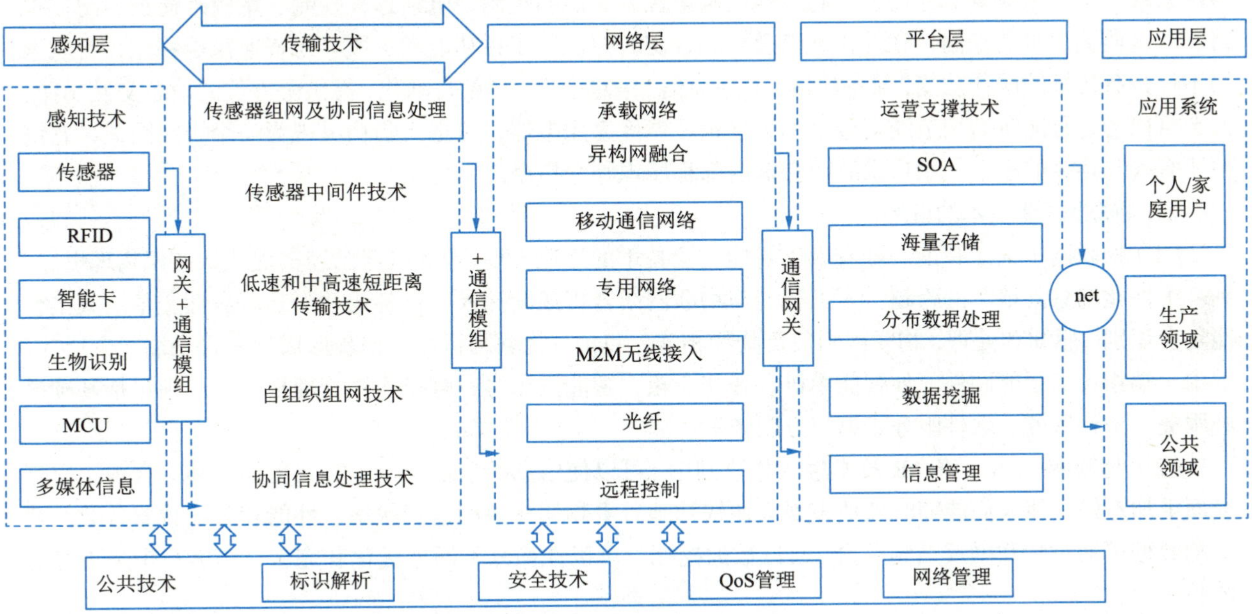


**图 8-13　物联网的技术框架**

## 8.5.3　物联网的应用

### 1. 物联网的应用场景

随着科技的不断发展，物联网技术在各个领域的广泛应用，推动了社会、经济的全方位发展，在不同领域的应用方面改变了人们的生活方式，物联网已经呈现出多样性和广泛性。下面介绍物联网在智慧物流、智慧农业、智能家居等领域的应用。

（1）智慧物流。物联网在物流方面的应用，即智能物流可提高仓储的效率，使配送更加合理有效，提高运输效率和及时补货率。智能物流是基于 RFID、物联传感器网络和互联网等技术，应用了运筹学、供应链管理等经济学理论的一个综合应用，它将各种物流环节所涉及的信息通过 RFID、条码、无线传感器网络等感知设备进行采集，并将采集到的信息进行智能化的处理，形成物流决策服务，从而提高物流管理水平，降低成本、提高及时到货率和用户满意度。

菜鸟裹裹就是智能物流的应用。在每一件快递上打上标签，通过识别菜鸟裹裹身份码及快递的标签，在后台匹配成功后则成功出库，这便是物联网的体现。

（2）智慧农业。智慧农业是指利用物联网、人工智能等现代信息技术，将现代信息技术与传统农业相结合，实现信息化、精确化的农业生产全过程。通过农业传感器和监控系统、智能农业机械和设备以及数据分析和决策支持系统等，为现代农业提供了重要的工具和技术。农业传感器和监控系统在农业中扮演着关键角色，这些传感器可以安装在土壤、作物、牲畜和设施上，用于监测各种环境参数，如土壤湿度、温度、光照和空气质量。通过传感器网络，农民可以实时收集大量数据，了解农田和牲畜的状态。这有助于精确管理资源，如在需要时灌溉土地，从而减少水资源浪费。农民还可以监测病虫害和作物生长情况，及时采取措施以保护农作物。

（3）智能家居。智能家居是在互联网影响之下物联化的体现。智能家居通过物联网技术将家中的各种设备（如音视频设备、照明系统、窗帘控制、空调控制、安防系统、数字影院系统、影音服务器、影柜系统、网络家电等）连接到一起，提供家电控制、照明控制、电话远程控制、室内外遥控、防盗报警、环境监测、暖通控制、红外转发以及可编程定时控制等多种功能和手段。与普通家居相比，智能家居不仅具有传统的居住功能，兼备建筑、网络通信、信息家电、设备自动化，提供全方位的信息交互功能，甚至可以为各种能源费用节约资金。如天猫精灵调度家用电器，可把天猫精灵视为一个智能网关，它调控所有和它连接的家电，用户说的话会被内部程序识别为指令。

### 2. 物联网+新技术的应用

（1）物联网 + 人工智能。随着人工智能底层技术的迅速发展，智能机器已经实现“从认识物理世界”到“个性化场景落地”的跨越。人工智能与物联网结合将逐渐深入各行各业并引起革命性变革。人工智能负责识别、感知和处理，物联网则负责物物相连。目前，物联网行业已初步形成云—管—端三个层次，其中，端指各类智能硬件，如智能手机、智能音箱、智能汽车等；管指连接管理平台，云则包括基础设施服务、平台服务、软件服务、第三方服务等。

（2）物联网 +AR。将 AR 技术融入物联网中，可以使信息的呈现及交互方式更加便利、直观，交互界面更加友好，使人们能随时随地直观方便快捷地查看物体对象的运行状态、性能和各项重要参数。感知的数据可通过物联网反馈到后台，通过数据挖掘，可以让产品不断地优化和完善，为客户带来更好的体验。

## 8.6 新媒体技术

新媒体技术作为一种新型媒体技术，对社会发展和国民生活的影响逐渐增强，日益融入人类生活的各个领域，并且扮演着重要的角色。随着大数据、人工智能等技术的不断发展和完善，新媒体技术也日趋成熟，在社会生活中扮演着重要的角色。作为一种新型传播形态，各种新媒体对信息传播的互联网络起到了推动作用，它以其传播的即时性、无时空限制性，拉近了传播各参与主体之间的距离，也改变了人们的生活方式与思维习惯，实现了信息传播的多向化和多元性。目前，以技术融合为基础的新型媒体正逐渐成为一种新兴发展趋势，推动着人类社会的进步。

本节介绍新媒体技术的概念与特点、具有代表性的新媒体技术、新媒体技术的发展趋势。

### 8.6.1 新媒体技术的概念与特点

新媒体概念于1967年由美国哥伦比亚广播电视网（CBS）技术研究所所长P. 戈尔德马克（P.Goldmark）提出，他发表了一份关于开发电子录像（EVR）的报告，在报告中将电子录像称为新媒体。一般对新媒体的界定需要看其是否具有互动性。从新媒体诞生之后，它的发展速度不同凡响，不断渗透到经济、政治、文化等各个领域。在当代，借助数字技术、网络技术等手段，通过计算机、手机等终端向用户提供信息和其他服务的新型传播模式，不仅改变了社会的传播状态，也使人们的生活方式和思维方式发生了变化。在早期，联合国教科文组织对新媒体的定义是网络媒体。准确地说就是：“以数字技术为基础，以网络为载体进行信息传播的媒介。”

新媒体概念中的“新”具有相对性，是相对于人们所熟知的广播、报刊、电视等传统媒体的新的媒介形态。新媒体和旧媒体的相对性主要可以从时间的先后、传播方向、技术与理念的先进落后等几个层面来分析。从时间层面来看，如今所产生的网络电视、手机微博、微信等对于传统的广播、报刊、电视等媒体是新媒体。从传播方向来看，传统媒体的形式种类比较单一，传播形式是单向的，并没有相互之间的互动性，而新媒体的互动性强，对受众的传播是双向的，每个人既可接收信息，又可传播信息，人人都可以参与其中，拥有信息的主动权。从技术层面来看，新媒体以互联网技术、数字技术、移动通信技术等新兴技术为基础，也使得新媒体的外延不断延伸，形式多样化。

新媒体技术的特点主要体现为交互性、即时性、数字化等。

（1）交互性是新媒体技术不同于传统媒体最本质的传播特征之一。数字技术提供了信息采集和制作的方法，互联网和移动通信的普及为传播提供了便捷的渠道，使信息可以进行迅速传播，人们可以根据自己的需要对信息进行筛选。信息的接收者也可以是信息的传播者。

（2）即时性是指随着网络的快速发展，信息的快速传播，人们通过手机、计算机等载体即时获得全球范围内的所有消息，人们也可自己借助这些载体即时发布各类信息。

（3）数字化是新媒体技术的本质特征之一，主要是指在网络社会中的社会关系，人们可以在任意时间和地点通过不同的方式和不同的人进行交流进行的数字化互动过程。数字化主要便于人们对信息的收集、整理和分析。

## 8.6.2　具有代表性的新媒体技术

进入21世纪以来，技术发展平台日新月异，各类新型、新兴媒体形态逐渐涌现，为新媒体技术的革新提供了前提条件，并以数字技术、网络技术、移动通信技术为基础形成多样表现形式。在新媒体技术的应用中，人们不仅可以借助传统媒体的技术手段，还可以通过比较具有代表性的网络媒体、数字媒体和移动媒体这三大新媒体技术形式来认识世界、改造世界。

### 1. 网络媒体

网络媒体被称为“第四媒体”，以互联网技术为基础，是继广播电视等媒体的新媒体形式。借助互联网传播平台，实现了图片、文字、声音等一系列传播符号的有效结合，如搜索引擎、社交网站、新闻网站、网络报纸、网络广播、网络视频、网络游戏、电子邮件、微博等。

### 2. 数字媒体

数字广播、数字电视、数字视频、IPTV和其他媒体在内的数字媒体是新媒体的重要形式之一。信息载体以数字的形式记录、处理、传输和获取过程。简而言之，它以数字技术为基础，是数字化转型升级后的一种连续形式。数字媒体的发展影响着互联网和IT行业范围。它通过影响消费者的行为，也带动影响其他领域的发展，是持续影响人类生活的一种媒体形式。

### 3. 移动媒体

移动媒体被称为“第五媒体”。移动媒体是利用移动终端设备通过互联网获取信息和服务的一种新型媒体形式。它也是现代生活中不可缺少甚至不可分割的一种媒体形式。这种媒介主要通过手机、平板计算机等移动智能设备，使人们能够随时随地获取各种信息和服务内容。它突破了时间和空间的限制，使人们的生活越来越便利。

### 8.6.3 新媒体技术的发展趋势

在全球科技革命和产业变革加速之际，新媒体技术不断突破，其应用已作为便捷日常生活的辅助性工具，当前，我国社会经济快速发展，大数据、人工智能、区块链、云计算、5G、VR/AR、社交网络、移动互联等新技术也在不断发展变革。因此，新媒体技术也会随着应用领域的延展而呈现出新的发展趋势。就目前而言，新媒体技术的发展主要有以下几种趋势：

#### 1．新媒体技术的智能化趋势

随着经济的不断发展，人民的生活质量不断提高，其个性化、多元化、精准化、补偿性服务的需求越来越成为提高生活质量不可忽视的一部分。2019 年，《政府工作报告》提出“智能 +”，将人工智能作为推动产业高质量发展的新动能，不断打造人工智能新基建，以促进人工智能与产业的融合发展。这也为新媒体技术的发展提供了新思路，即智能化。“人工智能＋新媒体”产业模式不仅能够实现精准高效的信息整合传播，而且能够促进新媒体与人工智能的深度融合，赋能新媒体行业智能化发展进程。

#### 2．新媒体技术的移动化趋势

2023 年 3 月，中国互联网络信息中心（CNNIC）发布 51 次《中国互联网络发展状况统计报告》，该报告显示，截至 2022 年 12 月，我国网民规模达 10.67 亿，互联网普及率达 75.6%，手机网民规模达 10.65 亿，网络新闻用户规模达 7.83 亿，占网民规模的 73.4%。因此，移动互联网已经越来越成为人们生活中不可缺少的一部分。此外，随着手机、平板电脑等智能设备的广泛普及和 5G 技术的投入应用，“移动化”也成为社会生活的一大特色。新媒体技术依托移动智能设备更加方便、快捷地为用户提供娱乐、购物、理财、出行等多功能的智能助手和生活服务。

#### 3．自媒体和媒介融合趋势

一些学者对网络媒介话语生成方式、主体形态和权力体系变化进行了分析，得出结论：科技赋权使“信息社会化”的技术成为现实，从“瀑布型”话语生成方式逐步演变为“蒸腾型”话语生成方式，从“网络媒介”的“组织形态”到“个体化”的“话语主体形态”，“网络媒介正在悄然塑造一个崭新的社会话语环境”，并逐渐形成联盟，成为新媒体发展的主流形式之一。同时，从新媒体技术发展的角度来看，媒介融合实践已逐步向纵深阶段推进，这不仅提高了新媒体信息传播的公信力，而且对新媒体技术的变革发展注入更多活力。

#### 4．万物互联趋势

新媒体语境下的万物互联是指在人工智能算法、智能识别、大数据、云计算等新媒体技术支撑下，将海量用户和信息链接到互联网环境中，构建更加宽泛的网络场域，衍生出新的新媒体服务模式，为用户带来更加丰富的新媒体体验。因此，万物互联、万物皆媒的发展趋势将为新媒体技术的发展带来质的飞跃。

## 单元小结

本单元介绍了人工智能、大数据、云计算、物联网、新媒体技术等新一代信息技术的概念、技术特点、典型应用与发展等内容。

# 单元练习

## 一、多项选择题

1. 新一代信息技术是以（　　）等为代表的新兴技术。

A. 人工智能　　B. 量子信息　　C. 移动通信　　D. 物联网

E. 区块链

2. 人工智能的基本应用可分为（　　）。

A. 感知能力　　B. 认知能力　　C. 创造力　　D. 智能

3. 物联网的技术构成体系主要包括（　　）。

A. 感知与标识技术　　B. 网络与通信技术　　C. 计算与服务技术　　D. 管理与支撑技术

## 二、思考题

人工智能发展迅猛，你认为未来的 3 ～ 5 年哪些工作会被人工智能所取代？人工智能会消灭更多工作还是带来更多工作？

## 三、操作题

请自行选择 2 ～ 3 个人工智能开放平台，体验感受不同的开放 AI 能力。

# 附录 A

# 配套课程资源与实训平台

本书配套学习实训平台为“5Y 学习平台”。“5Y 学习平台”由广东省高等学校教学考试管理中心自主研发而成，以服务各高校计算机公共课程教学为初衷，平台的功能开发和课程建设注重智慧教学、理实交融、能力培养三位一体。有助于高校计算机基础教学减负提效，实现“精准教学”和“个性化学习”。

本书配套的数字化学习资源已在该平台发布。按以下流程准备学习环境后即可登录平台开展课程学习，进行“信息技术应用基础”课程学习和实验实训。

## 一、下载运行5Y浏览器

（1）访问 5y 学习平台的官方网站，单击“5y 浏览器下载”按钮，下载 5y 浏览器绿色版。

（2）解压浏览器安装包，直接运行 5ystudy.exe 即可。

## 二、登录学习平台

如果学校教师提供了账号密码，请用提供的账号密码登录学习。没有账号的学习者请使用以下账号进行体验学习：

用户名：Studty@gdoa

密码：s123456

## 三、开启课程学习

登录学习平台默认首页，单击“我的课程”栏目下的“信息技术应用基础”课程图标（见图 A-1），即可进入本课程的学习中心进行自主学习。

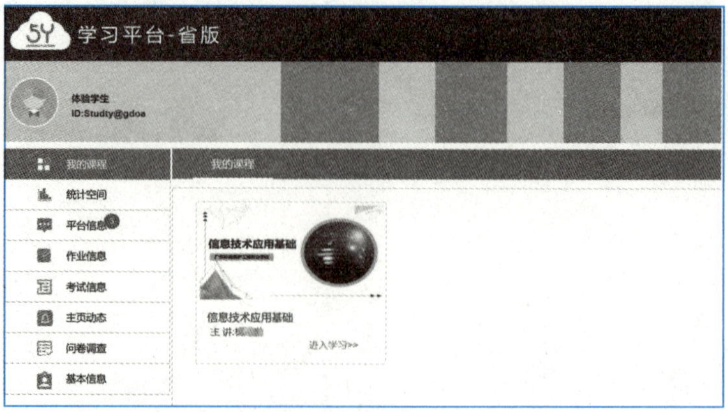


图 A-1 “信息技术应用基础”课程图标